全国科学技术名词审定委员会

公　　布

科学技术名词·工程技术卷（全藏版）

29

计 量 学 名 词

CHINESE TERMS IN METROLOGY

计量学名词审定委员会

国家自然科学基金
中国计量测试学会　　资助项目

科 学 出 版 社

北 京

内 容 简 介

本书是全国科学技术名词审定委员会审定公布的计量学名词，内容包括：计量学通用名词，几何量，质量、密度、衡器，力值、硬度，振动、冲击、转速，容量、流量，压力、真空，声学，温度，电磁，无线电，时间、频率，光学，电离辐射，化学15部分，共3 606条，每条名词均给出了定义或注释。这些名词是科研、教学、生产、经营以及新闻出版等部门应遵照使用的计量学规范名词。

图书在版编目（CIP）数据

科学技术名词. 工程技术卷：全藏版 / 全国科学技术名词审定委员会审定.
—北京：科学出版社，2016.01
　ISBN 978-7-03-046873-4

　I. ①科… II. ①全… III. ①科学技术–名词术语 ②工程技术–名词术语
IV. ①N-61 ②TB-61

中国版本图书馆 CIP 数据核字（2015）第 307218 号

责任编辑：赵　伟　刘　青 / 责任校对：陈玉凤
责任印制：张　伟 / 封面设计：铭轩堂

斜 学 出 版 社 出版
北京东黄城根北街 16 号
邮政编码：100717
http://www.sciencep.com
北京厚诚则铭印刷科技有限公司印刷
科学出版社发行　各地新华书店经销
*
2016 年 1 月第 一 版　　开本：787×1092 1/16
2016 年 1 月第一次印刷　　印张：24
字数：531 000
定价：7800.00 元（全 44 册）
（如有印装质量问题，我社负责调换）

全国科学技术名词审定委员会
第六届委员会委员名单

特邀顾问：宋　健　许嘉璐　韩启德

主　　任：路甬祥

副 主 任：刘成军　曹健林　孙寿山　武　寅　谢克昌　林蕙青
　　　　　王　杰　刘　青

常　　委（以姓名笔画为序）：

王永炎　曲爱国　李宇明　李济生　沈爱民　张礼和　张先恩

张晓林　张焕乔　陆汝铃　陈运泰　金德龙　柳建尧　贺　化

韩　毅

委　　员（以姓名笔画为序）：

卜宪群　王　正　王　巍　王　夔　王玉平　王克仁　王虹峥

王振中　王铁琨　王德华　卞毓麟　文允镒　方开泰　尹伟伦

尹韵公　石力开　叶培建　冯志伟　冯惠玲　母国光　师昌绪

朱　星　朱士恩　朱建平　朱道本　仲增墉　刘　民　刘大响

刘功臣　刘西拉　刘汝林　刘跃进　刘瑞玉　闫志坚　严加安

苏国辉　李　林　李　巍　李传夔　李国玉　李承森　李保国

李培林　李德仁　杨　鲁　杨星科　步　平　肖序常　吴　奇

吴有生　吴志良　何大澄　何华武　汪文川　沈　恂　沈家煊

宋　彤　宋天虎　张　侃　张　耀　张人禾　张玉森　陆延昌

阿里木·哈沙尼　阿迪雅　陈　阜　陈有明　陈锁祥　卓新平

罗　玲　罗桂环　金伯泉　周凤起　周远翔　周应祺　周明镒

周定国　周荣耀　郑　度　郑述谱　房　宁　封志明　郝时远

宫辉力　费　麟　胥燕婴　姚伟彬　姚建新　贾弘禔　高英茂

郭重庆　桑　旦　黄长著　黄玉山　董　鸣　董　琨　程恩富

谢地坤　照日格图　　　鲍　强　窦以松　谭华荣　潘书祥

计量学名词审定委员会委员名单

路甬祥序

  我国是一个人口众多、历史悠久的文明古国,自古以来就十分重视语言文字的统一,主张"书同文、车同轨",把语言文字的统一作为民族团结、国家统一和强盛的重要基础和象征。我国古代科学技术十分发达,以四大发明为代表的古代文明,曾使我国居于世界之巅,成为世界科技发展史上的光辉篇章。而伴随科学技术产生、传播的科技名词,从古代起就已成为中华文化的重要组成部分,在促进国家科技进步、社会发展和维护国家统一方面发挥着重要作用。

  我国的科技名词规范统一活动有着十分悠久的历史。古代科学著作记载的大量科技名词术语,标志着我国古代科技之发达及科技名词之活跃与丰富。然而,建立正式的名词审定组织机构则是在清朝末年。1909 年,我国成立了科学名词编订馆,专门从事科学名词的审定、规范工作。到了新中国成立之后,由于国家的高度重视,这项工作得以更加系统地、大规模地开展。1950 年政务院设立的学术名词统一工作委员会,以及 1985 年国务院批准成立的全国自然科学名词审定委员会(现更名为全国科学技术名词审定委员会,简称全国科技名词委),都是政府授权代表国家审定和公布规范科技名词的权威性机构和专业队伍。他们肩负着国家和民族赋予的光荣使命,秉承着振兴中华的神圣职责,为科技名词规范统一事业默默耕耘,为我国科学技术的发展做出了基础性的贡献。

  规范和统一科技名词,不仅在消除社会上的名词混乱现象,保障民族语言的纯洁与健康发展等方面极为重要,而且在保障和促进科技进步,支撑学科发展方面也具有重要意义。一个学科的名词术语的准确定名及推广,对这个学科的建立与发展极为重要。任何一门科学(或学科),都必须有自己的一套系统完善的名词来支撑,否则这门学科就立不起来,就不能成为独立的学科。郭沫若先生曾将科技名词的规范与统一称为"乃是一个独立自主国家在学术工作上所必须具备的条件,也是实现学术中国化的最起码的条件",精辟地指出了这项基础性、支撑性工作的本质。

在长期的社会实践中，人们认识到科技名词的规范和统一工作对于一个国家的科技发展和文化传承非常重要，是实现科技现代化的一项支撑性的系统工程。没有这样一个系统的规范化的支撑条件，不仅现代科技的协调发展将遇到极大困难，而且在科技日益渗透人们生活各方面、各环节的今天，还将给教育、传播、交流、经贸等多方面带来困难和损害。

全国科技名词委自成立以来，已走过近 20 年的历程，前两任主任钱三强院士和卢嘉锡院士为我国的科技名词统一事业倾注了大量的心血和精力，在他们的正确领导和广大专家的共同努力下，取得了卓著的成就。2002 年，我接任此工作，时逢国家科技、经济飞速发展之际，因而倍感责任的重大；及至今日，全国科技名词委已组建了 60 个学科名词审定分委员会，公布了 50 多个学科的 63 种科技名词，在自然科学、工程技术与社会科学方面均取得了协调发展，科技名词蔚成体系。而且，海峡两岸科技名词对照统一工作也取得了可喜的成绩。对此，我实感欣慰。这些成就无不凝聚着专家学者们的心血与汗水，无不闪烁着专家学者们的集体智慧。历史将会永远铭刻着广大专家学者孜孜以求、精益求精的艰辛劳作和为祖国科技发展做出的奠基性贡献。宋健院士曾在 1990 年全国科技名词委的大会上说过："历史将表明，这个委员会的工作将对中华民族的进步起到奠基性的推动作用。"这个预见性的评价是毫不为过的。

科技名词的规范和统一工作不仅仅是科技发展的基础，也是现代社会信息交流、教育和科学普及的基础，因此，它是一项具有广泛社会意义的建设工作。当今，我国的科学技术已取得突飞猛进的发展，许多学科领域已接近或达到国际前沿水平。与此同时，自然科学、工程技术与社会科学之间交叉融合的趋势越来越显著，科学技术迅速普及到了社会各个层面，科学技术同社会进步、经济发展已紧密地融为一体，并带动着各项事业的发展。所以，不仅科学技术发展本身产生的许多新概念、新名词需要规范和统一，而且由于科学技术的社会化，社会各领域也需要科技名词有一个更好的规范。另一方面，随着香港、澳门的回归，海峡两岸科技、文化、经贸交流不断扩大，祖国实现完全统一更加迫近，两岸科技名词对照统一任务也十分迫切。因而，我们的名词工作不仅对科技发展具有重要的价值和意义，而且在经济发展、社会进步、政治稳定、民族团结、国家统一和繁荣等方面都具有不可替代的特殊价值和意义。

最近，中央提出树立和落实科学发展观，这对科技名词工作提出了更高的要求。

我们要按照科学发展观的要求，求真务实，开拓创新。科学发展观的本质与核心是以人为本，我们要建设一支优秀的名词工作队伍，既要保持和发扬老一辈科技名词工作者的优良传统，坚持真理、实事求是、甘于寂寞、淡泊名利，又要根据新形势的要求，面向未来、协调发展、与时俱进、锐意创新。此外，我们要充分利用网络等现代科技手段，使规范科技名词得到更好的传播和应用，为迅速提高全民文化素质做出更大贡献。科学发展观的基本要求是坚持以人为本，全面、协调、可持续发展，因此，科技名词工作既要紧密围绕当前国民经济建设形势，着重开展好科技领域的学科名词审定工作，同时又要在强调经济社会以及人与自然协调发展的思想指导下，开展好社会科学、文化教育和资源、生态、环境领域的科学名词审定工作，促进各个学科领域的相互融合和共同繁荣。科学发展观非常注重可持续发展的理念，因此，我们在不断丰富和发展已建立的科技名词体系的同时，还要进一步研究具有中国特色的术语学理论，以创建中国的术语学派。研究和建立中国特色的术语学理论，也是一种知识创新，是实现科技名词工作可持续发展的必由之路，我们应当为此付出更大的努力。

当前国际社会已处于以知识经济为走向的全球经济时代，科学技术发展的步伐将会越来越快。我国已加入世贸组织，我国的经济也正在迅速融入世界经济主流，因而国内外科技、文化、经贸的交流将越来越广泛和深入。可以预言，21 世纪中国的经济和中国的语言文字都将对国际社会产生空前的影响。因此，在今后 10 到 20 年之间，科技名词工作就变得更具现实意义，也更加迫切。"路漫漫其修远兮，吾今上下而求索"，我们应当在今后的工作中，进一步解放思想，务实创新、不断前进。不仅要及时地总结这些年来取得的工作经验，更要从本质上认识这项工作的内在规律，不断地开创科技名词统一工作新局面，做出我们这代人应当做出的历史性贡献。

2004 年深秋

卢嘉锡序

科技名词伴随科学技术而生,犹如人之诞生其名也随之产生一样。科技名词反映着科学研究的成果,带有时代的信息,铭刻着文化观念,是人类科学知识在语言中的结晶。作为科技交流和知识传播的载体,科技名词在科技发展和社会进步中起着重要作用。

在长期的社会实践中,人们认识到科技名词的统一和规范化是一个国家和民族发展科学技术的重要的基础性工作,是实现科技现代化的一项支撑性的系统工程。没有这样一个系统的规范化的支撑条件,科学技术的协调发展将遇到极大的困难。试想,假如在天文学领域没有关于各类天体的统一命名,那么,人们在浩瀚的宇宙当中,看到的只能是无序的混乱,很难找到科学的规律。如是,天文学就很难发展。其他学科也是这样。

古往今来,名词工作一直受到人们的重视。严济慈先生 60 多年前说过,"凡百工作,首重定名;每举其名,即知其事"。这句话反映了我国学术界长期以来对名词统一工作的认识和做法。古代的孔子曾说"名不正则言不顺",指出了名实相副的必要性。荀子也曾说"名有固善,径易而不拂,谓之善名",意为名有完善之名,平易好懂而不被人误解之名,可以说是好名。他的"正名篇"即是专门论述名词术语命名问题的。近代的严复则有"一名之立,旬月踟蹰"之说。可见在这些有学问的人眼里,"定名"不是一件随便的事情。任何一门科学都包含很多事实、思想和专业名词,科学思想是由科学事实和专业名词构成的。如果表达科学思想的专业名词不正确,那么科学事实也就难以令人相信了。

科技名词的统一和规范化标志着一个国家科技发展的水平。我国历来重视名词的统一与规范工作。从清朝末年的科学名词编订馆,到 1932 年成立的国立编译馆,以及新中国成立之初的学术名词统一工作委员会,直至 1985 年成立的全国自然科学名词审定委员会(现已改名为全国科学技术名词审定委员会,简称全国名词委),其使命和职责都是相同的,都是审定和公布规范名词的权威性机构。现在,参与全国名词委领导工作的单位有中国科学院、科学技术部、教育部、中国科学技术协会、国家自然科学基金委员会、新闻出版署、国家质量技术监督局、国家广播电影电视总局、国家知识产权局和国家语言文字工作委员会，这些部委各自选派了有关领导干部担任全国名词委的领导，有力地推动科技名词的统一和推广应用工作。

全国名词委成立以后，我国的科技名词统一工作进入了一个新的阶段。在第一任主任委员钱三强同志的组织带领下，经过广大专家的艰苦努力，名词规范和统一工作取得了显著的成绩。1992 年三强同志不幸谢世。我接任后，继续推动和开展这项工作。在国家和有关部门的支持及广大专家学者的努力下，全国名词委 15 年来按学科共组建了 50 多个学科的名词审定分委员会，有 1800 多位专家、学者参加名词审定工作，还有更多的专家、学者参加书面审查和座谈讨论等，形成的科技名词工作队伍规模之大、水平层次之高前所未有。15 年间共审定公布了包括理、工、农、医及交叉学科等各学科领域的名词共计 50 多种。而且，对名词加注定义的工作经试点后业已逐渐展开。另外，遵照术语学理论，根据汉语汉字特点，结合科技名词审定工作实践，全国名词委制定并逐步完善了一套名词审定工作的原则与方法。可以说，在 20 世纪的最后 15 年中，我国基本上建立起了比较完整的科技名词体系，为我国科技名词的规范和统一奠定了良好的基础，对我国科研、教学和学术交流起到了很好的作用。

在科技名词审定工作中，全国名词委密切结合科技发展和国民经济建设的需要，及时调整工作方针和任务，拓展新的学科领域开展名词审定工作，以更好地为社会服务、为国民经济建设服务。近些年来，又对科技新词的定名和海峡两岸科技名词对照统一工作给予了特别的重视。科技新词的审定和发布试用工作已取得了初步成效，显示了名词统一工作的活力，跟上了科技发展的步伐，起到了引导社会的作用。两岸科技名词对照统一工作是一项有利于祖国统一大业的基础性工作。全国名词委作为我国专门从事科技名词统一的机构，始终把此项工作视为自己责无旁贷的历史性任务。通过这些年的积极努力，我们已经取得了可喜的成绩。做好这项工作，必将对弘扬民族文化，促进两岸科教、文化、经贸的交流与发展做出历史性的贡献。

科技名词浩如烟海，门类繁多，规范和统一科技名词是一项相当繁重而复杂的长期工作。在科技名词审定工作中既要注意同国际上的名词命名原则与方法相衔接，又要依据和发挥博大精深的汉语文化，按照科技的概念和内涵，创造和规范出符合科技规律和汉语文字结构特点的科技名词。因而，这又是一项艰苦细致的工作。广大专家学者字斟句酌，精益求精，以高度的社会责任感和敬业精神投身于这项事业。可以说，全国名词委公布的名词是广大专家学者心血的结晶。这里，我代表全国名词委，向所有参与这项工作的专家学者们致以崇高的敬意和衷心的感谢！

审定和统一科技名词是为了推广应用。要使全国名词委众多专家多年的劳动成果——规范名词，成为社会各界及每位公民自觉遵守的规范，需要全社会的理解和支持。国务院和4个有关部委〔国家科委(今科学技术部)、中国科学院、国家教委(今教育部)和新闻出版署〕已分别于1987年和1990年行文全国，要求全国各科研、教学、生产、经营以及新闻出版等单位遵照使用全国名词委审定公布的名词。希望社会各界自觉认真地执行，共同做好这项对于科技发展、社会进步和国家统一极为重要的基础工作，为振兴中华而努力。

值此全国名词委成立15周年、科技名词书改装之际，写了以上这些话。是为序。

卢嘉锡

2000 年夏

钱 三 强 序

科技名词术语是科学概念的语言符号。人类在推动科学技术向前发展的历史长河中，同时产生和发展了各种科技名词术语，作为思想和认识交流的工具，进而推动科学技术的发展。

我国是一个历史悠久的文明古国，在科技史上谱写过光辉篇章。中国科技名词术语，以汉语为主导，经过了几千年的演化和发展，在语言形式和结构上体现了我国语言文字的特点和规律，简明扼要，蓄意深切。我国古代的科学著作，如已被译为英、德、法、俄、日等文字的《本草纲目》、《天工开物》等，包含大量科技名词术语。从元、明以后，开始翻译西方科技著作，创译了大批科技名词术语，为传播科学知识，发展我国的科学技术起到了积极作用。

统一科技名词术语是一个国家发展科学技术所必须具备的基础条件之一。世界经济发达国家都十分关心和重视科技名词术语的统一。我国早在 1909 年就成立了科学名词编订馆，后又于 1919 年中国科学社成立了科学名词审定委员会，1928 年大学院成立了译名统一委员会。1932 年成立了国立编译馆，在当时教育部主持下先后拟订和审查了各学科的名词草案。

新中国成立后，国家决定在政务院文化教育委员会下，设立学术名词统一工作委员会，郭沫若任主任委员。委员会分设自然科学、社会科学、医药卫生、艺术科学和时事名词五大组，聘请了各专业著名科学家、专家，审定和出版了一批科学名词，为新中国成立后的科学技术的交流和发展起到了重要作用。后来，由于历史的原因，这一重要工作陷于停顿。

当今，世界科学技术迅速发展，新学科、新概念、新理论、新方法不断涌现，相应地出现了大批新的科技名词术语。统一科技名词术语，对科学知识的传播，新学科的开拓，新理论的建立，国内外科技交流，学科和行业之间的沟通，科技成果的推广、应用和生产技术的发展，科技图书文献的编纂、出版和检索，科技情报的传递等方面，都是不可缺少的。特别是计算机技术的推广使用，对统一科技名词术语提出了更紧迫的要求。

为适应这种新形势的需要，经国务院批准，1985 年 4 月正式成立了全国自然科学名词审定委员会。委员会的任务是确定工作方针，拟定科技名词术语审定工作计划、实施方案和步骤，组织审定自然科学各学科名词术语，并予以公布。根据国务院授权，委员会审定公布的名词术语，科研、教学、生产、经营以及新闻出版等各部门，均应遵照使用。

全国自然科学名词审定委员会由中国科学院、国家科学技术委员会、国家教育委员会、中国科学技术协会、国家技术监督局、国家新闻出版署、国家自然科学基金委员会分别委派了正、副主任担任领导工作。在中国科协各专业学会密切配合下，逐步建立各专业审定分委员会，并已建立起一支由各学科著名专家、学者组成的近千人的审定队伍，负责审定本学科的名词术语。我国的名词审定工作进入了一个新的阶段。

这次名词术语审定工作是对科学概念进行汉语订名，同时附以相应的英文名称，既有我国语言特色，又方便国内外科技交流。通过实践，初步摸索了具有我国特色的科技名词术语审定的原则与方法，以及名词术语的学科分类、相关概念等问题，并开始探讨当代术语学的理论和方法，以期逐步建立起符合我国语言规律的自然科学名词术语体系。

统一我国的科技名词术语，是一项繁重的任务，它既是一项专业性很强的学术性工作，又涉及亿万人使用习惯的问题。审定工作中我们要认真处理好科学性、系统性和通俗性之间的关系；主科与副科间的关系；学科间交叉名词术语的协调一致；专家集中审定与广泛听取意见等问题。

汉语是世界五分之一人口使用的语言，也是联合国的工作语言之一。除我国外，世界上还有一些国家和地区使用汉语，或使用与汉语关系密切的语言。做好我国的科技名词术语统一工作，为今后对外科技交流创造了更好的条件，使我炎黄子孙，在世界科技进步中发挥更大的作用，做出重要的贡献。

统一我国科技名词术语需要较长的时间和过程，随着科学技术的不断发展，科技名词术语的审定工作，需要不断地发展、补充和完善。我们将本着实事求是的原则，严谨的科学态度做好审定工作，成熟一批公布一批，提供各界使用。我们特别希望得到科技界、教育界、经济界、文化界、新闻出版界等各方面同志的关心、支持和帮助，共同为早日实现我国科技名词术语的统一和规范化而努力。

1992 年 2 月

前　言

在人类发展史中，自从有了交换，就诞生了古代度量衡。人类为了生存和发展，必须认识自然、利用自然和改造自然，而自然界的一切现象或物质，是通过一定"量"来描述和体现的。因此，要认识大千世界和造福人类，就必须通过测量对各种"量"进行认识，既要区分量的性质，又要确定其量值。计量学就是关于测量的学科，由古代度量衡发展而来，涵盖有关测量的理论与实践的各个方面。几千年的科学技术积淀丰富了计量学名词。

计量学名词涉及计量学的基本概念和定义，量大面广，涉及物理学、化学等多个学科，是开展计量工作的基础，其统一性和规范化标志着我国计量工作的发展水平。随着科学技术发展，新理论、新技术、新方法不断涌现，产生了大量的、新的计量学名词。为了对新出现的名词予以正名赋义，淘汰使用频率低的旧名词，方便国内外科技交流以及与其他学科沟通，经全国科学技术名词审定委员会同意，受国家质量监督检验检疫总局委托，中国计量测试学会成立了计量学名词审定委员会，负责《计量学名词》的起草和审定工作。

计量学名词审定委员会于 2005 年 4 月召开第一次全体委员会议，审定"计量学名词收词原则和审定框架"，制订工作计划，明确委员分工。2005 年 7 月召开第二次全体委员会议，审查《计量学名词》第一稿，修改后形成了第二稿。在全国范围内，请各专业计量技术委员会及有经验的专家进行审查，修改后形成第三稿，期间安排了若干次工作小组审定会和相关学科的小型协调会。2006 年 2 月召开第三次全体委员会议，审查第三稿，修改后形成第四稿。2007 年经过多次召开专家和部分委员会议，进一步审查了第四稿中的各个章节，形成了第五稿。2008 年，召开小组审定会和相关专业协调会，经计量学名词审定委员会主任审查汇总后，形成送审稿。全国科学技术名词审定委员会对该稿进行查重，并与相关的学科进行协调，以确保计量学名词的准确性。2008 年 12 月至 2009 年 1 月由全国科学技术名词审定委员会委托金国藩、周立伟、叶声华、李志江、温昌斌等专家进行复审，根据专家复审的意见再次进行修改，形成报批稿。2009 年和 2010 年以报批稿为基础开展了海峡两岸计量学名词对照工作。2011 年 1 月和 2013 年 6 月，根据国家质量监督检验检疫总局颁布的国家计量技术规范《通用计量术语及定义》，对报批稿的部分词条进行了修订。最后由全国科学技术名词审定委员会审查、批准、公布。

2015 年版《计量学名词》分为 15 部分，共 3 606 条，每一条名词给出了定义或注释。其中词条从有关计量的国际建议、国际文件、国际标准、国家计量技术规范、国家标准、行业标准和其他有关文献、论文中选取，专业覆盖面广，并注意选收和增补科学概念清楚、相对稳定的计量新名词，因此基本上能满足计量学科的需要。

为确保《计量学名词》的质量水准，先后邀请了数十位专家对相关专业的名词进行审查和校核。王秦平理事长、金国藩院士、周立伟院士、叶声华院士、庄松林院士、李同保院士、张钟华院士、李天初院士、陆祖良首席研究员和王顺安秘书长参加了计量学名词的审查和校核工作。叶德培、陈红、肖明耀、罗振之、戴润生、李春琴、刘青、倪育才、王为农、刘文斌、施昌彦、王均国、李庆忠、何力、徐晓梅、王池、王子刚、屠立猛、陈剑林、边文平、段宇宁、原遵东、陈伟昕、蔡新泉、邵海明、何昭、马凤鸣、谢毅、张爱敏、李在清、李晓滨、林延东、钱旭风、郭洪涛、潘秀荣、赵敏、何雅娟、卢晓华、郑春蓉（以上专家按所审查的章节顺序排列）等众多专家参与了有关部分的审查和校核。

由于计量学科发展迅速，审定工作难度大，本次公布的名词难免有不足之处，我们殷切希望各界人士在使用过程中多赐宝贵意见，以便今后不断修改、增补，使之日臻完善。

计量学名词审定委员会

2013 年 12 月

编 排 说 明

一、本书公布的是计量学基本名词，共 3 606 条，每条名词均给出了定义或注释。

二、全书分 15 部分：计量学通用名词，几何量，质量、密度、衡器，力值、硬度，振动、冲击、转速，容量、流量，压力、真空，声学，温度，电磁，无线电，时间、频率，光学，电离辐射，化学。

三、正文按汉文名所属学科的相关概念体系排列。汉文名后给出了与该词概念相对应的英文名。

四、每个汉文名都附有相应的定义或注释。定义一般只给出其基本内涵，注释则扼要说明其特点。当一个汉文名有不同的概念时，则用（1）、（2）……表示。

五、一个汉文名对应几个英文同义词时，英文词之间用"，"分开。

六、凡英文词的首字母大、小写均可时，一律小写；英文除必须用复数者，一般用单数形式。

七、"[ ]"中的字为可省略的部分。

八、主要异名和释文中的条目用楷体表示。"全称""简称"是与正名等效使用的名词；"又称"为非推荐名，只在一定范围内使用；"俗称"为非学术用语；"曾称"为被淘汰的旧名。

九、正文后所附的英汉索引按英文字母顺序排列；汉英索引按汉语拼音顺序排列。所示号码为该词在正文中的序码。索引中带"＊"者为规范名的异名或释文中出现的条目。

目　录

01. 计量学通用名词

01.01 量 和 单 位

01.001 量 quantity
现象、物体或物质的特性，其大小可用一个数和一个参照对象表示。

01.002 同类量 quantity of the same kind
可按彼此相对大小排序的量。

01.003 量制 system of quantities
彼此间由非矛盾方程联系起来的一组量。

01.004 国际量制 International System of Quantities, ISQ
与联系各量的方程一起作为国际单位制基础的量制。

01.005 基本量 base quantity
在给定量制中约定选取的一组不能用其他量表示的量。

01.006 导出量 derived quantity
量制中由基本量定义的量。

01.007 量纲 dimension of a quantity
给定量对量制中各基本量的一种依从关系，用与基本量相应的因子的幂的乘积去掉所有数字因子后的部分表示。

01.008 量纲为一的量 quantity of dimension one
又称"无量纲量（dimensionless quantity）"。在其量纲表达式中与基本量相对应的因子的指数均为零的量。

01.009 测量单位 measurement unit, unit of measurement
简称"单位（unit）"，又称"计量单位"。根据约定定义和采用的标量，任何其他同类量可与其比较使两个量之比用一个数表示。

01.010 测量单位符号 symbol of measurement unit, symbol of unit of measurement
又称"计量单位符号"。表示测量单位的约定符号。

01.011 量值 quantity value, value of quantity
简称"值（value）"。用数和参照对象一起表示的量的大小。参照对象可以是测量单位、测量程序或标准物质。

01.012 基本单位 base unit
对于基本量，约定采用的测量单位。

01.013 导出单位 derived unit
导出量的测量单位。

01.014 一贯导出单位 coherent derived unit
对于给定量制和选定的一组基本单位，由比例因子为 1 的基本单位的幂的乘积表示的导出单位。

01.015 单位制 system of units
全称"计量单位制（system of measurement units）"。对于给定量制的一组基本单位、导出单位、其倍数单位和分数单位及使用这些单位的规则。

01.016　一贯单位制　coherent system of units
在给定量制中，每个导出量的测量单位均为一贯导出单位的单位制。

01.017　国际单位制　International System of Units, SI
由国际计量大会(CGPM)批准采用的基于国际量制的单位制，包括单位名称和符号、词头名称和符号及其使用规则。国际单位制的七个基本量和相应基本单位的名称和符号见下表：

基本量	基本单位	
名称	名称	符号
长度	米	m
质量	千克(公斤)	kg
时间	秒	s
电流	安[培]	A
热力学温度	开[尔文]	K
物质的量	摩[尔]	mol
发光强度	坎[德拉]	cd

01.018　制外测量单位　off-system measurement unit
简称"制外单位(off-system unit)"，又称"制外计量单位"。不属于给定单位制的测量单位。

01.019　倍数单位　multiple of a unit
给定测量单位乘以大于1的整数得到的测量单位。

01.020　分数单位　submultiple of a unit
给定测量单位除以大于1的整数得到的测量单位。

01.021　法定计量单位　legal unit of measurement
国家法律、法规规定使用的测量单位。

01.022　约定量值　conventional quantity value
简称"约定值(conventional value)"，又称"量的约定值(conventional value of quantity)"。对于给定目的，由协议赋予某量的量值。

01.023　量的数值　numerical quantity value, numerical value of quantity
简称"数值(numerical value)"。量值表示中的数，而不是参照对象的任何数字。

01.024　量方程　quantity equation
给定量制中各量之间的数学关系，与测量单位无关。

01.025　单位方程　unit equation
基本单位、一贯导出单位或其他测量单位间的数学关系。

01.026　数值方程　numerical value equation
全称"量的数值方程(numerical value equation of quantity)"。基于给定的量方程和特定的测量单位，联系各量的数值间的数学关系。

01.027　单位间换算因子　conversion factor between units
两个同类量的测量单位之比。

01.028　序量　ordinal quantity
由约定测量程序定义的量。与同类的其他量可按大小排序，但这些量之间无代数运算关系。

01.029　量的真值　true value of a quantity
简称"真值(true value)"。与量的定义一致的量值。

01.030 量–值标尺 quantity-value scale
又称"测量标尺(measurement scale)"。给定种类量的一组按大小有序排列的量值。

01.031 序量–值标尺 ordinal quantity-value scale
又称"序值标尺(ordinal value scale)"。序量

的量–值标尺。

01.032 约定参考标尺 conventional reference scale
由正式协议规定的量–值标尺。

01.033 标称特性 nominal property
不以大小区分的现象、物体或物质的特性。

01.02 测 量

01.034 测量 measurement
通过实验获得并可合理赋予某量一个或多个量值的过程。

01.035 计量学 metrology
研究测量及其应用的学科。包括测量的理论及其不论测量不确定度大小的所有应用领域。

01.036 计量 metrology
实现单位统一、量值准确可靠的活动。

01.037 被测量 measurand
拟测量的量。

01.038 测量原理 measurement principle
用作测量基础的现象。现象可以是物理现象、化学现象或生物现象。

01.039 测量方法 measurement method
对测量过程中使用的操作所给出的逻辑性安排的一般性描述。

01.040 测量程序 measurement procedure
根据一种或多种测量原理及给定的测量方法,在测量模型和获得测量结果所需计算的基础上,对测量所做的详细描述。

01.041 参考测量程序 reference measurement procedure
在校准或表征标准物质时为提供测量结果所采用的测量程序。适用于评定由同类量的其他测量程序获得的被测量量值的测量正确度。

01.042 原级参考测量程序 primary reference measurement procedure
简称"原级参考程序(primary reference procedure)"。用于获得与同类量测量标准没有关系的测量结果所用的参考测量程序。

01.043 测量结果 measurement result, result of measurement
与其他有用的相关信息一起赋予被测量的一组量值。

01.044 测得的量值 measured quantity value, measured value of a quantity
简称"测得值(measured value)"。代表测量结果的量值。

01.045 测量模型 measurement model, model of measurement
简称"模型(model)"。测量中涉及的所有已知量间的数学关系。

01.046   测量函数   measurement function
在测量模型中，由输入量的已知量值计算得到的值是输出量的测得值时，输入量与输出量之间的函数关系。

01.047   测量模型输入量   input quantity in a measurement model
简称"输入量(input quantity)"。为计算被测量的测得值而必须测量的，或其值可用其他方式获得的量。

01.048   测量模型输出量   output quantity in a measurement model
简称"输出量(output quantity)"。用测量模型中输入量的值计算得到的测得值的量。

01.049   测量不确定度   measurement uncertainty, uncertainty of measurement
简称"不确定度(uncertainty)"。根据所用到的信息，表征赋予被测量量值分散性的非负参数。

01.050   目标不确定度   target uncertainty
全称"目标测量不确定度(target measurement uncertainty)"。根据测量结果的预期用途，规定为上限的测量不确定度。

01.051   定义的不确定度   definitional uncertainty
由于被测量定义中细节量有限所引起的测量不确定度分量。

01.052   测量不确定度 A 类评定   type A evaluation of measurement uncertainty
简称"A 类评定(type A evaluation)"。对在规定测量条件下测得的量值用统计分析的方法进行的测量不确定度分量的评定。规定测量条件是指重复性测量条件、期间精密度测量条件或复现性测量条件。

01.053   测量不确定度 B 类评定   type B evaluation of measurement uncertainty
简称"B 类评定(type B evaluation)"。用不同于测量不确定度 A 类评定的方法对测量不确定度分量进行的评定。

01.054   标准不确定度   standard uncertainty
全称"标准测量不确定度(standard measurement uncertainty)"。以标准偏差表示的测量不确定度。

01.055   相对标准不确定度   relative standard uncertainty
全称"相对标准测量不确定度(relative standard measurement uncertainty)"。标准不确定度除以测得值的绝对值。

01.056   合成标准不确定度   combined standard uncertainty
全称"合成标准测量不确定度(combined standard measurement uncertainty)"。由一个测量模型中各输入量的标准测量不确定度获得的输出量的标准测量不确定度。在测量模型中的输入量相关的情况下，当计算合成标准不确定度时必须考虑协方差。

01.057   扩展不确定度   expanded uncertainty
全称"扩展测量不确定度(expanded measurement uncertainty)"。合成标准不确定度与一个大于 1 的数字因子的乘积。

01.058   包含因子   coverage factor
为获得扩展不确定度，对合成标准不确定度所乘的大于 1 的数。

01.059   包含区间   coverage interval
基于可获得的信息确定的包含被测量一组值的区间，被测量值以一定概率落在该区间内。

01.060 包含概率 coverage probability

在规定的包含区间内包含被测量的一组值的概率。

01.061 不确定度报告 uncertainty budget

对测量不确定度的陈述，包括测量不确定度的分量及其计算和合成。

01.062 校准 calibration

在规定条件下的一组操作。第一步是确定由测量标准提供的量值与相应示值之间的关系，第二步是用此信息确定由示值获得测量结果的关系。这里测量标准提供的量值与相应示值都具有测量不确定度。校准可以用文字说明、校准函数、校准图、校准曲线或校准表格的形式表示。某些情况下，可以包含示值的具有测量不确定度的修正值或修正因子。

01.063 校准图 calibration diagram

表示示值与对应测量结果间关系的图形。

01.064 校准曲线 calibration curve

表示示值与对应测得值间关系的曲线。

01.065 校准等级序列 calibration hierarchy

从参照对象到最终测量系统之间校准的次序，其中每一等级校准的结果取决于前一等级校准的结果。

01.066 计量溯源性 metrological traceability

通过文件规定的不间断的校准链，将测量结果与参照对象联系起来的特性。校准链中的每项校准均会引入测量不确定度。

01.067 计量溯源链 metrological traceability chain

简称"溯源链(traceability chain)"。用于将测量结果与参照对象联系起来的测量标准和校准的次序。

01.068 向测量单位的计量溯源性 metrological traceability to a measurement unit

参照对象是实际实现的测量单位定义时的计量溯源性。

01.069 比对 comparison

在规定条件下，对相同准确度等级或指定不确定度范围的同种测量仪器复现的量值之间比较的过程。

01.070 测量结果的计量可比性 metrological comparability of measurement results

简称"计量可比性(metrological comparability)"。对于可计量溯源到相同参照对象的某类量，其测量结果间可比较的特性。

01.071 测量结果的计量兼容性 metrological compatibility of measurement results

简称"计量兼容性(metrological compatibility)"。规定的被测量的一组测量结果的特性，该特性为两个不同测量结果的任何一对测得值之差的绝对值小于该差值的标准不确定度的某个选定倍数。

01.072 影响量 influence quantity

在直接测量中不影响实际被测的量，但会影响示值与测量结果关系的量。

01.073 影响量引起的变差 variation due to an influence quantity

当影响量依次呈现两个不同的量值时，给定被测量的示值差或实物量具提供的量值差。

01.074 测量准确度 measurement accuracy,

accuracy of measurement

简称"准确度(accuracy)"。被测量的测得值与其真值间的一致程度。

01.075 **测量正确度** measurement trueness, trueness of measurement

简称"正确度(trueness)"。无穷多次重复测量所得量值的平均值与一个参考量值间的一致程度。

01.076 **测量精密度** measurement precision

简称"精密度(precision)"。在规定条件下，对同一或类似被测对象重复测量所得示值或测得值间的一致程度。

01.077 **期间精密度测量条件** intermediate precision condition of measurement

简称"期间精密度条件(intermediate precision condition)"。除了相同测量程序、相同地点，以及在一个较长时间内对同一或相类似被测对象重复测量的一组测量条件外,还可包括涉及改变的其他条件。

01.078 **期间测量精密度** intermediate measurement precision

简称"期间精密度(intermediate precision)"。在一组期间精密度测量条件下的测量精密度。

01.079 **重复性测量条件** repeatability condition of measurement

简称"重复性条件(repeatability condition)"。相同测量程序、相同操作者、相同测量系统、相同操作条件和相同地点，并在短时间内对同一或相类似被测对象重复测量的一组测量条件。

01.080 **测量重复性** measurement repeatability

简称"重复性(repeatability)"。在重复性测量条件下的测量精密度。

01.081 **复现性测量条件** reproducibility condition of measurement

简称"复现性条件(reproducibility condition)"。不同地点、不同操作者、不同测量系统，对同一或相类似被测对象重复测量的一组测量条件。

01.082 **测量复现性** measurement reproducibility

简称"复现性(reproducibility)"。在复现性测量条件下的测量精密度。

01.083 **测量误差** measurement error, error of measurement

简称"误差(error)"。测得的量值减去参考量值。

01.084 **随机测量误差** random measurement error

简称"随机误差(random error)"。在重复测量中按不可预见方式变化的测量误差的分量。

01.085 **系统测量误差** systematic measurement error

简称"系统误差(systematic error)"。在重复测量中保持恒定不变或按可预见方式变化的测量误差的分量。

01.086 **测量偏移** measurement bias

简称"偏移(bias)"。系统测量误差的估计值。

01.087 **相对误差** relative error

测量误差除以被测量的真值。

01.088 **实验标准偏差** experimental standard deviation

简称"实验标准差"。对同一被测量做 n 次测量，表征测量结果分散性的量。用符号 s 表示。

01.089 修正 correction
对估计的系统误差的补偿。

01.090 未修正结果 uncorrected result
系统误差修正前的测量结果。

01.091 已修正结果 corrected result
系统误差修正后的测量结果。

01.03 测 量 设 备

01.092 测量仪器 measuring instrument
又称"计量器具"。单独或者与一个或多个辅助设备组合，用于进行测量的装置。

01.093 实物量具 material measure
具有所赋量值，使用时以固定形态复现或提供一个或多个量值的测量仪器。

01.094 测量传感器 measuring transducer
用于测量的，提供与输入量有确定关系的输出量的器件或器具。

01.095 测量链 measuring chain
从敏感器到输出单元构成的单一信号通道测量系统中的单元系列。

01.096 测量系统 measuring system
一套组装的并适用于特定量在规定区间内给出测得值信息的一台或多台测量仪器，通常还包括其他装置，诸如试剂和电源。

01.097 指示式测量仪器 indicating measuring instrument
提供带有被测量量值信息的输出信号的测量仪器。

01.098 显示式测量仪器 displaying measuring instrument
输出信号以可视形式表示的指示式测量仪器。

01.099 敏感器 sensor
测量系统中直接受带有被测量信息的现象、物体或物质作用的测量系统的元件。

01.100 检测器 detector
当超过关联量的阈值时，指示存在某现象、物体或物质的装置或物质。

01.101 显示器 displayer
显示示值的测量仪器部件。

01.102 记录器 recorder
提供示值记录的测量仪器部件。

01.103 指示器 index
根据相对于标尺标记的位置即可确定示值的，显示单元中固定的或可动的部件。

01.104 测量仪器的标尺 scale of a measuring instrument
简称"标尺（scale）"。测量仪器显示单元的部件，由一组有序的带数码的标记构成。

01.105 标尺长度 scale length
在给定标尺上，始末两条标尺标记之间且通过全部最短标尺标记各中点的光滑连线的长度。

01.106 标尺分度 scale division
标尺上任何两相邻标尺标记之间的部分。

01.107 标尺间距 scale spacing
沿着标尺长度的同一条线测得的两相邻标尺标记间的距离。

01.108 标尺间隔 scale interval
对应两相邻标尺标记的两个值之差。

01.109 测量系统的调整 adjustment of a measuring system
简称"调整(adjustment)"。为使测量系统提供相应于给定被测量值的指定示值,在测量系统上进行的一组操作。

01.110 测量系统的零位调整 zero adjustment of a measuring system
简称"零位调整(zero adjustment)"。为使测量系统提供相应于被测量为零值的零示值,对测量系统进行的调整。

01.04 测量仪器特性

01.111 示值 indication
由测量仪器或测量系统给出的量值。

01.112 空白示值 blank indication
又称"本底示值(background indication)"。假定所关注的量不存在或对示值没有贡献,而从类似于被研究的量的现象、物体或物质中所获得的示值。

01.113 示值区间 indication interval
极限示值界限内的一组量值。

01.114 标称示值区间 nominal indication interval
简称"标称区间(nominal interval)"。当测量仪器或测量系统调节到特定位置时获得并用于指明该位置的、化整或近似的极限示值所界定的一组量值。在某些领域,标称示值区间又称"标称范围(nominal range)"。

01.115 标称示值区间的量程 range of a nominal indication interval, span of a nominal indication interval
标称示值区间两极限量值之差的绝对值。

01.116 标称量值 nominal quantity value
简称"标称值(nominal value)"。测量仪器或测量系统特征量的经化整的值或近似值,以便为适当使用提供指导。

01.117 测量区间 measuring interval
又称"工作区间(working interval)"。在规定条件下,由具有一定的仪器不确定度的测量仪器或测量系统能够测量出的一组同类量的量值。在某些领域,又称"测量范围(measuring range)"或"工作范围(working range)"。

01.118 稳态工作条件 steady state operating condition
为使由校准所建立的关系保持有效,测量仪器或测量系统的工作条件,即使被测量随时间变化。

01.119 额定工作条件 rated operating condition
为使测量仪器或测量系统按设计性能工作,在测量时必须满足的工作条件。

01.120 极限工作条件 limiting operating condition
为使测量仪器或测量系统所规定的计量特性不受损害也不降低,其后仍可在额定工作条件下工作，所能承受的极端工作条件。

01.121 参考工作条件 reference operating condition
简称"参考条件(reference condition)"。为测量仪器或测量系统的性能评价或测量结果的相互比较而规定的工作条件。

01.122 测量系统的灵敏度 sensitivity of a measuring system
简称"灵敏度(sensitivity)"。测量系统的示值变化除以相应的被测量值变化所得的商。

01.123 分辨力 resolution
引起相应示值产生可觉察到变化的被测量的最小变化。

01.124 显示装置的分辨力 resolution of a displaying device
能有效辨别的显示示值间的最小差值。

01.125 鉴别阈 discrimination threshold
引起相应示值不可检测到变化的被测量值的最大变化。

01.126 死区 dead band
当被测量值双向变化时，相应示值不产生可检测到的变化的最大区间。

01.127 测量仪器的稳定性 stability of a measuring instrument
简称"稳定性(stability)"。测量仪器保持其计量特性随时间恒定的能力。

01.128 测量系统的选择性 selectivity of a measuring system
简称"选择性(selectivity)"。测量系统按规定的测量程序使用并提供一个或多个被测量的测得值时，使每个被测量的值与其他被

测量或所研究的现象、物体或物质中的其他量无关的特性。

01.129 仪器偏移 instrument bias
重复测量示值的平均值减去参考量值。

01.130 仪器漂移 instrument drift
由于测量仪器计量特性的变化引起的示值在一段时间内的连续或增量变化。

01.131 示值误差 error of indication
测量仪器示值与对应输入量的参考量值之差。

01.132 仪器的测量不确定度 instrumental measurement uncertainty
由所用的测量仪器或测量系统引起的测量不确定度的分量。

01.133 零的测量不确定度 null measurement uncertainty
测得值为零时的测量不确定度。

01.134 准确度等级 accuracy class
在规定工作条件下，符合规定的计量要求、使测量误差或仪器不确定度保持在规定极限内的测量仪器或测量系统的等别或级别。

01.135 最大允许测量误差 maximum permissible measurement error
简称"最大允许误差(maximum permissible error)"，又称"误差限(limit of error)"。对给定的测量、测量仪器或测量系统，由规范或规程所允许的，相对于已知参考量值的测量误差的极限值。

01.136 基值测量误差 datum measurement error
简称"基值误差(datum error)"。在规定的测得值上测量仪器或测量系统的测量误差。

01.137　零值误差　zero error

测得值为零值时的基值测量误差。

01.138　固有误差　intrinsic error

又称"基本误差"。在参考条件下确定的测量仪器或测量系统的误差。

01.139　引用误差　fiducial error

测量仪器或测量系统的示值误差除以仪器的特定值。

01.05　测量标准

01.140　测量标准　measurement standard, etalon

具有确定的量值和相关联的测量不确定度、实现给定量定义的参照对象。

01.141　国际测量标准　international measurement standard

由国际协议签约方承认的并旨在世界范围使用的测量标准。

01.142　国家测量标准　national measurement standard

简称"国家标准(national standard)"。经国家权威机构承认,在一个国家或经济体内作为同类量的其他测量标准定值依据的测量标准。

01.143　原级测量标准　primary measurement standard

简称"原级标准(primary standard)"。使用原级参考测量程序或约定选用的一种人造物品建立的测量标准。

01.144　次级测量标准　secondary measurement standard

简称"次级标准(secondary standard)"。通过用同类量的原级测量标准对其进行校准而建立的测量标准。

01.145　参考测量标准　reference measurement standard

简称"参考标准(reference standard)"。在给定组织或给定地区内指定用于校准或检定同类量其他测量标准的测量标准。

01.146　工作测量标准　working measurement standard

简称"工作标准(working standard)"。用于日常校准或检定测量仪器或测量系统的测量标准。

01.147　搬运式测量标准　traveling measurement standard

简称"搬运式标准(traveling standard)"。提供在不同地点间传送、有时具有特殊结构的测量标准。

01.148　传递测量装置　transfer measurement device

简称"传递装置(transfer device)"。在测量标准比对中用作媒介的装置。

01.149　本征测量标准　intrinsic measurement standard

简称"本征标准(intrinsic standard)"。基于现象或物质固有和可复现的特性建立的测量标准。

01.150　核查装置　check device

用于日常验证测量仪器或测量系统性能的装置。有时也称"核查标准"。

01.151　测量标准的保持　conservation of a

measurement standard

为使测量标准的计量性能保持在规定极限内所必须的一组操作。

01.152　校准器　calibrator
用于校准的测量标准。

01.153　参考物质　reference material, RM
又称"标准物质"。具有足够均匀和稳定特性的物质,其特征被证实适用于测量中或标称特性检查中的预期用途。

01.154　有证标准物质　certified reference material, CRM
附有由权威机构发布的文件,提供使用有效程序获得的具有不确定度和溯源性的一个或多个特性量值的标准物质。

01.155　标准物质互换性　commutability of a

reference material

对于给定标准物质的规定量,由两个给定测量程序所得测量结果之间关系与另一个指定物质所得测量结果之间关系一致程度表示的标准物质特性。

01.156　参考数据　reference data
由鉴别过的来源获得,并经严格评价和准确性验证的,与现象、物体或物质特性有关的数据,或与已知化合物成分或结构系统有关的数据。

01.157　标准参考数据　standard reference data
由公认的权威机构发布的参考数据。

01.158　参考量值　reference quantity value
简称"参考值(reference value)"。用作与同类量的值进行比较的基础的量值。

01.06　法　制　计　量

01.159　法制计量　legal metrology
为满足法定要求,由有资格的机构进行的涉及测量、测量单位、测量仪器、测量方法和测量结果的计量活动。是计量学的一部分。

01.160　计量法　law on metrology
定义法定计量单位、规定法制计量任务及其运作的基本架构的法律。

01.161　计量保证　metrological assurance
在法制计量中用于保证测量结果可信性的所有法规、技术手段和必要的活动。

01.162　法制计量控制　legal metrological control
用于计量保证的全部法制计量活动。

01.163　测量仪器的法制控制　legal control of measuring instrument
针对测量仪器所规定的法定活动的总称,如型式批准、检定等。

01.164　计量监督　metrological supervision
为检查测量仪器是否遵守计量法律、法规要求并正确使用对测量仪器的制造、进口、安装、使用、维护和维修所实施的控制。

01.165　计量鉴定　metrological expertise
以举证为目的的所有操作,如参照相应的法定要求,为法庭证实测量仪器的状态并确定其计量性能,或者评价公证用的检测数据的正确性。

01.166　型式评价　pattern evaluation, type evaluation

根据文件要求对测量仪器指定型式的一个或多个样品的性能所进行的系统检查和试验，并将其结果写入报告中，以确定是否可对该型式予以批准。

01.167　型式评价报告　type evaluation report

型式评价中对代表一种型式的一个或多个样本进行检测结果的报告。根据规定的格式编写并给出是否符合规定要求的结论。

01.168　型式批准　pattern approval

根据型式评价报告所做出符合法律规定的决定，确定该测量仪器的型式符合相关的法定要求并适用于规定领域，以期它能在规定的期间内提供可靠的测量结果。

01.169　有限型式批准　pattern approval with limited effect

受到一个或多个特别限制的测量仪器的型式批准。

01.170　批准型式符合性检查　examination for conformity with approval type

为查明测量仪器是否与批准的型式相符而进行的检查。

01.171　型式批准的承认　recognition of type approval

自愿地或根据双边或多边协议所做出的法制性决定，一方承认另一方进行的型式批准符合相关法规的要求，不再颁发新的型式批准证书。

01.172　型式批准的撤销　withdrawal of type approval

取消已批准的型式的决定。

01.173　测量仪器的合格评定　conformity assessment of a measuring instrument

为确认单台仪器、一个仪器批次或一个产品系列是否符合该仪器型式的全部法定要求而对测量仪器进行的试验和评价。

01.174　预检查　preliminary examination

对在安装地点才能完成全部检定的测量仪器进行特定部件的部分检查，或对测量仪器特定部件在装配前的检查。

01.175　测量仪器的检定　verification of a measuring instrument

又称"计量器具的检定""计量检定(metro-logical verification)"。查明和确认测量仪器符合法定要求的活动。包括检查、加标记和(或)出具检定证书。

01.176　抽样检定　verification by sampling

以同一批次测量仪器中按统计方法随机选取适当数量样品进行检定的结果，作为该批次仪器检定结果的检定。

01.177　首次检定　initial verification

对未被检定过的测量仪器进行的检定。

01.178　后续检定　subsequent verification

测量仪器在首次检定后的任何一种检定，包括强制周期检定和修理后检定。

01.179　强制周期检定　mandatory periodic verification

根据规程规定的周期和程序，对测量仪器定期进行的一种后续检定。

01.180　自愿检定　voluntary verification

并非由于强制要求而申请的任何一种检定。

01.181　仲裁检定　arbitrate verification

用计量基准或社会公用计量标准进行的以

裁决为目的的检定活动。

01.182　检定的承认　recognition of verification

自愿地或根据双边或多边协议,一方承认另一方签发的检定证书和(或)检定标记符合相关规定的要求所做出的法律上的决定。

01.183　测量仪器的禁用　rejection of a measuring instrument

需要强制检定的测量仪器不符合规定的要求,禁止其用于强制检定的应用领域的决定。

01.184　测量仪器的监督检查　inspection of a measuring instrument

为验证使用中的测量仪器符合要求所做的检查。

01.185　[加]标记　marking

施加在测量仪器上的一个或多个标记。如检定标记、禁用标记、封印标记和型式批准标记等。

01.186　检定标记　verification mark

施加于测量仪器上证明其已经检定并符合要求的标记。

01.187　禁用标记　rejection mark

以明显的方式施加于测量仪器上表明其不符合法定要求的标记。

01.188　封印标记　sealing mark

用于防止对测量仪器进行任何未经授权的修改、再调整或拆除部件等的标记。

01.189　型式批准标记　type approval mark

施加于测量仪器上用于证明该仪器已通过型式批准的标记。

01.190　型式批准证书　type approval certifi-

cate

证明型式批准已获通过的文件。

01.191　检定证书　verification certificate

证明测量仪器已经检定并符合相关法定要求的文件。

01.192　计量鉴定证书　metrological expertise certificate

以举证为目的,由授权机构发布和注册的文件,该文件说明进行计量鉴定的条件和所做的调查报告及获得的结果。

01.193　不合格通知书　rejection notice

说明测量仪器被发现不符合或不再符合相关法定要求的文件。

01.194　法定受控的测量仪器　legally controlled measuring instrument

符合法定计量规定要求的测量仪器。

01.195　可接受检定的测量仪器　measuring instrument acceptable for verification

型式已获批准或满足相关规范可免予型式批准的测量仪器。

01.196　获准型式　approved type

获准可作为法定使用测量仪器的已确定型号或系列,并由颁发的型式批准证书确认。

01.197　获准型式的样本　specimen of an approved type

获准型式的测量仪器或与其相关文件一起,用作检查其他测量仪器是否符合获准型式的参照物。

01.198　预包装商品　products in prepackage

销售前用包装材料或者包装容器及浸泡液将商品包装好,并有预先确定的量值(或者数值)的商品。

01.199　定量包装商品　prepackage goods
以销售为目的,在一定量限范围内具有统一的质量、体积、长度、面积、计数标注等标识内容的批量预包装商品。

01.200　定量包装商品净含量　net contain of prepackage goods
定量包装商品中除去包装容器和其他包装材料或浸泡液后内装商品的量。

01.201　期间核查　intermediate check
根据规定程序,为了确定测量标准或其他测量仪器是否保持其原有检定或校准状态而进行的操作。

01.202　国家计量检定规程　national regulation for metrological verification
由国家计量主管部门组织制定并批准颁布,在全国范围内施行,作为计量器具特性评定和法制管理的计量技术法规。

01.203　计量确认　metrological confirmation
为确保测量设备处于满足预期使用要求的状态所需要的一组操作。

01.204　测量管理体系　measurement management system
为实现计量确认和测量过程的连续控制而必需的一组相关的或相互作用的要素。

01.205　溯源等级图　hierarchy scheme
一种代表等级顺序的框图,用以表明测量仪器的计量特性及其与给定量的测量标准之间的关系。

01.206　国家溯源等级图　national hierarchy scheme
在一个国家内,对给定量的测量仪器有效的一种溯源等级图,包括推荐(或允许)的比较方法或手段。

01.207　国家计量检定等级图　national scheme for metrological verification
通过规定的测量方法将计量基准的量值通过各等级计量标准传递到工作计量器具的法定程序。

01.208　量值传递　dissemination of the value of quantity
通过对测量仪器的校准或检定,将国家测量标准所实现的单位量值通过各等级的测量标准传递到工作测量仪器的活动。以保证测量所得的量值准确一致。

02. 几 何 量

02.01 基 础 名 词

02.001　几何量　geometrical quantity
以计量学为基础的,表示几何要素空间位置、形状与大小的量。

02.002　米　meter
国际单位制长度量的单位,符号为 m。1983年第 17 届国际计量大会通过的"米"定义:米是光在真空中 1/299 792 458 s 的时间间隔内所行进的路程长度。

02.003　弧度　radian
国际单位制中平面角的单位，符号为 rad。当一个圆内两条半径在圆周上截取的弧长与半径相等时，这两条半径之间的平面角为 1 rad。

02.004　测量空间　measuring volume
几何量测量中，表示测量仪器测量范围的三维尺寸。

02.005　平面角　angle, plane angle
两条相交射线在其公共平面内，射线方向之间的夹角。

02.006　周角　perigon
射线在平面内绕起点旋转一周对应的角。周角为 2π rad。

02.007　阿贝原则　Abbe principle
长度测量时，被测长度应与标准长度轴线相重合，或者在其延长线上，以减小测量误差。

02.008　最小变形原则　principle of minimum deformation
为保证测量结果的准确度，测量过程中应尽可能使各种原因引起的变形最小。

02.009　圆周封闭原则　principle of perigon error close
周角内分度间隔误差的总和为零。

02.010　自准直原理　autocollimation principle
物镜焦平面上的物点经过物镜发出平行光束，此光束经反射平面原路反射回来重新进入物镜后，在物镜焦平面上形成的像点与物点重合的原理。

02.011　艾里点　Airy points
对全长为 $L(L > 100\mathrm{mm})$ 的密度均匀、截面形状一致的棒状体，在距两端面各为 $0.211L$ 处的两支承点。当量块支承于艾里点时，因量块自重所引起的两工作面的平行度变化最小。

02.012　贝塞尔点　Bessel points
对全长为 L 的密度均匀、截面形状一致的棒状体，在距两端面各为 $0.2203L$ 处的两支承点。当线纹尺支承于贝塞尔点时，在刻线尺的中性面上，因尺子自重所引起的长度变化最小。

02.013　热膨胀系数　thermal expansion coefficient
表征物体受热或受冷时长度或体积变化的程度。

02.014　热响应时间　thermal response time, soak-out time
从环境温度发生特定的突然变化到物体的温度达到并保持在其最终稳定值附近规定限度范围内的时间间隔。

02.02　几何要素及算法评价

02.015　几何要素　geometrical feature
点、线或面。

02.016　组成要素　integral feature
面或面上的线。

02.017　导出要素　derived feature
由一个或几个组成要素得到的中心点、中心线或中心面。如球心是由球面得到的导出要素，该球面为组成要素；圆柱的中心线是由圆柱面得到的导出要素，该圆柱面为组成要素。

02.018 实际要素 real feature

全称"实际组成要素(real integral feature)"。由接近实际的组成要素所限定的工件实际表面的组成要素部分。

02.019 提取组成要素 extracted integral feature

按规定方法,由实际要素提取有限数目的点所形成的实际要素的近似替代。

02.020 提取导出要素 extracted derived feature

由一个或几个提取组成要素得到的中心点、中心线或中心面。

02.021 拟合要素 associated feature

利用非理想表面模型或利用实际表面通过拟合运算建立的理想要素。

02.022 基本尺寸 base size

按标准化系列选取,由设计给定的尺寸。

02.023 实际尺寸 real size

通过测量所得的尺寸。由于测量结果存在不确定度,故实际尺寸并非尺寸的真值。

02.024 尺寸偏差 size deviation

简称"偏差"。实际尺寸与标称值之差。

02.025 公差限 tolerance limit

又称"极限值(limiting value)"。给定允许值的上界限和(或)下界限的规定值,或最大允许值和最小允许值的规定值。可以是双侧的或单侧的(只规定最大或最小允许值),且标称值不一定在公差区中。

02.026 公差 tolerance

又称"容差"。上公差限与下公差限之差,或最大允许值与最小允许值之差。是一个没有符号的量。

02.027 公差区 tolerance zone, tolerance interval

又称"公差范围"。特性在公差限之间(含公差限本身)的一切变动值。

02.028 规范 specification

对工件特性的公差限或测量设备特性的最大允许误差的要求。某一规范应涉及或包括图样、样板或其他有关文件,并指明用以检查合格与否的方法及准则。

02.029 规范限 specification limit

工件特性的公差限或测量设备特性的最大允许误差。

02.030 上规范限 upper specification limit, USL

工件特性的公差限的上界限或测量设备特性允许值的上界限。

02.031 下规范限 lower specification limit, LSL

工件特性的公差限的下界限或测量设备特性允许值的下界限。

02.032 规范区 specification zone, specification interval

又称"规范范围"。工件或测量设备的特性在规范限之间(含规范限在内)的一切变动值。

02.033 合格区 conformance zone

被扩展不确定度缩小的规范区。在上规范限和(或)下规范限处,规范区被扩展不确定度向内缩小。

02.034 不合格区 non-conformance zone

被扩展不确定度延伸的规范区外的区域。在

上规范限和(或)下规范限处，不合格区被扩展不确定度向外延伸。

02.035　不确定区　uncertainty range

规范限两侧计入测量不确定度的区域。不确定区域位于单侧规范限或双侧规范限两侧，其宽度为 $2U$。在上规范限和下规范限处的测量结果的测量不确定度可以是不同的值。

02.03　光及光干涉技术

02.036　稳频激光器　frequency stabilized laser
采用特定技术改进输出激光的频率稳定度的激光器。

02.037　实现米定义的稳频激光器　frequency stabilized laser of realization meter definition
采用国际计量委员会(CIPM)建议的能级跃迁和稳频技术的稳频激光器。

02.038　飞秒光学频率梳　femtosecond comb
激光在时域发出的一列等时间间隔飞秒宽度脉冲串，在频域表现为等频率间隔的梳状频率列。

02.039　折射率　refractive index
又称"绝对折射率"。光在真空中的相速度与光在介质中的相速度之比值。

02.040　光程　optical path
光在介质中传播的几何路程与该介质折射率之乘积。

02.041　线偏振光　linear polarized light
电矢量在一个包含光传播方向的平面内振动的光。

02.042　圆偏振光　circularly polarized light
电矢量的末端做圆周运动的光。沿光的传播方向观察时，右/左旋的称为右/左旋圆偏

振光。

02.043　椭圆偏振光　elliptically polarized light
电矢量的末端做椭圆运动的光。沿光的传播方向观察时，右/左旋的称为右/左旋椭圆偏振光。

02.044　[光]干涉　[optical] interference
两束或两束以上的光波在重叠区相互加强和(或)减弱的现象。

02.045　干涉仪　interferometer
利用光的干涉,测量光程差或其他参量的仪器。

02.046　干涉条纹　interference fringe
由光的干涉产生的明暗(或带色)相间的条纹。

02.047　干涉条纹对比度　visibility of fringe pattern
干涉条纹中光强的最大值与最小值之差除以干涉条纹光强的最大值与最小值之和的比值。

02.048　等厚干涉　interference of equal thickness
平行光入射到微小角度楔形光劈上，随着厚度的变化产生干涉条纹的现象。

02.049　等倾干涉　interference of equal inclination
具有各种不同倾角的平行光束入射到平行

平面层时，随着倾角的变化在界面附近产生干涉条纹的现象。

02.050　平面干涉仪　flat interferometer
以平面光波作为参考标准，利用光的干涉原理测量平面面形误差的仪器。

02.051　球面干涉仪　sphericity interferometer
能够产生指定曲率半径的球面光波作为参考标准，利用光的干涉原理测量球面面形误差和曲率半径的仪器。

02.052　平行平晶　parallel optical flat
圆柱形透明玻璃平板，平板的两个端面相互平行，具有很高的平面度和平行度的实物量具。

02.053　平面平晶　plane optical flat
又称"平面样板"。圆形透明玻璃板，其中一个平面具有很高的平面度的实物量具。

02.04　形状和位置

02.054　最小条件　minimum condition
被测提取要素对其拟合要素的最大变动量为最小。

02.055　包容区域　coverage area
形状与被测提取要素公差区形状一致，包容被测提取要素的区域。

02.056　最小[包容]区域　minimum coverage area
具有最小宽度 f 或直径 φ_f 的包容区域。

02.057　形状误差　form error
被测提取要素对其拟合要素的变动量。包括直线度、平面度、圆度和圆柱度。

02.058　定向误差　orientation error
被测提取要素对一具有确定方向的拟合要素的变动量，拟合要素的方向由基准确定。包括平行度、垂直度和倾斜度。

02.059　定位误差　position error
被测提取要素对一具有确定位置的拟合要素的变动量，拟合要素的位置由基准和理论正确尺寸确定。对于同轴度和对称度，理论正确尺寸为零。包括同轴度、对称度和位置度。

02.060　基准点　reference point
以提取导出球心或提取导出圆心建立基准点时，该提取导出球心或提取导出圆心即为基准点。

02.061　基准直线　reference line
由提取线或其投影建立的直线。

02.062　平直度测量仪　flatness and straightness measuring instrument
测量零部件的平面度、直线度、同轴度以及做导向用的测量仪器。

02.063　形状测量仪　form-measuring machine
用于测量表面形貌、表面波纹度和(或)表面粗糙度的测量仪器。

02.064　刀口形直尺　knife straight edge
测量面为刃口状，且具有良好直线度的实物量具。用于测量工件平面形状误差的参考标准器。

02.065　平尺　straight edge
测量面为平面，且具有良好直线度的条状实物量具。用于测量直线度或平面度的参考标准器。

02.066 平板 surface plate
又称"平台"。上表面稳定且平面度良好的实物量具。为工件检测或划线提供公共参考平面。

02.067 准直望远镜 alignment telescope
全称"测微准直望远镜"。一种测量同轴度的望远镜。以视轴为基准直线，通过调节调焦镜对不同距离上的目标进行观察和测量。

02.068 圆度测量仪 roundness measuring instrument
根据半径测量法，以精密旋转轴线作为参考标准，测量被测件的径向形状变化量，并按圆度定义做出评定和记录的测量仪器。通常用于测量回转体内、外圆及圆球的圆度、同轴度等。

02.069 圆柱度测量仪 cylindricity measuring instrument
以精密回转中心线为回转参考标准，精密直线运动导轨为直线参考标准，通过位于直线运动导轨上的位移传感器，测量圆柱体的实际轮廓，定量评价圆柱体圆柱度的测量仪器。可用于测量圆柱形状误差(圆度、圆柱度、直线度和平面度)、位置误差(同轴度和垂直度)等。

02.05 长 度

02.070 量块 gauge block
又称"块规"。用耐磨材料制造，横截面为矩形，并具有一对相互平行测量面的一种实物量具。其测量面可以和另一量块的测量面相研合而组合使用，也可以和具有类似表面质量的辅助体表面相研合而用于量块长度的测量。

02.071 量块的长度 length of a gauge block
量块一个测量面上的任意点到与其相对的另一测量面相研合的辅助体表面之间的垂直距离。辅助体的材料和表面质量应与量块相同。量块任意点不包括距测量面边缘为 0.8 mm 区域内的点。量块的长度包括单面研合的影响。

02.072 量块的长度变动量 variation in length of a gauge block
量块测量面上任意点中的最大长度与最小长度之差。

02.073 研合性 wringing
量块的一个测量面与另一量块的测量面，或与另一经精加工的类似量块测量面的表面，通过分子力的作用而相互黏合的性能。

02.074 测微头 micrometer head
有一个与测微螺杆连接的测砧，利用螺旋副原理或利用线位移传感器技术对测砧轴向移动距离进行读数的一种测量仪器。

02.075 千分尺 micrometer
利用尺架支承两个测砧，其中一个测砧与精密螺杆连接，利用螺旋副原理或利用线位移传感器技术对螺杆移动距离进行读数，测量测砧之间物体的外尺寸、内尺寸或深度的一种测量仪器。按不同被测尺寸的特点设计有不同的外形结构，如外径千分尺、内径千分尺、深度千分尺等。

02.076 三爪内径千分尺 three-point internal micrometer

通过旋转塔形阿基米德螺旋体或移动锥体使三个测量爪做径向位移，使其与被测内孔接触，对内孔尺寸进行读数的内径千分尺。

02.077 卡尺 calliper
利用机械直尺上和滑尺上的两个平行卡爪对被测物体尺寸进行测量的一种测量仪器。按不同的测量对象而设计有不同的外形结构，如外径卡尺、内径卡尺、高度卡尺、深度卡尺等。

02.078 游标卡尺 vernier calliper
利用游标原理对滑尺移动距离进行读数，并对直尺上刻度进行细分读数的卡尺。

02.079 数显卡尺 digital calliper
利用线位移传感器对滑尺移动距离进行读数的卡尺。

02.080 指示表 dial indicator
利用机械传动系统，将测量杆的直线位移转变为指针在圆刻度盘上的角位移，并由刻度盘进行读数的一种测量仪器。也指利用线位移传感器将测量杆的直线位移通过数字显示的测量仪器。其中，分度值为 0.01cm 的称"百分表(dialgauge)"，分度值为 0.001cm 的称"千分表(micrometer)"。测量范围超过 10 cm 的指示表又称"大量程指示表(large range indicator)"。

02.081 扭簧比较仪 torsion spring comparator
又称"扭簧测微仪"。利用扭簧元件作为尺寸的转换和放大机构，将测量杆的直线位移转变为指针在弧形刻度盘上的角位移，并由刻度盘进行读数的一种测量仪器。

02.082 测厚规 thickness gauge
又称"厚度表"。用于测量固定于表架上的百分表测头测量面相对于表架测砧测量面

的直线位移量（厚度），并由百分表进行读数的一种测量仪器。

02.083 塞尺 gap gauge, feeler gauge
有准确厚度尺寸的单片或成组的薄片，用于检验间隙的一种测量仪器。

02.084 卡规 snap gauge
用于轴径检验的光滑极限量规。其测量面为两平行平面。两测量面间距具有被检轴径最大极限尺寸的为"轴用通规"，具有被检轴径最小极限尺寸的为"轴用止规"。

02.085 精密玻璃线纹尺 precision glass linear scale
具有一组或多组有序的标尺标记及标尺数码，其截面为矩形玻璃制成，与测微读数装置配合，用于精密测量的一种测量仪器。

02.086 精密金属线纹尺 precision metal linear scale
具有一组或多组有序的标尺标记及标尺数码，其截面为矩形或 X 形、H 形金属制成，与测微读数装置配合，用于精密测量的一种测量仪器。

02.087 卷尺 tape
具有刻度标记和示值的可卷曲的带状长度量具。如钢卷尺和布卷尺等。

02.088 直尺 ruler
具有刻度标记和示值的，并具有一定刚性的条状长度量具。如钢直尺、木直尺和折尺等。

02.089 针规 pin gauge
按一定尺寸间隔排列，具有标称直径的圆柱形实物量具。一般用于工作孔径的检验。

02.090 光滑极限量规 plain limit gauge

具有以孔或轴的最大极限尺寸和最小极限尺寸为标准测量面，能反映被检孔或轴边界条件的实物量具。包括塞规(测量孔)和环规(测量轴)。

02.091　标准环规　reference ring gauge
测量面为内圆柱面，作为标准直径的实物量具。

02.092　标准圆柱　reference cylinder
形状为圆柱形的，用于外直径尺寸量值传递的实物量具。

02.093　气动测量仪器　pneumatic measuring instrument
以压缩空气为介质，通过测量气源系统的状态(如流量或压力)变化实现尺寸测量的一种测量仪器。

02.094　光栅　grating
制有大量按一定规律排列的刻槽(或线条)的透光和不透光(或反射)的光学部件。

02.095　莫尔条纹　Moiré fringe
两个有规则的相同图形重叠而产生的明暗相间的条纹。

02.096　光栅线位移测量　linear displacement measurement by grating
利用光栅测量原理，由光栅线位移传感器感受线位移量，并用光栅数显表显示其值的长度测量单元。

02.097　测长仪　length measuring machine
带有长度标准和指示装置的一维接触式高精度的长度测量仪器。

02.098　数显测高仪　digital height measuring instrument
以测量头相对基面做垂直移动，利用线位移传感器测量移动距离的测量仪器。经数据处理，可以显示或打印测量结果，测量轴、孔直径及垂直平面内的距离等。

02.099　接触式干涉仪　contact interferometer
应用光的干涉原理接触测量微差尺寸的测量仪器。

02.100　光学计　optimeter
又称"光学比较仪(optical comparator)"。应用光学杠杆方法测量微差尺寸的测量仪器。

02.101　测量投影仪　measuring projector
以精确的放大倍率将物体放大投影在投影屏上测定物体形状、尺寸的测量仪器。

02.102　读数显微镜　reading microscope
用于对标尺的刻度进行细分的一种测量显微镜。通常作为机床、设备的附属装置，与格值为 1mm 的标尺配合使用。

02.103　测量显微镜　measuring microscope
配有瞄准显微镜和坐标工作台的一种光学测量仪器。用于测量二维坐标尺寸。其瞄准显微镜立柱不能做偏摆运动。

02.104　工具显微镜　toolmaker's microscope
配有瞄准显微镜、坐标工作台及多种测量附件的一种光学测量仪器。可做二维坐标尺寸的测量。其瞄准显微镜立柱可做偏摆运动，且附件众多，除可做长度测量外，还可做角度测量、轮廓测量和极坐标测量等。

02.06 角　　度

02.105　正多面棱体　polygon, regular angular polygon

将整圆角按工作面面数进行等分的，且工作面全部是外反射平面的直棱柱形角度实物量具。

02.106　圆分度仪器　circle dividing instrument

将整圆角分成若干个间隔的一类角度测量仪器。如多齿分度台等。

02.107　多齿分度台　multi-tooth dividing table

利用一对齿形、节距相同的高准确度平面齿轮作为角度标准器，通过彼此相对旋转、啮合，实现圆分度的一种精密角度测量仪器。

02.108　光学分度头　optical dividing head

利用光学装置和角度标准器（如度盘、光栅盘）进行圆周分度和角度定位的一种角度测量仪器。通常其主轴可以在水平位置和垂直位置之间任意安置。

02.109　旋转工作台　rotary table

以圆光栅、圆感应同步器等作为角度标准器，进行任意角度定位的角度测量仪器。

02.110　正弦规　sine bar

根据正弦函数原理，利用量块的组合尺寸，以间接方法产生标准角度的实物量具。

02.111　自准直仪　autocollimator

又称"自准直平行光管"。利用光学自准直原理测量微小角度变化的测量仪器。

02.112　电子水平仪　electronic level meter

以电容摆的平衡原理测量被测面相对水平面微小倾角的测量仪器。

02.113　倾斜仪　clinometer

又称"象限仪"。利用水准器及光学装置测量空间平面，柱面轴线与水平面间夹角的测量仪器。

02.114　经纬仪　theodolite

测量目标到仪器参考点连线的水平角度和竖直角度的光学测量仪器。

02.115　水准仪　surveyor's level

以仪器的水平视准线作为参考标准，测量两点间高差的光学测量仪器。

02.116　垂准仪　plumb instrument

以重力线为基准，给出铅垂直线的光学仪器。用于建筑工地和设备安装中相对铅垂线的微小水平偏差的测量和铅垂线的点位传递。包括光学垂准仪、带激光器的光学垂准仪、激光垂准仪、激光自动垂准仪等。

02.117　万能角度尺　universal bevel protractor

利用动尺测量面相对于基尺测量面的旋转，对该两测量面间分隔的角度进行读数的角度测量仪器。

02.118　测角仪　goniometer

全称"光学测角仪(optical goniometer)"。利用望远镜或自准直仪以及内置的度盘测量平面间夹角的测量仪器。配备单色光源和平行光管的测角仪称为"分光计(spectrometer)"，可测量折射棱镜的偏向角。

02.119　小角度发生器　small angle generator

用于产生标准小角度的测量仪器。主要用于检定自准直仪、合像水平仪、电子水平仪等测量仪器。

02.120　角度块　angle block, angle gauge block
形状为三角形或四边形，以两个测量平面间的夹角为标准角的实物量具。

02.121　直角尺　square
又称"90°角尺"。测量面与基面相互垂直的实物量具。

02.122　圆锥表面　cone surface
与轴线成一定角度，且一端相交于轴线的一条直线段(母线)，围绕着该轴线旋转形成的表面。

02.123　圆锥　cone
由圆锥表面与圆锥长度所限定的几何体。

02.124　锥角　cone angle
在通过圆锥轴线的截面内，两条素线间的夹角。

02.125　圆锥直径　cone diameter
圆锥在规定位置处垂直轴线截面的直径。

02.126　圆锥长度　cone length
圆锥大端面与圆锥小端面之间的轴向距离。

02.127　锥度　taper
两个垂直圆锥轴线截面的圆锥直径之差与该两截面之间的轴向距离之比。

02.128　圆锥量规　cone gauge
具有标准光滑锥面，能反映被检内(外)锥体边界条件的锥度实物量具。

02.129　锥度测量仪　taper measuring instrument
用于直接测量圆锥量规锥角的测量仪器。

02.130　方箱　cubical box
俗称"方铁"。由相互垂直的平面组成的立方形实物量具。

02.131　五棱镜　pentaprism
横截面为五边形的棱镜。其两内反射面的夹角为45°，两透射面的夹角为90°，使在横截面内的入射光线和出射光线相互垂直。

02.132　反射棱镜　retroreflection prism
利用内反射平面的反射作用使光路发生转折，并能展开成等效平板的棱镜。

02.133　角锥棱镜　cube-corner prism
又称"角隅棱镜"。由三个互成直角的反射平面和一个入射平面组成的棱镜。

02.134　小角度测量仪　small angle measuring instrument
采用正弦原理的角度测量仪器。如激光小角度测量仪、小角度检查仪等。

02.135　光学测角比较仪　optical comparator for angle measurement, comparison goniometer
利用自准直仪和外部角度基准，以测量角度微差的方法测定零件角度的仪器。

02.136　光栅角位移测量链　grating angular displacement measuring chain
利用光栅测量原理，由光栅角位移传感器感受角位移量，并用光栅数显表显示其值的角度测量单元。

02.07 表面轮廓

02.137 表面轮廓 surface profile
垂直的参考平面与被测表面相交所得的轮廓，反映被测表面加工纹理横截面。

02.138 λ_s 滤波器 λ_s profile filter
确定存在于表面上的粗糙度与比它更短的波的成分之间相交界限的滤波器。

02.139 λ_c 滤波器 λ_c profile filter
确定粗糙度与波纹度成分之间相交界限的滤波器。

02.140 λ_f 滤波器 λ_f profile filter
确定存在于表面上的波纹度与比它更长的波的成分之间相交界限的滤波器。

02.141 粗糙度轮廓 roughness profile
对原始轮廓采用λ_c滤波器抑制长波成分后形成的轮廓。

02.142 波纹度轮廓 waviness profile
对原始轮廓连续应用λ_f和λ_c两个滤波器以后形成的轮廓。采用λ_f滤波器抑制长波成分，而采用λ_c滤波器抑制短波成分。

02.143 表面粗糙度 surface roughness
加工表面上峰谷所组成的微观几何形状特性。

02.144 轮廓仪 profilograph, profilometer
以高质量导轨产生的直线或平面作为参考标准，以扫描方式测量表面形貌的测量仪器。

02.145 粗糙度测量仪 roughometer
以高质量导轨产生的直线作为参考标准，以扫描方式测量表面粗糙度的测量仪器。

02.146 光切显微镜 light-section microscope
利用光切法测量零件表面粗糙度的测量仪器，其表面粗糙度测量范围（R_z）为 1~100 μm。

02.08 螺 纹

02.147 螺纹 thread
在圆柱或圆锥表面上，沿着螺旋线所形成的具有规定牙型螺纹两侧面间的实体部分。

02.148 圆柱螺纹 cylindrical thread
在圆柱表面上所形成的螺纹。

02.149 圆锥螺纹 taper thread
在圆锥表面上所形成的螺纹。

02.150 牙型 thread form
在通过螺纹轴线的剖面上，螺纹的轮廓形状。

02.151 公称直径 nominal diameter
代表螺纹尺寸的直径。

02.152 大径 major diameter
与外螺纹牙顶或内螺纹牙底相切的假想圆柱或圆锥的直径。

02.153 小径 minor diameter
与外螺纹牙底或内螺纹牙顶相切的假想圆柱或圆锥的直径。

02.154 中径 pitch diameter
一个假想圆柱或圆锥的直径。该圆柱或圆锥

的母线通过牙型上沟槽和凸起宽度相等的地方，该假想圆柱或圆锥称为"中径圆柱"或"中径圆锥"。

02.155　作用中径　virtual pitch diameter
在规定的旋合长度内，恰好包容实际螺纹的一个假想的螺纹的中径。该假想螺纹具有理想直径基本牙型的夹角和螺距以及牙型高度，并在牙顶处和牙底处留有间隙，以保证不与实际螺纹的大径、小径发生干涉。

02.156　螺距　pitch
相邻两牙在中径线上两对应点间的轴向距离。

02.157　导程　lead
同一条螺旋线上的相邻两牙在中径线上两对应点间的轴向距离。

02.158　牙侧角　flank angle
在螺纹牙型上，牙侧与螺纹轴线的垂线间的夹角。

02.159　螺纹升角　lead angle
在中径圆柱或中径圆锥上，螺旋的切线与垂直于螺纹轴线的平面的夹角。

02.160　螺纹量规　screw thread gauge
具有标准螺纹牙型，能反映被检内(外)螺纹边界条件的测量器具。

02.161　螺纹塞规　screw thread plug gauge
用于内螺纹检验的螺纹量规。

02.162　螺纹环规　screw thread ring gauge
用于外螺纹检验的螺纹量规。

02.163　三针　three wires, thread measuring wires
具有确定直径的圆柱形实物量具。通常成组使用，三根直径相同的量针为一组，用于以间接法测量螺纹中径。

02.164　螺纹千分尺　screw thread micrometer
两个测砧分别为锥形测量面和 V 形凹槽测量面，用于测量螺纹中径的千分尺。

02.09　齿　　轮

02.165　齿轮　gear
一种有齿的轴对称机械元件，其齿能与另一个有齿元件的齿连续啮合，从而将运动传递给后者或从后者接受运动。

02.166　模数　module
一个齿所占有的分度圆直径数值。模数等于齿距除以圆周率 π 所得到的商，以毫米计。

02.167　渐开线　involute
平面上一条直线(发生线)沿着一个固定的圆(基圆)做纯滚动时，直线上一点的轨迹。

02.168　渐开线样板　involute artifact
经过校准的，具有特定基圆半径的渐开线形状的实物量具。

02.169　圆柱螺旋线　cylindrical helix
动点沿着圆柱面上的一条母线作等速移动，而该母线又绕圆柱面的轴线做等角速度旋转运动时，动点在此圆柱上的运动轨迹。

02.170　齿距　tooth space
两个相邻同名齿廓在分度圆上的距离。

02.171　压力角　pressure angle
齿轮齿形上任一点法线方向与运动方向的夹角。

02.172　齿廓偏差　form deviation of gear tooth
实际齿廓偏离设计齿廓的量，该量在端平面内且垂直于渐开线齿廓的方向计值。

02.173　螺旋线偏差　form deviation of helix
在端面基圆切线方向上测得的实际螺旋线偏离设计螺旋线的量。

02.174　蜗杆　worm
只具有一个或几个螺旋齿，并且与蜗轮啮合而成交错轴齿轮副时的齿轮。其分度曲面可以是圆柱面、圆锥面或圆环面。

02.175　蜗轮　worm wheel
作为交错齿轮副中的大轮而与配对蜗杆相啮合的齿轮。其分度曲面可以是圆柱面、圆锥面或圆环面，通常它和配对蜗杆呈线接触状态。

02.176　测量齿轮　master gear
轮齿参数误差满足规定要求，作为标准器与被测齿轮啮合，用以检测齿轮的切向、径向综合误差的标准齿轮。

02.177　测量齿条　master rack
轮齿参数误差满足规定要求，且轮齿沿直线排列在平面上，作为标准器与被测齿轮啮合，用以检测齿轮的切向、径向综合误差的一种实物量具。

02.178　测量蜗杆　master worm
齿形参数误差满足规定要求，作为标准器与被测齿轮或蜗轮啮合，用以检测齿轮或蜗轮的切向、径向综合误差的标准蜗杆。

02.179　齿轮螺旋线样板　gear helix master, gear lead master
具有确定的螺旋线面，且满足规定的准确度要求，用作参考螺旋线对齿轮螺旋线测量仪器进行校准的一种实物量具。

02.180　齿轮渐开线样板　gear involute master
具有确定的渐开线齿面，且满足规定的准确度要求，用作参考渐开线对齿轮渐开线测量仪器进行校准的一种实物量具。

02.181　齿轮测量中心　gear measuring center
根据坐标测量法，以顶尖、圆转台定位，采用多轴数控测量取值的一种测量仪器。用于测量内(外)直齿轮、锥齿轮、蜗杆蜗轮副及滚刀、剃(插)齿刀等参数。

02.182　齿厚卡尺　gear tooth calliper
以齿高尺定位，用于齿轮齿厚测量的卡尺。

02.183　正切齿厚规　tangent gear tooth gauge
根据比较测量法，以两斜面量爪定位，利用机械式传感器将被测尺寸的变化转换成指示表指针的角位移，并由指示表读数的测量原始齿形位移的齿轮测量仪器。

02.184　公法线千分尺　gear tooth micrometer
利用特殊设计的测砧与齿轮齿面相切，测量测砧与两个齿轮齿面切点(线)之间(公法线方向)距离的千分尺。

02.185　矩形花键量规　square spline gauge
具有标准矩形齿形，能反映被检内(外)矩形花键边界条件的一种实物量具。

02.186　圆柱直齿渐开线花键量规　straight cylindrical involute spline gauge
具有标准渐开线齿廓，能反映被检内、外圆柱直齿渐开线花键边界条件的一种实物量具。

02.187 三角花键量规 triangular spline gauge

内花键齿形为三角形，外花键齿廓为压力角等于 45°的渐开线齿形或直齿形，能反映被检内、外三角花键边界条件的一种实物量具。

02.188 齿轮跳动测量仪 gear run-out measuring instrument

根据绝对测量法，采用指示表类量具测量齿圈径向跳动误差的一种测量仪器。

02.189 齿轮螺旋角测量仪 gear helix angle measuring instrument

根据相对测量法，采用指示表类量具测量齿轮螺旋角误差或实际值的一种测量仪器。

02.190 万能式齿形测量仪 universal tooth profile measuring instrument

根据渐开线生成原理，利用机械机构生成不同基圆半径对应的理论渐开线，比较测量被测齿面渐开线齿形误差的测量仪器。

02.191 万能测齿仪 universal gear measuring instrument

以被测齿轮上、下顶尖孔连线为基准，测量齿轮、蜗轮的齿距误差及基节偏差、公法线长度、齿圈径向跳动等的一种测量仪器。

02.192 万能渐开线螺旋线测量仪 universal involute and helix measuring instrument

由机械机构形成理论渐开线、螺旋线，带动测头相对被测齿轮移动，比较测量被测齿轮与理论渐开线、螺旋线偏差的一种测量仪器。

02.193 齿轮单面啮合整体误差测量仪 gear single-flank meshing integrated error measuring instrument

根据齿轮单面啮合整体误差测量法，以上、下顶尖孔定位，利用间齿测量蜗杆与被测齿轮做单面啮合传动，由两角位移传感器测量取值的一种测量仪器。用于测量圆柱齿轮的齿距累积误差、切向综合误差、齿切向综合误差、齿距偏差、齿形偏差和基节偏差等。

02.194 立式滚刀测量仪 vertical hob measuring instrument

根据直接比较测量法，以上、下顶尖定位，由直尺、基圆盘和正弦尺导板的复合运动，形成理论螺旋线，采用相应的传感器沿被测件轴向做直线移动并测量取值的一种测量仪器。用于测量渐开线圆柱齿轮滚刀、蜗轮滚刀的螺旋线误差、啮合误差和齿形误差等。

02.195 卧式滚刀测量仪 horizontal hob measuring instrument

根据直接比较测量法，以左、右顶尖定位，由测量滑座和右顶尖的复合运动，形成理论螺旋线，线、角位移传感器随被测件做直线、旋转运动并测量取值的一种测量仪器。用于测量齿轮滚刀、蜗轮滚刀、蜗杆、丝杆的螺旋线误差、啮合误差和齿形误差等。

02.10 坐标测量技术

02.196 坐标测量机 coordinate measuring machine, CMM

通过操纵探测系统测量工作表面空间坐标的测量系统。

02.197 激光跟踪仪 laser tracker

由相交的一个长度测量轴（激光干涉仪）和两个回转轴构成的坐标测量系统。用其随动系统保证激光束随时跟踪光学靶标的运动，以便通过光学靶标与被测表面的接触来测量被测物体表面的坐标。

02.198　步距规　step gauge
由多个平行测量平面构成的实物量具。平面之间的距离作为标准长度。

02.11　大距离测量仪器

02.199　24 m 因瓦基线尺　24 m Invar wire
标称长度为 24 m 的单值量具。其温度线膨胀系数不大于 $1\times10^{-6}℃^{-1}$，有线状和带状两种，作为野外检定基线的标准长度。

02.200　24 m 因瓦基线尺的长度　length of 24 m Invar wire
在 20℃时，尺子两端各以特定拉力（98N）水平引张于滑轮上且呈悬链状情况下，基线尺两端同名分划线之间的距离。

02.201　基线测量　baseline surveying
利用因瓦基线尺直接测量基线长度或水平控制网中的起始边长的测量技术和方法。

02.202　测距仪　distance measuring instrument
根据光学、声学和电磁学原理设计的，用于距离测量的仪器。

02.203　电磁波测距仪　electromagnetic distance measuring instrument
利用电磁波为载波，测出波往返通过所测距离所用的时间求得距离的仪器。

02.204　光电测距仪　electro-optical distance measuring instrument, EDM instrument
利用波长为 400~1000 nm 的光波作载波的电磁波测距仪。

02.205　红外测距仪　infrared EDM instru-
ment
利用红外发光管作为光源的光电测距仪。

02.206　激光测距仪　laser distance measuring instrument, laser telemeter
利用激光器作为光源的光电测距仪。

02.207　超声波测距仪　ultrasonic distance measuring instrument
利用超声波原理的测距仪。

02.208　全站型电子速测仪　total station electronic tachometer
具有测距、测角、计算和数据处理和数据传输功能的自动化、数字化的三维坐标测量与定位系统。

02.209　水准尺　leveling staff
与水准仪配合进行水准测量的标尺。

02.210　基线　base line
一段具有稳定刻线的距离。其长度已知，并以已知的（足够小的）不确定度溯源到米定义。标准基线(standard base line)可作为国家计量标准。

02.211　全球导航卫星系统　global navigation satellite system, GNSS
由多颗卫星和地面控制、接收系统组成的，可在全球范围内提供实时的三维位置和时间信息的系统。

02.212　全球导航卫星系统接收机　GNSS receiver

接收全球导航卫星系统卫星信号以确定地面空间位置的仪器。

02.213　测地型全球导航卫星系统接收机　geodetic GNSS receiver

能够提供 GNSS 卫星信号原始观测值用于高准确度测量地面空间位置的接收机。

02.214　导航型全球导航卫星系统接收机 navigational GNSS receiver

能够在动态条件下提供 GNSS 实时定位及其他数据并具有导航功能的接收机。

02.215　差分全球导航卫星系统接收机　differential GNSS receiver

能够接收由差分基准站的数据链路发射的差分修正数据，而进行差分导航定位的 GNSS 接收机，一般包括数据链信号接收机和能利用差分修正信息的 GNSS 接收机。

02.12　纳米测量技术

02.216　纳米尺度　nanoscale

在 1~100 nm（1nm=10^{-9}m）范围内的几何尺度。

02.217　纳米技术　nanotechnology

研究纳米尺度范围物质的结构、特性和相互作用，以及利用这些特性制造具有特定功能产品的技术。

02.218　扫描探针显微镜　scanning probe microscope, SPM

基于探针对被测样品进行扫描成像的测量装置的统称。利用探针与样品的不同相互作用来探测表面或界面在纳米尺度上表现的物理性质。包括扫描隧道显微镜、原子力显微镜等。

02.219　扫描隧道显微镜　scanning tunneling microscope, STM

尖端只有一个原子的扫描探针显微镜。当探针接近金属样品表面达几个原子直径时，在外加电压作用下两者间产生隧道电流，该电流随距离的减小而迅速增大，通过保持探针的等电流扫描移动，可以获得具有原子尺度分辨力的表面形貌信息。

02.220　原子力显微镜　atomic force microscope, AFM

用一端固定的对微弱力极敏感的微悬臂，探测探针尖端原子与样品表面原子间的斥力随扫描点位置的变化，来控制针尖沿原子间斥力等位面的运动，从而获得样品表面形貌信息的一种显微镜。

03. 质量、密度、衡器

03.01　质　　量

03.001　质量　mass

度量物体惯性大小或物体间相互吸引能力的物体的物理属性。在人民生活和贸易中习惯上称为重量。

03.002　重量　weight

物体由于地球的吸引所受到的重力的大小，为物体质量与当地重力加速度的乘积。

03.003　千克　kilogram
又称"公斤"。质量的基本单位，符号为 kg。

03.004　称量　weighing
又称"衡量"，俗称"称重"。对被称物体的质量所进行的测量。

03.005　静态称量　static weighing
在称量期间，载荷相对于衡器承载器没有相对运动的称量。是非连续的。

03.006　动态称量　weighing in motion
在称量期间，载荷相对于衡器承载器存在相对运动的称量。可分为连续和非连续两种。

03.007　国际千克原器　international proto-type of kilogram
保存在国际计量局（BIPM）的质量单位的实物基准。由 90% 的铂和 10% 的铱合金制成，密度为 $21.5g/m^3$，其直径与高均为 39 mm。

03.008　国家千克原器　national measurement standard of kilogram
经国家批准，作为国内质量单位的计量基准。

03.009　砝码　weight
复现给定质量值的实物量具。

03.010　砝码组　weight set
具有相似计量学特性和同一准确度等级的一系列或者一组砝码。

03.011　机械挂砝码　dial weight
安装在天平内部并作用于固定的杠杆臂上，借助砝码度盘系统从外部进行增减的砝码。

03.012　游码　rider
安装在天平横梁上或与横梁连接的有分度标尺上的可以移动的小质量砝码。

03.013　天平　balance
高准确度级和特种准确度级的衡器。利用作用在物体上的重力或物体的惯性来确定物体的质量或确定作为质量函数的其他量值、参数并且仅限于室内使用。通常包括电子天平、机械天平和架盘天平等。

03.014　电子天平　electronic balance
利用电磁力或电磁力矩补偿原理实现被测物体在重力场中的平衡来获得物体质量并采用数字指示装置输出结果的天平。

03.015　机械天平　mechanical balance
主要由机械部件组成，天平载荷的补偿是在机械状态下完成的，测量值是由机械的、光学的或其他非电方法表示的天平。

03.016　杠杆式天平　beam balance
利用杠杆平衡原理测量物体质量的天平。

03.017　百分率天平　percentage balance
安装有百分率刻度或百分率指示装置的天平。

03.018　沉降天平　sedimentation balance
用于测定沉积物颗粒的专用天平。

03.019　等臂天平　equal beam balance
中刀位于天平横梁中间位置的天平。

03.020　多标尺天平　more scale balance
具有两个以上标尺的机械不等臂天平。

03.021　扭力天平　torsion balance
利用弹性元件的变形所产生的扭转力矩与

被测物体重力所产生的重力矩相互平衡的原理来测量被测物体质量的天平。

03.022 托盘扭力天平 torsion balance with table pan
等臂杠杆式的上皿双盘扭力天平。

03.023 双盘天平 double pan balance
具有两个称量盘的等臂天平。

03.024 液体相对密度天平 relative density balance for liquid
根据阿基米德定律和杠杆平衡原理，利用标准测锤浸没于被测液体中的浮力使横梁失去平衡，通过在横梁的 V 形槽中放置不同质量的骑码组合使横梁恢复平衡从而确定液体密度值的天平。

03.025 架盘天平 table balance
根据罗伯威尔机构和杠杆原理制作的双称量盘的天平。

03.026 流体静力天平 hydrostatic balance
通过测定流体浮力来确定被测物体密度或固体体积的天平。

03.027 热天平 thermal balance
用于确定被称量物体在加热或冷却过程中质量变化的专用天平。

03.028 偏转 deflection
被称物体置于天平上，平衡指示器的位移。

03.029 回转点 turning point
在普通标尺天平中，称量时天平指针摆动方向发生改变时的位置。

03.030 空气浮力修正 air buoyancy correction
在空气中进行称量时，对空气浮力引入的误差进行的修正。

03.031 调整腔 adjusting cavity
砝码中用来装填材料，调整砝码符合标称值的可封闭空腔。

03.032 折算质量 conventional mass
又称"约定质量"。一个实际砝码在温度为20℃时与材料密度为 8 000 kg/m³的假想砝码在空气密度为 1.2 kg/m³的条件下相互平衡，后者的真空质量值就称为前者的折算质量值。

03.033 砝码约定密度 reference density
用以确定折算质量值的参考砝码密度值，为 8 000 kg/m³。

03.034 实际标尺分度值 actual scale interval
(1)对于模拟指示，指相邻两个标尺标记所对应的值之差。(2)对于数字指示，指相邻两个示值之差。以质量单位表示。

03.035 检定标尺分度值 verification scale interval
用于对衡器进行分级和检定的以质量单位表示的值，符号为 e。

03.036 检定标尺分度数 number of verification scale interval
天平最大秤量与检定标尺分度值之比，符号为 n。

03.037 角灵敏度 angular sensitivity
天平指针沿标尺的角位移与在秤盘上添加的小砝码的质量值之比。

03.038 线灵敏度 line sensitivity
天平指针沿标尺的线位移与在秤盘上添加的小砝码的质量值之比。

03.039 分度灵敏度 scale division sensitivity
天平指针沿标尺移动的分度数或天平指示装置所改变的示值分度数与在秤盘上添加的小砝码质量值之比。

03.040 不等臂误差 lever error
由于天平的横梁两臂的臂比不正确而产生的称量误差。

03.041 偏载误差 eccentric error
按照规程规定的载荷放置在秤盘上不同的位置时，称量仪器所显示的示值的最大误差。

03.042 倾斜试验 tilt test
使天平在没有达到水平或自由悬挂状态时对其性能进行的测试试验。

03.043 蠕变试验 creep test
当载荷不变时，测试天平平衡位置的示值随着时间增长而变化的试验。

03.02 密 度

03.044 密度 density
单位体积中所含物质的质量。单位为 kg/m^3。

03.045 表观密度 apparent density
多孔固体（粉末或颗粒状）材料质量与其表观体积（包括"空隙"的体积）之比。

03.046 实际密度 actual density
多孔固体材料质量与其体积（不包括"空隙"的体积）之比。

03.047 堆积密度 bulk density
又称"容积密度"。在特定条件（自然堆积、振动或轻敲堆积或施加一定压力的堆积）及确定容积的容器内，疏松状（小块、颗粒、纤维）材料质量与其体积之比。

03.048 相对密度 relative density
在规定条件下，某物质的密度与参考物质（液体和固体为纯水，气体为干燥空气）密度之比。

03.049 标准密度 standard density
在标准条件下（温度 273.15 K，压力 101 325 Pa 下的气体；20℃下的液体）的物质密度。

03.050 临界密度 critical density
物质在其临界点的密度。

03.051 比容 specific volume
物质体积与其质量之比。是密度的倒数，单位为 m^3/kg。

03.052 质量百分浓度 mass percentage concentration
简称"质量浓度"。溶液中所含溶质质量与溶液质量的百分比。

03.053 体积百分浓度 volume percentage concentration
简称"体积浓度"。在一定温度下，溶液中所含溶质体积与溶液体积的百分比。

03.054 静压称量 hydrostatic weighing
称量浸入液体中密度标准（如标准浮子或硅球等）在稳定状态下所受到的浮力，从而求得液体的密度的方法。

03.055 固体密度基准 primary standard of solid density
用物理、化学性能十分稳定的材料（单晶硅、石英或玻璃等)制作的固体球或立方体,可直接溯源到基本物理量质量和长度的最高计量标准。

03.056 密度标准液 density standard liquid
在标准温度下用于密度量值传递的、具有稳定密度值的液体。

03.057 标准硅球 standard silicon sphere
由单晶硅材料制作的用于密度量值传递的固体球。

03.058 浮计 hydrometer
能在液体中垂直自由漂浮,由其浸没于液体中的深度得到液体密度的仪器。包括热式浮计。

03.059 通用密度计 hydrometer for general use
用于测量液体密度的浮计。

03.060 专用密度计 hydrometer for special purpose
用于测量某一种液体密度或相对密度的专用浮计。仪器以所测液体命名,如石油密度计、乳汁密度计、海水密度计、酒精计、糖量计、土壤计、泥浆密度计、尿液密度计、电液密度计、水密度计、数显式密度计等。

03.061 标准浮计 standard hydrometer
用作密度量值传递的浮计。

03.062 密度瓶 density bottle
在一定温度及规定标线下具有一定的容积,用称量法测量液体或固体密度的仪器。包括液体密度瓶、固体密度瓶及气体密度瓶。

03.063 本生–西林流出计 Bunsen-Schilling effusiometer

又称"本生–西林扩散计"。通过测量相同条件下的等体积气体以及空气流出锐孔时间来测量气体相对密度的仪器。

03.064 电密度计 electrical densimeter
基于电量随物质密度变化原理测量物质密度的仪器。

03.065 电离辐射密度计 ionizing radiation densimeter
带有电离辐射源,利用电离辐射吸收特性变化测量均质材料和非均质混合物平均密度的仪器。如 γ 射线密度计。

03.066 振动式密度计 vibration-type densimeter
利用振动频率随密度变化的关系测量物质密度的仪器。包括手持式振动管密度计、台式振动管密度计和在线振动管密度计等。

03.067 声学密度计 acoustic densimeter
利用物质的声波性质(如声压、声速等)与密度变化关系测量物质密度的仪器。如超声波密度计。

03.068 液化石油气密度测量仪 LPG density testing apparatus
具有耐压结构,由液化石油气密度计及压力容器组成的,用于测量液化石油气(liquefied petroleum gas, LPG)密度的仪器。

03.069 偏振光糖量计 polarized light saccharimeter
利用偏振光通过蔗糖溶液(一种旋转物质)所产生的旋转角与相同偏振光通过规定浓度的蔗糖标准溶液所引起的旋光角之间的关系,测定蔗糖溶液浓度的仪器。

03.070 折光糖量计 refraction metric sac-

charimeter

利用糖溶液浓度与折射率的关系测定糖溶液浓度的仪器。

03.071 折光防冻液密度计 refraction den-simeter for antifreeze

利用防冻液密度与折射率的关系来测定防冻液密度的仪器。

03.072 浮计标准温度 standard temperature of hydrometer

标定浮计刻度时的温度。标准温度一般标注在浮计体内，我国除海水计为 17.5℃以外，通常使用 20℃作为标准温度。

03.073 弯月面 meniscus

浸在液体中的浮计干管与液面相接触的自由表面。

03.074 弯月面上缘读数 upper edge reading for meniscus

浸在液体中的浮计干管与液体弯月面最上缘相切处的读数。适用于不透明液体。

03.075 弯月面下缘读数 below edge reading for meniscus

浸在液体中的浮计干管与液体弯月面最下缘相切处的读数。适用于透明液体。

03.076 弯月面修正 meniscus correction

将用下缘读数方法校准的浮计浸入不透明液体中进行读数时所做的修正。

03.03 衡 器

03.077 衡器 weighing instrument

利用作用于物体上的重力等各种称量原理，确定物体的质量或作为质量函数的其他量值、数值、参数或特性的一种计量仪器。根据衡器的不同特征或功能等，可分为不同的种类。如根据衡器的准确度等级的不同，可分为秤和天平；根据其操作方式，可分为自动衡器和非自动衡器。

03.078 控制衡器 control weighing instrument

用于确定被测衡器的试验用被称物质量（或试验用参考车辆总重量，或静态单轴载荷）的一种计量器具。在动态测量中，作为一个参考使用的控制衡器可以是与被测衡器分开的另外的一台独立衡器，称"分离式控制衡器（separate control weighing instrument）"，或者将被测衡器作为控制衡器，称"集成式控制衡器（integrated control weighing instru-

ment）"，提供静态称重模式。

03.079 机械衡器 mechanical weighing instrument

由机械构件组成，其载荷的平衡和补偿均依靠机械方法实现的一种衡器。

03.080 电子衡器 electronic weighing instrument

装有电子装置的衡器。

03.081 非自动衡器 non-automatic weighing instrument

在确定称量结果能否被接受的称量过程中，需要操作者干预的衡器。分为有分度或无分度，自行指示、半自行指示或非自行指示的衡器。

03.082 固定式衡器 fixed location weighing

instrument

由于设计或其他要求，不准备或不能够从安装位置上移动的非自动衡器。如静态汽车衡、标准轨道衡、数字指示轨道衡、非自行指示轨道衡、地上衡、地中衡及其他工业用特殊衡器。

03.083 移动式衡器 mobile weighing instrument

安装在一个车辆或类似器具上或与其一体化，不需要其他工具即可在车轮上移动的非自动衡器。

03.084 用于道路车辆称重的便携式衡器 portable instrument for weighing road vehicle

可用适当工具移至它处，用一个或多个部件组成的承载器来确定道路车辆质量的非自动衡器。如便携式秤台，组合式非自动轴重（或轮重）秤，即一辆道路车辆上所有轴（或轮）都同时在相应秤台上称重的便携式非自动轴重（或轮重）秤。

03.085 台秤 platform scale

承载器的上平面形似一个平台，最大秤量不大于 1t 的非自动衡器。如杠杆式台秤、电子台秤、体重秤、脂肪秤、行李秤、滚道台秤、叉车秤等。

03.086 案秤 bench scale

一种在桌子、柜台或工作台上使用的，最大秤量通常不大于 30 kg 的非自动衡器。如杠杆秤、弹簧度盘秤、电子计价秤、条码打印计价秤、邮政秤、计重秤、计数秤、厨房秤、珠宝秤、袖珍秤、婴儿秤和带价格图表单价范围标尺的非自动衡器、由顾客自行操作的自助式非自动衡器等。

03.087 吊秤 hanging scale

对处于自由悬吊状态下的被称物品进行称量的非自动衡器。如吊钩秤、吊车秤、手提秤等。

03.088 分等衡器 grading instrument

一种根据预先确定的称量范围以决定分等关税或通行税费的非自动衡器。可根据秤量与结构的不同分别归入不同种类的非自动衡器中。如邮政秤、废物秤等。

03.089 自动衡器 automatic weighing instrument

在称量过程中不需要操作者干预，就能按照预定的处理程序自动工作的衡器。

03.090 连续累计自动衡器 continuous totalising automatic weighing instrument

又称"皮带秤（belt weigher）"。无需对质量细分或者中断输送带的运动，而对输送带上的散状物料进行连续称量的自动衡器。如按承载器分类的称重台式与输送机式皮带秤，按皮带速度分类的单速皮带秤与多速皮带秤（或定量给料机）。

03.091 非连续累计自动衡器 discontinuous totalising automatic weighing instrument

又称"累计料斗秤"。把一批散料分成若干份分立、不连续的被称载荷，按预定程序依次称量每份后分别进行累计，以求得该批物料总量的一种自动衡器。

03.092 自动分检衡器 automatic catchweighing instrument

对分立载荷或散状物品单个载荷进行称量的自动衡器。

03.093 重量检验秤 checkweigher

将不同重量的分立载荷按其重量与标称设定点的差值细分成两种或更多组类的一种

重量分类自动衡器。

03.094　重量标签秤　weigh labeler
对预装分立载荷（如预包装）按重量分类的具有专用贴标签机构的自动分检衡器。

03.095　重量价格标签秤　weigh price labeler
对预装分立载荷（如预包装）按重量、单价、付款分类的具有计重、计价功能的自动分检衡器。

03.096　车载式重量分检秤　catchweigher mounted on a vehicle
一种安装在车辆上的分检秤。如垃圾收集车上的垃圾秤。

03.097　重力式自动装料衡器　automatic gravimetric filling weighing instrument
把散状物料分成预定的且实际上具有恒定质量的载荷，即通过自动称量分成许多份质量相等的小份载荷，并将其装入容器的一种自动衡器。

03.098　定量包装秤　packing scale
带有包装结构的重力式自动装料衡器。如净重式、毛重式定量包装秤等。

03.099　选择组合秤　selective combination weigher
简称"组合秤（associative weigher）"。包括一个或多个称量单元，对相应的载荷进行组合计算，并将载荷的组合作为一次装料输出的重力式自动装料衡器。如多头电脑组合秤、配料秤等。

03.100　累加秤　cumulative weigher
只有一个称量单元，通过一个以上称量周期，控制每次装料质量的重力式自动装料衡器。如累加式定量装料秤等。

03.101　减量秤　subtractive weigher
通过控制称量料斗的物料输出，来确定装料质量的重力式自动装料衡器。如失重秤等。

03.102　定量灌装秤　automatic drum-filler
专门用于对液体物料进行称量的重力式自动装料衡器。

03.103　自动轨道衡　automatic rail-weigh-bridge
按预定程序对行进中的铁路货车进行称量，具有对称量数据进行处理、判断、指示和打印等功能的一种自动衡器。如动态轨道衡、不断轨动态轨道衡、单车溜放轨道衡、组合式动态轨道衡等。

03.104　动态公路车辆自动衡器　automatic instrument for weighing road vehicle in motion
通过对行驶车辆的称量确定车辆的车辆总质量和车辆轴载荷的一种自动衡器。如动态汽车衡、动态轴重秤等。

03.105　有分度衡器　graduated instrument
能够直接读取全部称量结果或部分称量结果的衡器。

03.106　无分度衡器　non-graduated instrument
不配备以质量为单位的数字标尺的衡器。

03.107　自行指示衡器　self-indicating instrument
无需操作者干预即可获得平衡位置或称量结果的衡器。

03.108　半自行指示衡器　semi-self-indicating instrument
具有一个自行指示的称量范围，而该范围的

界限需由操作者干预方能改变的衡器。

03.109 **非自行指示衡器** non-self-indicating instrument
完全靠操作者来获得平衡位置的衡器。

03.110 **多分度值衡器** multi-interval instrument
只具有一个测量范围，而此测量范围又被分成不同分度值的几个局部称量范围的衡器。这里的局部称量范围，是根据所加载荷的递增或递减而自动确认的。

03.111 **多范围衡器** multiple range instrument
对于同一承载器具有多种不同的最大秤量和不同分度值的称量范围，每个称量范围均可以从零扩展到最大秤量的衡器。

03.112 **毛重** gross weight
又称"毛重值"。被称载荷（包括存放物品或物料的容器、包装物或运载车辆等在内）的总质量或总重量。在衡器中，是指皮重装置或预置皮重装置未工作时，放到承载器上所称载荷的重量示值。

03.113 **皮重** tare weight
又称"皮重值"。存放物品或物料的容器、包装物或运载车辆等的重量。在衡器中，是指由皮重装置确定的载荷的重量示值。

03.114 **净重** net weight
又称"净重值"。被称载荷去除了皮重后的重量。在衡器中，是指皮重装置工作后，放到承载器上所称载荷的重量示值。

03.115 **载荷** load
因受重力作用，对衡器的承载器或称重传感器等施加力的被称物品、车辆、散料等实物，有时也直接指它们的作用力。

03.116 **固态载荷** solid state load
重心位置不易发生改变的物体。

03.117 **动态载荷** dynamic state load
重心位置易于发生改变的物体。

03.118 **液态载荷** liquid state load
具有较小黏度和良好流动性的均质流动物体。

03.119 **衡器恢复** weighing instrument recovery
为了避免蠕变、滞后等原因对衡器计量性能的影响，每一项性能测试结束后，衡器回到该次性能测试前的状态。

03.120 **偏载** eccentric load
作用方向与主轴平行但不共心的载荷。

03.121 **承载器** load receptor
衡器中用于接受被称载荷的部件。当在其上施加或卸下载荷时，衡器的平衡会随之改变。

03.122 **载荷传递装置** load-transmitting device
衡器中将作用于承载器上的载荷所产生的力传递到载荷测量装置的部件。

03.123 **皮重装置** tare device
当向衡器的承载器上加载时，将示值调至零点的装置。其中，加法皮重装置不会改变净重的称量范围，而减法皮重装置则会减小净重的称量范围。

03.124 **皮重平衡装置** tare-balancing device
当对衡器加载时不指示皮重值的一种皮重装置。

03.125 **皮重称量装置** tare-weighing device
无论衡器上有无载荷，均能存储皮重值并能予以指示或打印的一种皮重装置。

03.126 预置皮重装置 preset tare device
能从毛重或净重值中，减去预置皮重值并显示出计算结果的一种装置。会相应地减少净重的称量范围，属于减法皮重装置。

03.127 衡器锁定装置 locking device of a weighing instrument
使衡器的全部机构或部分机构固定不变的装置。

03.128 衡器辅助检定装置 auxiliary verification device of a weighing instrument
使衡器的一个或多个主要装置，能够单独检定的装置。

03.129 最大秤量 maximum capacity
不计加法皮重时衡器的最大称量能力。

03.130 最小秤量 minimum capacity
会使称量结果产生过大相对误差的最小载荷值。

03.131 装料 fill
一个或多个载荷装入一个容器，以构成预定的质量。

03.132 最小静载荷 minimum dead load
可以加到称重传感器上的，不超过最大允许误差的最小质量值。

03.133 最小静载荷输出恢复 minimum dead load output return
在称重传感器上施加载荷前、后测得的最小静载荷输出之差。

03.134 最大除皮效果 maximum tare effect
加法皮重装置或减法皮重装置所称量的最大能力。

03.135 衡器最大安全载荷 maximum safe load of a weighing instrument
衡器所能承受的、不致使其计量性能发生永久改变的最大静载荷。

03.136 最小累计载荷 minimum totalized load
累计自动衡器的规定的累计载荷值。低于该值时就有可能超出规定的相对误差。

03.137 最小试验载荷 minimum test load
连续累计自动衡器的规定的试验载荷值。低于该值时，皮带秤就有可能出现较大的相对误差。

03.138 衡器鉴别力 discrimination of a weighing instrument
衡器对载荷微小变化的反应能力。对给定载荷的鉴别力阈，就是附加载荷的最小值，当将此附加载荷轻取或轻放到承载器上时，即能使示值发生一个可觉察的变化。

04. 力值、硬度

04.01 力值和扭矩测量标准

04.001 力标准机 force standard machine
产生标准力值的，用于检定、校准测力仪(或称重传感器)的仪器。包括静重式、杠杆式、

液压式、叠加式力标准机等。

04.002 力基准机 primary force standard

machine

经国家批准，用作复现和保存力值单位，统一全国力值的最高依据的力标准机。

04.003 扭矩标准机 torque standard machine

产生标准扭矩的，用于检定、校准扭矩仪(或扭矩扳子，扭矩改锥)的仪器。包括静重式扭矩标准机、杠杆式扭矩标准机、参考式扭矩标准机、测力传感器式扭矩标准机等。

04.004 扭矩基准机 primary torque standard machine

经国家批准，用作复现和保存扭矩单位，统一全国扭矩值的最高依据的扭矩标准机。

04.005 扭矩校准杠杆 torque-calibration lever

由力矩杠杆和标准砝码组成的，用于校准串接式扭矩标准机的便携装置。

04.006 摆锤式冲击标准机 pendulum impact standard machine

产生标准冲击能的，用于定度标准冲击块的摆锤式冲击机。

04.007 摆锤式冲击基准机 pendulum impact primary standard machine

经国家批准，用作统一全国摆锤式冲击机的冲击能值的摆锤式冲击标准机。

04.008 力级 force step

在力基准机中，所产生的两个相邻负荷(包括零负荷)之间的差值。

04.009 寄生分量 parasitic components

在力基准机(或材料试验机)对测力仪(或试件)施加轴向负荷时，由于机器的结构缺陷

(如不对称)和不正常工作状态，测力仪(或试件)的安装位置的偏心与倾斜以及机器和测力仪(或试件)之间的交互作用等原因引起的附加侧向力和力矩。

04.010 旋转效应 rotation effect

又称"方位影响(azimuthal influence)""寄生效应(parasitic effect)"。在用力基准机对测力仪进行检定、校准时，在寄生分量作用下，由于测力仪本身的不对称结构(包括机械与电性能)导致不同方位上其示值发生变化的现象。

04.011 附加滞后 additional hysteresis

在用一台测力仪对一台标准机进行比对或检定、校准时，在该机器上测出的测力仪各负荷点的滞后与原检定时获得的各相应点滞后之偏差的最大绝对值。

04.012 逆负荷现象 counter-force phenomenon

在施加递增力值(或递减力值)过程中出现力值减少(或增加)的现象。

04.013 反向器 reverser

能使施加到测力仪(或称重传感器)上的负荷反向的装置。

04.014 支点刀 supporting knife

支承杠杆上下摆动的刀子。

04.015 重点刀 weight knife

将砝码的重力(或前一级杠杆作用的力值)传到本级杠杆的刀子。

04.016 力点刀 force knife

将杠杆放大后的负荷传递到被检测力仪上(或下一级杠杆)的刀子。

04.017 杠杆比 lever amplification ratio
重点刀刃到支点刀刃的平均距离与力点刀刃到支点刀刃的平均距离之比。

04.018 直接加力部分 directly loading unit
又称"静重部分(static weight unit)"。在杠杆式或液压式力基准机中，产生静重力值的整个机构。

04.019 力放大部分 main unit
在杠杆式或液压式力基准机中，将静重力值加以放大并施加到被检测力仪(或称重传感器)上的整个机构。

04.020 比例活塞 proportional piston
又称"小活塞(small piston)"。在液压式力基准机的直接加荷部分中，承受砝码产生的静重力值的活塞。

04.021 比例油缸 proportional cylinder
又称"小油缸(small cylinder)"。与比例活塞相配的油缸。

04.022 加荷活塞 loading piston
又称"大活塞(large piston)"。在液压式力基准机的力放大部分中，将放大后的静重力值施加到测力仪(或称重传感器)上的活塞。

04.023 加荷油缸 loading cylinder
又称"大油缸(large cylinder)"。与加荷活塞相配的油缸。

04.024 放大比 amplification ratio
加荷活塞的有效面积与比例活塞的有效面积之比。

04.025 活塞有效面积 effective cross-area of piston
活塞外圆横截面面积与油缸内圆横截面面积的算术平均值。

04.026 油缸转速 turn-speed of cylinder
油缸单位时间内绕活塞转动的圈数。

04.027 油缸旋转线速度 linear speed of cylinder
油缸转速与其内圆周长之积。

04.028 导向活塞 guide piston
又称"定塞(fixed plug)"。油缸中与机器无相对运动的，起油缸转动轴作用的活塞。

04.029 力转换活塞 piston for load relieving and pressure transmitting
在静重式力基准机中，用于防止在砝码交换过程中可能出现的逆负荷现象的活塞。

04.030 力转换油缸 cylinder for load relieving and pressure transmitting
与力转换活塞相配的油缸。

04.031 夹头同轴度 grip coaxality
力基准机或试验机上下夹头之间的几何中心线与加荷轴线的偏离程度。

04.032 几何同轴度 geometric coaxality
利用标准棒或试样，百分表和水平仪等测量工具在不受力状态下用几何方法测出的同轴度。

04.033 受力同轴度 coaxality with load
由安装在上下夹头之间的标准棒或试样，在受力的状态下由引申计测出的夹头同轴度。

04.02　测　力　仪

04.034　测力仪　dynamometer
用于测量各种力值的便携式仪器(包括力传感器)。包括压向测力仪、拉向测力仪和双向测力仪。

04.035　弹性体　elastic element
又称"敏感元件"。在测力仪和负荷传感器中感受负荷的元件。例如环状测力仪中的弹性环。

04.036　变形示值　indication of deflection
又称"输出"。在任何力值作用下的变形读数值与零负荷或带拉(压)头负荷下的变形读数值之差。

04.037　测力环　proving ring
弹性体为圆环或椭圆环,读数装置为百分表的测力仪。

04.038　动态力　dynamic force
随时间变化的力。包括循环力、随机力和冲击力等。

04.039　循环力　cycle load
随时间做周期性变化的力。包括最大循环负荷、最小循环负荷和循环范围。

04.040　力值范围　load range
额定力值与最小力之差。

04.041　预负荷　preload
在进行正式检定、校准之前,为了使测力仪(或称重传感器)、力标准机和安装连接件等处于正常工作状态所必须施加的数次负荷。

04.042　温度修正系数　coefficient for temperature correction
在变形示值随温度做单调线性变化的测力仪(或称重传感器)中,测力仪(或称重传感器)在相同力值作用下,弹性体温度增加(或减少)1K 时,测力仪(或称重传感器)的变形示值增加(或减少)的相对数。

04.043　扭矩仪　torque-meter
用于测量扭矩值的各种便携式仪器。包括标准扭矩仪、扭矩传感器等。

04.044　扭矩扳子　torque wrench
带有扭矩测量机构的扳子。

04.045　测功机　machine of measuring power
测量动力机械(如内燃机、电动机和水轮机等)输出转矩和转速,以及工作机(如油泵、空气压缩机等)的输入转矩和转速的仪器。

04.03　负荷传感器

04.046　负荷传感器　load cell
在负荷作用下能输出与其成一定对应关系的电信号的装置。包括应变式负荷传感器、压电式负荷传感器、压磁式负荷传感器、电感式负荷传感器、电容式负荷传感器、压阻式负荷传感器等。

04.047　多分量传感器　multi-component transducer
能够测量两个或两个以上广义力分量(如铅

垂力和水平力、铅垂力和弯矩等)的负荷传感器。

04.048 多分量校准系统 calibration system for multi-component transducer
能够产生两个或两个以上广义力分量,用于校准多分量传感器的系统。

04.049 主轴线 primary axis
对传感器施加力值的设计轴线。

04.050 轴向力 axial load
力作用线与传感器主轴线重合的力。

04.051 安全过负荷 safe overload
传感器允许施加的最大轴向过负荷。当该负荷卸除后,传感器的技术指标保持不变。

04.052 极限过负荷 ultimate overload
传感器能承受的、不使其丧失工作能力的最大轴向过负荷。该负荷与额定力值的百分比称"极限过负荷率(ultimate overload rate)"。

04.053 侧向力 side load
在轴向力的作用点上施加的与主轴线垂直的力。

04.054 偏心力 eccentric load
作用线与主轴线平行而不重合的力。

04.055 同心倾斜力 concentric angular load
在轴向力的作用点上施加的作用方向与主轴线成某一角度的力。

04.056 偏心倾斜力 eccentric angular load
在偏离轴向力的作用点上施加的作用方向与主轴线成某一角度的力。

04.057 过冲 overshoot
被测出的超过最终稳态输出值的输出增量。

04.058 工作直线 operating line
使用传感器时所采用的校准直线。

04.059 端点直线 end-point line
连接校准曲线上进程零负荷输出坐标点和额定力值输出坐标点的直线。

04.060 端点平移直线 end-point translation line
与端点直线平行,截距为校准曲线与端点直线的偏差的极大值和极小值之和的一半的直线。

04.061 最小二乘法直线 least-squares line
根据传感器输出的测量值利用最小二乘法求出的直线。

04.062 蠕变 creep
在环境条件和其他一切可变条件恒定时,在一定力值作用下传感器的输出随时间发生的稳态变化。通常在快速施加额定力值后在规定时间内进行测量。

04.063 蠕变恢复 creep recovery
在环境条件和其他有关条件恒定时,去掉已保持了一定时间的力值后,传感器的无负荷输出随时间发生的稳态变化。通常在快速去掉已保持了一定时间的额定力值之后在规定时间内进行测量。

04.064 输入电阻 input resistance
在标准试验条件下,无负荷和输出端开路时由输入端测出的传感器电路的电阻。

04.065 输出电阻 output resistance
在标准试验条件下,无负荷和输入端开路时由输出端测出的传感器电路的电阻。

04.066　激励　excitation

加在传感器输入端的电压或电流。

04.067　补偿　compensation

为减少和消除传感器的已知系统误差所采取的措施。包括所使用的辅助装置、特殊材料或工艺。

04.068　额定输出温度影响　temperature effect on rated output

简称"输出温度影响"。由环境温度变化引起的额定输出的变化。通常用环境温度每变化 10K 时引起的额定输出的变化与额定输出的百分比表示。

04.069　零点输出温度影响　temperature effect on zero output

简称"零点温度影响"。由环境温度变化引起的零点输出的变化。通常用环境温度每变化 10K 时引起的零点输出的变化与额定输出的百分比表示。

04.070　温度补偿范围　compensation temperature range

传感器额定输出和零点输出的温度影响不超过规定技术指标的环境温度范围。

04.071　零点恢复　zero return

将保持一定时间的额定力值卸除，在输出稳定之后立即测得的零点输出同施加额定力值之前测得的零点输出之间的差值。通常用额定输出的百分比表示。

04.072　零点环境影响　zero instability

在不同环境条件下，在其他可变条件保持恒定时，传感器零点输出变化的程度。

04.073　零点移动　zero float

对拉压两用传感器连续施加一个完整的额定拉伸和额定压缩的循环力值之后，其零点输出发生的变化。通常用拉伸额定输出和压缩额定输出两者平均值的百分比表示。

04.04　称重传感器

04.074　称重传感器　load cell

考虑了使用地点重力加速度和空气浮力的影响之后，测量质量的力传感器。

04.075　数字式称重传感器　digital load cell

考虑了使用地点重力加速度和空气浮力的影响之后，把被测的质量转换成另一个量输出，配备包含放大器、模数转换（ADC）和数据处理（可选）电子线路的称重传感器。

04.076　称重传感器分度值　load cell interval

称重传感器测量范围被等分后，一个分度的值。

04.077　称重传感器检定分度值　load cell verification interval

在称重传感器准确度分级试验中使用的，以质量为单位表示的称重传感器分度值。用符号 v 表示。

04.078　最大秤量　maximum capacity

施加在称重传感器上的，不超出最大允许误差的最大质量值。通常以 E_{max} 表示。

04.079　称重传感器最大检定分度数　maximum number of load cell verification intervals

使称重传感器的测量结果不超过最大允许

误差的测量范围可分成的最大检定分度数。用符号 n_{max} 表示。

04.080 称重传感器最小检定分度值 minimum verification interval of load cell
等分称重传感器测量范围的最小检定分度质量值。用符号 v_{min} 表示。

04.081 测量范围的最小载荷 minimum load of the measuring range
试验或使用时施加到传感器上的最小质量值。该值不应小于最小静载荷 E_{min}。用符号 D_{min} 表示。

04.082 传感器检定分度数 number of load cell verification intervals
称重传感器测量范围被分成的检定分度数目。用符号 n 表示。

04.083 最小载荷输出温度影响 temperature effect on minimum dead load output
由环境温度的变化引起的最小静载荷输出的变化。

04.05 材料试验机

04.084 材料试验机 material testing machine
对材料、零件和构件进行机械性能和工艺性能试验的设备。

04.085 复合试验机 forces-combined testing machine
又称"多分量试验机"。能同时对试件施加两种或两种以上力值分量的材料试验机。

04.086 蠕变试验机 creep testing machine
在给定的温度和力值下测试材料、零件和构件等的机械性能随时间和温度发生变化的材料试验机。

04.087 持久强度试验机 creep rupture strength testing machine
在恒定温度下对试件施加恒定力值,测量试件断裂时间并确定其相应强度的材料试验机。

04.088 松弛试验机 relaxation testing machine
在恒定温度下,保持试件的总变形不变,在规定时间间隔内测量其松弛应力的材料试验机。

04.089 磨损试验机 abrasion testing machine
测量试件的磨损量和摩擦系数等特性的材料试验机。

04.090 摩擦试验机 friction testing machine
测量材料或部件面与面之间的滑动特性的材料试验机。

04.091 杯突试验机 cupping testing machine
试验板状或带状材料的冷冲压变形特性的材料试验机。

04.092 液压式张拉机 hydraulic tension jack
简称"张拉机"。在制造建筑预制件时,对其钢筋施加预定拉力,使拉伸应力达到设计要求的机器。通常由千斤顶、油泵、油路和压力表等组成。

04.093 混凝土回弹仪 concrete test hammer
用于混凝土结构或构件无损检测抗压强度的仪器。

04.094 试件 sample
被试验的试样、零件和构件等。

04.095 试样 specimen
从被测材料、零件和构件上获取的符合相应规范的试验样品。

04.096 疲劳试验机 fatigue testing machine
对试件施加周期力值或随机力值，测量其疲劳极限和疲劳寿命等性能指标的材料试验机。

04.097 冲击试验 impact test
利用特制的摆锤或落锤等运动物体冲击试件，根据试件破断前后摆锤或落锤的能量差评价被冲击试件的韧性或脆性的试验。

04.098 冲击试验机 impact testing machine
用于进行冲击试验（包括简支梁式冲击试验、悬臂梁式冲击试验等）的装置。

04.099 摆锤式冲击试验机 pendulum impact testing machine
利用悬挂在具有足够刚度机架上的特制摆锤，冲击以某种方式安装在支座上的试样的冲击试验机。包括三用冲击试验机、落锤式冲击试验机、多次冲击试验机等。

04.100 旋转轴线 axis of rotation
又称"摆轴线"。摆轴的几何中心线。

04.101 摆锤 pendulum
在摆锤式冲击试验机中，绕旋转轴线做同步旋转运动的各部件的总和。包括锤刀、锤头、摆杆、摆轴、主动指针等。

04.102 锤刃 striking edge
又称"冲击刀刃"。摆锤冲击试样时，锤刀与试样相接触的直线部分。

04.103 下落角 angle of fall
又称"初始扬角"。摆锤处于初始位置时，

摆锤质心和旋转轴线组成的平面与通过旋转轴线的铅垂面之间的夹角。

04.104 升起角 angle of rise
摆锤冲击试样后到达最高位置时，摆锤质心和旋转轴线组成的平面与通过旋转轴线的铅垂面之间的夹角。

04.105 摆锤自由位置 free position of pendulum
又称"摆锤铅垂位置"。摆锤自由悬挂时所处的静止位置。

04.106 初始位能 initial potential energy
摆锤处于初始位置时，相对于摆锤处于自由位置时的质心所在的水平面的位能。

04.107 剩余位能 residual energy
摆锤冲击试样后，到达最高位置时的位能与摆锤处于自由位置时的位能之差。

04.108 吸收能 absorbed energy
摆锤冲击试样时，试样破断消耗的摆锤位能。通常取初始位能和剩余位能的差值作为试样的吸收能。

04.109 冲击韧性 impact toughness
试样的吸收能与其被冲击前缺口处最小横截面面积之比。

04.110 能量损失 energy loss
在摆锤冲击试样的整个过程中消耗于非试样破断的能量。

04.111 摆锤力矩 moment of pendulum
又称"冲击常数"。摆锤处于水平位置时相对于旋转轴线的重力矩。

04.112 打击点 point of impact

摆锤开始冲击试样瞬间，锤刃与试样水平中心面（该面通过试样中心并平行试样上表面）的接触点。

04.113　摆锤质心距　distance of center of mass
摆锤质心到旋转轴线之间的距离。

04.06　硬　度　试　验

04.114　硬度　hardness
材料抵抗弹性变形、塑性变形、划痕或破裂等一种或多种作用的能力。

04.115　布氏硬度试验　Brinell hardness test
对规定直径的硬质合金球加规定的试验力压入试样表面，经规定的保持时间后，卸除试验力，测出试样表面的压痕直径，以便确定材料硬度的全部过程。

04.116　布氏硬度　Brinell hardness
在布氏硬度试验中，压痕单位表面积承受的试验力。布氏硬度值单位符号为HBW。

04.117　洛氏硬度试验　Rockwell hardness test
在初试验力及总试验力先后作用下，将压头（金刚石圆锥、钢球或硬质合金球）压入试样表面，经规定的保持时间后，卸除主试验力，测出在初试验力下的残余压痕深度，以便确定材料硬度的全部过程。

04.118　洛氏硬度　Rockwell hardness
在洛氏硬度试验中，给定标尺的硬度常数与初试验力下的残余压痕深度除以给定标尺的单位长度的差值。洛氏硬度值单位符号为HR。

04.119　维氏硬度试验　Vickers hardness test
用试验力将顶部两相对面夹角为136°的正四棱锥体金刚石压头压入试样表面，保持规定的时间后，卸除试验力，测出试样表面压痕对角线长度，以便确定试样硬度的全部过程。

04.120　维氏硬度　Vickers hardness
在维氏硬度试验中，试验力除以压痕表面积所得到的商。维氏硬度值单位符号为HV。

04.121　努氏硬度试验　Knoop hardness test
用试验力将顶部两相对面具有规定角度的菱形棱锥体金刚石压头压入试样表面，按规定的保持时间卸除试验力后，测出试样表面压痕长对角线的长度，以便确定试样硬度的全部过程。

04.122　努氏硬度　Knoop hardness
在努氏硬度试验中，试验力除以压痕投影面积所得到的商。努氏硬度值单位符号为HK。

04.123　肖氏硬度试验　Shore hardness test
将固定形状的金刚石冲头从固定的高度自由落在试样表面上，测出冲头第一次弹起的高度，以便确定试样硬度的全部过程。

04.124　肖氏硬度　Shore hardness
在肖氏硬度试验中，用冲头第一次在试样上弹起的高度除以冲头下落时的固定高度，再乘以肖氏硬度系数得到的值。肖氏硬度值单位符号为HS。

04.125　里氏硬度试验　Leeb hardness test
用硬度计的冲击装置将冲头（碳化钨或金刚石球头）以规定势能释放，冲击在试样表面上，测出其球头距试样表面 1mm 处的冲击速度与反弹速度，以便确定试样硬度的全部过程。

04.126 里氏硬度 Leeb hardness
在里氏硬度试验中，冲头的冲击速度与冲头反弹速度之比乘以 1000 得到的值。里氏硬度单位符号为 HL。

04.127 邵氏硬度试验 Shore hardness test
在规定试验力作用下将一定形状的钢制压针，压入试样表面，当压头平面与试样表面紧密贴合时，测出压针相对压头平面的伸出长度，以便确定试样硬度的全部过程。

04.128 邵氏硬度 Shore hardness
在邵氏硬度试验中，用 100 减去压针相对压头平面的伸出长度(L)与 0.025 mm 的比值。邵氏硬度值单位符号为 HA 或 HD。

04.129 国际橡胶硬度试验 international rubber hardness test
在规定条件下将一定直径的钢球压针，压入橡胶试样表面，测出在初试验力和总试验力先后作用下的压入深度差值。通过查表确定试样硬度的全部过程。

04.130 塑料球压痕硬度试验 plastic ball indentation hardness test
在初试验力和主试验力先后作用下，将一定直径的钢球压头压入塑料试样表面，保持一定时间后，测出压痕的压入深度，以便确定试样硬度的全部过程。

04.131 塑料球压痕硬度 plastic ball indentation hardness
在塑料球压痕硬度试验中，主试验力除以压痕表面积的商。塑料球压痕硬度单位符号为H。

04.132 韦氏硬度试验 Webster hardness test
在标准弹簧试验力作用下将一定形状的淬火压针，压入试样表面，测出压痕深度，以便确定试样硬度的全部过程。

04.133 韦氏硬度 Webster hardness
在韦氏硬度试验中，压入深度除以 0.01mm 的商。韦氏硬度值单位符号为 HW。

04.134 巴氏硬度试验 Barcol hardness test
在一定的试验力作用下，将一定形状的压针压入试样表面，测出压入深度，以便确定试样硬度的全部过程。

04.135 巴氏硬度 Barcol hardness
在巴氏硬度试验中，用一定形状的硬钢压针，在标准弹簧试验力作用下，压入试样表面，用压针的压入深度确定的材料硬度。定义每压入 0.0076 mm 为一个巴氏硬度单位。巴氏硬度值单位符号为 HBa。

04.136 果品硬度试验 fruit hardness test
在标准弹簧试验力作用下将顶端为球面的柱体压头压入苹果、梨、桃等果肉中，直到规定深度时，测出单位面积受到的压力，以便确定果品硬度的全部过程。

04.137 果品硬度 fruit hardness
在果品硬度试验中，果品压痕上单位面积受到的力。果品硬度的单位为 N/cm^2。

04.138 马氏硬度试验 Martens hardness test
用金刚石正四棱锥或正三棱锥压头，对试样表面由小到大连续或步进式施加试验力，同时测出相对应的压痕深度，根据试验力与压痕深度的关系，确定试样硬度的全部过程。

04.139 马氏硬度 Martens hardness
在马氏硬度试验中，试验力与压痕表面积的商。马氏硬度值单位符号为 HM。

04.140 硬度标尺 hardness scale
在硬度试验中，各种试验力和各种硬度压头的组合。

04.141　洛氏硬度标尺　Rockwell hardness scale
在洛氏硬度试验中，各种总试验力和各种洛氏压头的组合。

04.142　硬度值　hardness value
由硬度数和后面的硬度标尺符号组成。如60HRC、80HR30N、400HV10、200HBW10/3000/30 等。

04.143　基准硬度机　primary hardness stand-ard machine
经国家批准，作为复现和保存硬度量值单位，统一全国硬度值的最高依据的标准硬度机。

04.144　标准硬度机　hardness standard machine
用于检定标准硬度块硬度值的硬度机。

04.145　硬度计　hardness tester
用于测定材料硬度值的仪器。

04.07　硬　度　块

04.146　标准硬度块　standard hardness block
用来检定各种硬度计示值的实物量具。

04.147　硬度块的均匀度　uniformity of hardness block
在条件不变的情况下，用标准硬度计在标准硬度块的工作面上均匀分布测定若干个点（一般为五点），所测得的各点硬度中最大值与最小值之差，或该差值与平均值之比的百分数。

04.148　试验力　test force
硬度试验时，压头对试样所施加的力。

04.149　初试验力　initial test force
按试验法或试验程序的规定，最初施加的较小试验力。

04.150　主试验力　main test force
按试验法或试验程序的规定，在加上初试验力后所施加的较大试验力。

04.151　总试验力　total test force
初试验力与主试验力之和。

04.152　压痕　indentation
在试验力作用下，压头(或压针)压入试样表面产生的变形。

04.153　压头　indenter
在硬度计中具有规定形状用于压入试件的部件。在邵氏、韦氏、巴氏、国际橡胶等硬度计中称"压针"。

04.154　横刃　ridge at the apex of the pyramid
棱锥压头两相对面的交线。

04.155　硬度冲头　hardness hammer
在硬度计中，用来冲击试样的部件。

04.156　压痕测量装置　indentation measuring device
用于测量压痕有关参数如深度、对角线长度、压痕直径等的装置。

04.157　分度值　scale division
以长度或硬度为单位所表示的标尺最小刻度的间隔值。

04.158　金属硬度与强度换算值　conversion between hardness value and tension

strength for metal

金属材料的各种硬度标尺的硬度值与拉伸强度的换算关系。

05. 振动、冲击、转速

05.01 基础名词

05.001 国际标准重力加速度 international standard gravity acceleration

国际上将北纬 45°海平面的重力加速度数值 9.806 65m/s^2 规定为标准重力加速度，即 g_n=9.806 65m/s^2。

05.002 线性系统 linear system

响应与激励大小成正比，并且满足叠加定理的系统。

05.003 机械系统 mechanical system

由质量、刚度和阻尼等各元素所组成的系统。

05.004 动态系统 dynamic system

现在的输出与过去的输入有关的，其关系可用微分方程(或差分方程)描述的系统。

05.005 惯性系统 seismic system

依靠弹性元件将一个质量连接到参考基座所构成的，通常还包括阻尼元件的系统。

05.006 等效系统 equivalent system

为便于分析而采用的与原系统效应相等的系统。

05.007 激励 excitation

作用于系统的外力或其他输入。

05.008 复合激励 complex excitation

04.159 硬度值的换算 conversion between hardness values

材料各种硬度标尺的硬度值之间的换算关系。

为便于计算而引出的具有实部和虚部的激励。实际激励可以是复合激励的实部或虚部。

05.009 离散步进正弦激励 discrete step sinusoidal excitation

由单个离散频率的正弦信号，以固定频率或频率逐步改变的方式进行的激励。

05.010 扫描正弦激励 sweeping sinusoidal excitation

用正弦信号，在试验(测试)频率范围内，从下限频率到上限频率以连续扫描的方式进行的激励。扫描有三种形态：由下至上的扫描称为"正扫"，由上至下的扫描称为"逆扫"，来回扫描的称为"往复扫描"。

05.011 正弦驻留 sine remain

在扫描过程中可以停留在某个或几个频率上做定频振动的扫描。

05.012 快速正弦扫描激励 rapid sine sweep excitation

扫描的周期以及结构的脉冲响应衰减时间小于测量数据周期的激励。

05.013 纯随机激励 pure random excitation

用具有一定谱型和带宽的、概率密度为高斯分布的随机信号进行的激励。

05.014 伪随机激励 pseudorandom excitation

将一段随机信号以一定周期重复出现的激励。

05.015 周期随机激励 periodic random excitation

待第一个随机激励后和第二个周期稳定均衡后在第三个周期进行测量，再重复此伪随机过程的激励。

05.016 瞬态随机激励 transient random excitation

只在测量周期的初始一段输出瞬态的随机信号，其占用时间可任意调节，以适应不同的阻尼结构的激励。

05.017 冲击激励 shock excitation

用经过选择的瞬态的各种(单次的或多次的)冲击波形进行的激励。

05.018 环境激励 environment excitation

利用自然环境的扰动(如大地脉动、路面凹凸、海浪、噪声、风动以及湍流等)作为激励源的激励。

05.019 响应 response

系统受外力或其他输入作用后的输出。

05.020 复合响应 complex response

线性系统受到复合激励后的响应。

05.021 有效响应 effective response

在传感器灵敏轴方向上，由输入的机械振动或冲击所引起的传感器响应。主要有：灵敏度、幅频响应、相频响应、非线性度等。

05.022 环境响应 environment response

在使用传感器测量机械振动或冲击时，同时还存在着的环境和其他物理因素所引起的传感器的响应。

05.023 动态范围 dynamic range

在测量(分析)仪器内，不受各种噪声的影响而能获得准确测定结果的输入信号范围。一般为最大允许信号级与噪声级之比，以 dB 表示。

05.024 机械阻抗 mechanical impedance

对于简谐振动的机械系统，某点所受的激励与同一点或不同点的响应的复数比。

05.025 动刚度 dynamic stiffness

又称"位移阻抗"。激励向量是力，而响应向量是位移的机械阻抗。

05.026 动柔度 dynamic flexibility

又称"位移导纳"。动刚度的倒数。

05.027 速度阻抗 velocity impedance

激励向量是力，而响应向量是速度的机械阻抗。

05.028 速度导纳 velocity mobility

速度阻抗的倒数。

05.029 视在质量 apparent mass

又称"加速度阻抗""动质量"。激励向量是力，而响应向量是加速度的机械阻抗。

05.030 惯量 inertia

又称"加速度导纳"。视在质量的倒数。

05.031 驱动点阻抗 driving point impedance

简称"点阻抗"。响应是激振点的阻抗。

05.032 传递阻抗 transfer impedance

又称"跨点阻抗"。响应不是激振点的阻抗。

05.033　空间频率　spatial frequency
单位空间（或长度）内的物理量的个数或次数。

05.034　量的频谱　frequency spectrum of a quantity
一个量的量值与频率的函数关系。

05.035　线谱　line spectrum
又称"离散谱"。各谱分量出现在离散频率处的谱。

05.036　连续谱　continuous spectrum
谱分量连续分布在某一频率范围内的谱。

05.037　幅值谱　amplitude spectrum
将傅里叶变换所得的复函数的模作为频率的函数来描述的频谱。

05.038　相位谱　phase spectrum
将傅里叶变换所得的复函数的相位作为频率的函数来描述的频谱。

05.039　量的波谱　wave spectrum of a quantity
又称"波数谱""空间频率谱"。一个量的量值与波数的函数关系。

05.040　频率响应函数　frequency response function
当初始条件为零时，系统的输出（响应）与输入（激励）的傅里叶变换之比。与输入函数的类型无关。

05.041　传感器灵敏度　transducer sensitivity
传感器的指定输出量与指定输入量之比。

05.042　参考灵敏度　reference sensitivity
在规定的实验室条件下，在给定的参考频率、参考幅值和配套放大器增益条件下传感器的灵敏度。

05.043　相对灵敏度　relative sensitivity
在测量频段内的灵敏度与基准频率（160Hz或80Hz）的灵敏度之比。

05.044　横向灵敏度　transverse sensitivity
传感器在与其灵敏轴垂直的方向被激励时的灵敏度。

05.045　横向灵敏度比　transverse sensitivity ratio
传感器或振动设备的最大横向灵敏度与沿灵敏轴方向的灵敏度之比，用百分数表示。

05.02　振　动

05.046　振动　vibration
描述机械系统运动或位置的量值，相对于某一平均值或大或小交替地随时间变化的现象。

05.047　简谐振动　simple harmonic vibration
又称"正弦振动"。自变量为时间的正弦函数的振动。

05.048　振动烈度　vibration severity
用于描述振动参数的一个或一组指定值。如极大值、平均值、方均根值等。

05.049　振级　vibration level
一个量和同类参考量比值的对数。使用时，必须说明该对数的底、参考量和级的种类。

05.050 随机振动 random vibration
在未来任一给定时刻，其瞬时值不能精确预知的振动。

05.051 窄带随机振动 narrowband random vibration
频率分量仅仅分布在某一窄频带(通常等于或小于 1/3 倍频程)内的随机振动。

05.052 宽带随机振动 broadband random vibration
频率分量分布在较宽频带(通常等于或大于 1 个倍频程)内的随机振动。

05.053 随机噪声 random noise
在未来任一给定时刻，其瞬时值都不能精确预知的噪声。

05.054 白噪声 white noise
用固定频带宽度测量时，频谱连续并且均匀的噪声。其功率谱密度不随频率改变。

05.055 粉红噪声 pink noise
用正比于频率的频带宽度测量时，频谱连续并且均匀的噪声。其功率谱密度与频率成反比。

05.056 高斯随机噪声 Gaussian random noise
其瞬时值分布为高斯分布的随机噪声。

05.057 相位 phase
又称"相角"。将自变量的某值作为基准值来测量时，周期函数的超前周期分数值。用角度(弧度或度)来表示。

05.058 相位差 phase difference
两个频率相同的周期量的相位之差。

05.059 初相位 start angle
自变量取零时的相位。

05.060 振幅 amplitude
简谐振动的最大值。

05.061 振幅绝对平均值 amplitude absolute average value
简谐振动在一周期内的平均值。

05.062 振幅峰值 amplitude peak value
在给定时间内振动量的最大幅值。对简谐振动又称"单峰值(single peak value)"。

05.063 振幅峰–峰值 amplitude peak-to-peak value
振动量的最大值与最小值之间的代数差。对简谐振动又称"双峰值(double peak value)"。

05.064 振幅方均根值 amplitude root-mean-square value
振幅的平方和的平均值的平方根。

05.065 波峰因数 crest factor
又称"峰值因数"。峰值与方均根值(或有效值)之比。

05.066 波形因数 wave form factor
在两个相继过零的半循环中，其方均根值(或有效值)与均值之比。

05.067 阻尼 damping
能量随时间或距离的耗散。

05.068 阻尼比 damping ratio
实际阻尼系数(C)与临界黏性阻尼系数C_c的比值。以ζ表示。

05.069 对数衰减率 logarithmic decrement

又称"对数缩减率"。在单自由度振动衰减过程中，任意两个相继的同符号振幅比值的自然对数。

05.070　时间常数　time constant
某一按指数规律变化的量，其幅值衰变为某指定时刻幅值的 1/e 倍时所需要的时间。是阻尼系数的倒数。以符号 τ 表示，单位为秒。

05.071　品质因数　quality factor
表示单自由度机械共振或单自由度电共振的锐度或频率选择性大小的量值。其值等于阻尼比的倒数的一半。以符号 Q 表示。

05.072　有效带宽　effective bandwidth
当等幅值的频率信号通过时，传输的总功率与原系统传输的总功率相等的带宽。

05.073　基带分析　base band analysis
由零频率到某一最高频率分析频带的频率分析方法。

05.074　细化分析　zoom analysis
在动态信号分析仪中，在较窄的指定频带内，以很高的频率分辨力，来显示隐含在信号内精细频率结构的一种复解调技术。

05.075　带内波动度　in-band ripple
简称"波动度"，又称"波纹度"。通带内滤波器幅值波动的程度。用 dB 表示。

05.076　跟踪滤波器　tracking filter
中心频率能跟随需分析信号的频率变化的滤波器。

05.077　振动参考频率　vibration reference frequency
在振动传感器的灵敏度校准中，所选定的振动频率。

05.078　振动参考幅值　vibration reference amplitude
在振动传感器的灵敏度校准中，所选定的振动幅值。

05.079　振动灵敏轴　vibration sensitive axis
传感器具有最大灵敏度的标称轴。

05.080　标准振动台　standard vibrator
对振动传感器和测量仪进行检定或校准时，产生标准振动激励的装置。

05.081　条纹计数法　fringe-counting method
利用干涉条纹数的多少测量出振动幅值的方法。如直接记数法、频比计数法、周期平均法、低频调制法等。

05.082　条纹细分法　subdividing fringe method
在激光干涉测量振动的条纹计数法中，对条纹整数后的尾数进行细化处理的方法。如相位细分法、幅值细分法等。

05.083　贝塞尔函数法　Bessel function method
在用激光干涉仪测量振动时，其光电流可展开成傅里叶级数，级数中的每一项的系数都是与振幅有关的贝塞尔函数，由已知的贝塞尔函数值反求出振幅值的方法。如零值法、最小值法、最大值法和比值法等。

05.084　互易校准法　reciprocity method
利用传感器的机–电可逆性（双向性）、线性和无源性，对振动传感器进行检定、校准的方法。是一种绝对校准方法。

05.085　正弦逼近法　sine approximation method
在激光测振时，对数据进行正弦函数的逼近

模拟和迭代运算，得到加速度计灵敏度幅相特性的方法。

05.086 振动的比较法校准 vibration calibration by comparison method
通过标准传感器与被校传感器的比较而获得被校传感器的灵敏度的方法。

05.087 正弦比较法 sine comparison method
振动台产生一定频率和幅值的正弦激励，对两个传感器进行比较的方法。

05.088 随机比较法 random comparison method
用随机振动控制器闭环控制校准振动台，产生所需的各种加速度谱密度谱型激励振动台，然后对标准传感器和被校传感器采用一定方法进行比较的校准方法。如简单法、切换法和替换法。

05.089 安装共振频率 mounted resonance frequency
又称"安装谐振频率"。加速度计安装到结构物上后所呈现的共振频率。

05.090 基本安装共振频率 fundamental mounted resonance frequency
最低的安装共振频率。

05.091 传感器瞬变温度灵敏度 transducer transient temperature sensitivity
具有热释效应的传感器在瞬变温度作用下产生的电输出的最大值与传感器灵敏度和温度改变量乘积的比值。

05.092 传感器温度响应 transducer temperature response
温度变化时，传感器不需要的输出值与灵敏度和温度变化值的乘积之比值。

05.093 旋转运动灵敏度 sensitivity for rotational motion
当直线振动传感器以其敏感轴为中心旋转时，传感器灵敏度对不同转速的比值。

05.094 基座应变灵敏度 base strain sensitivity
传感器基座产生应变时引起的不需要的信号输出与传感器灵敏度和应变值乘积的比值。

05.095 极限加速度 limited acceleration
传感器所能承受的不被损坏的最大加速度。

05.096 声灵敏度 sound sensitivity
传感器在声场中随声级强度变化而产生的输出，与传感器灵敏度和声压级的乘积的比值。

05.097 磁灵敏度 magnetic sensitivity
传感器位于磁场中产生的不需要的输出信号，与传感器灵敏度和磁场的磁感应强度乘积的比值。

05.098 安装力矩灵敏度 mounting torque sensitivity
采用螺纹安装的传感器，当施加 1/2 倍或 2 倍的规定安装力矩时，其灵敏度与施加规定安装力矩时的灵敏度的最大差值，相对于规定安装力矩时灵敏度的比值的百分数。

05.099 跟随条件 follow condition
相对式速度传感器的质量–弹簧系统顶牢被测物体，使其同步运动的预压量。

05.100 动态信号分析仪 dynamic signal analyzer
基于快速傅里叶变换原理和数字信号处理技术的信号分析仪。可对信号进行时域分析、时差域分析(相关分析)、频域分析(功率谱、频响函数等分析)和幅值域分析(直方图、概率密度分析)等。

05.101　自功率谱密度　auto-power spectral density
简称"自谱密度"。当带宽趋于零,平均时间趋于无穷大时,量 $x(t)$ 通过中心频率 f、带宽 B 的窄带滤波器后的单位带宽的均方值的极限。

05.102　互功率谱密度　cross power spectral density
两个频域函数之间的功率谱密度。其实部为共谱密度(简称"共谱"),虚部为正交谱密度。

05.103　加速度谱密度　acceleration spectral density
随机信号为加速度时的功率谱密度,即单位频率上的均方加速度值。

05.104　抗混叠滤波器　antialiasing filter
防止分析中出现频率混叠现象,滤除 $1/\Delta t$(Δt 为 A/D 取样间隔)以上的频率成分的滤波器。

05.105　谱线数　number of spectral line
信号分析仪在给定的分析频率范围内,等间隔给出的谱线的条数。

05.106　振动试验台　vibration bench for testing
简称"振动台"。振动参数可控制和可重现的,对试验样品进行振动试验的设备。

05.107　电动振动台　electrodynamic vibration bench
利用电磁感应原理设计制造的振动台。

05.108　动圈式电动振动台　moving coil vibration bench
由固定磁场和位于该磁场中通有一定交变电流的可动线圈的相互作用,所产生的激振力来进行驱动的振动台。

05.109　动铁式电动振动台　electromagnetic vibration bench
又称"电磁振动台"。由电磁铁和铁磁材料相互作用产生激振力来驱动的振动台。

05.110　液压式振动台　hydraulic vibration bench
利用液体压力经电液伺服阀输出作为激振力来驱动的振动台。

05.111　机械振动台　mechanical vibration bench
由机械原理及机械构件来产生机械激振力的振动台。

05.112　直接驱动振动台　direct drive vibration bench
由连杆或凸轮等强制性传动机构直接驱动的振动台。

05.113　反作用式振动台　reaction type vibration bench
由不平衡质量体旋转或往复运动产生激振力的振动台。

05.114　共振式振动台　resonance vibration bench
由处于机械共振状态的振动系统来产生激振力的振动台。

05.115　辅助台　auxiliary station
将一个或多个振动发生器的振动传递给试验装置的一种机械系统。由滑台、导向系统和校平垫块三部分组成。

05.116 板簧台 board spring table
滑台与导向系统固定部分用金属板簧连接，板簧沿滑台方向刚度低，而其他五个自由度方向刚度高的辅助台。

05.117 油膜台 oil film slide table
滑台放在平板上，滑台与平板之间的表面用油膜隔开的辅助台。

05.118 气垫台 air film slide table
滑台放在平板上，滑台与平板之间的表面用气垫隔开的辅助台。

05.119 机械式滑台 mechanical slide table
用连杆、滑块机构连接滑台与导向系统的固定部分，其纵向刚度非常低，其余自由度的刚度很高的辅助台。

05.120 液压式滑台 hydraulic slide table
由加压条件下的润滑来实现的机械式滑台。

05.121 静压支撑滑台 static pressure supporting slide table
由液压实现滑台与导向系统固定部分的连接的辅助台。

05.122 磁性悬浮滑台 magnetic floating slide table
由磁场实现滑台与导向系统固定部分的连接的辅助台。

05.123 带静压补偿的干支撑滑台 static press compensated dry supporting slide table
由两种摩擦系数较小的材料相接触来实现滑台与导向系统固定部分的连接的辅助台。

05.124 水平滑台 horizontal slide table
简称"滑台"。单一水平向振动的辅助台。

05.125 角振动台 angle vibration bench
一种可在某一频率范围内绕回转轴做某种摆动的设备。

05.126 激振器 vibration exciter
用以产生振动力，并能将这种振动力加到其他被试结构或被试设备上的振动激励装置。

05.127 台面加速度信噪比 acceleration signal-to-noise ratio for vibration table
振动台空载时最大加速度有效值与背景噪声加速度有效值之比。以分贝表示。

05.128 运动部件悬挂的机械共振频率 mechanical resonance frequency of the moving element suspension
由电动振动台运动部件的等效质量、试验负载和运动部件悬挂的动刚度所确定的频率。

05.129 运动部件的机械共振频率 mechanical resonance frequency of the moving element
又称"台面一阶共振频率"。电动振动台运动部件固有的首阶机械共振频率。

05.130 运动部件的电谐振频率 electrical resonance frequency of the moving element
电动振动台动圈中的电压与电流相同、且电阻抗为最小值时的频率。

05.131 台面加速度幅值均匀度 acceleration amplitude uniformity for vibration table
在振动台台面上布置五个以上的传感器各点上，各点加速度值与中心点加速幅值的最大偏差的绝对值与中心点加速度幅值的比值的百分数。

05.132 台面横向振动比 transverse vibration ratio for vibration table
安装在振动台台面中心的三向加速度计，其 x 轴(或 y 轴)与振动台的耳轴平行，其上垂直于主振方向的两个互相垂直方向的加速度幅值的最大值，与主振方向的加速度幅值的比值的百分数。

05.133 扫描速率 sweep rate
扫描中自变量的变化率。

05.134 线性扫描 linear sweep
又称"均匀扫描"。扫描速率为常数的扫描。

05.135 对数扫描 logarithmic sweep
扫描中单位自变量的变化率为对数的扫描。最常用的是每分钟为 1 倍频程的扫描。

05.136 扫频振动 sweep vibration
在一定的频率范围内，用一个连续变化但不间断的频率进行振动的测试方法。

05.137 循环时间 cycle time
又称"回路时间"。从取样开始，经过快速傅里叶变换、功率谱的比较、修正、逆傅里叶变换、相位随机、时域随机化、由 D/A 接口输出等所需的总时间。

05.138 均衡时间 equalization time
随机振动试验开始后，控制谱达到要求的控制准确度所需要的时间。

05.139 加速度功率谱密度控制动态范围
control dynamic range for acceleration power spectral density
数字式振动试验系统依据规定的参考谱密度的形状和强度，使控制谱密度工作在谱密度估计的误差允许范围内时，加速度功率谱密度的最大、最小强度范围。用 dB 表示。

05.140 加速度总方均根值控制精密度
control precision of acceleration root-mean-square value
数字式振动试验系统台面空载并按规定的谱形振动时，台面中心加速度总方均根多次测量值间的离散程度。用 dB 表示。

05.141 加速度功率谱密度控制精密度
control precision of acceleration power spectral density
数字式振动试验系统台面空载并按规定的谱形振动时，台面中心加速度功率谱密度多次测量值间的离散程度。用 dB 表示。

05.142 带内带外加速度总方均根值比 acceleration root-mean-square value ratio of band-in to band-out
数字式振动试验系统台面空载并按规定的谱形振动时，工作频率范围外加速度总方均根值与工作频率范围内加速度总方均根值之比值，用百分数表示。

05.143 额定正弦激振力 rated thrust force under sinusoidal vibration exciting
不同试验负载下所有最大正弦激振力的最小值。

05.144 额定宽带随机激振力 rated thrust force under broadband random vibration exciting
任一试验负载的宽带随机激振力的最小值。

05.145 最大正弦推力 maximum thrust force for sinusoidal vibration
在简谐振动试验条件下，振动台或激振器所

产生的动力最大值。

05.146　最大随机推力　maximum random thrust force
在宽带随机振动试验条件下，振动台或激振器所产生的动力最大值。

05.147　空载最大加速度　maximum bare table acceleration
振动台空载时台面中心点所能达到的最大加速度值。

05.148　满载最大加速度　maximum loaded table acceleration
振动台满载时台面中心点所能达到的最大加速度值。

05.149　额定行程　rated travel
电动振动发生器运动部件正常工作允许的最大行程。

05.150　额定加速度　rated acceleration
在规定技术指标范围内加速度可以复现的最高值。

05.151　额定位移　rated displacement
在规定技术指标范围内位移可以复现的最高值。

05.152　额定速度　rated velocity

在规定技术指标范围内速度可以复现的最高值。

05.153　运动部件的等效质量　effective mass of the moving element
表示运动部件惯性特性的当量质量。

05.154　最大倾覆力矩　maximum pitch moment
在水平滑台不被破坏的条件下，施加的静态力和动态力，在垂直于滑台的纵向平面内所产生的前后倾覆极限力矩。

05.155　最大偏转力矩　maximum roll moment
在水平滑台不被破坏的条件下，施加的静态力和动态力，在滑台的水平面内所产生的偏转极限力矩。

05.156　最大侧倾力矩　maximum yaw moment
在水平滑台不被损坏的条件下，施加的静态力和动态力，在垂直于滑台的横向平面内产生的侧倾极限力矩。

05.157　振动试验　vibration test
在现场或试验室，用振动试验设备所进行的试验。如振动响应测量、振动环境试验、动态特性测定试验、载荷识别试验等。

05.03　冲　　击

05.158　机械冲击　mechanical shock
变化时间小于系统的固有基本周期，能激起系统瞬态扰动的力、位置、速度或加速度变化的激励。

05.159　冲击脉冲　shock pulse

用时变参数(如位移、力或速度)的突然上升、突然下降来表征的冲击激励形式。

05.160　理想冲击脉冲　ideal shock pulse
又称"简单脉冲(simple pulse)"。可以用简单时间函数描述的冲击脉冲。

05.161　标称冲击脉冲　nominal shock pulse

简称"标称脉冲"。带有给定公差带的特定脉冲。

05.162　标称脉冲的标称值　nominal value of shock pulse

针对规定公差所给出的脉冲的规定值。如峰值或持续时间。

05.163　半正弦冲击脉冲　half-sine shock pulse

时间历程曲线为半正弦波的理想冲击脉冲。

05.164　后峰锯齿冲击脉冲　final peak saw tooth shock pulse

时间历程曲线为三角形的，即运动量由零线性地增加到最大值，然后在一瞬间降落到零的理想冲击脉冲。

05.165　前峰锯齿冲击脉冲　initial peak saw tooth shock pulse

运动量在一瞬间上升到最大值，然后线性地减少到零的理想冲击脉冲。

05.166　对称三角形冲击脉冲　symmetrical triangular shock pulse

时间历程曲线为等腰三角形的理想冲击脉冲。

05.167　正矢冲击脉冲　versed sine shock pulse

时间历程曲线为自零开始的正矢（正弦平方）曲线的理想冲击脉冲。

05.168　矩形冲击脉冲　rectangular shock pulse

时间历程曲线为矩形的理想冲击脉冲。

05.169　梯形冲击脉冲　trapezoidal shock pulse

时间历程曲线为梯形的理想冲击脉冲。

05.170　钟形冲击脉冲　shock pulse with Gauss distribution

时间历程曲线为高斯曲线的理想冲击脉冲。

05.171　爆炸波　blast wave

由于爆炸或大气压力、水压力的急剧变化所形成的压力脉冲，及随之产生的介质的运动。

05.172　冲击波　shock wave

伴随有通过介质或结构的冲击传播的位移、压力或其他变量的冲击时间历程。

05.173　冲击脉冲持续时间　duration of shock pulse

理想冲击脉冲上升到某一设定的最大值的分数值和下降到该值的时间间隔。对实测脉冲通常取 0.1 的最大值作为设定值，对理想脉冲设定值取为零。

05.174　冲击脉冲上升时间　shock pulse rise time

理想冲击脉冲的运动量从某一设定的最大值的较小分数值，上升到另一设定的最大值的较大分数值所需要的时间间隔。对实测脉冲，通常取 0.1 作为较小分数值，取 0.9 作为较大分数值；对理想脉冲，通常分别取 0 和 1 作为较小分数值和较大分数值。

05.175　冲击脉冲下降时间　shock pulse drop-off time

简单冲击脉冲的运动量从某一设定的最大值的较大分数值，下降到另一设定的最大值的较小分数值所需要的时间间隔。对实测脉冲，通常取 0.9 作为较大分数值，取 0.1 作为较小分数值；对理想脉冲，通常分别取 1 和 0 作为较大分数值和较小分数值。

05.176 冲击响应谱 shock response spectrum
一系列单自由度线性系统受到同一冲击(或碰撞)作用的最大响应,是系统固有率的函数。

05.177 初始冲击响应谱 initial shock response spectrum
在系统受到冲击的作用时间内产生的最大响应中所得到的冲击响应谱。

05.178 剩余冲击响应谱 residual shock response spectrum
在系统受到冲击的作用时间后产生的最大响应中所得到的冲击响应谱。

05.179 最大冲击响应谱 maximum shock response spectrum
由初始及剩余冲击响应谱中确定的,具有最大值的响应谱。

05.180 加速度冲击响应谱 acceleration shock response spectrum
加速度响应得到的冲击响应谱。

05.181 速度冲击响应谱 velocity shock response spectrum
由速度响应得到的冲击响应谱。

05.182 位移冲击响应谱 displacement shock response spectrum
由位移响应得到的冲击响应谱。

05.183 冲击谱 shock spectrum
冲击运动波形的傅里叶谱。

05.184 能量谱密度 energy spectrum density
功率谱密度乘以瞬态信号分析中进行快速傅里叶变换计算的数字记录长度。

05.185 冲击机 shock machine
冲击加速度校准装置中产生冲击运动的设备。

05.186 冲击摆 shock pendulum
采用物理摆(单摆或双摆)的势能变为动能的碰撞冲击机。

05.187 落球冲击机 drop ball shock machine
采用重力或势能、动能转换的蓄能原理产生导向落体碰撞的冲击机。

05.188 上抛冲击机 throw shock machine
采用重力或势能、动能转换的蓄能原理产生上抛加力碰撞的冲击机。

05.189 气炮冲击机 shock machine with air gun
采用压缩空气推动靶体和弹体互相碰撞的冲击机。

05.190 霍普金森杆冲击机 shock machine with Hopkinson bar
采用弹性波在杆或棒中传播而产生冲击运动的冲击机。

05.191 电磁能冲击装置 shock equipment by electromagnetic energy
采用电能变为机械能碰撞原理的冲击机。

05.192 冲击力法 method with shock force
根据动量守恒的原理,将频响宽的压电式力传感器作为标准传感器,并将被校传感器、标准传感器和落体重物构件作为势能冲击源,用同次测量的两只传感器的冲击加速度值,进行冲击加速度灵敏度校准的方法。

05.193 速度改变法 method with velocity change

利用碰撞时动量守恒的原理，进行冲击加速度校准的方法。

05.194 平均测速法 method with average measuring velocity

又称"光切割法(optical cutting method)"。在撞击瞬间前的一段距离(定距)内测量其运动的时间(测时)，从而获得平均速度的测速方法。

05.195 激光多普勒测速法 measuring velocity method by laser Doppler

直接利用激光多普勒频移原理进行测速的方法。

05.196 光栅测速法 method for measurement velocity with grating

在大冲击校准中，为解决随机相位、冲击安全性、降低工作频率和提高信噪比等问题，用金属光栅组件和散射式光路实现侧向测量的方法。

05.197 测量光栅法 measurement grating

直接利用明、暗相间的条纹光栅的反射和吸收而形成光栅条纹计数测量位移，再微分或二次微分以求得速度或加速度的方法。

05.198 物理光栅法 physical grating

单一频率的激光入射到运动的衍射光栅平面时，不同级次的衍射光产生不同的多普勒频移，取任意两级衍射光作为测量光束进行干涉，其差动信号的频率与光栅的运动速度成简单的线性关系。依次来测量位移，并对位移再微分或二次微分以求得速度或加速度的方法。

05.199 霍普金森杆压缩波法 method by Hopkinson bar compress wave

又称"应变比较法"。利用运动中物体(如金属圆柱)与霍普金森杆碰撞，杆中的应力波引起的应变和应变速率与时间的关系，来校准冲击加速度计的方法。

05.200 冲击加速度比较校准法 method for shock acceleration comparison calibration

将被校加速度计和参考加速度计"背靠背"安装，承受同一冲击激励，对两只加速度计的冲击响应量值进行比较，得到被校加速度计的冲击校准灵敏度的方法。

05.201 时域校准 time domain calibration

同时获得被校加速度计和参考加速度计的冲击时域波形，作为加速度波形峰值灵敏度校准的方法。

05.202 频域校准 frequency domain calibration

又称"冲击谱法校准(shock spectrum method calibration)"。将被校和参考冲击波形输出同时进行傅里叶变换，进行频域比较的校准方法。

05.203 冲击测量仪 shock measuring instrument

能测量、记录、显示并存储冲击波形图形及其各种参数的测量仪器。

05.204 冲击脉冲波形再现 reproduction of shock pulse

简称"冲击波形再现"。用规定的冲击脉冲波形进行的一种冲击试验。

05.205 冲击试验机再现 reproduction with shock machine

使用规定的冲击试验机，包括一系列弹簧、冲击垫片及脉冲程序器或脉冲发生器等来实现的冲击试验。

05.206　冲击响应谱再现　reproduction of shock response spectrum

用规定的冲击响应谱进行的冲击试验。如冲击响应谱波形匹配再现等。

05.207　冲击试验台　shock testing table

由冲击激励源、冲击脉冲形成装置、装夹试件的工作台组成的冲击试验设备。如自由跌落式(重力激发)冲击台、加速式冲击台，或空气炮、爆炸炮、液压及气压驱动冲击台等。

05.208　碰撞试验台　bump testing table

提供各类产品，特别是电子元器件等产品作碰撞试验用，以确定其在碰撞环境下工作的可靠性的试验台。

05.209　气液式碰撞试验台　bump testing table with gas and liquid

采用强迫冲击和节流缓冲的工作原理，改变环状节流面积和调整带有工作台的活塞下落速度，从而改变峰值加速度幅值和对应的脉冲持续时间，产生的脉冲波形为半正弦脉冲波形的试验台。

05.210　凸轮式碰撞试验台　bump testing table with cam

用直流电机通过机械系统带动凸轮，将工作台顶起，并让其自由下落至缓冲器，调节电机的转速，可改变工作台下落的冲击重复频率，改变工作台的跌落高度或调整缓冲器，可获得不同峰值加速度和相对应的脉冲持续时间的半正弦脉冲波形的试验台。

05.211　落体式冲击试验台　drop shock testing table

供各类产品作冲击试验用，以确定元件、设备及其他产品在使用和运输过程中，承受非多次重复性机械冲击的适应性及评定结构完好性的试验台。

05.212　冲击加速度变化量　velocity change quantity for shock acceleration

冲击加速度在指定的脉冲持续时间内对时间的积分。

05.213　台面冲击峰值加速度幅值均匀度　amplitude uniformity of acceleration peak for shock table

在冲击台台面上布置五个以上的传感器各点上，冲击加速度值与中心点冲击加速度幅值的最大偏差的绝对值，与同次测量中心点的冲击加速度幅值的比值的百分数。

05.214　台面冲击峰值加速度横向运动比　transverse movement vibration ratio for shock acceleration peak

x 轴(或 y 轴)与冲击台的耳轴平行安装在冲击台台面中心的三向加速度计，其垂直于主冲击方向的两个互相垂直的冲击加速度幅值的最大值与主冲击方向的加速度幅值的比值的百分数。

05.215　冲击试验　shock test

为检验产品承受冲击载荷能力而做的试验。

05.04　转　速

05.216　角位移　angular displacement

刚体在一段时间内转过的转角。

05.217　角速度　angular velocity

角位移与其实现所需时间段的比值。

05.218 瞬时角速度 instantaneous angular velocity

实现角位移的时间段趋于零时的角速度。

05.219 线速度 linear velocity

旋转刚体上任一点在单位时间内的位移量。

05.220 转速 rotating velocity

旋转刚体在单位时间内的转数。

05.221 时间平均转速 time average rotating velocity

在一段时间内转过的转数和这一时间段的比值。

05.222 N 转数平均转速 N turn number average rotating velocity

又称"多周期平均转速"。在指定的 N 转数内测得的转速。

05.223 分转数平均转速 disports turn number average rotating velocity

以一周(转)的某个角度(必须是一周的 1/N，N 为正整数)为基数测量的转数。

05.224 瞬时转速 instantaneous rotating velocity

又称"即时转速"。测试时间段趋于零时的转速。

05.225 转速波动度 fluctuation of rotating velocity

旋转物体在一周内转速变化的状况。

05.226 基波失真度法 fundamental distortion method

以转速的 1/N 为基频，以计算失真度的公式计算的转速波动度。

05.227 谐波失真度法 harmonic distortion method

以转速的 1/N 为基频，将计算失真度的公式中的分母换为总有效值而计算的转速波动度。

05.228 转速频率测量法 method of rotating velocity for frequency measuring

简称"测频法"，又称"转速频率直接测量法"。用时基信号作为门控信号，以计入的被测转数信号的数量来测量被测转速的频率的方法。

05.229 转速周期测量法 method of rotating velocity for periodic measuring

简称"测周法"，又称"转速频率周期测量法"。用被测转速信号作为门控信号，以计入的时基信号的数量来测量转速信号的周期的方法。

05.230 中界频率 separating frequency

直接测量频率和直接测量周期的量化误差相等时的分界点的频率。

05.231 触发误差 trig error

在周期测量中，由于开关门信号的品质形成的误差。

05.232 转速表 tachometer

测量各种旋转物体旋转速度的仪器。

05.233 离心式转速表 centrifugal tachometer

依据角速度与惯性离心力的非线性关系测转速的转速表。

05.234 定时式转速表 timing style tachometer

利用计时机构控制计数表机构，测量时间间隔和相应的转速的转速表。

05.235　电动式转速表　dynamoelectric style tachometer

将机械转速通过机电换能器而转换成相应的电输出，即利用转速传感器(测速发电机)与被测旋转轴相连接而输出电压信号的转速表。

05.236　磁感应式转速表　magnet inductor type's tachometer

根据电磁感应原理，当涡流电磁力矩与游丝反作用力矩平衡时，由转速表表盘上的指针指示被测转速的转速表。

05.237　频闪式转速表　frequently flash style tachometer

利用人的视觉暂留现象而测量转速的转速表。

05.238　电子计数式转速表　tachometer by electron counting

利用各种转速传感器(如光电式、磁电式、激光式、红外式、涡流式等)将机械旋转频率转换成电脉冲信号，通过电子计数器计数并显示相应转速值的转速表。

05.239　频率–电压变换式转速表　tachometer by transform of frequency-voltage

将旋转频率通过频率–电压变换器而转换成电压量输出的转速表。

05.240　转速标准装置　standard equipment of rotating velocity

具有宽的调速范围和高的转速精度的专门用于转速检定和校准的装置。

05.241　转速稳定度　stability of rotating velocity

转速装置在一定时间内的稳定程度。

05.242　转角标准装置　rotating angle standard equipment

又称"转台"。用于惯性导航器件和设备的测试或校准的台式设备。

05.243　出租汽车计价器　taximeter

安装在出租汽车上、能连续累加并指示出行程中任一时刻乘客应付费用总数的计量器具。

05.244　车速里程表　speed and mileage meter

测量并指示车辆行驶过程车轮总转数所对应的里程和车辆瞬时速度的计量器具。

05.245　空间滤波式车速测量仪　apparatus with space filter for measuring rate of motor car

用对空间频率具有一定选择性的栅格式空间滤波器测量车辆速度的计量器具。

05.246　机动车雷达测速仪　apparatus with radar for measuring rate of motor car

应用多普勒原理对机动车速度进行测量的计量器具。

05.247　机动车超速自动监测系统　automatic monitor system for vehicle speeding of motor car

固定安装于道路上，在规定的环境条件下，能对监测车道内机动车行驶速度进行实时、自动测量，同时能拍摄超出该车道限速范围行驶的机动车图像，并自动记录该车道内机动车行驶时的速度值、日期、时间、地点等相关信息的监测系统。

05.248　恒加速度　constant acceleration

离心机稳定旋转时，作用于安装台面(或转臂)上载荷的向心加速度。

05.249　离心机　centrifuge
可以以不同的角速度绕回转轴稳速旋转的标定或试验设备。

05.250　精密离心机　precision centrifuge
又称"恒加速度校准装置"。通过角运动产生标准向心加速度,即恒加速度,用以校准线加速度计和其他惯性导航器件的标准装置。

05.251　离心试验机　centrifugal testing machine
又称"恒加速度离心试验机"。通过角运动产生向心加速度,即恒加速度,用以进行环境试验、分离试验和其他试验的试验设备。

05.252　工作半径　effective radius
离心机平均回转中心到加速度计有效检测质量中心的距离。

05.253　切向加速度　acceleration in tangential direction
离心机台面(或转臂)上载荷沿着半径为 R_0 的圆周运动时,在切线方向的速度变化率。

05.254　切向加速度比　rate of acceleration in tangential direction to constant acceleration
载荷中心切线加速度(a_T)和恒加速度(a_0)的比值。

05.255　主轴回转速度设定值　setting value of angular velocity of main axis
简称"转速"。满足被试载荷试验条件而设置的离心机回转速度。

05.256　集流环　slip-ring
又称"导电滑环"。在转台和离心机等旋转设备上,由定子的电刷和转子的滑环组成,用于传递电信号的器件。

05.257　两次安装法　calibration method of accelerometer in two different positions
当离心机旋转半径不能直接测量时,可以把被测传感器分别安装在两个位置上,两个位置之间的距离可以测量,误差控制在±0.5%以内的方法。

05.258　惯性导航加速度计　inertial navigation accelerometer
利用检测质量的惯性力来测量线加速度或角加速度,经过计算(一次或二次积分),求得所需的控制信号,来控制运载体按要求的轨道或弹道运动的加速度计。

05.259　静态模型方程　static mathematic model of accelerometer
表达加速度计输出,与沿平行或垂直于加速度计输入基准轴作用的加速度分量间关系的数学关系式。

05.260　标度因数　scale factor
线加速度计输出的变化与作用在输入轴上加速度变化的比值。

05.261　加速度计非线性系数　accelerometer nonlinearity coefficient
表示加速度计输入与输出偏离线性关系的系数。

05.262　二阶非线性系数　second-order nonlinearity coefficient
输出变化量与作用在输入轴上加速度的平方的比值。

05.263　三阶非线性系数　third-order nonlinearity coefficient
输出变化量与作用在输入轴上加速度的三次方的比值。

06. 容量、流量

06.01 容 量

06.001 容器 container
可容纳物质（液体、气体或固体微粒）的器具。

06.002 容量 capacity
在一定条件下容器内可容纳物质的数量（体积或质量）。

06.003 容积 volume
容器内可容纳物质的空间体积。

06.004 量器 measuring container
可作为计量器具的容器。

06.005 量入式量器 input container
用于测量注入量器（内壁干燥）内液体体积的量器，如容器瓶等。

06.006 量出式量器 output container
用于测量从量器内部排出液体体积的量器，如滴定管等。

06.007 标称容量 nominal capacity
量器容量的标称值。

06.008 残留量 remaining liquid
在规定时间内，将量器内部液体排出后，残留在量器内壁表面的液体量。

06.009 流出时间 discharging time
为保证量器的测量准确度而规定的量器内全部液体流出所需的时间。

06.010 等待时间 waiting time
为使量器内壁上残留液体流出所规定的时间。

06.011 罐壁温度 temperature of tank shell
量器器壁的平均温度。

06.012 液体温度 liquid temperature
量器内液体的平均温度。

06.013 计量罐 measuring tank
具有较大容积，可用于贸易交接计量，结构符合一定要求的金属或非金属罐。如立式金属罐、卧式金属罐、球形金属罐、船舶液货计量舱、铁路罐车等。

06.014 计量口 dip hatch
在罐顶部进行取样、测量罐内液面高度和液体温度的开口。

06.015 计量板 dip plate
位于计量口正下方，测量液面高度时承接量油尺锤的水平金属板，是下计量基准点的定位板。

06.016 上计量基准点 upper datum mark
主计量口中下尺槽的垂线与上平面的交点。

06.017 下计量基准点 dipping datum mark
通过上计量基准点的垂线与计量板上平面的交点。

06.018 参照高度 reference height

上计量基准点与下计量基准点之间的垂直距离。

06.019 最小测量容量 smallest measurable volume
为了保证罐的容量计量达到规定的不确定度，在收发作业时所允许排出或注入的最少液体体积。

06.020 液面高度 level height
下计量基准点至自由液面的垂直距离。

06.021 空高 ullage height
上计量基准点至自由液面的垂直距离。

06.022 附件体积 ancillary volume
影响罐容积的附件所占的体积。

06.023 封头 head
卧式金属罐或铁路罐车直圆筒两端的部分。按结构形式分为弧形顶、椭球顶等。

06.024 内竖直径 inside vertical diameter
卧式金属罐或铁路罐车罐体竖垂方向的直径。

06.025 内横直径 inside cross diameter
卧式金属罐或铁路罐车罐体水平方向的直径。

06.026 内总长 total inside length
卧式金属罐或铁路罐车两个封头中心之间的距离。

06.027 外竖直径 outside vertical diameter
卧式金属罐或铁路罐车含筒体上、下板厚的罐体垂直方向的直径。

06.028 外横直径 outside cross diameter
卧式金属罐或铁路罐车含筒体上板厚的罐体水平方向的直径。

06.029 外总长 total outside length
卧式金属罐或铁路罐车含封头厚度的两封头中心之间的距离。

06.030 人孔 manhole
供人员出入罐体内检修作业的开孔。

06.031 容量表 capacity table
量器内高度和容量的对应关系表。

06.032 静压力容积修正值表 hydrostatic correction table
在液体静压力作用下，液位高度与容器容积增大值的对应关系表。

06.033 装满系数 filling factor
容纳物质部分的容积与总容积之间的比值。

06.034 衡量法 weighing method
测定量器内所容纳检定介质的质量、密度和温度，通过计算得到在标准温度下容积的方法。

06.035 注入容量比较法 filling volumetric method
将检定介质从高一级标准量器注入被检量器的方法。

06.036 排出容量比较法 delivering volumetric method
将检定介质从被检量器排入高一级标准量器的方法。

06.037 几何测量法 geometric method
通过测量量器的有关几何尺寸，经计算得到容积的方法。通常有外测法和内测法。

06.038 常用玻璃量器 working glass container

在容量工作中常用的玻璃量器。包括滴定管、分度吸量管、单标线吸量管、单标线容量瓶、量筒、量杯等。

06.039 专用玻璃量器 special glassware
根据用途，从结构形状上专门设计制作的玻璃量器。包括海水溶解氧滴定管、微量吸管、奥氏吸管、比色管、离心管、刻度试管、血糖管和消化管等。

06.040 注射器 injector
由外套、芯子和锥头组成，外套表面有容量示值的量器。

06.041 移液器 quantitative adjustable pipet
由定位部件、容量调节指示部分、活塞套和吸液嘴等组成，在化学分析中取样和加液用的量出式量器。

06.042 计量颈 measuring neck
标准金属量器颈部圆筒体的读数部分。

06.043 溢流罩 overflow cover
安装在计量颈之上，防止检定介质溢出或喷溅的呈漏斗形状的罩。

06.044 计量颈标尺 measuring neck scale
置于计量颈部位，用于读取液面高度的标尺。

06.045 计量颈分度容积 volume of smallest scale division
计量颈标尺上相邻两个最小刻度之间所对应的容积值。

06.046 读数游标 reading vernier
可在主标尺上滑动并具有锁紧功能，能跟踪读取液位高度的副标尺。其读数分辨力一般

大于 0.1mm。

06.047 液位管 level pipe
用于显示液面高度的玻璃管。

06.048 导液管 guide pipe
与上进液口相连，安装在金属量器内部用来防止产生喷溅和气泡的导管。

06.049 排气口 vent
向量器内注液体时，其内部气体的排出口。

06.050 放液阀 delivery valve
量器排放液体的阀门。

06.051 售油器 retail appliance for vegetable oil
用于食用植物油零售的计量器具。

06.052 液态物料定量灌装机 quantitative filling machine
用于化工、医药、食品等定量灌装的计量器具。

06.053 液化石油气汽车槽车 vehicle for liquefied petroleum gas
用于公路运输液化气的带有专用容器的汽车。

06.054 液位计 level gauge
用于测量计量罐内液位高度的计量器具。

06.055 静压法油罐计量装置 hydrostatic tank gauging
由压力变送器、温度变送器等组成，采用静压原理用于测量油罐内油品质量(商业质量)的计量器具。

06.056 基圆 base circle
在检定计量罐时，为推算其他圈板的周长或直径，用于与其他圆周比较的某一位置的圆周。

06.057　径向偏差　radial difference
立式金属罐某一圈板半径与基圆半径之差。

06.058　参照水平面　reference level
在对罐底和罐内附件的起止高度测量时，由水准仪视准轴水平旋转形成的或由充装液体所形成的水平面。

06.059　搭接高　overlap height
相邻两圈板焊接处两板重叠的高度。

06.060　圈板外高　external height of plate
圈板外表面的高度。

06.061　圈板内高　internal height of plate
圈板内表面的高度。

06.062　底量　bottom volume
罐底板最高点水平面以下的容量。

06.063　死量　deadstock
计量罐下计量基准点水平面以下的容量。

06.064　标高　elevation
由水准仪和标高尺所测量的某一点到参照水平面的高度。

06.065　浮顶　floating roof
由金属或其他材料制成的、浮在液体表面上的密封盖。

06.066　外伸长　distance from weed point to tangent point
封头直筒部分的外露长度。

06.067　卧式金属罐球缺　spherical segment of horizontal metallic tank
封头顶部，以半径 r 做球形过渡的部分。

06.068　卧式金属罐曲线体　curve of horizontal metallic tank
封头为弧形顶的，圆筒伸长到某一位置时（切点），开始以 r 为半径卷成圆弧过渡到球缺的部分。

06.069　球形金属罐　spherical metallic tank
用钢板焊成球形状的压力密闭容器。

06.070　球形金属罐水平直径　level diameter of spherical metallic tank
球形金属罐赤道方向的直径。

06.071　球形金属罐竖向直径　vertical diameter of spherical metallic tank
球形金属罐垂直方向的直径。

06.072　铁路罐车　railway tanker
用罐来装载液体、液化气体等介质的铁路货车。

06.073　液货计量舱　measuring cargo for liquid products
由船体、纵横水密舱壁组成，用来装运、测量液体货物的容器。包括小型舱、大型舱、液货计量舱、规则舱、部分规则舱、不规则舱等。

06.02　流　量

06.074　流量　flow
流体流过一定截面的量。是瞬时流量和累积流量的统称。用体积表示时称为"体积流量"；用质量表示时称为"质量流量"。

06.075　瞬时流量　flow rate

某一时刻流体流过一定截面的量。

06.076　累积流量　volume
又称"总量"。一段时间内流体流过一定截面的量。

06.077　管流　pipe flow
流体充满管道的流动。

06.078　明渠流　open channel flow
液体在明渠中具有自由液面的流动。

06.079　流量计　flow meter
测量流量的器具。通常由一次装置和二次装置组成。

06.080　流量计误差特性曲线　error performance curve of flow meter
表示流量计流量与其误差关系的曲线。

06.081　流量范围　flow rate range
能满足计量性能要求的，由最大流量和最小流量所限定的范围。

06.082　分界流量　transitional flow rate
将流量范围分割成"高区"和"低区"的，在最大流量和最小流量之间的流量值。

06.083　标称流量　nominal flow rate
能在连续运行和间断运行时满足其计量性能要求的流量计额定流量。

06.084　满刻度流量　full scale flow rate
对应于最大输出信号的流量。

06.085　压力损失　pressure loss
由于管道中存在流量计而产生的不可恢复的压力降。

06.086　安装条件　installation condition
安装流量计的物理环境条件，包括外界条件、流体状态、流体物理性质的数值范围、管路及其相应配件的几何配置。

06.087　直管段　straight length
安装在流量计上游和下游的用于使流场达到某种要求的管段。

06.088　管壁取压孔　wall pressure tapping
用于测量管道内流体静压的，其边缘与管道内表面平齐的管壁上的圆形孔。

06.089　排泄孔　drain hole
用于排出管道中的固体颗粒或密度比被测流体大的流体的孔。

06.090　排气孔　vent hole
用于排出液体管道中所含气体的孔。

06.091　旋涡流　swirling flow
具有轴向速度和切向速度分量的流动。

06.092　湍流　turbulent flow
又称"紊流"。惯性力起主要作用的流动。

06.093　层流　laminar flow
黏性力起主要作用的流动。

06.094　稳定流　steady flow
又称"定常流"。速度、压力和温度随时间变化较小，且不影响测量准确度的流动。

06.095　不稳定流　unsteady flow
又称"非定常流"。速度、压力、密度和温度中的一个或多个参数随时间波动的流动。

06.096　多相流　multiphase flow
两种或两种以上不同相的流体一起流动。

06.097 临界流 critical flow
流体流经节流件喉部，下游与上游的绝对压力之比小于临界值的流动。

06.098 速度分布 velocity distribution
在管道横截面上流体速度轴向分量的分布模式。

06.099 充分发展的速度分布 fully developed velocity distribution
流体沿流向从一个横截面到另一个横截面速度不会发生变化的分布。

06.100 流动剖面 flow profile
表示速度分布的图。

06.101 平均轴向流体速度 mean axial fluid velocity
瞬时体积流量与横截面面积之比。

06.102 水力直径 hydraulic diameter
四倍的湿横截面面积与湿圆周长度之商。

06.103 滞止压力 stagnation pressure
表征流体动能全部转化为压力能的压力。其值等于绝对静压与动压之和。

06.104 弗劳德数 Froude number
平均流速除以平均深度和重力加速度乘积的平方根所得的商。

06.105 雷诺数 Reynolds number
表示惯性力与黏性力之比的无量纲参数。

06.106 马赫数 Mach number
在所考虑的温度和压力下，流体平均轴向速度与流体中声速之比。

06.107 施特鲁哈尔数 Strouhal number
某物体的特征尺寸乘以由其所产生的旋涡分离频率的积与流体速度之比。

06.108 比热比 ratio of specific heat capacities
定压比热容与定容比热容之比值。

06.109 等熵指数 isentropic exponent
在基本可逆绝热等熵转换条件下，压力的相对变化与密度的相对变化之比值。

06.110 压缩因子 compressibility factor
在给定温度和压力下，修正真实气体与理想气体不一致的系数。

06.111 附壁效应 wall attachment effect, Coanda effect
当流体与它流过的物体表面之间存在表面摩擦时，流体的流速会减慢，只要表面的曲率不是太大，流速的减缓会导致流体被吸附在物体表面上流动的现象。

06.112 水尺 gauge
安装在水文站用以测量相对于基准面的液体表面液位的装置。

06.113 河床坡度 bed slope
在流体流动方向上测得的单位水平距离河床的高度差。

06.114 水表面比降 surface slope
在流体流动方向上测量的单位水平距离的水面高度差。

06.115 落差 fall
在某一给定瞬间，某一确定河段两端间的水面高度差。

06.116 水位 stage

河流、湖泊或水库相对于给定基准面的自由水面的高度。

06.117　水位–流量关系　stage-discharge relation
表示明渠中某一给定横截面，在水位上升或降落的稳定条件下水位和流量之间的关系。

06.118　测井　gauge well
腔体与大气和河流连通，用以测量相对静止的河流的液位高度。

06.119　差压式流量计　differential pressure flow meter
由节流装置和差压计组成的，根据差压原理测量流量的流量计。

06.120　节流装置　throttle device
装入管道以产生差压的装置。

06.121　节流孔　orifice
节流装置中的开孔。

06.122　直径比　diameter ratio
节流孔直径与上游管道的内径之比。

06.123　取压孔　pressure tapping
在孔板两侧管壁钻出的一对或几对用于取流体压力的孔。包括法兰取压孔、缩流取压孔、D 和 D/2 取压孔等。

06.124　均压环　piezometer ring
将设置在同一个横截面上的两个或多个取压孔连接起来的压力平衡包容腔。

06.125　环室　annular chamber
与节流装置和法兰组成一体的均压环。

06.126　孔板　orifice plate

遵照一定技术条件制造的具有通孔的板。包括薄孔板、同心孔板、偏心孔板、圆缺孔板等。

06.127　喷嘴　nozzle
与管道同轴，具有无突变曲线廓形且与同轴圆筒形喉部相切的收缩件。

06.128　文丘里管　Venturi tube
由收缩段、喉部圆筒形部分和扩散段（一般是一个截尾圆锥体）组成的节流装置。包括经典文丘里管、文丘里喷嘴、截尾文丘里管等。

06.129　压力比　pressure ratio
下游取压孔处的绝对静压与上游取压孔处的绝对静压之比。

06.130　流出系数　discharge coefficient
对于不可压缩流体，通过节流装置的实际流量与理论流量的比值。

06.131　可膨胀性系数　expansibility factor
对流体的可压缩性进行修正所使用的系数。

06.132　层流流量计　laminar flow meter
由层流流量传感器和差压计组成的，用于测量层流流量的流量计。

06.133　临界流流量计　critical flow meter
由临界流文丘里喷嘴、压力计和温度计组成的流量计。

06.134　临界流喷嘴　critical nozzle
其几何结构和使用条件使流动产生临界流的喷嘴。

06.135　临界流文丘里喷嘴　critical Venturi nozzle
具有一个扩散部分以使通过喷嘴的压力损

失减小的临界流喷嘴。

06.136 环形喉部临界流文丘里喷嘴 toroidal throat Venturi nozzle
由喇叭口形收缩段连接到圆锥形扩散段所组成的文丘里喷嘴。

06.137 圆筒形喉部文丘里喷嘴 cylindrical throat Venturi nozzle
由圆廓形收缩段、圆筒形喉部和圆锥形扩散段所组成的文丘里喷嘴。

06.138 临界流函数 critical flow function
表征临界流喷嘴入口与喉部之间等熵流动，及一维流动过程的热力学流动特性的无量纲函数。

06.139 临界压力比 critical pressure ratio
当上游气体状态不变时，流经临界流喷嘴的气体流量为最大值时的喉部处绝对静压对绝对滞止压力之比。

06.140 电磁流量计 electromagnetic flow meter
利用导电流体在磁场中流动所产生的感应电动势来推算并显示流量的流量计。

06.141 涡轮流量计 turbine flow meter
流体驱动叶片和与管道同轴的转子运动的流量计。

06.142 涡街流量计 vortex-shedding flow meter
利用卡门涡街原理测量流量的流量计。

06.143 旋进旋涡流量计 vortex precession flow meter
利用流体进动原理测量流量的流量计。

06.144 超声波流量计 ultrasonic flow meter
利用超声波在流体中的传播特性来测量流量的流量计。

06.145 多普勒超声波流量计 Doppler ultrasonic flow meter
利用声学多普勒效应原理测量流量的超声波流量计。

06.146 高斯求积法 Gaussian integration method
在多声道超声波流量计中确定各个测量声道的最佳位置和通过各个声道速度来计算流量的方法。

06.147 容积式流量计 positive displacement flow meter
由静止容室内壁与一个或若干个由流体流动使之旋转的元件组成计量室的流量计。

06.148 质量流量计 mass flow meter
用于计量流过某一横截面的流体质量流量的流量计。包括科里奥利式质量流量计、量热式质量流量计、冲量式质量流量计等。

06.149 转子流量计 rotameter, float meter
在流体动力和浮子重力的作用下，一个圆形横截面的浮子可以在一根垂直锥形管中自由地上升和下降的流量计。

06.150 水表 water meter
计量水体积的流量计。

06.151 "容积式"水表 "volumetric" water meter
安装在封闭管道中，由一些被逐次充满和排放水的已知容积的容室和凭借流动驱动的机构组成的水表。

06.152 "速度式"水表 "velocity" water meter
安装在封闭管道中，以被水流驱动运转的部件为传感器的水表。

06.153 螺翼式水表 Woltmann water meter
仪表壳体内安置一个旋转轴轴线与流动方向重合的螺旋翼片的水表。

06.154 单流束水表 single-jet water meter
由单股流束冲击在旋转的涡轮转子边缘的某一处并使之转动的水表。

06.155 多流束水表 multiple-jet water meter
由多股流束同时冲击在旋转的涡轮转子边缘并使之转动的水表。

06.156 干式燃气表 dry gas meter
采用波纹元件的逐次充气和排气的方法测量燃气体积的排量式仪表。

06.157 热量表 heat meter
用于测量热交换回路中载热液体所吸收或放出热量的仪表。

06.158 组合式热量表 combined heat meter
由流量传感器，配对温度传感器和计算器等部件组合而成的热能表。

06.159 一体式热量表 complete heat meter
由非独立的流量传感器、配对温度传感器和计算器组成一体的热能表。

06.160 配对温度传感器 temperature sensor pair
热能表的组合件之一，传感热交换回路载热液体在入口和出口处温度信号的两支温度传感器。

06.161 燃油加油机 fuel dispenser
为机动车加注燃油并测量其体积的计量器具。

06.162 燃气加气机 gas dispenser
为机动车加燃气并测量其体积的计量器具。

06.163 液化石油气加气机 liquefied petroleum gas dispenser
为机动车加注液化石油气的并测量其体积的计量器具。

06.164 高压天然气加气机 compressed natural gas dispenser
为机动车加注高压天然气并测量其体积的计量器具。

06.165 速度面积法 velocity-area method
测量管道某横截面上多个局部流速并通过在该整个横截面上的速度分布的积分来推算流量的方法。

06.166 非对称性指数 index of asymmetry
用来表征在圆形横截面内速度分布轴对称性程度的无量纲数。

06.167 平均轴向流体速度点 point of mean axial fluid velocity
在管道横截面中流体局部速度与平均轴向流速相等的一些点。

06.168 周缘流量 peripheral flow rate
在管壁与由最靠近管壁的速度测量点所限定的轮廓线之间的区域内的流体流量。

06.169 流速计 current meter
测量流体流速的计量器具。

06.170 旋桨式流速计 propeller type current meter

围绕着近似平行于流动方向的轴旋转的、类似于螺旋桨的流速计。

06.171 偏流测向探头 yaw probe
具有若干取压孔、能插进流体中测定流速方向的一种探头。

06.172 皮托管 Pitot tube
插在流动流体中用于测量流体压力的管状装置。

06.173 静压皮托管 static pressure Pitot tube
在测量头的一个或多个横截面的圆周上均匀地钻有静压取压孔，而在测量头的轴对称鼻部的顶端迎流方向具有一个总压取压孔的一种皮托管。

06.174 总压皮托管 total pressure Pitot tube
仅有一个总压取压孔的皮托管。

06.175 比降–面积法 slope-area method
在某一河段中，以该河段的水面比降、河段糙率、湿周和各横断面过水面积为基础来估算流量的一种间接方法。

06.176 主流向 main direction of flow
在横截面中，流速分量为最大的流体流动方向。

06.177 实测垂线平均流速 measured mean velocity on a vertical
在某一垂线上的一个或几个点处测量流速，并直接用一个系数或按照某种平均的方法推求的平均值。

06.178 垂线流速分布曲线 vertical velocity curve
在河流的某一特定截面上，表示沿垂线的水深和流速之间关系的曲线。

06.179 示踪法 tracer method
利用在流体中注入和检测示踪物来测量流量的方法。

06.180 测流堰 weir
用来控制上游水位或测量流量的过水建筑物。

06.181 薄壁堰 thin-plate weir
由一块垂直薄板所构成的堰。在限定运行条件下使水舌完全跳离堰顶。

06.182 薄壁缺口堰 thin-plate notch weir
堰顶是在薄壁上切割一个缺口所构成的堰。

06.183 长底堰 long-base weir
由堰体中间任一断面构成，在河床平面上，其水平纵向尺寸等于或大于最大工作水头的堰。

06.184 短顶堰 short-crested weir
由堰体中间一定断面构成，在河床平面上，其水平纵向尺寸等于或小于最大工作水头的堰。

06.185 宽顶堰 broad-crested weir
堰顶长度能产生临界流的测流堰。

06.186 三角形剖面堰 triangular-profile weir
具有三角形纵剖面的一种长底堰。

06.187 平坦 V 形堰 flat-V weir
堰顶略呈 V 形的一种测流堰。

06.188 复式堰 compound weir
含有两个或几个部分的测流堰。各部分可能有不同的型式和(或)尺寸。

06.189 全宽堰 full-width weir

一种堰宽与河槽宽度相等的测流堰。由于它是全宽布置，从而消除了水流的侧向收缩。

06.190 测流槽 flume

用来测量流量的具有明确规定的形状和尺寸的人工明渠。

06.191 文丘里槽 Venturi flume

含有收缩段的一种测流槽。通过测量缩颈上游和缩颈处或缩颈下游两个水位，能够算出流量。

06.192 驻波槽 standing-wave flume

在喉道产生临界流的测流槽。只要测量上游水位即可算出流量。

06.193 短喉道槽 short-throated flume

又称"无喉道槽"。与文丘里槽、临界水深或驻波槽相比，其喉道长度显著短的测流槽。对喉道没有平行墙段的测流槽。

06.194 巴歇尔槽 Parshall flume

由具有水平槽底的收缩进口段、槽底向下游倾斜度为 3∶8 的短喉道和槽底向上游倾斜度为 1∶6 的扩大出口段构成的测流槽。

06.195 孙奈利槽 Saniiri flume

具有水平槽底和收缩进口段的测流槽，在水平槽底的下游端有一个跌落，并有垂直墙与下游渠道连接。

06.196 喉道 throat

测流槽内截面面积最小的区段。可以为矩形、梯形、U 形或其他特殊设计形状。

06.197 消力池 stilling basin

测流建筑物下游的水池。消耗快速水流的能量，并防护对河床和堤岸的冲蚀。

06.198 液体流量标准装置 liquid flow standard facility

以液体(如水或油)为试验介质，提供确定准确度流量值的测量设备。按流量工作标准的取值方式分为静态质量法、静态容积法、动态质量法和动态容积法。

06.199 静态质量法 static weighing method

在实测时间间隔内，根据液体通过换向器进入称量容器前后分别得到的皮重和毛重来推算所收集液体净质量的方法。

06.200 静态容积法 static volumetric method

在实测时间间隔内，根据液体通过换向器进入工作量器前后分别测定液位来推算所收集液体净体积的方法。

06.201 动态质量法 dynamic weighing method

在液体流动的同时，根据称得流入称重容器的质量，推算出所收集液体净质量的方法。

06.202 动态容积法 dynamic volumetric method

根据液体从工作量器下部被导入时量器液面位置变化来推算收集液体净体积的方法。

06.203 换向器 diverter

将液流引入称量容器或者引入其旁路而不致干扰试验管路中流量的装置。

06.204 工作量器 calibrated measuring volumetric tank

在给定温度下，采用单独校准方法确定给定液体体积或体积与液位之间关系的容器。

06.205 气体流量标准装置 gas flow standard facility

以气体为试验介质，提供确定准确度流量值的测量设备。

06.206 钟罩式气体流量标准装置 standard bell prover

由一只静止的容器和一只同轴可动容器钟罩组成的用于气体流量计量的装置。

06.207 皂膜式气体流量标准装置 standard soap-film burette

上、下刻度范围内管内体积已知的玻璃管。当气体进入皂膜管推动皂膜沿管向上移动时，可以测量膜从下刻度上升到上刻度时间间隔内流过的体积流量。

06.208 pVTt 法气体流量标准装置 pVTt method standard facility

在某一时间间隔内气体流入或流出容积已知的容器，根据容器内气体绝对压力和热力学温度的变化，求得气体质量流量的装置。

06.209 mt 法气体流量标准装置 mt method standard facility

用称重仪器直接测量一定时间内容器中气体质量的变化，来计算气体质量流量的装置。

06.210 体积管 pipe prover

由具有恒定横截面和已知容积的管段组成的流量计量装置。

06.211 标准表法 master meter method

流体在相同的时间间隔内连续通过标准流量计和被检流量计，用比较的方法确定被检流量计准确度的方法。

07. 压力、真空

07.01 压 力

07.001 压力 pressure

垂直并均匀作用在单位面积上的力。在物理学上称为"压强"。

07.002 差压[力] differential pressure

任意两个相关压力之差。

07.003 绝对压力 absolute pressure

以理想真空作参考点的压力。

07.004 大气压力 atmospheric pressure

地球表面大气层空气柱重力所产生的压力。

07.005 表压力 gauge pressure

以大气压力为参考点，高于或低于大气压力的压力。

07.006 正压[力] positive pressure

以大气压力为参考点，高于大气压力的压力。

07.007 负压[力] negative pressure

以大气压力为参考点，低于大气压力的压力。

07.008 静态压力 static pressure

不随时间变化或随时间缓慢变化的压力。

07.009 动态压力 dynamic pressure

随时间变化的压力。

07.02 活塞式压力计

07.010 活塞式压力计 piston pressure gauge
利用活塞及其连接件和专用砝码加载在活塞有效面积上的重力与被测压力作用在活塞有效面积产生的力相平衡的原理而制成的测量压力的仪器。

07.011 反压型活塞式压力计 back pressure type piston pressure gauge
利用活塞压力计中传压介质的压力反作用于活塞筒外壁，以达到需要的活塞系统间隙而进行压力测量的活塞式压力计。

07.012 控制间隙活塞式压力计 controlled clearance type piston pressure gauge
使用一个可控制的压力源对活塞筒外壁施加压力，与另一施加在活塞筒内壁的压力密切配合，以控制需要的活塞系统间隙而进行压力测量的活塞式压力计。

07.013 差压活塞式压力计 differential pressure type piston pressure gauge
利用两套活塞系统和专用砝码分别产生不同压力，以实现差压测量的活塞式压力计。

07.014 活塞式压力真空计 piston pressure vacuum gauge
用于测量正压力和负压力的活塞式压力计。

07.015 带液柱平衡活塞式压力真空计 piston pressure vacuum gauge with liquid column equilibration
利用附加液柱产生的压力与活塞自重产生的压力相平衡的原理制成，以实现从零开始测量正压力和负压力的活塞式压力真空计。

07.016 双活塞式压力真空计 dual piston pressure vacuum gauge
由简单活塞和差动活塞组成的活塞式压力真空计。当两活塞在工作位置保持平衡时，可从零开始测量正压力和负压力。

07.017 液体介质活塞式压力计 liquid operated piston pressure gauge
用液体作为工作介质的活塞式压力计。

07.018 气体活塞式压力计 gas operated piston pressure gauge
用气体作为工作介质的活塞式压力计。

07.019 浮球式压力计 ball pneumatic dead weight tester
利用气体经喷嘴作用在浮球有效面积上的力与砝码产生的重力相平衡的原理而制成的气体压力计。

07.020 活塞 piston
活塞压力计测量压力时，承受力平衡状态的圆柱形杆状零件。

07.021 差动活塞 differential piston
活塞压力计测量压力时，承受力平衡状态的圆柱形阶梯杆状零件。

07.022 活塞筒 cylinder
与活塞配套成活塞系统的同心圆筒状零件。

07.023 活塞系统 piston-cylinder system
由活塞和活塞筒精密配合而组成的测压部件。

07.024 活塞转动延续时间 continuous time of the piston rotation
在规定的起始速度等条件下，活塞自由旋转到停止的时间。

07.025 活塞下降速度 fall rate of the piston

在规定的条件下，活塞在工作位置上、在单位时间内的下降距离。

07.026 鉴别力阈 discrimination threshold

又称"灵敏限"。在规定的条件下，使活塞压力计平衡状态破坏的最小质量值。

07.027 直接平衡法 direct equalization method

将被检压力计与标准压力计直接连通，利用力平衡原理对被检压力计进行检定的方法。

07.03 液体式压力计

07.028 液体式压力计 liquid manometer

利用液体自重产生的压力与被测压力相平衡的原理制成的压力计。

07.029 U 形管液体压力计 U-tube liquid manometer

示值管为 U 形结构，用于测量压力的液体式压力计。

07.030 单管液体压力计 one-tube liquid manometer

又称"杯形液体压力计"。U 形管一边的示值管为杯形容器，另一边的单管与杯形容器的内径保持一定比例的液体式压力计。

07.031 倾斜式微压计 inclined-tube micro-manometer

将单管压力计的单管做成与水平面成一定倾斜角度的结构，用于测量微小压力的液体式压力计。

07.032 补偿式微压计 compensated micro-manometer

大小容器相互连通，利用大容器上下移动来补偿小容器中零点液位变化，以达到精密测量微小压力的液体式压力计。

07.04 弹性敏感元件式压力表

07.033 弹性元件式压力表 elastic element pressure gauge

以弹性敏感元件为感压元件测量压力的仪表。有弹簧管式压力表、膜片压力表、膜盒压力表、波纹管压力表等。

07.034 弹簧管式压力表 Bourdon tube pressure gauge

以弹簧管为敏感元件的测量压力的仪表。

07.035 膜片压力表 diaphragm pressure gauge

以膜片为敏感元件测量压力的仪表。

07.036 膜盒压力表 capsule pressure gauge

以膜盒为敏感元件测量压力的仪表。

07.037 波纹管压力表 bellows pressure gauge

以波纹管为敏感元件测量压力的仪表。

07.038 电接点压力表 pressure gauge with electric contact

具有位式控制功能的压力表。

07.039 远传压力表 long distance transmission pressure gauge

将压力信号转换成电信号后能及时通过电缆传至远离压力测量点的压力表。

07.040 双针双管压力表 pressure gauge with dual pointer and dual tube
有两根指针和两套独立测量系统的压力表。

07.041 双针单管压力表 pressure gauge with dual pointer and single tube
有两根指针和一套独立测量系统的压力表。

07.042 隔膜式压力表 isolation diaphragm pressure gauge
用隔膜装置使弹性敏感元件中的介质与测量压力介质隔离的压力表。

07.043 真空表 vacuum gauge
测量负压力的压力表。

07.044 压力真空表 pressurc-vacuum gauge
测量正压力和负压力的压力表。

07.045 一般压力表 general pressure gauge
准确度等级为 1.0 级、1.5（1.6）级、2.5 级、4.0 级的压力表。

07.046 精密压力表 precise pressure gauge
准确度等级高于 1.0 级的压力表。

07.047 记录式压力表 record pressure gauge
压力量值可连续记录在记录纸上的压力表。

07.048 压力敏感元件 pressure sensitive element
可感受被测压力的元件。

07.049 弹簧管 Bourdon tube
又称"波登管"。一端封闭、横截面为椭圆形或扁圆形、外形为 C 形，用于测量压力的金属或非金属管。

07.050 螺旋形弹簧管 spiral Bourdon tube
一端封闭、横截面为椭圆形或扁圆形、外形为螺旋状，用于测量压力的金属或非金属管。

07.051 膜片 diaphragm
一种沿外缘固定的金属片状弹性元件。

07.052 膜盒 capsule
将两片金属膜片对合，沿外缘焊接而成的弹性元件。

07.053 波纹管 bellows
具有同轴等间距、外形为圆形、能沿轴向伸缩的弹性元件。

07.054 介质隔离器 medium isolator
用于隔离两种介质又能传递压力的部件。

07.05 压力传感器

07.055 压力传感器 pressure transducer
能感受压力，并能按照一定的规律将压力值转换成电信号输出的器件。有表压力传感器、差压传感器、绝压传感器、静态压力传感器、动态压力传感器等。

07.056 应变式压力传感器 strain pressure transducer
用电阻应变片作为敏感元件、粘贴在弹性元件上而制成的压力传感器。

07.057 压阻式压力传感器 piezoresistive pressure transducer
利用材料的压阻效应，在其上扩散出惠斯通

电桥而制成的压力传感器。

07.058　电容式压力传感器　capacitance pressure transducer

利用力与电容量变化的关系制成的压力传感器。

07.059　压电式压力传感器　piezoelectric pressure transducer

利用压电晶体材料在一定方向上受压力后，在其两个表面上产生符号相反电荷的效应制成的压力传感器。

07.060　电感式压力传感器　inductance pressure transducer

在压力变化条件下，利用线圈的自感和互感变化制成的压力传感器。

07.061　光纤式压力传感器　optical fiber pressure transducer

全称"光导纤维式压力传感器"。利用光在光纤材料中的传播特性与作用在光弹性元件上压力的关系制成的压力传感器。

07.062　霍尔式压力传感器　Hall type pressure transducer

利用半导体材料的霍尔效应，根据输出电动势与压力的关系制成的压力传感器。

07.063　振动筒压力传感器　vibration cylinder pressure transducer

利用薄壁振动筒在压力作用下自振频率的变化而制成的压力传感器。

07.064　压力模块　pressure module

感受压力的模块。输出多为数字信号，其后需接显示仪表。

07.06　数字式压力计、压力变送器

07.065　数字式压力计　digital pressure gauge

被测压力作用于压力传感器上，其输出相应的电信号或数字信号，经信号处理单元处理后，在显示器上以数字形式直接显示压力值的压力计。

07.066　压力变送器　pressure transmitter

将压力转换并输送出标准化信号的仪表。有电动压力变送器和气动压力变送器。

07.07　血压计、眼压计

07.067　血压计　sphygmomanometer

用于测量人体动脉血压的仪器。

07.068　水银血压计　mercury sphygmomanometer

以水银为测压介质的血压计。

07.069　助读水银血压计　reading-assistant mercury sphygmomanometer

不使用听诊器，收缩压和舒张压由声音信号帮助读出的水银血压计。

07.070　光显式血压计　optic displaying sphygmomanometer

用光纤光斑显示收缩压和舒张压的血压计。

07.071　弹性式血压表　elastic element sphygmomanometer

又称"血压表"。用弹性敏感元件制成的、专门用于测量血压的压力表。

07.072 **数字式电子血压计** digital electronic sphygmomanometer
应用压力传感器接收人体动脉血压波动信号，经过微处理器处理以数字形式显示出收缩压和舒张压的血压计。

07.073 **听诊法血压计** auscultatory method sphygmomanometer
用听诊器听取科氏音的产生和消失来判断收缩压和舒张压的血压计。

07.074 **示波法血压计** oscillometric method sphygmomanometer
用检测动脉血管内血压的波动变化推算出收缩压、舒张压、平均动脉压的血压计。

07.075 **无创血压监护仪** non-invasive blood pressure monitor
用间接测量方法监视人体血压和(或)记录人体血压的仪器。

07.076 **有创血压监护仪** invasive blood pressure monitor
将中空的针直接插入血管，用直接测量方法监视和(或)记录人体血压的仪器。

07.077 **眼压计** tonometer
用于测量人体眼球内压的专用计量仪器。

07.078 **压陷式眼压计** impression tonometer
又称"接触式眼压计"。以一定的砝码质量通过压针压陷眼球，依压陷深度而推算出眼压的眼压计。

07.079 **压平式眼压计** applanation tonometer
又称"非接触式眼压计"。以一定压力的气流射向眼球，依压平规定的面积而推算出眼压的眼压计。

07.08 气 压 表

07.080 **气压表** barometer
用于测量大气压力的仪表。

07.081 **水银气压表** mercury barometer
利用具有良好真空度的玻璃管内水银柱的重力与大气压力相平衡的原理制成的测量大气压力的仪器。

07.082 **双管水银压力表** double tube mercury manometer
利用真空管内水银柱的重力与压力管内水银柱的重力及外界压力之和相平衡的原理而制成的测量压力的仪表。

07.083 **单管水银压力表** single tube mercury manometer
利用玻璃管中水银柱的高度随压力变化而变化规律制成的测量压力的仪表。

07.084 **动槽水银气压表** Fortin mercury barometer
水银槽体积可以改变，其上方有一个作为测量水银柱高度的固定的零点指示的水银气压表。

07.085 **定槽水银气压表** Kew pattern mercury barometer
水银槽体积不可以改变，其上没有固定的零点指示的水银气压表。

07.086 空盒气压计 aneroid barograph
利用气压变化引起真空膜盒位移，通过传动机构放大位移并带动记录笔连续记录大气压力的仪表。

07.087 空盒气压表 aneroid barometer
利用气压变化引起真空膜盒位移，通过传动机构放大位移并带动指针测量大气压力的仪表。

07.088 气压高度表 atmospheric pressure altimeter
利用气压随高度而变化的规律制成的测量高度的仪表。

07.09 动 态 压 力

07.089 脉动压力 pulsant pressure
周期变化的动态压力。

07.090 动态测量 dynamic measurement
为确定被测量的瞬时值和（或）被测量的值，在测量期间随时间（或其他影响量）变化所进行的测量。

07.091 动态压力测量系统 dynamic pressure measurement system
由动态压力传感器及配套信号调理器和数据采集器构成而用于测量动态压力的系统。

07.092 动态响应特性 dynamic response
在周期或非周期信号激励下，压力传感器或压力测量系统输出的动态特性。

07.093 谐振频率 resonant frequency
压力传感器输出具有最大幅值响应时的被测压力信号的频率。

07.094 时域特性 property in time domain
压力传感器对特定的输入（通常是阶跃压力）在时间域的响应特性。主要包括自振频率、上升时间、建立时间、过冲量及灵敏度等。

07.095 自振频率 ringing frequency
压力传感器被阶跃压力激励时，其输出中所含的自由振荡频率。

07.096 终值 final value
压力传感器阶跃响应的最终稳定值。

07.097 上升时间 rise time
压力传感器被阶跃压力激励时，其输出值从阶跃响应幅度值的 10% 过渡到 90% 所需要的时间。

07.098 建立时间 settling time
压力传感器被阶跃压力激励时，其输出值从达到阶跃响应幅度值的 10% 时刻起至与终止值之差进入终止值的 5% 范围以内时刻止所需要的时间。

07.099 过冲量 overshoot
压力传感器被阶跃压力激励时，其输出响应中超出终值部分的最大值与阶跃响应幅度值的百分比。

07.100 [压力传感器的]灵敏度 sensitivity [of pressure transducer]
压力传感器响应变化量与激励变化量之比。在规定的某激励值上通过一个小的激励变化 Δx，得到相应的响应变化 Δy，则比值 $K = \Delta y / \Delta x$ 即为压力传感器在该激励值处的灵敏度。

07.101　激波管　shock tube
主要由一段高压段和一段低压段组成,中间用一个金属或塑料膜片隔开,试验时根据要求对高、低压段分别充以不同压力气体的一种简单的气动试验装置。当高压段充压接近要求压力值时,用控制破膜或自然破膜的方法刺破膜片。破膜后气体在激波管中就发生了流动,高压段的气体将膨胀冲入低压段,从而形成激波。

07.102　正弦压力发生器　sinusoidal pressure generator
给传感器加以振幅和频率可调的、具有正弦变化规律产生正弦压力信号的装置。

07.103　快开阀阶跃压力发生器　quick-opening valve step pressure generator
通过快速开启阀门或控制破膜的方法产生阶跃压力信号的装置。

07.104　落锤式动态脉冲发生器　dropping weight pulse pressure generator
利用自由落体撞击密闭油缸上的活塞,在油缸内形成波形类似于半正弦波的动态压力发生器。

07.105　激波管动态压力标准　shock-tube dynamic pressure standard
由激波管产生阶跃压力,对压力传感器或压力测量系统进行检定或校准的装置。

07.106　正弦动态压力标准　sinusoidal dynamic pressure standard
由正弦压力发生器产生正弦压力,对压力传感器或压力测量系统进行检定或校准的装置。

07.107　快开阀动态压力标准　quick-opening valve dynamic pressure standard
由快开阀产生阶跃压力,对压力传感器或压力测量系统进行检定或校准的装置。

07.10　真　　空

07.108　真空　vacuum
在指定空间内,低于环境大气压力的气体状态。

07.109　真空度　degree of vacuum
表示真空状态下气体的稀薄程度,通常用压力值表示。

07.110　真空计　vacuum gauge
测量真空度的仪器。

07.111　压缩式真空计　compression vacuum gauge
已知气体体积,在待测量的压力下,按已知比例压缩而产生较高测量压力的真空计。如麦克劳德真空计(McLeod gauge)。

07.112　热传导真空计　thermal conductivity vacuum gauge
通过测量保持在不同温度的两固定元件表面间热能的传递来测量压力的真空计。如皮拉尼真空计、热偶真空计、热敏真空计、双金属片真空计等。

07.113　电离真空计　ionization vacuum gauge
通过测量待测气体在控制条件下,电离所产生的离子流来测量压力的真空计。

07.114　膨胀法　expansion method
在等温条件下,将已知体积和压力的小容器中的永久气体膨胀到已知体积的低压大容器中，根据玻意耳定律算出膨胀后的气体压力。其校准系统是静态校准系统。

07.115 流导法 flow method
又称"泻流法"，俗称"小孔法"。在等温条件和分子流条件下，使气体通过已知流导的小孔，达到动态平衡时利用小孔的流导和测得的流量计算出压力的校准方法。

07.116 校准漏孔 calibrated leak
在规定的条件下，对于一种规定气体提供已知质量流率的一种漏孔。

07.117 标准漏孔 reference leak
在规定的条件下，漏率是已知的一种校准用的漏孔。

07.118 检漏仪 leak detector
用于检测真空系统或元件漏孔的位置或漏率的仪器。

07.119 真空系统 vacuum system
由真空容器和产生、测量和控制真空的组件构成的系统。

07.120 绝对真空计 absolute vacuum gauge
通过测量物理量本身来确定压力的一种真空计。

07.121 全压真空计 total pressure vacuum gauge
测量混合气体全压力的一种真空计。

07.122 分压真空计 partial pressure vacuum gauge
测量混合气体组分压力的质谱仪式的真空计。

07.123 相对真空计 relative vacuum gauge
通过测量与压力有关的物理量并与绝对真空计比较来确定压力的一种真空计。

08. 声　　学

08.01　基　础　名　词

08.001 声学 acoustics
研究声波的产生、传播、接收和效应的学科。

08.002 声波 sound wave
弹性媒质中传播的压力、应力、质点位移、质点速度等的变化或几种变化的综合。

08.003 纵波 longitudinal wave
媒质中质点沿传播方向运动的波。

08.004 横波 transverse wave
媒质中质点垂直于传播方向运动的波。

08.005 自由行波 free progressive wave
在一个没有边界的、均匀而各向同性的媒质中传播的波。

08.006 波阵面 wave front
行波在同一时刻相位相同的各点的轨迹。

08.007 平面波 plane wave
波阵面平行于与传播方向垂直的平面的波。

08.008 柱面波 cylindrical wave
波阵面为同轴柱面的波。

08.009 球面波 spherical wave
波阵面为同心球面的波。

08.010 声场 sound field
媒质中有声波存在的区域。

08.011 自由声场 free sound field
简称"自由场"。均匀各向同性媒质中，边界影响可以不计的声场。

08.012 近声场 near sound field
简称"近场"。自由场中,声源附近瞬时声压与瞬时质点速度不同相的声场。

08.013 远声场 far sound field
简称"远场"。自由场中,离声源远处瞬时声压与瞬时质点速度同相的声场。

08.014 扩散声场 diffuse sound field
简称"扩散场"。能量密度均匀、在各个传播方向作无规分布的声场。

08.015 声速 sound velocity
声波在媒质中传播的速度，单位为米每秒（m/s）。

08.016 声质点位移 sound particle displacement
简称"质点位移"。媒质中某一尺度甚小于波长而甚大于分子尺度的质点,因声波通过而引起的相对于平衡位置的位移，单位为米(m)。

08.017 声质点速度 sound particle velocity
简称"质点速度"。媒质中某一尺度甚小于波长而甚大于分子尺度的质点，因声波通过而引起的相对于其平衡位置的振动速度。单位为米每秒(m/s)。

08.018 声压 sound pressure
有声波时，媒质中的压力与静压的差值。单位为帕[斯卡](Pa)。

08.019 声强 sound intensity
声场中某点处，与质点速度方向垂直的单位面积上在单位时间内通过的声能。

08.020 声功率 sound power
单位时间内通过某一面积的声能。单位为瓦（W）。

08.021 级 level
声学中一个量与同类基准量之比的对数。

08.022 贝尔 bel
级的一种单位。一个量与同类基准量之比的以 10 为底的对数值为 1 时称为 1 贝尔,用 B 表示。

08.023 分贝 decibel
级的一种单位。一个量与同类基准量之比的以 10 的 10 次方根为底的对数值为 1 时称为 1 分贝，用 dB 表示。

08.024 声压级 sound pressure level
声压与基准声压之比的以 10 为底的对数乘以 2,单位为贝尔(B)。但通常用 dB 为单位。在空气中基准声压为 20μPa; 在水中基准声压为 1μPa。

08.025 平均声压级 average sound pressure level
声压平方的空间或（和）时间的平均值与基准声压的平方之比的以 10 为底的对数。

08.026 声强级 sound intensity level
声强与基准声强之比的以 10 为底的对数，单位为贝尔(B)。但通常用 dB 为单位。基准声强为 $1pW/m^2$。

08.027 声功率级 sound power level
声功率与基准声功率之比的以 10 为底的对数，单位为贝尔（B）。但通常用 dB 为单位。基准声功率为 1pW。

08.028 窄带噪声 narrowband noise
带宽不超过临界带宽的稳态噪声。

08.029 脉冲声 impulsive sound
由正弦波的短波列或爆炸声形成的短促声音。

08.030 猝发声 tone burst
又称"正弦波列"。脉冲声的一种，在持续时间内包含一定个数的正弦波。

08.031 换能器 transducer
自一种类型的系统接收信号而向另一种类型的系统供应相应的信号，使输入信号的某一所需要特征出现于输出的器件。

08.032 无源换能器 passive transducer
输出能量完全由激励信号得来的换能器。

08.033 有源换能器 active transducer
输出能量除掉由激励信号所供给的能量外，还从受激励信号所控制的动力源取得能量的换能器。

08.034 互易换能器 reciprocal transducer
线性、无源、可逆并满足互易原理的换能器。

08.02 电 声

08.035 电声学 electroacoustics
研究电声换能原理、技术和应用的学科。

08.036 频率计权 frequency weighting
其衰减量按照特定的标准而随频率变化的网络。

08.037 时间计权 time weighting
规定时间常数的时间指数函数。该函数是对瞬时声压的平方进行计权。

08.038 声级 sound level
用一定的仪表特性和 A、B、C 计权特性测得的计权声压级。

08.039 A 计权声压级 A-weighting sound pressure level
简称"A 声级"。用 A 计权网络测得的声压级。

08.040 等效连续 A 计权声压级 equivalent continuous A-weighting sound pressure level
简称"等效声级"，又称"时间平均声级"。在规定的时间内，某一连续稳态声的 A 计权声压，具有与时变的噪声相同的均方 A 计权声压，则这一连续稳态声的声级就是此时变噪声的等效声级。

08.041 暴露声级 sound exposure level
在某一规定时间内或对某一噪声事件，其 A 计权声压的平方的时间积分与基准声压的平方和基准持续时间的乘积的比的以 10 为底的对数。基准持续时间为 1s。

08.042 累计百分数声级 percentile level
多次读数中，出现的百分数为 n 以上的 A 声级，符号为 L_n，如 L_{10}、L_{50} 和 L_{90}，分别表示出现百分数为 10、50 和 90 以上的 A 声级。

08.043 峰值声级 peak sound level

峰值声压与基准声压之比的以 10 为底的对数乘以 20。峰值声压用标准的频率计权得到。

08.044 **频带声压级** band sound pressure level
有限频带内的声压级。

08.045 **频带声功率级** band sound power level
有限频带内的声功率级。

08.046 **声阻抗** acoustic impedance
在波阵面的一定面积上的声压与通过这个面积的体积速度的复数比值。

08.047 **电转移阻抗** electrical transfer impedance
对由两只声耦合传声器构成的系统，接收传声器的开路电压与发射传声器电端的输入电流之比。

08.048 **声转移阻抗** acoustic transfer impedance
对由两只声耦合传声器构成的系统，作用在传声器膜片上的声压与发射传声器产生的短路体积速度之比。

08.049 **插入损失** insertion loss
在插入换能器、仪器、噪声控制元件或其他器件前，输送到传声系统中将要插入的点后某处的功率级和插入后输送到该处的功率级的差。

08.050 **有效声中心** effective acoustic center
简称"声中心"。在发声器上或附近的一个点，在远处观测时好像声波是从该点发出的球面发散声波。

08.051 **声入射角** sound angle of incidence
参考方向与声源的声中心和传声器参考点连线之间的夹角。

08.052 **极化电压** polarization voltage
加在电容传声器振膜和后极板之间的直流电压。

08.053 **传声器等效体积** equivalent volume of microphone
在密闭的腔体内测量传声器的灵敏度时，低频耦合腔的尺寸与波长相比较很小，认为腔中声压分布均匀时传声器的声阻抗。

08.054 **声压灵敏度** pressure sensitivity
又称"声压响应"。接收换能器输出端的开路电压与换能器接收表面上实有的声压的比值。

08.055 **自由场电压灵敏度** free field voltage sensitivity
又称"接收电压响应"。接收换能器输出端的开路电压，与在声场中引入换能器前存在于换能器声中心处的自由场声压的比值。

08.056 **电声互易原理** electroacoustic reciprocity principle
一个线性、无源和可逆的电声换能器，其用作接收器时的自由场电压（或电流）灵敏度与用作发射器时的发送电流（或电压）响应之比与换能器结构无关。

08.057 **自由场球面波互易校准** free field spherical wave reciprocity calibration
在自由场球面波条件下进行的互易校准。

08.058 **耦合腔互易校准** coupler reciprocity calibration
在密闭的刚性腔中进行的互易校准。

08.059 声暴露 sound exposure
在规定的时间间隔或过程内，随时间变化的频率计权声压平方的时间积分。

08.060 吸声因数 sound absorption factor
又称"吸声系数"。在给定频率和条件下，被分界面(表面)或媒质吸收的声功率，加上经过分界面(墙或间壁等)透射的声功率所得的和，与入射声功率之比。

08.061 等效吸声面积 equivalent absorption area
又称"吸声量"。与某物体或表面吸收本领相同而吸声系数等于1的面积。

08.062 混响时间 reverberation time
声音已达到稳态后停止声源，平均声能密度自稳态值衰变到其百万分之一所需要的时间。

08.063 传声损失 sound transmission loss
又称"隔声量"。墙或间壁一面的入射声功率级与另一面的透射声功率级之差。

08.064 残余声强 residual intensity
声强探头两个传声器受到相同声压作用时，由于声强测量仪两个通道(包括传声器在内)的固有相位差而引起的虚假声强值。

08.065 声压–残余声强指数 pressure-residual intensity index
声强探头两个传声器受到相同的粉红噪声的作用时，测量得到的声压级与残余声强级之差。

08.066 滤波器衰减 filter attenuation
对于带通滤波器，在任何频率，其时间均方的输入信号电平减去所示的时间均方的输出信号电平。这两个信号电平相对于同一基准量。

08.067 滤波器带宽 filter bandwidth
对于某一给定的滤波器，其上限频率 f_2 减去下限频率 f_1。

08.068 数字声频 digital audio
用数字方法录放声信号的技术或系统。

08.069 传声器 microphone
将声信号转换为相应电信号的电声换能器。

08.070 标准传声器 standard microphone
在规定工作条件下，其灵敏度已准确地校准并具有优异稳定性的传声器。

08.071 实验室标准传声器 laboratory standard microphone
能够用原级方法(如密闭耦合腔互易法)校准到很高准确度，其机械尺寸和电声性能有严格要求的标准传声器。

08.072 声压传声器 pressure microphone
电输出基本上与入射声波的瞬时声压相应的传声器。

08.073 声场传声器 sound field microphone
电输出基本上与传声器所在点的声压(传声器放入之前的自由场声压)相应的传声器。

08.074 扬声器 loudspeaker
把电能转换为声能并在空气中辐射到远处的电声换能器。

08.075 耦合腔 coupler
形状和体积已规定的空腔。用以校准标准传声器。

08.076 标准声源 reference sound source
具有稳定的声功率输出、宽带频谱的声源。

08.077　静电激励器　electrostatic actuator
具有辅助电极，可将已知静电力加到传声器的膜片上，用于校准的设备。

08.078　声级计　sound level meter
具有传声器、放大器、衰减器、适当计权网络和具有规定动态特性的指示仪表的测量仪器。经校准后用于测量声级。

08.079　声校准器　sound calibrator
在其耦合到规定结构和规定型号的传声器上时，能在一个或多个规定的频率产生一个或多个已知有效声压级的测量仪器。

08.080　活塞发声器　pistonphone
其中具有振动频率和幅度已知的往复活塞的一个小腔。腔中可产生已知声压。

08.081　声强测量仪　sound intensity measuring instrument
一种测量介质中声强在某一方向上的分量的仪器。通常由声强探头和声强处理器组成。

08.082　个人声暴露计　personal sound exposure meter
用于测量人头附近的声暴露，设计成指示声暴露量的测量仪器。

08.083　噪声统计分析仪　noise level statistical analyzer
具有统计分析功能，能根据选择的取样时间和取样间隔进行自动取样。并可以进行自动计算、显示等效连续声级、累计百分声级等参数的用于环境监测的仪器。

08.084　倍频程滤波器　octave band filter
每个通带都是一个倍频程，两个相邻的滤波器的中心频率之比都为 2 的一组带通滤波器。

08.085　1/3 倍频程滤波器　one third-octave band filter
每个滤波器的通带为 1/3 倍频程，两个相邻的滤波器的中心频率之比为 $2^{1/3}$ 的一组带通滤波器。

08.086　声分析仪　sound analyzer
具有滤波器系统和用以读出通过滤波器系统的相对信号能量的指示仪表的设备。用以求得所加信号的能量对频率的分布。

08.087　声级记录仪　sound level recorder
自动记录声级变化的仪器。

08.088　互易校准仪　reciprocity calibrator
一种精密的测量传声器的声压灵敏度的耦合腔互易校准装置。

08.089　噪声剂量计　noise dose meter
用于测量噪声剂量的仪器。将暴露的累积噪声剂量与法定限度允许的噪声剂量进行比较，并以百分数直接显示出来。

08.090　声频信号发生器　sound frequency signal generator
在 20~20 000 Hz 声频范围内的信号源。

08.091　消声室　anechoic room
边界有效地吸收入射声音，使其中基本是自由声场的房间。

08.092　半消声室　semi-anechoic room
地板为反射面的消声室，以模拟半自由空间的房间。

08.093　混响室　reverberation room
混响时间长，使声场尽量扩散的房间。

08.094 听力学 audiology
研究和评价听力的学科。

08.095 响度评定值 loudness rating
表示整个电话连接或其组成部分(如发送系统、线路、接收系统)的响度性能的度量。包括发送响度评定值、接收响度评定值和侧音掩蔽评定值等。

08.096 气导 air conduction
声音在空气中经过外耳、中耳传到内耳的过程。

08.097 骨导 bone conduction
激发颅骨的机械振动将声传到内耳的过程。

08.098 听阈 hearing threshold
在规定条件下,以一规定的信号进行的多次重复试验中,对一定百分数的受试者能正确地判别所给信号的最低声压。

08.099 听力损失 hearing loss
人耳在某一个或几个频率的听阈高于正常耳的听阈的病理现象。

08.100 掩蔽 masking
一个声音的听阈因另一个掩蔽声音的存在而上升的现象。

08.101 纯音 pure tone
(1)有单一音调的声觉。(2)瞬时值为一简单正弦式时间函数的声波。

08.102 分音 partial tone
(1)复音中可以用耳分清为纯音而不能再分的成分。(2)复音中的一个物理成分。

08.103 频程 frequency interval

又称"音程"。两个音之间的距离,以频率比的 2 为底的对数来表示。

08.104 八度 octave
音乐声学中的倍频程。

08.105 送话器 telephone transmitter
电话系统中使用的传声器。

08.106 受话器 telephone receiver
电话系统中使用的耳机。

08.107 耳机 earphone
把电振荡转换为声波,可与人耳密切地做声耦合的电声换能器。

08.108 标准耳机 standard earphone
一种在输入额定的电功率或电压条件下,能够发出大小恒定、频率范围宽、频响不均匀度小且稳定性较好的声信号、用于校准仿真耳的耳机。

08.109 骨振器 bone-conduction vibrator
又称"骨导耳机(osophone)"。把电振荡转换为机械振动的换能器。

08.110 电话电声测试仪 telephone electro-acoustic testing instrument
一种测试电话机客观电声性能的专用设备。主要由信号源、仿真耳、仿真口、电终端、记录和测量系统组成。

08.111 仿真耳 artificial ear
测量耳机的设备。使耳机受到的声阻抗近于人耳的平均声阻抗。

08.112 音准仪 tonometer

用于测量律音音调是否准确及偏差大小的专用声学测量仪器。

08.113　仿真乳突　artificial mastoid
模拟平均人的乳突部的力阻抗的设备。用来校准加到乳突部的骨导传声器。

08.114　听力计　audiometer
依据听力零级来测量听力的仪器。

08.115　人耳声阻抗/导纳仪　aural acoustics impedance/admittance instrument
又称"阻抗听力计（impedance audiometer）"。用以 226 Hz 为主的纯音的探测音通过对外耳声阻抗/导纳模量的测量以诊断中耳功能的仪器。

08.04　超　　声

08.116　超声学　ultrasonics
研究高于可听声频率的声波的学科。

08.117　超声检测　ultrasonic detection and measurement
又称"超声分析"。利用超声对材料的非声学性质进行检查或测定的方法和技术。

08.118　声辐射力　acoustic radiation force
由声场引起的作用于声场中的物体上的时间平均力。声场中的时间平均力通常出现在两种不同声学特性媒质的交界面上。

08.119　超声功率　ultrasonic power
超声源在单位时间内发射出的总声能。

08.120　声程　beam path distance
声束通过的单程距离。

08.121　伤波　flaw echo
由被测材料内部或表面的缺陷产生的反射回波。

08.122　底波　bottom echo
由被测物体的底面产生的反射回波。

08.123　超声检测分辨力　resolution of ultrasonic detection
超声检测系统（包括成像系统）能够分辨有一定间距的点目标的能力。通常用可分辨的两目标间的最小距离来表示，也可用在单位距离内可分辨的点数来表示。

08.124　盲区　dead zone
在正常检测灵敏度下，从探测表面到最近可探缺陷的区域。

08.125　功率超声学　power ultrasonics
超声学中研究利用声能对物质进行处理的学科。

08.126　医学超声学　medical ultrasonics
研究超声波在人体组织的传播规律和对人体组织产生作用的各种效应及在医学中的应用的学科。

08.127　超声换能器　ultrasonic transducer
将其他形式的能量转换成超声信号或能量，或将超声信号或能量转换成其他形式能量的换能器。

08.128　超声源　ultrasonic source
在媒质内激发超声波的设备，通常包括超声电源和超声换能器。

08.129　超声功率计　ultrasonic power meter

利用超声辐射力原理测量超声功率的仪器。

08.130　超声探伤仪　ultrasonic flaw detector
利用超声波的反射或透射特性，检查物体内缺陷和材质的仪器。

08.131　超声诊断法　ultrasonic diagnosis
利用超声波检测和（或）显示人体组织及器官的声学特性以诊断疾病的方法。

08.132　超声探头　ultrasonic probe

用于检测的超声换能器。

08.133　超声多普勒检测系统　ultrasonic Doppler method testing system
利用多普勒效应检测物体运动状态的一种超声设备。

08.134　超声人体组织仿真模块　ultrasonic tissue phantom
一种模拟人体组织的某些参数的无源器件。用于超声系统参数的测量或模拟解剖特性的显示。

08.05　水　声

08.135　水声学　underwater acoustics
研究水中声波的发生、传播、接收和通信的学科。

08.136　水声换能器　underwater sound transducer
将其他形式的能量转换为声能向水中辐射，或将接收到的水声信号转换为其他能量形式的信号的换能器。

08.137　水听器　hydrophone
又称"水下传声器"。用于接收水声信号的电声换能器。

08.138　标准发射器　standard projector
在水中作声源使用的、性能稳定并经过绝对校准的换能器。常用来测定水声接收换能器、设备等的声学性能，或校准、测量水听器。

08.139　水声探头　underwater sound probe
能用来在水下一个很小的范围内检测声场，而不对声场产生影响的水听器。

08.140　消声水池　anechoic water tank
在所有界面上均敷设能有效吸收声能的吸声材料，使在一定区域内形成自由声场的测量水池。

08.141　混响水池　reverberation water tank
能在所有界面上有效地反射声能，并在其中充分扩散，使形成各处能量密度均匀、在各传播方向做无规分布的扩散场的测量水池。

09.　温　　度

09.01　温度和温标

09.001　热平衡　thermal equilibrium

两个均匀系之间的热交换的平衡，也是动态

平衡。

09.002　温度　temperature
表征物体的冷热程度。是决定一系统是否与其他系统处于热平衡的物理量，一切互为热平衡的物体都具有相同的温度。温度与分子的平均动能相联系，标志着物体内部分子无规则运动的剧烈程度。

09.003　热力学温度　thermodynamic temperature
按热力学原理所确定的温度。

09.004　开[尔文]　Kelvin
水三相点热力学温度的 1/273.16。是热力学温度单位，符号为 K。

09.005　摄氏温度　Celsius temperature
某一热状态的摄氏温度是它与一特定的热状态(比水三相点低 0.01K 的热状态)之间的温度差所表示的温度。其数值等于热力学温度的数值减去 273.15。

09.006　摄氏度　degree Celsius
摄氏温度的单位，符号为℃。

09.007　测温学　thermometry
又称"计温学"。研究温度测量理论和方法的科学。

09.008　温标　temperature scale
温度的数值表示法。

09.009　经验温标　experimental temperature scale
借助于物质的某种物理参量与温度的关系，用实验方法或经验公式构成的温标。

09.010　国际[实用]温标　international [practical] temperature scale
由国际协议而采用的易于高精度复现，并在当时知识和技术水平范围内尽可能接近热力学温度的经验温标。现行的国际实用温标是"ITS-90 国际温标"，包括 17 个定义固定点，规定了内插仪器和温度与相应物理量的函数关系。

09.011　温标的实现　realization of temperature scale
按温标定义为获得温标而进行的一组操作。

09.012　[温标的]非唯一性　non-uniqueness [of temperature scale]
ITS-90 国际温标中同一子温区内，由于同一种内插仪器的性能不同所产生的温度量值的差异。

09.013　[温标的]非一致性　inconsistency [of temperature scale]
又称"温标子温区的非一致性"。ITS-90 国际温标子温区间，同一内插仪器由于实现温标的内插公式不同所产生的温度量值的差异。

09.014　温度计　thermometer
测量温度的仪器。

09.015　极限温度　limiting temperature
温度计的最高适用温度和最低适用温度。其中最高适用温度称为"上限温度(upper limit temperature)"，最低适用温度称为"下限温度(lower limit temperature)"。

09.016　相　phase
物理化学性质完全相同，且成分相同的均匀物质的聚集态。

09.017　相变　phase transition
一种相转换为另一种相的过程。对于单元系，体积发生变化，并伴有相变潜热的相变称为"一级相变（first-order phase transition）"，如固体熔化为液体，液体汽化为气体，固体升华为气体；体积不发生变化，也没有相变潜热，只是热容量、热膨胀系数、等温压缩系数三者发生突变的相变称为"二级相变（second-order phase transition）"，如液体氦Ⅰ和氦Ⅱ间的转变，超导体由正常态转变为超导态均属于此类相变。

09.018　固定点　fixed point
物质不同相之间的可复现的平衡温度。

09.019　定义固定点　defining fixed point
国际温标中所规定的固定点。

09.020　三相点　triple point
单元系（一种纯物质）在固、液、气三个相平衡共存时的温度。如水三相点、氩三相点、镓三相点等。

09.021　水三相点　triple point of water
水的固、液、气三相平衡共存时的温度，其值为 273.16K（0.01℃）。为测温学中最基本的固定点。

09.022　凝固点　freezing point
晶体物质从液相向固相转变时的相变温度。

09.023　熔[化]点　melting point
晶体物质从固相向液相转变时的相变温度。

09.024　潜热　latent heat
温度不变时，单位质量的物体在相变过程中所吸收或放出的热量。

09.025　凝固热　freezing heat
温度不变时，单位质量的晶体物质从液态全部变为固态的相变过程中所释放出的热量。

09.026　熔化热　melting heat
温度不变时，单位质量的晶体物质从固态全部变为液态的相变过程中所吸收的热量。

09.027　汽化热　vaporizing heat
温度不变时，单位质量的液体从液态全部转变为气态的相变过程中所吸收的热量。

09.028　温坪　temperature plateau
利用某种物质相变的特性，获得的一段温度稳定不变的均匀温度环境。如三相点温坪、纯金属凝固温坪。

09.029　露点　dew point
气压不变、水汽无增减的情况下，未饱和空气因冷却而达到饱和时的温度。气温与露点的差值愈小，表示空气愈接近饱和。

09.030　超导[电]性　superconductivity
在温度和磁场都小于一定数值的条件下，导电材料的电阻和体内磁感应强度都突变为零的性质。

09.031　超导固定点　superconductive fixed point
金属材料超导态与正常态的转变温度作为温度固定点。

09.032　超导转变温度　superconductivity transition temperature
在零磁场下，超导材料由超导态转变为正常态的温度。

09.033　超导转变宽度　superconductivity transition width
磁化率变化的中央部分 80%的温区。

09.034　氦超流转变点　helium superfluid transition point
饱和蒸气压下液氦的超流相与正常相的相

变温度。具有转变宽度窄、复现性高的优点。在 ITS-90 国际温标中，饱和蒸气压时液氦超流转变温度为 2.176 8K。

09.035　热传导　heat conduction
物体各部分无相对位移或不同物体直接接触时，依靠物质分子、原子及自由电子等微观粒子热运动进行的热量传递。

09.036　对流　convection
依靠流体的宏观运动进行的热量传递。

09.037　热辐射　heat radiation
依靠物质的分子、原子、离子和电子的热运动产生的电磁辐射进行的热量传递。

09.038　热导率　thermal conductivity
又称"导热系数"。单位时间、单位面积、负的单位温度梯度下的导热量。是表征物质热传导性能的物理量。单位为 $W/(m \cdot K)$。

09.039　温度梯度　temperature gradient
在温度降低的方向上，单位距离内温度降低的数值。

09.040　温度场　temperature field
同一瞬间温度的空间分布。

09.041　等温面　isothermal surface
物体内或空间中温度相同的点的集合所构成的面。

09.042　退火　annealing
将材料加热、保温后缓慢冷却的过程。

09.043　应变　strain
物体由于受力、温度变化或内在缺陷等，其形状、尺寸所发生的相对变化。

09.02　接触测温

09.044　接触测温法　contact thermometry
温度计与被测对象热接触并达到热平衡的测温方法。有热电偶测温法、电阻测温法等。

09.045　铂纯度　platinum purity
在测温学中通常指铂电阻温度计铂丝的纯度。以 100℃时的电阻值与 0℃时的电阻值之比表示。

09.046　电阻温度系数　temperature coeffi-cient of resistance
在某温度下，温度变化 1K 时电阻值的相对变化。

09.047　接触电阻　contact resistance
由于导线间的接点接触不良所产生的附加电阻。在非磁性基质中，某些磁性材料的稀释合金随着温度下降其电阻有很大的异常增加。

09.048　电阻温度计　resistance thermometer
利用导体或半导体的电阻随温度变化的特性测量温度的元件或仪器。常用的电阻材料为铂、铜、镍及半导体材料等。

09.049　铂电阻温度计　platinum resistance thermometer
利用铂的电阻随温度变化的特性测量温度的仪器。

09.050　标准铂电阻温度计　standard plati-num resistance thermometer

在 ITS-90 国际温标 83.803 3K~660.323℃温区内作为内插仪器，电阻丝必须由无应力的退过火的铂丝制成的温度计。其电阻比 $W(T_{90})$ 为 $R(T_{90})/R(273.16K)$。在 ITS-90 国际温标中应满足 $W(29.764\ 6℃) \geq 1.118\ 07$ 或 $W(-38.834\ 4℃) \leq 0.844\ 235$。

09.051 高温铂电阻温度计 high temperature platinum resistance thermometer
在 ITS-90 国际温标 0~961.78℃温区内作为内插仪器，电阻丝必须由无应力的退过火的铂丝制成的温度计。其电阻比 $W(T_{90})$ 为 $R(T_{90})/R(273.16K)$。在 ITS-90 国际温标中应满足 $W(29.764\ 6℃) \geq 1.118\ 07$ 或 $W(961.78℃) \geq 4.284\ 4$。

09.052 标准套管铂电阻温度计 standard capsule platinum resistance thermometer
在 ITS-90 国际温标 13.803 3~273.16K 温区内作为内插仪器，电阻丝必须由无应力的退过火的铂丝制成的温度计。其电阻比 $W(T_{90})$ 为 $R(T_{90})/R(273.16K)$。在 ITS-90 国际温标中应满足 $W(234.315\ 6K) \leq 0.844\ 235$。

09.053 工业铂热电阻温度计 industrial platinum resistance thermometer
带有引线和保护外壳、由一个或多个感温电阻构成的温度计。工业铂电阻温度计的电阻比 $W(100℃)$ 值应满足有关标准的规定。$W(100℃)$ 为温度计在 100℃的电阻值与 0℃的电阻值之比，即 $W(100℃)=R(100℃)/R(0℃)$。

09.054 表面温度计 surface thermometer
用于测量静态或移动物体的表面温度的温度计。

09.055 表面铂热电阻温度计 surface platinum resistance thermometer
直接与固体表面接触，以铂丝电阻值随温度变化的原理而测量固体表面温度的温度计。

09.056 铑铁电阻温度计 rhodium-iron resistance thermometer
由含铁量约为 0.5%原子百分比的铑铁合金丝绕制成的温度计。

09.057 负温度系数电阻温度计 negative sensitivity resistance thermometer
在某温度范围内其电阻值随温度降低而增大的温度计。这类电阻包括碳电阻、锗电阻、热敏电阻等。其中低温渗碳玻璃电阻温度计、低温氧化物热敏电阻温度计、低温锗电阻温度计等用于低温测量中。

09.058 热敏电阻温度计 thermistor thermometer
由具有很高电阻温度系数的固体半导体制成的电阻温度计。

09.059 二极管温度计 diode thermometer
利用二极管 PN 结的正向导通电压随着温度的降低而升高原理制成的温度计。导通电压与温度的特性曲线与测量电流有关。常用于室温和低温温度测量。

09.060 电阻温度计自热效应 self-heating effect of resistance thermometer
测量电流流过电阻温度计时，产生焦耳热使温度计示值升高的现象。

09.061 热电偶 thermocouple
由一对不同材料的导线构成，基于泽贝克效应测温的温度计。

09.062 贵金属热电偶 noble metal thermocouple
由贵金属材料制成的热电偶。

09.063　铂铑 10–铂热电偶　platinum rhodium 10%/platinum thermocouple

　　S 型热电偶。热电偶的正极（SP）为含 10%铑和 90%铂（按质量）的铂铑合金，负极（SN）为纯铂。

09.064　铂铑 30–铂铑 6 热电偶　platinum rhodium 30%/platinum rhodium 6% thermocouple

　　B 型热电偶。热电偶的正极（BP）为含 30%铑和 70%铂（按质量）的铂铑合金，负极（BN）为含 6%铑和 94%铂（按质量）的铂铑合金。

09.065　铂铑 13–铂热电偶　platinum rhodium 13%/platinum thermocouple

　　R 型热电偶。热电偶的正极（RP）为含 13%铑和 87%铂（按质量）的铂铑合金，负极（RN）为纯铂。

09.066　金–铂热电偶　gold/platinum thermocouple, Au/Pt thermocouple

　　正极（AP）为纯金、负极（AN）为纯铂的热电偶。

09.067　铂–钯热电偶　platinum/palladium thermocouple, Pt/Pd thermocouple

　　正极为纯铂、负极为纯钯的热电偶。

09.068　廉金属热电偶　base metal thermocouple

　　由廉金属材料制成的热电偶。

09.069　镍铬–铜镍热电偶　nickel-chromium alloy/copper-nickel alloy thermocouple

　　E 型热电偶。热电偶的正极（EP）为含 90%镍和 10%铬的合金，负极（EN）为含 45%镍和 55%铜的合金。

09.070　铁–铜镍热电偶　iron/copper-nickel alloy thermocouple

　　J 型热电偶。热电偶的正极（JP）为纯铁，负极（JN）为含 55%铜和 45%镍的合金。

09.071　镍铬–镍硅热电偶　nickel-chromium alloy/nickel-silicon alloy thermocouple

　　K 型热电偶。热电偶的正极（KP）为含 10%铬的镍铬合金，负极（KN）为含 3%硅的镍硅合金。

09.072　镍铬硅–镍硅镁热电偶　nickel-chromium-silicon alloy/nickel-silicon-magnesium alloy thermocouple

　　N 型热电偶。热电偶的正极（NP）为含 13.7%~14.7%铬、1.2%~1.6%硅及小于 0.01%镁的镍合金，负极（NN）为含 4.2%~4.6%硅、0.5%~1.5%镁及小于 0.02%铬的镍合金。

09.073　铜–铜镍热电偶　copper/copper-nickel alloy thermocouple

　　T 型热电偶。热电偶的正极（TP）为纯铜，负极（TN）为含 45%镍和 55%铜的合金。

09.074　钨铼热电偶　tungsten-rhenium thermocouple

　　钨铼 5-钨铼 26 热电偶：正极为含 95%钨和 5%铼的合金，负极为含 74%钨和 26%铼的合金。此类型热偶不能用于氧化气氛中，在还原气氛中能正常工作。还有钨铼 3-钨铼 25 热电偶、钨–钨铼 26 热电偶等。

09.075　镍铬–金铁热电偶　nickel-chromium alloy/gold-iron alloy thermocouple

　　正极为含 90%镍和 10%铬的合金，负极为金和 0.07%铁合金的热电偶。

09.076　铠装热电偶　sheathed thermocouple

　　用铠装热电偶电缆制成的热电偶。

09.077 铠装热电偶电缆 sheathed thermo-couple cable
由不同成分的偶丝装在有绝缘材料的金属套管中，被加工成可弯曲的坚实组合体。

09.078 热电偶组件 thermocouple element
由一支或多支热电偶与绝缘物组成的组件。

09.079 可拆卸工业热电偶 industrial ther-mocouple assembly
热电极组件可以从保护管中取出的工业热电偶。

09.080 绝缘物 insulation material
用来防止热电极之间和（或）热电极与保护管之间短路的零件或材料。

09.081 延长型导线 extension wires
在一定温度范围内具有与所匹配的热电偶的热电动势的标称值相同的一对带有绝缘层的导线。其合金丝的名义化学成分及热电动势标称值与所配用热电偶偶丝相同，用字母"X"附加在热电偶分度号之后表示，如"EX"。

09.082 补偿型导线 compensating wires
在一定温度范围内具有与所匹配的热电偶的热电动势的标称值相同的一对带有绝缘层的导线。其合金丝的名义化学成分及热电动势标称值与所配用热电偶偶丝不同，但其热电动势值在 0~100℃或 0~200℃时与所配用的热电偶的热电动势的标称值相同，用字母"C"附加在热电偶分度号之后表示，如"KC"。不同合金丝可用于同种型号（分度号）的热电偶，并用附加字母予以区别，如"KCA"和"KCB"。

09.083 热电偶测量端 measuring junction of thermocouple
感受被测温度的热电偶连接端。

09.084 热电偶参考端 reference junction of thermocouple
已知温度的热电偶连接端。

09.085 液体视膨胀系数 liquid visual expan-sion coefficient
玻璃液体温度计内液体测温介质的平均体膨胀系数与玻璃平均体膨胀系数之差。

09.086 玻璃[液体]温度计 liquid-in-glass thermometer
基于感温液对玻璃的视膨胀的一种膨胀式温度计。包括水银温度计、玻璃体温计、贝克曼温度计、汞铊温度计等。

09.087 水银温度计 mercurial thermometer
介质为水银的透明的内标式和外标式温度计。

09.088 玻璃体温计 clinical thermometer
用于测量被测对象体温且具有最高留点结构的玻璃液体温度计。包括内标式和外标式。

09.089 内标式玻璃液体温度计 inner scale liquid-in-glass thermometer
毛细管贴靠在标尺板上，两者均封装在一个玻璃保护管中的玻璃液体温度计。

09.090 外标式玻璃液体温度计 outer scale liquid-in-glass thermometer
毛细管贴靠在标尺板上，但不封装在一个玻璃保护管中的玻璃液体温度计。

09.091 贝克曼温度计 Beckmann thermometer
用于温差测量的移液内标式玻璃液体温度计。

09.092 汞铊温度计 mercury-thallium alloy low temperature thermometer

又称"汞基温度计"。在汞里添加铊、铟等元素构成合金，使凝固点可达–62℃的玻璃液体温度计。专用作低温温度计。

09.093 石油产品用玻璃液体温度计 liquid-in-glass thermometer for petroleum product

用于测定石油产品的闪点、馏程和倾点的玻璃液体温度计。有外标式和内标式两种。

09.094 石油用高精密玻璃水银温度计 high precision mercury-in-glass thermometer for petroleum

用于测量试验容器温度场、石油黏度和苯结晶点的温度等场合并测量小温差的玻璃水银温度计。

09.095 最高温度计 maximum thermometer

始终保持最高温度的温度计。

09.096 最低温度计 minimum thermometer

始终保持最低温度的温度计。

09.097 电子体温计 clinical electrical thermometer

通过使用传感器或电路将测量到的被测对象体温的温度显示出来的电子仪器。

09.098 双金属温度计 bimetallic thermometer

利用不同膨胀系数的双金属元件来测量温度的温度计。

09.099 压力式温度计 pressure-filled thermometer

依据封闭系统内部工作物质的体积或压力随温度变化的原理制成的温度计。

09.100 气体温度计 gas thermometer

以实际气体作为测温介质，以气体状态方程

为原理测温的温度计。常用的为定容气体温度计，是测定热力学温度的主要仪器。

09.101 声学温度计 acoustic thermometer

利用声波在气体中传播的速度与热力学温度呈一定的关系而制成的温度计。当气体为单原子气体时，其关系式为：$a^2 = kRT$。式中：a 为理想气体中的声速；R 为气体常数；T 为热力学温度；k 为绝热指数。

09.102 频率温度计 frequency thermometer

利用晶体谐振频率与温度的关系而制成的温度计。温度计的敏感元件通常用石英晶体材料制成。

09.103 噪声温度计 noise thermometer

利用电阻噪声电压与热力学温度的关系测温的温度计。由于电子在电阻中的热运动，电阻两端有一随机起伏的噪声电压。与热力学温度的关系为：$\overline{V^2} = 4RkT\Delta\nu$。式中：$V^2$ 为噪声电压平方的平均值；k 为玻尔兹曼常量；R 为温度计的电阻值；T 为热力学温度；$\Delta\nu$ 为频宽。

09.104 蒸气压温度计 vapor thermometer

利用纯物质的饱和蒸气压与温度的关系测温的温度计。ITS-90 国际温标在 0.65 K 至 5.0 K 的定义是氦蒸气压温度计给出的。

09.105 表层水温计 bucket thermometer

用于测量海洋、湖泊、河流、水库等的表层水温的温度计。

09.106 颠倒温度计 reversing thermometer

用于测量海洋、湖泊深处某点的温度或深度的特殊玻璃水银温度计。分为测量水温的闭端颠倒温度计和测量水深的开端颠倒温度计。

09.107 机械式温深计 mechanical bathythermograph

用于海洋和内水域的调查并可记录水温随深度分布的温度计。

09.108　固定点容器　fixed point cell
装有可实现温标定义固定点温度的物质的容器。可分为开口容器和密封容器。

09.109　固定点炉　fixed point furnace
实现金属固定点的装置。

09.110　恒温槽　constant temperature bath
以某种物质为介质，温度可控制并能达到一定稳定和均匀程度的装置。介质可以是水、油、酒精等。

09.111　盐槽　salt bath
以硝酸钾和亚硝酸钠的混合物为介质，温度可控制并能达到一定稳定程度的装置。

09.112　低温恒温器　cryostat
具有均匀稳定温场，用于低温温度计比对、

校准的实验装置。常以液氮和液氦作为冷源，多用于–70℃以下温区。

09.113　热管　heat pipe
依靠自身内部工作介质的气-液相变循环来实现高效传热的元件。在温度计量中常用作等温热管。

09.114　温度指示控制仪　temperature indication controller
由测温、控制两部分共同或单独组成的装置。测温部分是根据测温传感器随温度变化而变化的特性，经相应电路（包括应用运算放大器、微处理器等）处理后，由仪表上指示（显示）出相应的温度。控温部分由设定电路、相应的信号处理电路及比较电路、位式控制执行电路组成。

09.115　温度变送器　temperature transmitter
将温度变量转换成可传送的标准化直流信号的组件。

09.03　非接触测温

09.116　非接触测温法　non-contact thermometry
温度计测量被测对象的物理参量而不与被测对象热接触的测温方法。常用的有辐射测温法、光谱测温法等。

09.117　辐射强度　radiation intensity
在给定方向上的单位立体角内，点辐射源的辐射功率。符号为 I，单位为瓦特每球面度。

09.118　辐[射]出射度　radiant exitance
单位面积的辐射通量。在传热学中称"辐射力"。符号为 M，单位为瓦特每平方米。

09.119　[绝对]黑体　[absolute] blackbody
又称"完全辐射体"。能全部吸收投射到其表面上的辐射能量的物体。是一种理想的辐射体，其发射率等于1。

09.120　吸收比　absorptance
吸收的与入射的辐射通量之比。

09.121　透射比　transmittance
透射的与入射的辐射通量之比。

09.122　发射率　emissivity
热辐射体的辐射出射度与处于相同温度的黑体的辐射出射度之比。

09.123 光谱发射率 spectral emissivity
热辐射体的光谱辐射出射度与处于相同温度的黑体的光谱辐射出射度之比。

09.124 有效发射率 effective emissivity
热辐射体的有效辐射出射度与处于相同温度的黑体的辐射出射度之比。

09.125 辐射测温法 radiation thermometry
以黑体辐射基本定律为基础，根据热辐射体辐射特性与温度之间的函数关系来测量温度的方法。

09.126 表观温度 apparent temperature
辐射温度计测量热辐射体(非黑体)时的温度示值。如亮度温度、辐射温度、颜色温度等。

09.127 [辐]亮度温度 radiance temperature
热辐射体与黑体在同一波长的光谱辐射亮度相等时黑体的温度。在实际应用中，温度计在一有限光谱范围的测量结果即亮度温度，它小于真实温度。

09.128 亮度测温法 radiance thermometry
根据热辐射体在某一波长的光谱辐射亮度与温度之间的函数关系来测量温度的方法。其理论基础是普朗克辐射定律。

09.129 亮度温度计 radiance thermometer
测量亮度温度的温度计。

09.130 全辐射温度 total radiation temperature
热辐射体与黑体辐射出射度相等时黑体的温度。它小于真实温度。

09.131 全辐射测温法 total radiation thermometry
根据热辐射体在全波长范围的积分辐射出射度与温度之间的函数关系来测量温度的方法。其理论基础是斯特藩–玻尔兹曼辐射定律。

09.132 全辐射温度计 total radiation thermometer
测量辐射温度的温度计。

09.133 [颜]色温度 color temperature
又称"比色温度(colorimetric temperature)"。热辐射体与黑体在两个波长的光谱辐射亮度之比相等时黑体的温度。量的符号为 T_c，单位为开尔文，单位符号为 K。

09.134 颜色测温法 color thermometry
又称"比色测温法(colorimetric thermometry)"。根据热辐射体在两个或两个以上波长的光谱辐射亮度之比与温度之间的函数关系来测量温度的方法。

09.135 颜色温度计 color thermometer
又称"比色温度计(colorimetric thermometer)"。测量颜色温度的温度计。

09.136 [平均]有效波长 [mean] effective wavelength
有限光谱带宽的温度计测量温度分别为 T_2 和 T_1 的黑体，存在一确定波长，使得温度计对黑体辐射的响应之比，等于在此波长下黑体的光谱辐射亮度之比，该波长称为温度计在温度区间$[T_2, T_1]$内的平均有效波长。

09.137 极限有效波长 limiting effective wavelength
当温度 T_2 无限趋近温度 T_1 时，在温度区间$[T_1, T_2]$内的平均有效波长，称为温度计在温度 T_1 的极限有效波长。

09.138 辐射温度计 radiation thermometer
采用辐射测温法的温度计。如光学高温计、

光电高温计、红外温度计等。

09.139　隐丝式光学高温计　disappearing fila-
ment optical pyrometer
简称"光学高温计(optical pyrometer)"，又
称"目视光学高温计"。通过目力观察对热
辐射体和高温计灯泡在某一波长(一般为
650 nm 或 660 nm)附近一定光谱范围的辐射
亮度进行亮度平衡，而实现亮度温度测量的
温度计。

09.140　光电高温计　photoelectric pyrometer
采用光电探测器的亮度温度计。

09.141　红外温度计　infrared thermometer
利用热辐射体在红外波段的辐射通量来测
量温度的温度计。

09.142　干涉滤光片　interference filter
利用薄膜干涉原理，使所需波长的光透过或
反射的光学元件。

09.143　光谱光[视]效率　spectral luminous effi-
ciency
给定波长的光谱光视效能与最大光谱光视
效能(在波长$\lambda = 555$ nm 处)之比。

09.144　热像仪　thermal imager
通过红外光学系统、红外探测器及电子处理
系统，将物体表面红外辐射分布转换成可见
图像的设备。通常具有测温功能，具备定量
绘出物体表面温度分布的特点，将灰度图像
进行伪彩色编码。

09.145　红外耳温计　infrared ear thermometer,
IR ear thermometer
通过测量耳鼓膜和耳道的热辐射量确定被
测对象体温的温度计。

09.146　距离系数　distance ratio
热辐射体表面到辐射温度计物镜的距离与
辐射温度计在该距离所需热辐射体最小有
效直径之比。

09.147　钨带灯　tungsten strip lamp
一种以钨带为发热体的辐射源。其亮度温度
在一定波长下是通电电流的单值函数。

09.148　高温计灯泡　pyrometer lamp
一种装在高温计内部的标准辐射源或参考
辐射源。其亮度温度在一定波长下是通电电
流的单值函数。

09.149　辐射源尺寸效应　size-of-source effect,
SSE
由于光学系统不理想，当测量距离一定时，
辐射温度计输出依赖于被测物大小的现象。

09.04　热物理性质

09.150　[物质]的输运性质　transport property
[of substance]
与能量和动量传递过程有关的导热系数、
热扩散系数、黏度、热膨胀系数以及热辐
射性质(发射率、吸收率、反射率)等特
性。

09.151　热容[量]　heat capacity
物体在温度升高或下降一度时所吸收或放
出的热量。

09.152　比热容　specific heat capacity
单位质量物体的热容量。

09.153　定压比热容　specific heat capacity at constant pressure
定压过程物质的比热容。用符号 c_p 表示。

09.154　热扩散率　thermal diffusivity
又称"导温系数""热扩散系数"。热导率与体积热容量之比。表征物质传播温度变化的能力。可表示为：$\alpha = k/(\rho c_p)$。其中，α 为热扩散率，k、ρ、c_p 分别为热导率、密度和定压比热容。

09.155　线膨胀系数　linear expansivity
单位温度变化引起的物质长度的相对变化。

09.156　体膨胀系数　mean volume expansion coefficient
单位温度变化引起的物质体积的相对变化。

由于膨胀系数在不同温度上存在着变化，故通常给出在使用温度范围内的平均值作为该使用温度范围的膨胀系数，对体膨胀系数则称"平均体膨胀系数"。平均体膨胀系数定义为

$$\beta = \frac{V_{t_2} - V_{t_1}}{V_0(t_2 - t_1)}$$

式中：V_{t_2}、V_{t_1} 分别表示 t_2 和 t_1 时介质的体积；V_0 表示 $0℃$ 时的体积。

09.157　傅里叶定律　Fourier's law
导热的热流密度向量与温度梯度成正比，而方向相反。

09.158　热流密度　heat flux
单位时间通过单位面积的热流量。

10. 电　磁

10.01　基　础　名　词

10.001　真空磁导率　permeability of vacuum
表示真空导磁能力的常数，用 μ_0 表示。在国际单位制（SI）中，规定其值为 $\mu_0 = 4\pi \times 10^{-7}(H/m)$。

10.002　介电常数　dielectric constant
又称"电容率（permittivity）"。表示物质介电性质的物理常数。用 ε 表示。

10.003　电动势　electromotive force
电源内部非静电力将单位正电荷从电源负极移到正极所做的功。

10.004　接触电动势　contact electromotive force
不同物理状态或不同化学成分的两种物体

（通常是金属）相接触所产生的电动势。

10.005　感应电动势　induced electromotive force
闭合回路中的磁链发生变化而在回路中产生的电动势。

10.006　导体　conductor
在电场作用下自由电荷能在其中移动的物体。

10.007　绝缘体　insulator
在电场作用下自由电荷不能在其中移动的物体。

10.008　半导体　semiconductor

导电性能介于导体和绝缘体之间的物体。

10.009　超导体　superconductor
在足够低的温度和磁场下，电阻率成为零的物体。

10.010　接触电位差　contact potential difference
在无电流情况下，两种媒质界面或两种不同材料接触面间的电位差。

10.011　热电效应　thermoelectric effect
在两种金属组成的回路中，由于两点的温度不同而在回路中产生电动势的现象。

10.012　泽贝克效应　Seebeck effect
接触电位差随温度升高而增加的热电效应。

10.013　佩尔捷效应　Peltier effect
电流流过两种不同导体的结面，在结面处以正比于该电流而放热或吸热的热电效应。

10.014　汤姆孙效应　Thomson effect
在匀质的材料中，由于温度梯度而引起的热电效应。

10.015　约瑟夫森效应　Josephson effect
电子对(库伯电子对)在两个微弱耦合的超导体之间流动而引起的宏观量子效应。

10.016　量子霍尔效应　quantum Hall effect
某些半导体器件(砷化镓异质结、MOS 场效应管等)界面上的二维电子气在强磁场和低温度条件下的量子化效应。此时表示电阻的曲线上出现台阶，台阶处表示电阻取量子化数值。

10.017　单电子隧道效应　single electron tunnel effect
利用量子力学中电子穿透势垒的隧道效应把单个电子送入一个极小的电容器(或由此电容器中取出)，通过控制电容器两边的势垒大小，使得电子总是从一边流入另一边流出，从而形成单向电流。由于其中的电子可以一个一个地计数，如电子进出电容器的频率为 ν，电子的电荷量为 e，则相应的电流表达式为 $I = e\nu$，这样就可把电流单位"安培"和电子电荷量这一基本常数联系起来。

10.018　功率天平　watt balance
在同一磁场内将线圈中电流受力和该线圈运动产生感应电动势相结合，将机械功率和电功率相平衡，由此将质量单位"千克"和普朗克常量联系起来的装置。

10.019　交流电阻时间常数　time constant of AC resistor
由于存在分布参数，在给定的频率下，交流电阻可以等效为一个电阻 R 与电感 L_S 串联，再与电容 C_p 并联的电路。交流电阻时间常数定义为 $L_S/R - R C_p$，其单位为"秒"。

10.020　介电强度　dielectric strength
材料能承受而不致遭到破坏的最高电场强度。

10.021　绝缘电阻　insulation resistance
在规定条件下，用绝缘材料隔开的两个导电体之间的电阻。

10.022　电流　electric current
全称"电流强度(electric current intensity)"。单位时间内通过导体某截面的电荷静转移量。

10.023　电压　voltage
移动单位电荷时电场力所做的功，或电场强度的线积分。

10.024　电阻　resistance
导电物体阻碍传导电流通过的能力。单位是欧姆(Ω)。

10.025　电导　conductance
电阻的倒数。单位是西门子(S)。

10.026　阻抗　impedance
正弦稳态下，线性时不变二端电路的以相量表示的电压相量与电流相量之比。

10.027　导纳　admittance
阻抗的倒数。正弦稳态下，线性时不变二端电路的以相量表示的电流相量与电压相量之比。

10.028　电容　capacitance
两导体所带电荷为等量异号时，电荷的量值与该两导体间电位差的比值。单位是法拉(F)。

10.029　电感　inductance
描述由于线圈电流变化，在本线圈中或在另一线圈中引起感应电动势效应的电路参数。单位是亨利(H)。

10.030　电阻率　resistivity
表示导电材料对传导电流阻力内在性质的物性参数。其值等于均匀材料单位体积的两个相对平面间的直流电阻值。单位是欧姆米(Ω·m)。

10.031　电导率　conductivity
电阻率的倒数。单位是西门子每米(S/m)。

10.032　静电场　electrostatic field
存在于静止带电体周围空间，以电场强度矢量表征的一种特殊形式的物质。

10.033　电场强度　electric field intensity
表示电场基本特征的一个物理量，等于放置于观察点的静止的正检验电荷所受的力与电荷的比值。是矢量，用 E 表示，单位是伏特每米(V/m)。

10.034　电位　electric potential
描述静电场特性的一个物理量，其值等于从观察点沿任一路径移动单位正电荷到参考点时电场力所做的功。单位是伏特(V)。

10.035　电荷　electric charge
构成物质基本粒子的一种电性质。带电体所带电荷电量的单位是库仑(C)。

10.036　库仑定律　Coulomb's law
描述两个静止点电荷之间电场力定量关系的基本规律。即：在真空中，两个静止的点电荷 Q_1 与 Q_2 之间的静电力 F，其大小与两电荷所带的电量的乘积成正比，与两电荷间的距离 r 的平方成反比，作用力的方向，沿两点电荷的连线方向，同性相斥，异性相吸。

10.037　电位移　electric displacement
描述电介质中电场特性的一个重要物理量，由电场强度和极化强度线性组合而成。

10.038　拉普拉斯方程　Laplace's equation
在电磁学、力学、热力学等学科中，用以描述静止场特性的偏微分方程。以法国数学家、天文学家拉普拉斯姓氏命名。

10.039　静电感应　electrostatic induction
位于静止带电体附近的导体，受电场影响而使导体中不同极性电荷重新分布的现象。

10.040　恒定电场　steady electric field
与不随时间而改变的恒定电流相伴随而存在的电场。

10.041　欧姆定律　Ohm law
一段导体中流过的电流与该段导体两端电压成正比。

10.042　焦耳定律　Joule's law
表达物体中通过的电流与由此产生的热量之间关系的定律。

10.043　安[培]　ampere
国际单位制(SI)中电流的单位。符号是 A。

10.044　伏[特]　volt
国际单位制(SI)中电位、电压、电动势等量的单位。符号是 V。

10.045　库[仑]　coulomb
国际单位制(SI)中电荷、电通量等量的单位。符号是 C。

10.046　欧[姆]　ohm
国际单位制(SI)中电阻、电抗、阻抗等量的单位。符号是 Ω。

10.047　西[门子]　siemens
国际单位制(SI)中电导、电纳、导纳等量的单位。符号是 S。

10.048　法[拉]　farad
国际单位制(SI)中电容的单位。符号是 F。

10.049　亨[利]　henry
国际单位制(SI)中自感、互感、磁导等量的单位。符号是 H。

10.050　赫[兹]　hertz
国际单位制(SI)中频率的单位。符号为 Hz。

10.051　瓦[特]　watt
国际单位制(SI)中功率的单位。符号是 W。

10.052　电路　electric circuit
电流可在其中流通的由导线连接的电路元器件的组合。

10.053　激励　excitation
作用于某个系统的、其随时间的变化规律不依赖于系统结构和系统参数的物理量。

10.054　响应　response
系统在激励作用下所引起的反应。

10.055　电路元件　electric circuit element
电路理论中，具有独立电磁特性的最小单元。其电磁特性由元件的电压、电流、磁链、电荷等电磁量之间的关系描述。

10.056　无源二端元件　passive two-terminal element
具有两个端子且又是无源的电路元件。

10.057　电压源　voltage source
其端电压与通过的电流无关的有源元件。

10.058　电流源　current source
通过的电流与其端电压无关的二端有源电路元件。

10.059　受控源　controlled source
受电路中另一部分的电流或电压控制的电压源或电流源。

10.060　开路　open circuit
支路中的电流恒为零、支路两端的电压可为任意值的一种特殊工作状态。

10.061　短路　short circuit
电路或系统中，在正常情况下处于不同电位的两个或多个点之间，通过比较低的电阻或阻抗非正常或有意形成的连接。

10.062　理想变压器　ideal transformer
输入电压与输出电压之比，等于其输出电流与输入电流之比的二端口元件。

10.063　基尔霍夫电流定律　Kirchhoff current law, KCL
对于任一集中参数电路中的任一节点或割集，在任一时刻，通过该节点或割集的所有支路电流的代数和等于零。

10.064　基尔霍夫电压定律　Kirchhoff voltage law, KVL
对于任一集中参数电路中的任一网孔或回路，在任一时刻，沿着该网孔或回路的所有支路电压的代数和等于零。

10.065　直流　direct current, DC
全称"直流电流"。方向和量值不随时间变化的电流。

10.066　交流　alternating current, AC
全称"交流电流"。量值和方向随时间做周期性变化，且一周期内平均值为零的电流。

10.067　正弦电流　sinusoidal current
随时间按正弦规律变化的电流。

10.068　相位　phase
用以表征正弦交流电压、电流等电参量瞬时状态的电角度。

10.069　相量　phasor
用复数表示的正弦量，其模表示振幅，幅角表示相位。如用复数表示的正弦交流电压或正弦交流电流为相量。

10.070　相量图　phasor diagram
在复平面上表示相量以及各相量之间相互关系的图。

10.071　谐振　resonance
正弦电源激励下，含电感、电容元件的无源二端网路端子上的电压和与之关联方向的电流同相位的状态。

10.072　铁磁谐振电路　ferro-resonance circuit
由带铁芯的电感线圈和电容器组成的电路。

10.073　三相电路　three-phase circuit
由三相交流电源和三相负载组成的电路。

10.074　三相电源　three-phase source
能同时提供三个频率相同、初相位互异的电源。三相发电机就是一种常用的三相电源。

10.075　三相负载　three-phase load
由三相电源供电，连接成星形或三角形的负载。

10.076　相电压　phase voltage
三相电源或三相负载每一相两端的电压。

10.077　线电压　line voltage
又称"相间电压"。三相电路中三相引出线相互之间的电压。

10.078　相电流　phase current
三相电源或三相负载每一相的电流。

10.079　线电流　line current
三相电路中三根端线中的电流。

10.080　对称三相电路　symmetrical three-phase circuit
由对称三相电源和对称三相负载组成的电路。

10.081　非对称三相电路　unsymmetrical three-phase circuit
三相电源电压非对称，或三相负载非对称，

或两者均非对称的电路。

10.082 三相电路功率 power of three-phase circuit
三相电路的总功率。等于各相功率的总和。

10.083 非正弦周期电流电路 non-sinusoidal periodic current circuit
稳态电流和（或）电压随时间做周期性但偏离正弦变化的电路。

10.084 基波电流 fundamental current
将非正弦周期电流以傅里叶级数形式表征，其中序数为 1 的分量，即和原非正弦周期电流同频率的正弦电流分量。

10.085 谐波电流 harmonic current
将非正弦周期电流以傅里叶级数形式表征，其中频率为原非正弦周期电流的频率整数倍的各正弦电流分量的统称。

10.086 瞬时值 instantaneous value
物理量在任何瞬时的值。在许多简单情况下，物理量随时间变化的瞬时值，常用某一函数来描述。

10.087 平均值 average value
在某一规定时间间隔内，一个量的所有瞬时值或其绝对值的算术平均值。

10.088 有效值 effective value
又称"方均根值"。在规定的时间间隔内，一个量的所有瞬时值的平方和的平均值的平方根值。

10.089 峰值 peak [value]
在所关注的时间段内，任意波形的电信号所能达到的最大值。

10.090 总谐波畸变率 total harmonic distortion, THD
简称"畸变率"，又称"畸变因数"。非正弦周期性信号的各次谐波有效值方和根值与基波有效值的比。一般以百分数表示。

10.091 平均功率 average power
一周期内电路元件吸收或发出的瞬时功率的平均值。

10.092 视在功率 apparent power
又称"表观功率"。电路元件端电压的有效值与流经它的电流有效值的乘积。单位是伏安（V·A 或 VA）。

10.093 无功功率 reactive power
电力系统中，表征视在功率超过有功功率程度的重要辅助量。具有功率的量纲，单位为乏（var）。

10.094 复功率 complex power
实部为平均功率、虚部（或负虚部）为无功功率的复数量。是以相量法分析正弦电流电路时常涉及的一个辅助计算量。

10.095 谐波功率 harmonic power
同频率的谐波电流和谐波电压构成的功率。

10.096 畸变功率 distortion power
非正弦周期电流、电压波形情况下，为满足功率平衡关系式而引入的附加功率。以符号 D 来表示：$D = (S^2 - P^2 - Q^2)^{1/2}$。其中，$P = \Sigma U_n I_n \cos\varphi_n$；$Q = \Sigma U_n I_n \sin\varphi_n$；$S = (\Sigma U_n^2)^{1/2} \times (\Sigma I_n^2)^{1/2}$；$n = 0, 1, 2, \cdots$。

10.097 伏安 volt ampere
视在功率的单位。符号为 V·A 或 VA。

10.098 乏 var

又称"无功伏安"。无功功率的单位。符号为 var。

10.099　瓦特小时　watt hour
简称"瓦小时"。能量的单位。符号为 W·h。

10.100　串联　series connection
两个或两个以上元件排成一串，每个二端元件的首端与前一个元件的尾端连成一个节点，且这个节点不再同其他节点相连接的连接方式。

10.101　并联　parallel connection
两个或两个以上二端元件中每个元件的两个端子，分别接到一对公共节点上的连接方式。

10.102　星形阻抗与三角形阻抗变换　transformation between star connected and delta connected impedances
按成星形的三个阻抗与接成三角形的三个阻抗互相替代的等效变换。

10.103　电源等效变换　equivalent transformation between sources
带内阻的电压源与带内阻的电流源互相替代的一组变换公式。

10.104　回路法　loop analysis
以假想的回路电流作为待求量来求解电路问题的方法。

10.105　节点法　node analysis
以电路中节点的电压作为待求量来求解电路问题的方法。

10.106　叠加定理　superposition theorem
在线性系统或线性电路中，如果有两个或两个以上的激励同时作用，则响应等于诸激励分别单独作用下产生的诸响应分量之和。

10.107　替代定理　substitution theorem
在一个集中参数电路中，如果其中第 k 条支路的电压 u_k 或电流 i_k 为已知，那么该支路就可以用一个电压等于 u_k 的电压源或一个电流等于 i_k 的电流源加以替代，替代前后电路中全部电压和电流将保持原值。

10.108　互易定理　reciprocity theorem
线性时不变无源电路中激励端口与响应端口可互换位置。

10.109　戴维南定理　Thevenin theorem
任一含源线性时不变一端口网络对外可用一条电压源与一阻抗的串联支路来等效地加以置换，此电压源的电压等于一端口网络的开路电压，此阻抗等于一端口网络内全部独立电源置零后的输入阻抗。

10.110　诺顿定理　Norton theorem
任一含源线性时不变一端口网络对外可用一电流源和一导纳的并联组合来等效置换，此电流源的电流等于端口的短路电流，此导纳等于一端口网络内全部独立电源置零后的输入导纳。

10.111　二端口　two-port
有两个端子对的电网络。每个端子对（即一对端子）称作一个端口，而且从端口的一个端子流入该电网络的电流，必须等于从该端口另一端子流出的电流。

10.112　输入阻抗　input impedance
对于一个由低频电源供电的确定电路或电网络而言，在其中所有独立电源不作用（即独立电压源短路或独立电流源开路）条件下，从其输入端口看进去的阻抗，即在此条件下，在该输入端口加独立电源时，该独立电源的电压与电流的比值。

10.113 输出阻抗 output impedance
对于一个由低频电源供电的确定电路或电网络而言，在其中所有独立电源不作用（即独立电压源短路或独立电流源开路）条件下，从其输出端口看进去的阻抗，即在此条件下，在该输出端口加独立电源时，该独立电源的电压与电流的比值。

10.114 网络函数 network function
表征线性电网络的激励与响应关系的一种函数。

10.115 传递函数 transfer function
零初始条件下，线性定常系统输出量的拉普拉斯变换与输入量的拉普拉斯变换之比。

10.116 分布参数电路 distributed parameter circuit
其线路上的电压、电流不仅是时间也是位置的函数，即其线路参数必须按沿线路各处分布来考虑的电路。

10.117 一阶电路 first order circuit
以一阶微分方程描述的电路。仅含有一个独立电感或一个独立电容元件的电路都是一阶电路。

10.118 二阶电路 second order circuit
以二阶微分方程描述的电路。含有两个独立储能元件（两个电容或两个电感，或一个电容和一个电感）的动态电路都是二阶电路。

10.119 高阶电路 high order circuit
以三阶及三阶以上微分方程描述的电路。

10.120 非线性电路 nonlinear electric circuit
含有非线性电路元件的电路。

10.121 端子 terminal

网络的出端或入端。

10.122 端变量 terminal variable
端子处可用实验测定的一组物理量。一般就简单地用接线柱或香蕉插头连接。

10.123 磁场 magnetic field
存在于载流导体、永久磁铁、运动电荷或时变电场等周围空间，以电磁感应强度表征的一种特殊形式的物质。

10.124 磁感应强度 magnetic induction
又称"磁通密度（magnetic flux density）"。表征磁场强弱程度和磁场方向的物理量。以矢量 B 来表示，单位是特[斯拉]（T）。

10.125 磁通量 magnetic flux
又称"磁通"。磁感应强度的面积分。以符号 Φ 来表示，单位是韦[伯]（Wb）。

10.126 磁导率 permeability
描述物质磁性的物理量，等于物质中某点的磁感应强度 B 与该点的磁场强度 H 之比。通常以符号 μ 来表示，单位为亨/米（H/m）。

10.127 相对磁导率 relative permeability
物质的磁导率与真空磁导率之比。是一个纯数值量，通常以符号 μ_r 来表示。

10.128 磁矩 magnetic moment
描述载流线圈磁性质和微观粒子物理性质的物理量。载有电流 I、面积为 S 的平面回路的磁矩 m 定义为：$m = ISn$，其中，n 为沿平面线圈法线方向的单位矢量，其指向与电流 I 环绕方向之间呈右螺旋关系。

10.129 磁偶极矩 magnetic dipole moment
一个由磁极化强度的体积分给出的矢量。其符号为 J，$J = \mu_0 M$。

10.130　磁化强度　magnetization
描述物质被磁化的程度的物理量。是一个与被磁化物体的体积有关的矢量，等于所关注的被磁化物体体积内的总磁矩 Σm 除以该体积 V，以符号 M 表示，单位为安/米（A/m）。

10.131　磁极化强度　magnetic polarization
一个与被磁化物质的体积有关的矢量。其值等于所关注的被磁化物体体积内的总磁偶极矩 ΣJ 除以该体积 V。单位为特[斯拉] (T)。

10.132　磁场强度　magnetic intensity
由磁感应强度与磁化强度组合成的物理量。用符号 H 表示：$H=B/\mu_0-M$。其中，B 是磁感应强度；M 是磁化强度；μ_0 是真空磁导率。单位是安/米（A/m）。在真空中无磁化现象，$M=0$，此时，$B=\mu_0 H$。

10.133　磁通势　magnetomotive force
又称"磁动势"。磁场强度矢量 H 沿闭合路径的线积分。单位为安[培] (A)。

10.134　磁阻　reluctance
一段磁路的磁位差与磁通量的比值。由磁路的几何形状、尺寸和材料的磁特性等因素决定。单位是每亨[利] (H^{-1})。

10.135　磁导　permeance
磁阻的倒数。单位是亨[利] (H)。

10.136　磁化率　magnetic susceptibility
磁化强度矢量 M 与磁场强度矢量 H 之比。符号为 χ_m，$\chi_m=M/H$。

10.137　磁共振　magnetic resonance
固体受到恒定磁场和高频磁场共同作用，在恒定磁场强度与高频磁场的频率满足一定条件下，该固体对高频电磁场所表现出的共振吸收现象。

10.138　核磁共振　nuclear magnetic resonance
在恒定磁场中，磁矩不为零的原子核受射频场激励后发生的磁能级间共振跃迁现象。

10.139　霍尔效应　Hall effect
当通有电流的导体或半导体处在方向与电流方向相垂直的磁场中时，在该导体或半导体的垂直于电流和磁场的方向上会产生电场的现象。

10.140　玻尔磁子　Bohr magneton
电子固有磁矩的自然单位。符号为 μ_B，其值为：$\mu_B=eh/4\pi m_e=927.400\,968\,(20)\times10^{-26} JT^{-1}$。其中，$e$ 是电子电荷量；h 为普朗克常量；m_e 是电子的静止质量。

10.141　质子旋磁比　proton gyro magnetic ratio
又称"质子回转磁比"。原子磁矩与其动量矩之比。符号为 γ_p。

10.142　磁通量子　[magnetic] flux quantum, fluxon
一个常数，等于普朗克常量 h 除以两倍的电子电荷量 e，以符号 Φ_0 表示，其值为 $\Phi_0=h/2e=2.067\,833\,758\,(46)\times10^{-15} Wb$。其中，普朗克常量 $h=6.626\,069\,57\,(29)\times10^{-34} J\cdot s$，电子电荷量 $e=1.602\,176\,565\,(35)\times10^{-19} C$。

10.02　电学计量器具及其特性

10.143　标准电池　standard cell

将化学能转换成电能，复现并保存电压单位

的装置。1892 年由惠斯通提出，1908 年国际上正式采用，并逐步改进而成的。目前使用的标准电池是饱和硫酸镉标准电池。按其电解液(硫酸镉溶液)的浓度，可分为饱和标准电池和不饱和标准电池两种，每一种又有中性和酸性之分。

10.144 固态电压标准 solid state voltage standard

利用齐纳二极管及一些类似的固体电子器件的反向伏安特性，即在某一电压处电流急骤增加，而电压几乎不变的特性(反向雪崩特性)得到稳定电压所建立的电压标准装置。

10.145 标准电阻 standard resistor

传递电阻单位的实物装置。一般用锰铜合金等高质量电阻合金制成。

10.146 计算电容 cross capacitor

通过测定轴向长度即能确定电容大小的特殊电容器。其值溯源到长度单位并通过计算得到。

10.147 感应分压器 inductive voltage divider

分压比接近匝数比，能给出准确电压比率的高准确度的电压比率仪器。

10.148 分流器 shunt

一种用于较大电流测量的电流电压转换器。即通以电流，在其电压端子上测量电压，从而间接测量电流大小。

10.149 直流电流比较仪 direct current comparator

准确实现电流比率的仪器。其原理是：绕在同一铁芯上的两个绕组的匝数分别为 W_1 和 W_2，通过的电流为 I_1 和 I_2，如满足条件 $I_1W_1 - I_2W_2 = 0$，即总安匝数为零，则 $I_1/I_2 = W_2/W_1$。由于 W_1 和 W_2 是正整数，电流比值可以达到很高的准确度。上述安匝数平衡可以用检测线圈中的磁状态来判断。

10.150 低温电流比较仪 cryogenic current comparator

用超导量子干涉器件(SQUID)检测安匝数平衡条件的电流比较仪，由于用超导屏蔽较彻底地消除了漏磁通影响，比例的不确定度可达到 $10^{-10} \sim 10^{-9}$ 量级。

10.151 多功能校准源 multifunction calibrator

能提供具有较高准确度的直流电压、电流、交流电压、电流和直流电阻的源。可用来校准数字多用表或单功能仪表。

10.152 数字阻抗电桥 digital impedance bridge, LCR meter

能测量电容、电感和交流电阻及其直角分量的仪器。

10.153 电压表 voltmeter

测量直流、交流电压的仪表。

10.154 电流表 amperometer

测量直流、交流电流的仪表。

10.155 电阻表 ohmmeter

测量电阻的仪表。

10.156 功率表 wattmeter

测量直流、交流功率的仪表。

10.157 电能表 electric energy meter

测量直流、交流电能的仪表。通常指基于有功功率对时间积分的原理测量电路或电网络有功能量的仪表。

10.158　直接测量[法] direct [method of] measurement

无需利用被测量与其他实测量之间的函数关系进行额外计算，就可直接得到被测量的值的测量方法。如用电流表测量电流。

10.159　间接测量[法] indirect [method of] measurement

通过对与被测量有已知关系的另一个或若干个量进行直接测量，来确定被测量的值的测量方法。如通过测量电压和电阻来测量电流。

10.160　组合测量[法] combination [method of] measurement

用直接或间接测量法测量一定数量的某一量值的不同组合，求解这些结果和被测量组成的方程组来确定被测量值的一种测量方法。如在一定的条件下，精密电阻与温度之间的函数关系为 $R_t=R_{20}[1+\alpha(t-20)+\beta(t-20)^2]$。若要测量电阻温度系数 α、β 和 $t=20℃$ 时的电阻值 R_{20}，则可以在温度 $t=20℃$、$t=t_1$ 和 $t=t_2$（t_1、t_2 为任意值）时测量 R_t，得到一组方程组，然后解出 R_{20}、α 和 β 值。

10.161　比较测量[法] comparison [method of] measurement

基于将被测量与其同类已知量进行比较的测量方法。

10.162　零值测量[法] null [method of] measurement

将被测量的量值与作比较用的同类已知量值之间的差值调整到零的测量法。如用电位差计测量电压，指零仪指零时的测量方法。

10.163　差值测量[法] differential [method of] measurement

用量值已知且与被测量的值仅稍有差异的同类量，同这个被测量进行比较，并测出它们之间代数差的一种比较测量法。如用标准电池比较仪检定标准电池。

10.164　替代测量[法] substitution [method of] measurement

用同类已知量替代被测量的比较测量方法。这两个量的值对测量仪表的影响应相同。

10.165　不完全替代法 semi-substitution method of measurement

将量值已知且与被测量的量值相近的量替代被测量，两者的差值由测量装置显示出来的测量方法。

10.166　内插测量[法] interpolation [method of] measurement

根据不同量值之间的相关法则和该量的两个已知的测得值，确定位于该两个已知值之间的待测量值的一种方法。

10.167　互补测量[法] complementary [method of] measurement

将被测量和一个可选择的已知量组合的比较测量方法。以使该已知量与被测量的值的和等于定比较值。

10.168　差拍测量[法] beat [method of] measurement

利用与两个相比较的量（一个是被测量，另一个是参考量）有关的频率之间的差拍现象的一种差值测量法。

10.169　谐振测量[法]　resonance [method of] measurement

利用达到谐振或接近谐振状态来建立量的比较值之间的已知关系的一种比较测量法。

10.170　模数转换　analog to digital conversion

把被测的模拟信号转换为数字信号的过程。

10.171　数模转换　digital to analog conversion

把被测的数字信号转换为模拟信号的过程。

10.172　静电屏蔽　electrostatic screen

由金属箔、密孔金属网或导电涂层形成的防护罩。用来保护所包围的空间不受静电场和低频电场的影响，或者使其所包围的静电场源和低频电场源不在其包围以外的空间传播。

10.173　泄漏电流　leakage current

仪器或测量电路的工作电源或外部的其他电源通过绝缘或分布参数阻抗产生的电流。

10.174　电位屏蔽　potential screen

给屏蔽体一定的电位，以减少或稳定泄漏电流的方法。屏蔽体接地是电位屏蔽的一个特例。

10.175　等电位屏蔽　equipotential screen

给屏蔽体一个与被保护电路上的电位相等或相近的电位，以使泄漏电流为零或近似为零。

10.176　无定向结构　astatic construction

可以使均匀磁场（直流或交流）产生的干扰或引起的测量误差相互抵消的一种电路结构形式。

10.177　交流–直流转换　AC-DC conversion

将交流电量变成等效的直流电量的过程。

10.178　交流–直流转换器　AC-DC converter

将交流电量–转换成等效直流电量的器件。

10.179　交流–直流比较仪　AC-DC comparator

将交流电量转换成等效的直流电量，通过测量直流电量间接测出交流电量的仪器。

10.180　热电变换器　thermoelectric converter

用热电偶制成的交流–直流转换器。

10.181　共模电压　common mode voltage

存在于每个输入端与参考点之间，在输入电压中幅值和相位或极性相同的部分。参考点可以是底盘端、测量地端或一个不可接触点。

10.182　串模电压　series mode voltage

输入电压中叠加在被测电压上的不需要的部分。

10.183　共模抑制比　common mode rejection ratio, CMRR

加在规定参考点与输入端（用规定线路连在一起时）之间的电压，与为了产生相同输出而在输入端所需的电压之比。

10.184　串模抑制比　series mode rejection ratio, SMRR

使输出信息发生规定变化的串模电压，与由被测量引起的能使输出产生相同变化的电压之比。

10.185　对称输入　symmetrical input

又称"平衡输入"。公共端与其他两端之间的阻抗标称值相等的三端输入电路。

10.186　非对称输入　asymmetrical input

公共端与其他两端之间的阻抗标称值不同的三端输入电路。

10.187　对称输出　symmetrical output

又称"平衡输出"。公共端与其他两端之间的阻抗标称值相等的三端输出电路。

10.188　非对称输出　asymmetrical output

公共端与其他两端之间的阻抗标称值不同的三端输出电路。

10.189　差分输入电路　differential input circuit

有两组输入端的输入电路。用于测量加给它们的同类电量之间的差值。

10.190　接地输入电路　earthed input circuit, grounded input circuit

又称"单端输入"。有一个输入端直接接地的输入电路。该输入端常常是公共端。

10.191　接地输出电路　earthed output circuit, grounded output circuit

又称"单端输出"。有一个输出端直接接地的输出电路。该输出端常常是公共端。

10.192　浮置输入电路　floating input circuit

与底座、电源或任何外部可连接的电路端钮相隔离(无直接电联系)的输入电路。

10.193　浮置输出电路　floating output circuit

与底座、电源及任何外部可连接的电路端钮相隔离(无直接电联系)的输出电路。

10.04　电测量仪器仪表

10.194　模拟[测量]仪表　analog [measuring] instrument

又称"模拟指示仪表(analog indicating instrument)"。示值是对应被测量或输入信号的值的连续函数的仪表。

10.195　数字[测量]仪表　digital [measuring] instrument

又称"数字显示仪表(digital indicating instrument)"。以数字方式显示或输出的测量仪表。

10.196　热电系仪表　electrothermal instrument

利用焦耳热效应工作的仪表。

10.197　双金属系仪表　bimetallic instrument

通过直接或间接由焦耳效应加热使双金属元件变形来产生示值的仪表。

10.198　热偶式仪表　thermocouple instrument

利用电流的焦耳效应,加热一个或数个热电偶,在其接线端测量原电动势的仪表。

10.199　整流式仪表　rectifier instrument

与整流器件相连的通常是永磁动圈型的仪表。用于测量交流电量。

10.200　振簧系仪表　vibrating reed instrument

利用一组调谐的振动簧片,其中一个或多个簧片对通过一个或多个固定线圈的具有适当频率的交流电流发生谐振的原理进行频率测量的仪表。

10.201　多用表　multimeter

又称"万用表"。测量电压、电流,有时还可以测量其他电量(如电阻、电容等)的多功能测量仪表。

10.202　[测量]电桥　[measuring] bridge

至少由四个支路(桥臂)或电路器件组(电阻器、电感器、电容器等)连接成四边形,其中一个对角线接电源,另一个对角线接指零仪或测量仪表的测量装置。

10.203 [测量]电位差计 [measuring] potentiometer
将被测电压与已知电压反向对接的电压测量仪器。

10.204 分压器 voltage divider
由电阻器、电感器、电容器、变压器,或这些器件的组合构成的设备。在该设备的两个点间可以得到所需要的外加电压的分数值。

10.205 比较仪 comparator
通过比较给出两个量的值之间差值信号的器件。

10.206 指针式仪表 pointer instrument
指示器是在固定标度尺上移动的指针的一种指示仪表。

10.207 光标式仪表 instrument with optical index
由光标在标度上移动给出被测量示值的仪表。标度可以是仪表的一部分,或与仪表主体相分离。

10.208 动标度仪表 moving-scale instrument
标度相对于一个固定的指示器移动的指示仪表。标度投影的仪表是动标度式仪表的特殊型式。

10.209 影条式仪表 shadow column instrument
由一条阴影在有照明的标度上给出指示的仪表。

10.210 静电系仪表 electrostatic instrument
以固定和可动带电电极的静电力原理测量电位差的仪表。

10.211 磁电系仪表 permanent magnet moving-coil instrument
由可动线圈中的电流与固定永久磁铁磁场相互作用而工作的仪表。

10.212 动磁系仪表 moving magnet instrument
由可动永久磁铁磁场与一个或多个固定线圈中的电流相互作用来工作的仪表。

10.213 电磁系仪表 electromagnetic instrument, moving-iron instrument
由软磁材料可动铁芯构成的仪表。此可动铁芯或由固定线圈的电流驱动,或由一个或多个被固定线圈电流磁化的软磁材料固定铁芯驱动。

10.214 电动系仪表 electrodynamic instrument
由一个或多个测量元件组成的仪表。通过一个或多个动圈中的电流和固定线圈中电流的相互作用工作。一般保留于磁路中没有铁磁材料的仪表。

10.215 铁磁电动系仪表 ferrodynamic instrument
由一个或多个可动线圈中的电流与一个或多个固定线圈中电流相互作用工作的仪表。其磁路中包含软磁材料。

10.216 感应系仪表 induction instrument
由固定电磁铁产生的交流磁场与由其他电磁铁在可动导电元件中感应电流的相互作用工作的仪器。

10.217　比磁化强度　specific magnetization
磁化强度与材料的密度之比。符号为 σ'，单位符号为 Am^2/kg。

10.218　饱和磁化强度　saturation magnetization
在给定的温度下，给定的材料能达到的磁化强度最大值。符号为 $\overline{M}_s$，单位符号为 A/m。

10.219　比饱和磁化强度　specific saturation magnetization
饱和磁化强度与材料的密度之比。单位符号为 Am^2/kg。

10.220　饱和磁极化强度　saturation magnetic polarization
在给定的温度下，给定的材料能达到的磁极化强度最大值。

10.221　非晶态磁性材料　amorphous magnetic material
原子的排列不是晶体的长程有序，而是短程有序的磁性材料。

10.222　磁致伸缩　magnetostriction
材料或物体在磁化过程中出现的弹性形变。

10.223　纵向磁致伸缩系数　longitudinal magnetostriction coefficient
当磁体由磁中性状态磁化到指定值（通常到饱和值）时，沿磁场方向上其长度的相对变化。

10.224　横向磁致伸缩系数　transverse magnetostriction coefficient
当磁体由磁中性状态磁化到指定值（通常到

饱和值）时，沿垂直磁场方向上其长度的相对变化。

10.225　居里温度　Curie temperature
又称"居里点(Curie point)"。材料在低于某一温度时呈铁磁性或亚铁磁性，高于此温度时呈顺磁性的临界温度。符号为 T_C。单位符号为 K 或℃。

10.226　磁各向异性常数　magnetic anisotropy constant
表示磁体各向异性强弱的参数，与磁体沿易磁化方向（轴）和难磁化方向（轴）的磁各向异性能之差成正比。单位符号为 J/m^3。

10.227　旋磁效应　gyromagnetic effect
静磁场中的材料或介质的磁化强度在微扰作用下，绕静磁场方向做阻尼进动，弛豫地回到平衡状态的现象。

10.228　磁电阻效应　magnetoresistance effect
由外加磁场而引起电阻变化的现象。

10.229　磁弹性效应　magnetoelastic effect
又称"压磁效应"。由于应力或应变而引起磁性材料磁性变化的现象。

10.230　磁光效应　magneto-optic effect
磁场和磁体使光的传输特性发生变化的现象。

10.231　磁滞　magnetic hysteresis
在铁氧体或铁磁物质中，由于磁场强度的改变而导致磁感应强度或磁化强度发生不可逆变化的现象。该变化与磁场强度改变的速率无关。

10.232 磁化曲线 magnetization curve

表示当磁场强度变化时，材料的磁感应强度、磁极化强度或磁化强度变化的曲线。

10.233 起始磁化曲线 initial magnetization curve

处于磁中性状态的材料放置于磁场中，磁场强度从零单调增加的磁化曲线。

10.234 静态磁化曲线 static magnetization curve

当磁场强度变化速率满足对曲线补偿不产生任何影响时的磁化曲线。

10.235 动态磁化曲线 dynamic magnetization curve

当磁场强度的变化速率高到足以影响曲线时的磁化曲线。

10.236 正常磁滞回线 normal hysteresis loop

相对于坐标原点对称的磁滞回线。

10.237 饱和磁滞回线 saturation hysteresis loop

材料在磁场强度最大值达到饱和时的正常磁滞回线。

10.238 饱和磁感应强度 saturation magnetic induction

又称"饱和磁通密度(saturation flux density)"。磁性材料磁化到饱和时的磁感应强度。符号为 B_s。单位为特斯拉(T)。

10.239 饱和磁通 saturation magnetic flux

饱和磁感应强度的面积分。符号为 Φ_s。单位为韦伯(Wb)。

10.240 矫顽力 coercivity

磁场强度单调变化至磁感应强度、磁极化强度或磁化强度达到饱和状态时的矫顽磁场强度值。

10.241 剩余磁感应强度 remanent magnetic induction

当施加的磁场强度(包括自退磁场强度)在材料中某一点为零时的磁感应强度值。单位为特斯拉，符号为 T。

10.242 磁退火 magnetic anneal

为得到所希望的磁组构，在外磁场作用下对磁性材料进行的一种热处理。

10.243 半峰宽度 half peak width

在饱和磁滞回线的微分曲线上峰值一半所对应的两点磁场强度值之差。单位符号为 A/m。

10.244 复数磁导率 complex permeability

磁性材料中磁感应强度和磁场强度的复数商。当磁感应强度和磁场强度中的一个随时间正弦变化，取另一个随时间以相同频率正弦变化的分量为基波分量。

10.245 起始磁导率 initial permeability

当磁场强度趋于无限小的时候，幅值磁导率的极限值。

10.246 最大磁导率 maximum permeability

当磁场强度的振幅在变化时观察到的振幅磁导率的最大值。

10.247 磁谱 magnetic spectrum

广义是指物质的磁性与频率的关系，狭义则指磁性材料在弱交变磁场中的起始磁导率 μ_i (或起始磁化率 k_i)与频率的关系。

10.248 比总损耗 specific total loss

又称"总损耗[质量]密度"。在均匀磁化物质中，被材料质量吸收的总能量除以材料的质量。

10.249 总损耗[体积]密度 total loss [volume] density
在均匀磁化物质中，被材料体积吸收的总能量除以材料的体积。

10.250 涡流损耗 eddy current loss
由于涡流被物质吸收的能量。

10.251 磁滞损耗 hysteresis loss
由于磁滞回线被物质吸收的能量。

10.252 [磁]损耗角 [magnetic] loss angle
磁感应强度和磁场强度的基波分量之间的相位移。

10.253 磁屏蔽 magnetic shielding
由具有一定厚度的高磁导率材料或超导材料制成的壳体，使外部磁场源的磁感应强度经过壳层而起到减弱壳层内部空间磁场强度的作用，也使壳层内部磁场源的磁感应强度被闭合在壳层内部而起到减弱对外部空间磁场强度的作用。

10.254 磁屏蔽因数 magnetic shielding factor
均匀分布的外磁场 B_e 与放置磁屏蔽后内部同一点磁场 B_i 之比。用符号 S 表示，$S=B_e/B_i$。

10.255 退磁曲线 demagnetization curve
位于磁滞回线的第二象限或第四象限部分。除另作说明外，指用单调变化的磁场从饱和态退磁。

10.256 退磁 demagnetization
顺着退磁曲线磁性材料中的磁感应强度慢慢减少的过程。

10.257 自退磁场 self-demagnetizing field
由于磁化强度沿磁路的不连续而在磁性材料中产生的磁场。

10.258 退磁因子 demagnetizing factor
均匀磁化体的自退磁场与磁化强度之比。用符号 N 表示。

10.259 磁能积 magnetic energy product
又称"BH 积（BH product）"。在永磁体的退磁曲线任意点上，磁感应强度 B 与磁场强度 H 的乘积。它是单位体积永磁体产生的外磁场中储存的能量的量度。单位为 kJ/m^3。

10.260 磁能积曲线 magnetic energy product curve
又称"BH 积曲线（BH product curve）"。以永磁体的退磁曲线上所对应的各点的磁能积值为横坐标，以对应点的磁感应强度 B 为纵坐标绘制的曲线。

10.261 凸度因子 fullness factor
永磁体的最大磁能积与其剩磁和矫顽力乘积之比。

10.262 回复状态 recoil state
改变磁路磁阻或减少外部磁化场强度，使得永磁体内部的磁场减小时，永磁体所处的状态。

10.263 回复线 recoil line
又称"回复曲线（recoil curve）"。经过回复状态的磁滞回线或该回线的一部分。

10.264 回复磁导率 recoil permeability
与回复线的斜率相对应的磁导率。用符号 μ_{rec} 表示，单位为 H/m。

10.265 充磁 magnetizing
将永磁体置于外磁场中使其磁化。

10.266 励磁 excitation
又称"激磁"。利用电流来产生通过磁路的磁通。

10.267 磁芯电感参数 core inductance parameter
对于一个给定几何形状的磁芯,沿其磁路理论上的中线测得的元磁路长度与相应的元横截面积之比的总和。

10.268 磁芯磁滞参数 core hysteresis parameter
对于给定几何形状的磁芯,沿其磁路理论上的中线测得的元磁路长度与相对应的元横截面积的平方之比的总和。

10.269 磁芯有效尺寸 effective dimension of a core
对于一个给定几何形状的磁芯,假设一个径向薄且横截面积均匀的环形磁芯在瑞利区内的磁特性与给定几何形状的磁芯等效,则此环形磁芯所具有的磁路长度、横截面积和体积即为给定磁芯的有效尺寸。

10.270 叠装系数 lamination factor
又称"占空因子(stacking factor)"。磁性合金所占的横截面积与叠片堆积的或磁芯组件的横截面积之比。

10.271 定向比 orientation ratio
磁记录介质定向方向的剩磁与垂直于定向方向的剩磁之比。

10.272 填充系数 stuff up coefficient
磁粉的填充密度ρ与磁粉的理论密度ρ_0之比。用符号ε表示,$\varepsilon = \rho/\rho_0$。

10.273 磁记录 magnetic recording
根据局部磁化原理,输入、存储和输出信息

的技术。

10.274 垂直磁化 perpendicular magnetization
在磁记录技术中,已录剩余磁化强度的主要分量垂直于磁带平面的磁化方式。

10.275 基准带 reference tape
具有规定特性选作基准的空白磁带。用以与其他磁带做比较或测量磁带记录设备的特性。

10.276 校准带 calibration tape
录有符合规定特性的信号,用以校准重放通道的磁带。

10.277 偏磁 bias magnet
为改变磁路中磁性体的磁化状态,在其主磁化磁场(交变的或静态的)上叠加的一个适当的(静态的或交变的)磁场。

10.278 偏磁电流 bias magnet current
产生偏磁的电流。

10.279 基准偏磁 reference bias magnet
基准带的最佳偏磁。

10.280 磁带相对灵敏度 relative tape sensitivity
在被测磁带和基准带上,以相同音频电流和各自的最佳偏磁电流录音,所录两磁平之差。单位符号为dB。

10.281 最高录音磁平 maximum record magnetic level
达到规定失真度(频率小于或等于1 kHz时)或磁饱和(频率大于或等于10 kHz)时,磁带上所能记录的带磁通。单位符号为dB。

10.282 参考磁平 reference magnetic level

录音机和磁带进行电声性能测量时，选作基准的磁平。

10.283　录音磁平　record magnetic level
磁带上已录信号的磁平相对于参考磁平的数值。单位符号为 dB。

10.284　录像[磁]带　video tape
录放视频信号等的磁带。

10.285　磁迹　magnetic track
记录头在磁带上磁化的痕迹。

10.286　视频磁迹　video track
记录视频信号的磁迹。

10.287　磁化装置　magnetizing apparatus
产生可供利用的磁化场的设备。

10.288　亥姆霍兹线圈　Helmholtz coil
由半径相同，结构完全一样的两个圆线圈组成，线圈彼此平行且共轴，且轴心平面之间的距离等于其半径，其线圈常数可以准确计算，能产生均匀磁场的设备。

10.289　康贝尔线圈　Campbell coil
两个相隔一定距离、结构完全一样的同轴、相互串联的单层圆柱形线圈组成初级绕组，在该绕组的对称平面内，有一个绕组场强为零的圆，在其内放置一个与初级绕组同轴的多层圆柱形线圈组成次级绕组，由初级绕组和次级绕组构成的线圈。磁通链与直径的微小变化或次级绕组的布置关系不大，其线圈常数可以以最高的准确度计算。

10.290　螺线管　solenoid
具有小螺旋绕组的向心筒形线圈。

10.291　爱泼斯坦方圈　Epstein square
又称"爱泼斯坦检测架"。测量片状磁性材料样品磁性能的装置。被测样品中的一部分以均匀扁平矩形条带叠层形式围绕方圈四边排列，构成闭合磁路，每边均绕以包围样品的测试线圈。

10.292　双搭接接头　double-lapped joint
材料两叠片之间的连接，以扁平条片的形式平卧到公共平面上且相互连接，形成一个直角，在整个宽度上插入相互交叉的条片。

10.293　磁导计　permeameter
测定磁性材料样品的磁感应强度和磁场强度之间关系的一种装置。样品可以是扁平条片的叠片形式、扁平矩形或直棒形，且将其置于一个带有测试绕组的线圈骨架中心，样品末端伸出线圈骨架之外，使磁路由一个或几个磁轭完全闭合。

10.294　磁秤　magnetic balance
根据物体磁矩在非均匀磁场中受到一个沿磁场梯度方向的力的作用，此力大小正比于磁场梯度和物体磁矩的原理制成的仪器。

10.295　冲击检流计　ballistic galvanometer
根据脉冲电量或瞬时电动势通过可动部分，由其每次摆动幅值确定被测量的检流计。

10.296　磁通计　fluxmeter
利用电磁感应定律，由测量感应电动势对时间的积分原理制成的测量磁通量变化的直读仪表。

10.297　特斯拉计　teslameter
以特斯拉为单位，测量磁感应强度的仪表。

10.298　磁强计　magnetometer
测量磁场的仪表。

10.299　振动样品磁强计　vibrating specimen magnetometer

利用样品在磁场中受迫振动时,在探测线圈中产生的感应电动势,计算出样品的磁特性的仪表。

10.300　磁通门磁强计　fluxgate magnetometer

又称"磁饱和式磁强计""铁磁探头式磁强计"。根据铁磁材料在缓变磁场和交变磁场同时作用下的非线性性质,用高磁导率软磁合金铁芯作为传感器,将其在饱和交变磁场磁化条件下放入被测缓变磁场中,则传感器线圈的感应电势变为非对称性,其偶次谐波与被测磁场成正比,由此原理制成的磁强计。主要用于测量弱磁场。

10.301　光泵磁强计　optical pumping magnetometer

利用圆偏振光激发待测磁场中的气体原子系统产生其塞曼子能级之间粒子数差,从而观测磁共振效应的原理制成的磁强计。主要用于测量弱磁场。

10.302　无定向磁强计　undirectional magnetometer

利用铁磁体之间或铁磁体与电流之间的磁相互作用原理制成的磁强计。主要用于测量磁矩。

10.303　超导量子磁强计　superconducting quantum magnetometer

又称"SQUID 磁强计"。应用含有约瑟夫森结的超导环作为磁通探测器制成的磁强计。

10.304　磁通量具　magnetic flux measure

用于测量磁通量的量具,由电气上相互绝缘的两个空心线圈构成,其中一个线圈所铰链的磁通由另一个线圈中的电流产生。

10.305　磁通常数　magnetic flux constant

磁通量具的基本物理参数。一个线圈中通过单位电流时与另一个线圈所铰链的磁通量。单位符号为 Wb/A。

10.306　磁场线圈常数　magnetic field coil constant

不含磁芯的磁场强度量具的基本物理参数。当磁场线圈通以单位电流时,在其几何中心处产生的磁场强度值。

10.307　磁场强度量具　magnetic field strength measure

复现磁场强度量值的实物。可分为两类:一类是绕组通以电流的线圈形式,如亥姆霍兹线圈、螺线管电磁铁等,均为磁场线圈;另一类是永磁体形式。

10.308　磁矩量具　magnetic moment measure

复现磁矩量值的实物。可分为两类:一类由尺寸比例不同的球形或圆柱形的永久磁铁构成,每个量具所复现磁矩单位值均是一个严格的确定值;另一类则由已知各线匝总面积、通以恒定电流的线圈构成,不同的电流有不同的磁矩值。

10.309　磁性材料标准样品　standard specimen of magnetic material

按规定的技术条件制作,给出磁性材料磁特性参数值,经一定时间考核,性能稳定,再经批准作为标准量具使用的磁性材料样品。

11. 无 线 电

11.01 基 础 名 词

11.001 **时域测量** time domain measurement
信号幅度随时间变化的测量。包括信号波形和被测对象时间响应特性的测量。

11.002 **频域测量** frequency domain measurement
信号幅度随频率变化的测量。包括信号频谱和被测对象频率响应特性的测量。

11.003 **数据域测量** data domain measurement
信号数据流的时序与状态的测量。如逻辑分析等。

11.004 **调制域测量** modulation domain measurement
信号频率、时间间隔或相位随时间变化的测量。

11.005 **频率特性** frequency characteristic
被测量与频率的关系。包括幅频特性和相频特性。

11.006 **电子测量仪器选择性** selectivity of an electronic measuring instrument
表征电子测量仪器将所需频率的信号与其他频率信号相区别的能力。对接收机而言选择性是表征接收机将所需信号从许多不同频率的信号中挑选出来的能力。

11.007 **实时测量** real-time measurement
在被测过程发生的实际时间内，采集所需全部原始测试数据，随后或经一段储存时间以后，经数据处理给出各种所需测量结果的测量。

11.008 **反射参量** reflection parameter
描述网络端口反射特性的参量。有阻抗、电压驻波比、反射系数和回波损耗等。

11.009 **传输参量** transmission parameter
描述网络对通过它的信号所产生的影响的参量。描述幅度变化的参量有衰减、插入损耗、增益、效率等；描述相位变化的参量有相移、群时延等；描述噪声变化的参量有噪声系数等。

11.010 **谐振参量** resonance parameter
描述网络或回路谐振时的一些特性的参量。主要有谐振频率、Q值(有载或无载)、带宽等。

11.011 **横电磁波** transverse electromagnetic wave, TEM wave
又称"TEM 波"。电场分量和磁场分量相互垂直，且都垂直于传播方向的电磁波。

11.012 **平面电磁波** plane electromagnetic wave
简称"平面波"。波阵面为平面的电磁波。

11.013 **传播常量** propagation constant
表示电磁波在行进时幅度衰减和相位变化程度的一个特性参量。符号为 γ。由衰减常量 α 和相位常量 β 两部分组成，即 $\gamma = \alpha + j\beta$。对于无耗传输线，$\alpha = 0$，$\gamma = j\beta$。

11.014 **衰减常量** attenuation constant
电磁波在行进单位长度时所产生的衰减量。以 α 表示，单位为 dB/m。

11.015 相位常量 phase constant

电磁波在行进单位长度时所产生的相位变化。以 β 表示，单位为 rad/m。由于电磁波行进一个波长 λ 的相位延迟是 2π 弧度，所以相位常量可以表示为 $\beta = 2\pi/\lambda$。

11.016 相速 phase velocity

电磁波上等相位点沿传播方向行进的速度。

11.017 截止频率 cutoff frequency

在传输线中，使电磁波传播方向上的波数为零的频率。高于截止频率的电磁波可以在该传输线中传播，否则被"截止"。对于色散波传输线中的每个波型，都有各自不同的截止频率。

11.018 截止波长 cutoff wavelength

在传输线中，使电磁波传播方向上的波数为零的波长。波长小于截止波长的电磁波可以在传输中传播，否则被"截止"。对于无色散波传输线，截止波长为无穷大，对于色散波传输线中的每个波型，都有各自不同的截止波长。

11.019 波导 waveguide

一种具有规定的截面形状，如矩形或圆形，专门用来在其内部传输电磁波的空心金属管。

11.020 波导截止频率 waveguide cutoff frequency

又称"临界频率"。一定波型的电磁波能沿波导传播的频率下限。其值取决于波导截面的几何形状和在其中传播的电磁波的波型。

11.021 截止波导 cutoff waveguide

截止波长小于工作波长的波导。一定波型的电磁波在截止波导内幅度呈指数律衰减。常被用于制作截止式衰减器。

11.022 导内波长 guide wavelength

在传输线的传播方向上，电磁场相位改变 2π 弧度所行进的距离。对于传输横电磁波的双线传输线和同轴传输线，导内波长等于自由空间的波长。在波导内，导内波长大于自由空间的波长。

11.023 波导波长 waveguide wavelength

波导的导内波长。

11.024 波阻抗 wave impedance

电磁波的横向电场强度与横向磁场强度的比值。单位为Ω。

11.025 传输线 transmission line

一种能传送电信号的结构，其长度与所传送的电磁波之波长相比拟或大得多。传输线有多种类型，如双线、同轴线、矩形波导、圆波导、微带线、光纤等。

11.026 无耗传输线 loss-less transmission line

一种无能量损耗的理想传输线。在无耗传输线的等效电路中只包含有分布电感和分布电容，不存在分布串联电阻和并联电导。对于无耗传输线，特性阻抗为实数，传播常量 $\gamma = j\beta$。衰减常量 $\alpha = 0$。

11.027 同轴线 coaxial line

一种以金属杆为内导体，以金属圆管为外导体，并将内导体同心地放置在外导体金属圆管中央所组成的传输线。常用的有同轴电缆和刚性同轴线。同轴线中传输的基模为横电磁波，特性阻抗一般有 50Ω 或 75Ω 等。

11.028 介质波导 dielectric waveguide

由介质材料制成的波导。有镜像线和无辐射介质波导等。

11.029 基模 fundamental mode
传输线所能传输的电磁波的最大截止波长，
即最低模式。如矩形波导基模是横电磁波。

11.030 高次模 higher-order mode
除基模外的所有色散波型的模式的统称。

11.031 传输线不连续性 discontinuity in transmission line
在传输线中，会造成均匀场结构扰动或畸变、传输能量反射或激励不希望的高次型波的不均匀性元件，或传输线本身结构或媒介的突变。

11.032 反射 reflection
一个向前行进的波在传播途径上其一部分或全部产生返回行进的现象。

11.033 匹配 match
一个阻抗等于另一个阻抗的状态。

11.034 共轭匹配 conjugate match
一个阻抗等于另一个阻抗的复数共轭的状态。是获得资用功率输出的条件。

11.035 失配 mismatch
两个阻抗不相等的状态。

11.036 网络参数 network parameter
网络参考面上描述端变量之间关系的一组参数。根据不同的端变量，网络参数分为阻抗参数、导纳参数、h 参数和散射参数等。在低频网络分析中常用阻抗参数和导纳参数。在晶体管电路分析中常用 h 参数。在微波网络分析中常用散射参数。

11.037 参考面 reference plane
定义网络参数时所选定的端变量所在的面。对于同一网络的不同参考面，网络呈现不同

的特性，因此网络参数亦不同。

11.038 散射参数 scattering parameter
又称"S 参数"。以网络参考面上的入射波幅度 a 和出射波幅度 b 为端变量的一组网络参数。

11.039 端口 port
又称"臂"。电子元器件或网络的入口或出口。用于加入或取出能量、观察或测量该元器件或网络的变化。一个端口包含两个端子。

11.040 入射波 incident wave
在传输线上从信号源向负载端传输的行波，或在网络端口的参考面上由外部进入网络的行波。

11.041 反射波 reflection wave
在传输线上由不连续性或失配终端引起的向信号源端传输的行波。

11.042 出射波 emergent wave
在网络端口的参考面上，从网络内部向外传输的行波。

11.043 频谱 spectrum
一个随时间变化的信号，其基波分量及各次谐波分量的能量按其频率高低的顺序排列。周期信号的频谱由一组离散的线条组成，为离散谱或线谱。非周期信号的频谱为连续谱。

11.044 频谱纯度 spectrum purity
正弦波信号的频谱中，除载波外，含有谐波、分谐波、杂波以及调频和调幅噪声、剩余调频和剩余调幅等成分的程度。其大小通常以某项杂波比载波低若干分贝来衡量，单位符号为 dBc。对由随机的寄生调幅、调频和调相所产生的幅度噪声和相位噪声，用每赫带宽内的噪声功率比载波功率低多少分贝来

衡量，单位符号为 dBc/Hz。

11.045　频率牵引　frequency pulling
由于负载阻抗变化引起的振荡器频率的变化。

11.02　电　　压

11.046　趋肤效应　skin effect
又称"集肤效应"。电流流过导体表面或表层而引起的导体有效电阻随频率的升高而增大的效应。

11.047　电压瞬时值　instant value of voltage
交变电压在某一时刻的值。

电压的有效值与平均值之比。

11.048　电压峰值　peak value of voltage
交变电压在所观察的时间内达到的最大值。

11.054　中和因数　neutralization factor
电压的峰值与平均值之比。

11.049　电压峰–峰值　peak-to-peak value of voltage
交变电压的正峰值与负峰值的绝对值之和。

11.055　开路电压　open circuit voltage
信号源不接负载时的输出电压。

11.050　电压平均值　average value of voltage
交变电压在所观察的时间内的平均值。

11.056　电压电平　voltage level
某一电压与任意指定的参考电压之比，用比值的对数形式表示的电压大小。如参考电压为 1V，则 1V 电压的电平可表示为 0 dBV。

11.051　电压有效值　root-mean-square value of voltage
交变电压所观察的时间内的方均根值。

11.057　信号发生器　signal generator
又称"信号源"。能产生符合一定要求的测试信号的设备。

11.052　波峰因数　crest factor
电压的峰值与有效值之比。

11.058　校准接收机　calibration receiver
测量和校准信号发生器输出信号的电压电平、功率电平、衰减、调制度等参量的测量仪器。

11.053　波形因数　wave form factor

11.03　调　　制

11.059　调制　modulation
利用较高频率电磁波来携带较低频率信息的过程。

11.061　调制度　modulation depth
调制信号对载波信号的调制程度。

11.060　解调　demodulation
从已调波中提取调制信号的过程。

11.062　调幅　amplitude modulation, AM
载波的振幅随调制信号而变化。

11.063 调幅度 amplitude modulation depth
调制信号幅度与载波信号幅度之比的百分数。

11.064 有效调幅度 effective amplitude modulation depth
调幅信号加到线性检波器的输入端后，输出的调制信号中基波分量的峰值与直流分量之比的百分数。

11.065 调幅灵敏度 amplitude modulation sensitivity
产生单位调幅度所需的调制电压。

11.066 剩余调幅 inherent spurious amplitude modulation
当调制度测量仪测量未经调制的载波信号时的调幅指示。

11.067 调频 frequency modulation, FM
载波的频率随调制信号变化。

11.068 频偏 frequency deviation
调频波的瞬时频率相对于载波频率的最大偏移。

11.069 有效频偏 effective frequency deviation
在调频信号有失真的情况下，从线性鉴频器输出端获得的调制信号中基波分量所对应的频偏值。

11.070 调频灵敏度 frequency modulation sensitivity
调频时每伏调制电压所产生的频偏值。

11.071 剩余频偏 inherent spurious frequency deviation
信号发生器在未调制状态下输出信号所包含的频偏或在信号解调过程中由频偏测量仪的寄生调频、电源的干扰及仪器内部噪声等所引起的频偏。

11.072 调相 phase modulation
载波的相位随调制信号幅度的变化而变化。

11.073 相偏 phase deviation
调相波的瞬时相位最大偏移。

11.074 寄生调制 spurious modulation
附加在载波信号上的不希望有的调制。

11.075 伴随调制 accompanied modulation
调幅时所引起的调频，调频或调相时所引起的调幅以及调幅时所引起的调相。

11.076 互调制 intermodulation
两个或多个信号在非线性元件中混合后，在输入信号频率或它们的谐波频率的和值与差值上产生新的频率信号的调制现象。

11.077 交叉调制 cross modulation
干扰信号对信号载波进行的调制。是互调制的一种。

11.078 频谱分析仪 spectrum analyzer
将信号的能量分布作为频率的函数显示出来的测量仪器。

11.04 失   真

11.079 失真 distortion
信号特性的畸变。

11.080 线性失真 linear distortion
电路中线性元件对信号所含频率的不同响

应而引起信号频谱组成关系的改变所造成的失真。包括频率失真和相位失真。

11.081　非线性失真 nonlinear distortion
又称"谐波失真"。传输网络中的非线性元件使输出信号含有输入信号所没有的频率分量所造成的信号失真。

11.082　波形失真 amplitude distortion
在经过某电路后信号振幅的比例关系被破坏所造成的信号失真。是非线性失真的一种。

11.083　失真度 distortion factor
信号偏离纯正弦波的程度。用全部谐波能量与基波能量之比的平方根值表示。当负载为纯电阻时,也可用全部谐波电压的有效值与基波电压的有效值之比的百分数来表示。

11.084　失真仪底度值 bottom value of distortion meter
在输入端短路时,失真测量仪的最大起始指示值。

11.085　机内引入失真 distortion introduced by instrument
因失真仪的基波抑制器抑制深度不够而存在的基波剩余电压、失真仪的固有噪声以及失真仪自身电路所引入的非线性失真。是表征失真仪量程下限的指标。

11.086　互调失真 intermodulation distortion
两个不同频率的信号同时通过一个非线性系统,使原有信号的频谱成分改变所引起的信号失真。

11.087　调制失真 modulation distortion
在调制过程中所引起的调制信息的失真。

11.088　音频分析仪 audio analyzer
通常由低失真的信号源和信号分析仪构成的音频测试仪器。可分别测量基波分量和各次谐波分量,进行失真分析、频率计数、交流电平、直流电平、信噪比等的测量。

11.05　功　率

11.089　功率 power
单位时间内所完成的功。单位为瓦,符号为W。1W 表示在 1s 内完成 1J 功所需的功率。

11.090　功率电平 power level
某一功率与任意指定的参考功率之比,用比值的对数形式表示。如参考功率为 1 mW,则 1 mW 的功率电平可表示为 0 dBm。

11.091　资用功率 available power
又称"可利用功率"。信号源阻抗与负载阻抗复数共轭时所获得的信号源输出至负载的最大功率。

11.092　发生器功率 generator power
将一个无反射负载与一个信号源直接连接时,信号源传输到无反射负载上的功率。

11.093　入射功率 incident power
信号源入射到任意负载上的功率。

11.094　反射功率 reflected power
负载反射的功率。

11.095　净功率 net power
负载吸收的功率。

11.096　功率单定向耦合器法 single direc-

tional coupler comparison method
利用定向耦合器与功率检波器组合构成一个自动稳幅环路，以获得一个低反射系数的等效信号源，并实现用比较法进行功率校准的方法。在此法中，等效信号源的反射系数与信号源本身的特性无关，通过选择定向耦合器的特性，就可减小失配。

11.097　射频功率计　RF power meter
由功率座和功率指示器组成的测量射频功率的仪器。

11.098　功率座效率　efficiency of power mount
功率座的敏感元件吸收的功率与座吸收的功率之比。

11.099　功率座有效效率　effective efficiency of power mount
功率座的敏感元件上的直流替代功率与座吸收的功率之比。

11.100　功率座校准因子　calibration factor of power mount
功率座的敏感元件上的直流替代功率与入射到座上的功率之比。

11.101　测辐射热式功率计　bolometric power meter
利用测辐射热器接受辐射热后的电阻变化测量微波功率的一种装置。常用的测辐射热器是热敏电阻，安装在测辐射热器座内，其阻值的变化用电桥检测，并通过直流或低频功率替代原理测出微波功率。

11.102　量热计　calorimeter
以功率座作为量热体，通过微波能量转换成热能的方式来测量微波功率的装置。

11.103　微量热计　micro-calorimeter
用测辐射热器元件作为量热体的量热计。

11.06　微 波 阻 抗

11.104　微波阻抗　microwave impedance
微波传输线或被测件的任一参考面上的电压与电流的比值。

11.105　特性阻抗　characteristic impedance
传输线上入射波电压与入射波电流之比值，或反射波电压与反射波电流之比的负值。同轴传输线的特性阻抗 Z_0 与同轴线外导体内直径 D、同轴线内导体外直径 d 以及内、外导体间填充介质的相对介电常数 ε_r 有关，可用公式计算：$Z_0 = \dfrac{60}{\sqrt{\varepsilon_r}} \ln \dfrac{D}{d}$。

11.106　归一化阻抗　normalized impedance
阻抗 Z 对特性阻抗 Z_0 的比值。是一个无量纲的复数量。与电压驻波比和反射系数具有一一对应的关系。

11.107　反射系数　reflection coefficient
全称"电压反射系数"。微波传输线上任一点的反射系数为该点反射波波幅与入射波波幅的比值。是一个无量纲的复数量，用 Γ 表示，$\Gamma = |\Gamma| e^{j\theta}$。

11.108　反射系数模　reflection coefficient modulus
反射系数矢量的幅值。用 $|\Gamma|$ 表示。

11.109　反射系数相角　reflection coefficient phase angle

反射系数矢量的相角。用 θ 表示。

11.110 电压驻波比 voltage sanding wave ratio, VSWR

又称"驻波系数"。驻波图形上电压最大值与电压最小值之比值。是一个无量纲的标量,用 S 表示。与反射系数模 $|\Gamma|$ 的关系为: $S=(1+|\Gamma|)/(1-|\Gamma|)$。

11.111 剩余反射 residual reflection

又称"固有反射"。以反射参量形式表示的剩余电压驻波比。

11.112 回波损耗 return loss

反射系数模 $|\Gamma|$ 比全反射减小的分贝数。用 L_R 表示。与反射系数模的关系为: $L_R = -20\lg|\Gamma|$。

11.113 特性阻抗标准器 characteristic impedance standard kit

在微波阻抗计量中,复现特性阻抗量值的实物量具。其量值由长度单位导出。常用的特性阻抗标准器有同轴标准空气线或标准波导段。

11.114 标准空气线 standard air-line

特性阻抗已知的空气介质同轴传输线。

11.115 同轴开路器 coaxial shielded open circuit kit

产生全反射的同轴低损耗器件。标称反射系数为 1,归一化导纳为零。可作为反射系数已知的标准件。

11.116 同轴短路器 coaxial shielded short circuit kit

产生全反射的同轴低损耗器件。标称反射系数为 -1,归一化导纳为零。可作为反射系数已知的标准件。

11.117 标准失配器 standard mismatch kit

又称"失配负载"。具有已知电压驻波比或反射系数的终端负载。

11.118 匹配负载 matched load

反射系数接近零的负载。

11.119 标量网络分析仪 scalar network analyzer, SNA

宽频段内同时或分别测量插入损耗或增益、回波损耗或电压驻波比和各路信号功率,从而获得线性网络传输特性和反射特性的标量信息的仪器。

11.120 自动网络分析仪 automatic network analyzer, ANA

又称"矢量网络分析仪"。一种自动、宽带测量无源和有源线性网络的传输和反射特性,包括模和相角,即网络全部散射参数的测量仪器。

11.07 集总参数阻抗

11.121 集总参数阻抗 lumped parameter impedance

当电路的几何尺寸与波长相比足够小时,电路元件可以看成是集中于电路的某些点上,用理想化的元件参数所描述的阻抗。

11.122 品质因数 quality factor

又称"元件的能量存储因数"。电路中存储能量的最大值与一周期内消耗能量之比的 2π 倍,用 Q 表示,是无量纲量。

11.123 损耗因数 dissipation factor

又称"损耗角正切"。品质因数(Q值)的倒数。用于指示电容器的质量，在并联电路中等于电导对电纳的比值。用符号 D 或 tgδ 表示。

11.124 等效电路 equivalent circuit

为模拟实际电路元件的作用所采用的阻抗参量的组合。

11.125 50 Ω 终端 50 Ω termination

特性阻抗为 50Ω 且射频电阻值近似等于直流电阻值的负载。

11.126 0 Ω 短路终端 0 Ω short termination

电阻接近零欧姆，反射系数幅值为 1，相角为 180°的负载。

11.127 连接器 connector

被测器件连接到阻抗测量仪器的测量端子时所选择的连接配置。

11.128 阻抗分析仪自校准 self-calibration of impedance analyzer

阻抗分析仪在开机使用时，在规定的校准面上，连接若干个"标准阻抗件"，通过仪器内部误差修正，使计量特性在规定的误差范围内的一组操作。

11.129 测量端口补偿 compensation

在被测件测试夹具接入端进行规定形式的阻抗测量和参量修正的一组操作。常用的补偿有开路、短路、负载补偿和夹具的电长度补偿。

11.130 偏置开路器 offset open termination

带内导体的一种开路器，有别于单纯起屏蔽功能的开路器。

11.131 低频阻抗分析仪 low frequency impedance analyzer

基于矢量电压–电流比，在低频段测量阻抗、增益、相位和群时延的综合仪器。可提供各种元器件和介质材料等复数阻抗分析，完成滤被器、晶休、声/视频设备的网络分析。

11.132 高频阻抗分析仪 high frequency impedance analyzer

基于测量网络的入射波与反射波的矢量比测量射频阻抗的仪器。

11.08 衰 减

11.133 衰减 attenuation

将一个二端口网络插入信号源与负载组成的无反射系统时，插入前后负载上功率的相对变化量。单位为分贝，符号为 dB。也可用散射参数 S_{12} 的对数形式定义。

11.134 插入损耗 insertion loss

将一个二端口网络插入信号源与负载组成的任一有反射的系统时，插入前后负载上功率的相对变化量。单位为分贝，符号为 dB。也可用散射参数及信号源和负载的反射系数来定义。

11.135 增量衰减 increment attenuation

可变衰减器从参考位置移到某一位置时衰减量的增量。

11.136 固有衰减 intrinsic attenuation

又称"本征衰减"。将一个两端无反射的二端口网络插入信号源与负载组成的无反射系统中，插入前后负载上功率的相对变化量。单位为分贝，符号为 dB。

11.137 反射损耗 reflection loss
由于传输线的不连续性或负载的失配引起的负载吸收功率的减小。

11.138 耗散损耗 dissipation loss
由于制成传输线的材料存在电阻,信号在传输过程中部分能量被转变成热而引起的信号能量的损失。

11.139 泄漏损耗 leakage loss
信号在传输过程中通过连接头和传输线自身向周围空间辐射电磁波引起的信号能量的损失。

11.140 衰减测量功率比法 power ratio method for attenuation measurement
通过测量功率比来确定被测对象衰减量大小的方法。

11.141 衰减测量替代法 substitution method for attenuation measurement
被测衰减器与标准衰减器串联或并联接入测量系统中,指示器指示一定的电平,当被测衰减器的衰减量变化时,调节标准衰减器的衰减量直至电平指示保持不变,即可通过标准衰减器的衰减量得出被测衰减量的测量方法。

11.142 衰减测量散射参数法 scattering parameter method for attenuation measurement
通过测量网络的散射参数来确定衰减量的方法。

11.143 电阻式衰减器 resistor attenuator
一种根据电阻分压原理制成的衰减器。其输入、输出阻抗与传输线特性阻抗相匹配。有 Ⅱ 型和 T 型两种。几个不同衰减量的电阻式衰减器相组合,可构成电阻式步进衰减器。

11.09 相 位

11.144 相位 phase
又称"相角"。一个正弦信号可以用公式表示为 $f(t)=A\sin(\omega t+\varphi_0)$,式中,$(\omega t+\varphi_0)$ 为该信号的相位;φ_0 为起始相位。

11.145 起始相位 original phase
又称"初相"。正弦信号在 $t=0$ 时的相位。

11.146 相位差 phase difference
两个同频率的正弦信号的起始相位之差。

11.147 相移 phase shift
信号在传输线上传输时,传输线上任意两点上同一时刻的相位差。

11.148 差分相移 difference phase shift
又称"增量相移""相对相移"。在改变或调整二端口网络的特性前后,二端口网络输出端口上的输出信号相位的变化量。单位为度或弧度。可变移相器的差分相移是其某一位置时的相位与参考位置时的相位之差。

11.149 特性相移 characteristic phase shift
又称"绝对相移"。将一个二端口网络插入一个无反射系统中时测得的该二端口网络两端的相移。只表明了二端口网络的相移特性,与系统无关。

11.150 插入相移 insertion phase shift
将一个二端口网络插入信号源和负载之间,插入前后负载上信号的相位变化量。

11.151　延迟时间　delay time
简称"延时""时延"。正弦信号沿传输线传输时,从一处传输到另一处所用的时间。

11.152　标准移相器　standard phase shifter
又称"差分相移标准器"。能产生准确已知相移的仪器。

11.10　噪　　声

11.153　噪声　noise
干扰有用信号的不期望的扰动。通常是由大量短促脉冲叠加而成的随机过程。使接收机的灵敏度降低。

11.154　自然界噪声　natural noise
由自然界产生的噪声。分为大气噪声和宇宙噪声两类。大气噪声大部分起源于雷电及云层中的放电和导致放电现象的其他自然界的电干扰,其强度随频率和一天内不同的时间而变化。宇宙噪声是大气层以外产生的噪声,来源于太阳和遥远的星体。在自然界噪声中,10 MHz以下主要是大气噪声,10 MHz以上主要是宇宙噪声。

11.155　人为噪声　man-made noise
由电火花所产生的电磁辐射。如点火线圈或配电系统开关出现的电火花将形成人为噪声。

11.156　电路噪声　circuit noise
设备内部各种器件、部件产生的热噪声和散弹噪声。

11.157　热噪声　thermal noise
处于一定热力学状态下的导体中自由电子的无规则热运动引起的随机电涨落。大小取决于导体的热力学状态。

11.158　散弹噪声　shot noise
又称"散粒噪声"。由有源器件中的直流电流或电压的随机起伏产生的噪声。与热噪声不同之处是它具有非零的平均值。

11.159　白噪声　white noise
在很宽的频率范围内,功率谱密度是常数的噪声。热噪声和散弹噪声均为白噪声。在频谱仪上显示为一条近于平坦的噪声功率谱曲线。

11.160　奈奎斯特噪声定理　Nyquist noise theorem
1928年奈奎斯特根据热力学第二定律推导出,电阻器 R 产生的资用噪声功率与电阻器绝对温度的关系的定理。关系式为:$P=kTB$,式中,P 为资用噪声功率(W);k 为玻尔兹曼常量;T 为电阻器绝对温度(K);B 为接收带宽(Hz)。

11.161　资用噪声功率　available noise power
噪声发生器传输到共轭匹配负载上的功率。是噪声发生器能传输到负载上的最大功率,仅与源的特性有关而与负载无关。

11.162　资用噪声功率谱密度　available noise power spectral density
单位带宽内的资用噪声功率。

11.163　噪声温度　noise temperature
产生与单端口网络相同的噪声功率时电阻所处的物理温度。其单位为热力学温度单位开尔文。

11.164　标准噪声温度　standard noise temperature
约定热力学温度290 K为标准的噪声温度。

11.165 等效输入噪声温度 equivalent input noise temperature

将实际网络输出端的噪声温度等效成理想无噪声网络输入端的输入噪声温度。用来描述实际网络的内部噪声特性。

11.166 等效输出噪声温度 equivalent output noise temperature

考虑到传输线损耗引起的噪声贡献后，噪声发生器实际输出的噪声温度。

11.167 工作噪声温度 operating noise temperature

当同时考虑到外部噪声和内部噪声后等效到网络输入端的噪声温度。

11.168 噪声比 noise ratio

单端口网络的噪声温度与标准噪声温度290 K 之比值。当比值为 1 时，意味着器件仅存在着不可避免的热噪声。

11.169 超噪比 excess noise ratio

单端口网络中存在的噪声超过不可避免的热噪声的倍数。用 ENR 表示。用比值表示时，即噪声比减 1，为无量纲的量。用比值的对数形式表示时，单位为 dB。

11.170 噪声系数 noise factor

网络输入信噪比与输出信噪比的比值或网络输出的噪声功率与输入噪声功率之比值。

11.171 Y 系数 Y factor

当在二端口网络输入端依次输入两个资用噪声功率时，网络的输出端得到的两个相应资用噪声功率之比值。

11.172 Y 系数法 Y factor method

通过测量Y系数来确定被测网络的噪声系数或等效输入噪声温度的测量方法。

11.173 等效噪声带宽 equivalent noise bandwidth

网络的等效噪声带宽是一个矩形通带宽度，其幅度等于中心频率上功率增益，其面积等于有用信道中实际网络的增益与频率响应曲线下的面积。单位为 Hz。

11.174 G/T 比 G/T ratio

接收系统天线增益(G)与噪声温度(T)之比。实用时是以分贝表示的天线增益减去以分贝表示的相对于 1 K 的接收系统等效噪声温度。例如，一个 60 dB 增益的天线和一个等效噪声温度为 100 K 的接收机，其 G/T 比为 40 dB。常用 G/T 比表示卫星地面站对信号的接收能力。

11.175 固体噪声发生器 solid state noise generator

利用固体噪声二极管工作于反偏压并使其处于雪崩击穿状态时，由载流子倍增的电流起伏产生散弹噪声的发生器。

11.176 噪声系数分析仪 noise figure analyzer

用于测量放大器、混频器以及接收机等线性和准线性网络噪声系数的仪器。

11.11 脉　　冲

11.177 脉冲 pulse

自第一额定状态出发，达到第二额定状态，最终又回到第一额定状态的一种波形。典型的脉冲波形有尖脉冲、矩形脉冲、阶跃脉冲等。

11.178 脉冲幅度 pulse amplitude
脉冲顶量值与底量值之差值。

11.179 底量值 base magnitude
按规定算法得到的脉冲底部的量值。

11.180 顶量值 top magnitude
按规定算法得到的脉冲顶部的量值。

11.181 脉冲间隔 pulse separation
在脉冲序列里，前一个脉冲波形的脉冲终止时间与下一个脉冲波形的脉冲起始时间之间的时间间隔。

11.182 空度比 duty factor
又称"占空系数"。周期性的脉冲序列中脉冲波形的持续时间与脉冲重复周期之比。

11.183 方波 square wave
空度比为 0.5 的周期性矩形脉冲序列。

11.184 上升时间 rise time
脉冲在上升时,从脉冲幅度的 10%到脉冲幅度的 90%所经历的时间。

11.185 下降时间 fall time
脉冲在下降时,从脉冲幅度的 90%到脉冲幅度的 10%所经历的时间。

11.186 脉冲预冲 pulse preshoot
脉冲波形前沿之前凹下（对正向阶跃）或凸出（对负向阶跃）的最大部分与脉冲幅度的百分比。

11.187 脉冲上冲 pulse overshoot
脉冲上升后第一个波峰的峰值与顶量值的差值占脉冲幅度的百分比。

11.188 脉冲下冲 pulse undershoot
脉冲下降后第一个波谷的谷值与底量值的差值占脉冲幅度的百分比。

11.189 脉冲振铃 pulse ringing
紧接着上冲后出现的阻尼振荡波形。可用振荡波形的最大幅度与脉冲幅度之比或振荡的周期个数来度量。

11.190 脉冲宽度 pulse width
脉冲上升到脉冲幅度的 50%至下降为脉冲幅度的 50%所经历的时间。

11.191 脉冲顶部不平坦度 pulse top unevenness
在脉冲上升后，约 10 倍上升时间内除第一个波峰外的最大的起伏量占脉冲幅度的百分比。

11.192 示波器 oscilloscope
一种电信号的时域测量仪器。能在荧光屏上显示信号随时间变化的波形。广泛使用的示波器有模拟示波器、取样示波器、数字存储示波器等。

11.12 场 强

11.193 坡印亭矢量 Poynting vector
单位时间内穿过与能流方向垂直的单位面积的能量流。其方向即功率流动的方向。

11.194 功率通量密度 power flux density
单位时间内穿过单位面积的电磁能量大小。是坡印亭矢量模的时间平均值，单位是 W/m^2。

11.195 近场 near field

又称"近区场"。场源距离 r 与发射天线口径 D 及波长 λ 的关系满足 $r < 2D^2/\lambda$ 条件的电磁场区域的场。在近区主要是感应场。

11.196　远场　far field
又称"远区场"。场源距离 r 与发射天线口径 D 及波长 λ 的关系满足 $r \geqslant 2D^2/\lambda$ 条件的电磁场区域的场。在远区主要是辐射场。

11.197　横电磁波传输室　transverse electro-magnetic transmission cell
由矩形同轴线制成的一个封闭系统。电磁波在其中以横电磁波模式传输，从而产生供测试使用的规定的电磁场。

11.198　电磁干扰测量仪　EMI test receiver
测量各种电磁干扰电压、电流或场强的仪器。是一种按规定要求专门设计的接收机。

11.199　平均值检波器　average detector
一种输出电压近似于所加信号包络平均值的检波器。

11.200　峰值检波器　peak detector
一种输出电压近似于所加信号实际峰值的检波器。

11.201　准峰值检波器　quasi-peak detector
一种具有规定时间常数的检波器。当幅度恒定的规则重复脉冲加到该检波器时，其输出电压为所加脉冲峰值的某一个分数值。随着脉冲重复频率的增加，该分数值亦增大并趋于 1。

11.202　脉冲响应校准器　pulse response calibration generator
为了检查测量接收机是否符合 CISPR 标准要求而设计的脉冲发生器。该脉冲发生器在规定的重复频率范围内产生 CISPR 标准所

规定的脉冲强度，可以用来测量准峰值、峰值、平均值和方均根值的测量接收机与 CISPR 标准脉冲响应要求的一致性。

11.203　各向同性　isotropy
又称"全向一致性"。场探头对场的响应与场极化方向和入射角方向无关的特性。

11.204　脉冲强度　impulse strength
某一脉冲电压对时间的积分。单位为 μV·s 或 $dB_{\mu V \cdot s}$。

11.205　CISPR 带宽　CISPR bandwidth
又称"B_n 带宽（B_n bandwidth）"。表示低于响应曲线中点某一规定电平处测量接收机总选择性曲线的宽度。如频率为 9~150 kHz 的电磁干扰测量接收机对应的 CISPR 带宽为 200 Hz。

11.206　脉冲带宽　impulse bandwidth
在测量接收机输入端施加一个一定强度的脉冲时，测量接收机中频输出端包络的峰值与该电路中心频率的增益和两倍脉冲强度乘积之比值。用符号 B_{imp} 表示。

11.207　检波器充电时间常数　electrical charge time constant of a detector
检波器输入端突然加上一正弦电压后，其输出端电压达到稳态值的 (1−1/e) 所需的时间。

11.208　检波器放电时间常数　electrical discharge time constant of a detector
从突然切除正弦输入电压到检波器输出电压降至初始值的 1/e 所需的时间。

11.209　指示器机械时间常数　mechanical time constant of an indicator instrument
测量仪指示器的自由振荡周期与 2π 之比值。

11.210　过载系数　overload factor

电路的稳态响应离开理想线性不超过 1dB 时的最高电平与指示器满刻度偏转指示所对应的电平之比值。

11.211　脉冲响应幅度关系　pulse response amplitude relationship
脉冲发生器和正弦波信号发生器的源阻抗均为 50Ω 时，准峰值测量接收机在所有调谐频率上对基准试验脉冲的响应与调谐频率上对未调制正弦波信号的响应间的幅度关系。

11.212　脉冲响应随重复频率的变化　pulse response variation with repetition frequency
当测量接收机的指示保持不变时，准峰值测量接收机对重复脉冲的响应曲线随脉冲重复频率的变化。

11.213　总选择性　overall selectivity
又称"通带"。测量接收机产生相同指示时输入的正弦波电压幅度随频率变化的曲线。

11.214　中频抑制比　intermediate frequency rejection ratio
当准峰值测量接收机的指示保持不变时，输入的中频正弦波电压与调谐频率的正弦波电压之比值。

11.215　镜像频率　image frequency
外差式变频器内由差拍产生的两个边带。

11.216　镜频抑制比　image frequency rejection ratio
当准峰值测量接收机的指示保持不变时，输入镜像频率的正弦电压与调谐频率的正弦电压之比值。

11.217　其他乱真响应　other spurious response
当测量接收机的指示保持不变时，除了中频和镜像频率规定的频率外，其他频率的正弦输入电压与调谐频率的正弦电压之比。

11.218　场强仪　field strength meter
用以测量无线电波辐射场强度的仪器。包括接收无线电波辐射能量的天线、选频接收机、检波指示系统以及作机内校准用的标准场强或标准信号发生器。

11.13　电磁兼容性

11.219　电磁兼容性　electromagnetic compatibility, EMC
设备在共同的电磁环境中能一起执行各自功能的共存状态。即该设备不会由于受到处于同一电磁环境中其他设备的电磁发射导致不允许的降级也不会使同一电磁环境中其他设备因受其电磁发射而导致降级。

11.220　电磁兼容性天线　EMC antenna
辐射和接收电磁波能量的变换装置。是针对电磁兼容性测试中进行电磁干扰测量和电磁敏感度测量用的天线。常用的有：鞭天线、环天线、调谐偶极子天线、双锥天线、对数周期天线、双锥对数复合天线、双脊波导喇叭天线等。

11.221　天线方向性图　antenna pattern
在相同距离处，天线辐射和接收时，电磁能量或场强在空间各个不同方向上的分布图形。是在给定方向上单位面积功率的度量。

11.222　E 面　E plane
与电场矢量平行，并沿波束最大值方向通过

天线的平面。

11.223　H 面　H plane
与磁场矢量平行,并沿波束最大值方向通过天线的平面。

11.224　天线增益　antenna gain
天线在特定方向上集中能量或接收能量的能力。

11.225　天线方向性增益　antenna pattern gain
在特定方向上,辐射总功率相同时,辐射功率密度与各向同性天线的辐射功率密度的比值。当距离一定时,为最大辐射强度与平均辐射强度的比值。

11.226　天线功率增益　antenna power gain
在输入功率相同时,天线最大辐射强度与无耗各向同性源在同一方向上辐射强度的比值。天线功率增益与天线方向性增益之比为天线效率。

11.227　天线有效口径　antenna effective aperture
假设天线发射或接收平面波,天线的接收功率与入射的功率密度之比。

11.228　天线有效高度　antenna effective height
天线感应电压与入射电场强度之比值。是一个与天线口径有关的参数。

11.229　天线阻抗特性　antenna impedance characteristic
又称"天线输入阻抗"。天线输入端信号电压与信号电流之比值。

11.230　天线辐射电阻　radiation resistance of antenna
天线辐射的总功率与天线上某指定点的电流有效值的平方之比值。

11.231　天线辐射强度　radiation strength of antenna
每单位立体角天线辐射的功率。

11.232　天线极化　antenna polarization
最大辐射方向上电场矢量的取向。

11.233　线极化　line polarization
天线最大辐射方向上电场矢量的取向轨迹在一条直线上的极化。

11.234　圆极化　round polarization
天线最大辐射方向上电场矢量的取向轨迹在一个圆上的极化。

11.235　椭圆极化　ellipse polarization
天线最大辐射方向上电场矢量的取向轨迹在一个椭圆上的极化。

11.236　天线极化损失　antenna polarization loss
当来波的极化方向与接收天线的极化方向不一致时接收到的信号能量变小所发生的能量损失。

11.237　天线极化隔离　antenna polarization isolation
当接收天线的极化方向与来波的极化方向完全正交时,天线完全接收不到来波的能量,极化损失最大,起到隔离作用。

11.238　天线相位中心　antenna phase center
天线电磁辐射的等效点源的位置。如果天线辐射的是球形等相位面,那么该球心就是其相位中心。

11.239 天线系数 antenna factor
被测量场强幅值与该场强在天线端口产生的电压之比值。

11.240 天线频带宽度 antenna bandwidth
天线方向性增益下降 3dB 时，对应的天线频率范围。

11.241 天线半功率角 antenna half-power angle
天线的辐射方向图中低于峰值 3dB 处两点之间所成的夹角。

11.242 天线波束宽度 antenna beam width
在天线峰值响应的方向上，两个半功率点之间的宽度。

11.243 天线前后比 antenna front to back ratio
在天线辐射方向图中，前、后波瓣最大电平之比值。

11.244 电磁发射 electromagnetic emission
从源向外发出电磁能的现象。

11.245 电磁骚扰 electromagnetic disturbance
任何可能引起装置、设备或系统性能降低或对有生命或无生命物质产生损害作用的电磁现象。

11.246 电磁干扰 electromagnetic interference, EMI
由于电磁骚扰引起的设备、传输通道或系统性能下降的后果。

11.247 电磁噪声 electromagnetic noise
一种明显不传送信息的时变电磁现象。

11.248 对骚扰的抗扰度 immunity to disturbance
装置、设备或系统面临电磁骚扰不降低运行性能的能力。

11.249 电磁敏感度 electromagnetic susceptibility, EMS
在有电磁骚扰的情况下，装置、设备或系统能避免性能降低的能力。

11.250 骚扰源发射电平 emission level of a disturbing source
由某装置、设备或系统发射所产生的电磁骚扰电平。

11.251 骚扰源发射限值 emission limit of a disturbing source
规定的电磁骚扰源的最大发射电平。

11.252 发射裕量 emission margin
电磁兼容电平与骚扰源发射限值之比值。

11.253 抗扰度电平 immunity level
将某给定电磁骚扰施加于某一装置、设备或系统而其仍能正常工作，并保持所需性能等级时的最大骚扰电平。

11.254 抗扰度裕量 immunity margin
抗扰度电平与电磁兼容电平之比值。

11.255 电磁兼容裕量 electromagnetic compatibility margin
抗扰度电平与骚扰源的发射限值之比值。

11.256 开阔场场地衰减 open area test site attenuation
在 50Ω 测量系统中，以分贝表示的发射天线的源电压电平与接收天线终端测得的接收电压电平之差。

11.257　归一化场地衰减　normalized site attenuation, NSA

以分贝表示的开阔场场地衰减与以分贝表示的两倍天线系数之差。

11.258　均匀域　uniform field area

一个假想场的垂直平面。在该平面中场的变化很小。

11.259　混响室耦合衰减　coupling attenuation of reverberation chamber

在混响室内发射天线和接受天线之间的插入损耗。耦合衰减随频率的变化的平滑度表示混响室内部能量分布的均匀性。

11.260　共模骚扰电压　common mode disturbance voltage

又称"非对称骚扰电压"。两导线的电气中点与参考地之间的射频电压，或在规定的终端阻抗条件下对一束导线，用电流钳（电流互感器）测量到的整束导线相对于参考地的不对称的有效骚扰电压的矢量和。

11.261　共模电流　common mode current

被两根或多根导线所贯穿的一个规定的"几何"横截面上的导线中流过的电流的矢量和。

11.262　差模电压　differential mode voltage

又称"对称电压"。两导线之间的射频骚扰电压。

11.263　差模电流　differential mode current

在被一些导线所贯穿的一个规定的"几何"横截面上，一组规定通电导线的任意两根导线里流过的电流矢量差之半。

11.264　不对称模电压　unsymmetrical mode voltage

又称"V 端子电压"。装置、设备或系统的导线或端子与规定的接地基准之间的电压。

11.265　试验布置　test configuration

为测量发射电平或抗扰度电平而规定的受试设备测量布置。

11.266　加权检波　weighting detection

又称"准峰值检波"。按照加权特性，将脉冲的峰值检波电压转换成与脉冲重复频率相关的一种指示，以对应于脉冲骚扰造成的生理和心理上(听觉或视觉)的影响。给出一种特定的方法来评价发射电平或抗扰度电平。

11.267　连续骚扰　continuous disturbance

在测量接收机中频输出端呈现的持续时间大于 200 ms 的射频骚扰。它使工作在准峰值检波方式的测量接收机表头产生的偏转不会立即减小。

11.268　不连续骚扰　discontinuous disturbance

对于可计喀砺声而言，在测量接收机中频输出端呈现的持续时间小于 200 ms 的骚扰。使工作在准峰值检波方式的测量接收机表头产生短暂的偏转。

11.269　窄带连续骚扰　narrowband continuous disturbance

一种离散频率的骚扰。如由于应用射频能量的工业、科学、医学等设备所产生的基波及其谐波，构成其频谱的只是一些单根谱线，这些谱线的间隔大于测量接收机的带宽，以至在测量中只有一根谱线落在带宽内。

11.270　宽带连续骚扰　broadband continuous disturbance

通常由带换向器的电机的重复脉冲产生的骚扰。其重复频率低于测量接收机的带宽，以至在测量中不只一根谱线落在带宽内。

11.271 宽带不连续骚扰 broadband discontinuous disturbance

由机械的或电子的开关过程产生的骚扰。

11.272 喀砺声 click

一种骚扰。其幅度超过连续骚扰准峰值限值，持续时间不大于 200 ms，而且后一个骚扰离前一个骚扰至少 200 ms。一个喀砺声可能包含许多脉冲，在这种情况下，持续时间是从第一个脉冲开始到最后一个脉冲结束的时间。

11.273 中频参考电平 IF reference level

产生的准峰值指示值等于连续骚扰限值的未调制正弦信号在测量接收机的中频输出端产生的相应值。

11.274 开关操作 switching operation

开关或触点的一次分断或闭合。

11.275 最小观察时间 minimum observation time

一般指 1 min 内的喀砺声数或开关操作数。此数字用来确定喀砺声限值。

11.276 喀砺声限值 click limit

用准峰值检波器测量的连续骚扰的相应限值加上由喀砺声率 N 确定的一个定值。

11.277 上四分位法 upper quartile method

在开关操作的情况下，在观察时间内记录的开关操作数的四分之一允许产生超过喀砺声限值喀砺声的方法。

11.278 静电放电 electrostatic discharge, ESD

具有不同静电电位的物体相互靠近或直接接触引起的电荷转移。

11.279 接触放电方法 contact discharge method

将发生器的电极保持与受试设备接触并由发生器的内部开关激励放电的一种方法。

11.280 空气放电方法 air discharge method

将发生器的充电电极靠近受试设备并由火花对受试设备激励放电的一种方法。

11.281 直接放电 direct application

直接对受试设备实施的放电。

11.282 间接放电 indirect application

对受试设备附近的耦合板实施的放电，或以模拟人员对受试设备附近的物体的放电。

11.283 耦合板 coupling plane

对其放电用来模拟对受试设备附近的物体静电放电的金属片或金属板。

11.284 接地参考平面 ground reference plane

用作公共参考电位的一块导电平板。

11.285 静电放电保持时间 ESD holding time

放电之前，由于泄漏而使试验电压下降不大于 10% 的时间间隔。

11.286 感应场 induction field

主要的电场或磁场能量存在于距离小于 2π 分之一波长 $(d < \lambda/2\pi)$ 区域的场。

11.287 杂散辐射 spurious radiation

电气装置产生的不希望有的电磁辐射。

11.288 脉冲群 burst

一串数量有限的清晰脉冲或一个持续时间有限的振荡。

11.289　平衡线　balanced lines
其差模到共模的转换损失小于 20 dB 的一对被对称激励的导体。

11.290　半峰值时间　time to half value
由浪涌的虚拟起点到电压或电流下降到半峰值时的时间间隔。

11.291　浪涌冲击　surge
简称"浪涌"。沿线路传送的电流、电压或功率的瞬态波，其特性是先快速上升后缓慢下降。

11.292　钳注入　clamp injection
用电缆上的钳合式"电流"注入装置获得注入的方式。

11.293　共模阻抗　common mode impedance
在某一端口上共模电压和共模电流之比值。可由该端口的端子或屏蔽层和参考平面或参考点之间施加单位共模电压来确定，而测量产生的共模电流视为流经这些端子或屏蔽层的全部电流的矢量和。

11.294　耦合系数　coupling factor
在耦合装置的受试设备端口所获得的开路电压（电动势）与信号发生器输出端上的开路电压的比值。

11.295　感应线圈因数　induction coil factor
尺寸一定的感应线圈所产生的磁场强度与相应电流的比值。磁场强度是在没有受试设备的情况下，在线圈平面中心所测得的。

11.296　浸入法　immersion method
把受试设备放在感应线圈中部，将磁场施加于受试设备的方法。

11.297　临近法　proximity method
一种将磁场施加于受试设备的方法。用一个小感应线圈沿受试设备的侧面移动，以便同时探测特别灵敏的部位。

11.298　电压暂降　voltage dip
在电气系统某一点的电压突然下降，经历半个周期到几秒钟的短暂持续期后恢复正常。

11.299　短时中断　short interruption
供电电压消失一段时间，一般不超过 1 min。短时中断可以认为是 100% 幅值的电压暂降。

11.300　谐间波　interharmonics
处于供电频率的谐波之间的那些频率分量。

11.301　电路功率因数　circuit power factor
所测的有功功率与供电电压有效值和供电电流有效值乘积之比。

11.302　平衡三相设备　balanced three phase equipment
额定的线电流模量相差不大于 20%的设备。

11.303　广义相位控制　generalized phase control
在电源电压的一个周期或半个周期内，改变时间间隔或电流导通时间的过程。

11.304　相位控制　phase control
在电源电压的一个周期或半个周期内，改变电流开始导通时刻的过程。在这个过程中，在电流过零附近导通终止。

11.305　电压变化特性　voltage change characteristic
在处于稳态至少相隔 1s 的两个相邻电压之间，电压变化有效值对时间的函数。

11.306　稳态电压变化　steady state voltage

change

被至少一个电压变化特性隔开的两个相邻稳态电压之间的电压差。

11.307 总谐波电流 total harmonic current

2 次至 40 次谐波电流分量的方和根值。

11.308 部分奇次谐波电流 partial odd harmonic current

21 次至 39 次奇次谐波电流分量的方和根值。

11.309 屏蔽室 shielded enclosure

为防止室外电磁场导致室内电磁环境特性下降，并避免室内电磁发射干扰室外活动，专为隔离内外电磁环境而设计的屏栅或整体金属房。

11.310 电波暗室 anechoic chamber

安装吸波材料用于降低表面电波反射的屏蔽室。

11.311 全电波暗室 fully anechoic chamber

内表面全部安装吸波材料的屏蔽室。

11.312 半电波暗室 semi-anechoic chamber

除地面安装接地反射平板外，其余内表面全部安装吸波材料的屏蔽室。

11.313 可调式半电波暗室 modified semi-anechoic chamber

可在地面接地反射平板上附加吸波材料的半电波暗室。

11.314 混响室 reverberation chamber

装有旋转搅拌器的屏蔽室。如果尺寸、形状与位置合适，则室内任意位置的能量密度在相位、幅度与极化方向都可按照一个恒定的统计分布规律随机地变化。

11.315 带状线 strip line

由两块平行板构成的带匹配终端的传输线。电磁波在其间以横电磁波模式传输，形成供测试使用的电磁场。

11.316 开阔试验场 open area test site

一个无反射物的椭圆形平坦场地。椭圆的长轴为焦距的两倍，短轴为焦距的 $\sqrt{3}$ 倍，受试产品和天线分别放在椭圆的两焦点上。

11.317 骚扰测量接收机 disturbance measuring receiver

具有不同的检波器，用于测量骚扰的接收机。

11.318 断续骚扰分析仪 disturbance analyzer

用来对诸如开关操作所引起的干扰的幅度、发生率和持续时间进行自动评定的仪器。

11.319 连续波模拟器 continuous wave simulator

能够产生所需信号的发生器。包括射频信号发生器、调制器、衰减器、宽带功率放大器和滤波器、功率计等。

11.320 闪烁计 flicker meter

用来测量闪烁量值的仪器。

11.321 高阻抗电压探头 high impedance voltage probe

用来测量电源线导体和参考地之间的电压的设备。由一个隔直流电容器 C 和一个电阻 R 组成，使得电源线和大地之间的总电阻是 $1500\,\Omega$。

11.322 容性电压探头 capacitive voltage probe

在不改变被测电路的情况下，不用与源导体直接接触且通过使用一个钳合式容性耦合设备就能够测量电缆的共模骚扰电压的设备。用于测量在 150 kHz~30 MHz 频率范围内的传导骚扰电压。

11.323 电流钳 current clamp
由被注入信号的电缆构成的二次绕组实现的电流变换器。

11.324 电磁钳 electromagnetic clamp
由电容和电感耦合相结合的注入装置。

11.325 人工网络 artificial network
为模拟实际网络，诸如延伸的电源线路或通信线路，对受试设备呈现的阻抗而规定的参考负载。跨接其上可测量射频骚扰电压。

11.326 人工电源网络 artificial main network
串接在受试设备电源线上的网络。在给定的频率范围内，为骚扰电压的测量提供规定的负载阻抗，将干扰电压耦合到测量接收机上，并使受试设备与电源相互隔离。

11.327 耦合/去耦合网络 coupling/decoupling network
将干扰电流注入到受试设备的电源线或信号线上，并把来自与受试设备相连的其他引线和设备的电流影响隔离开来的电路。

11.328 耦合网络 coupling network
将能量从一个线路传送到另一个线路的电路。

11.329 去耦合网络 decoupling network
防止施加到受试设备上的快速瞬变电压影响其他不被试验的装置、设备或系统的电路。

11.330 耦合夹 coupling clamp
在与受试设备没有任何电连接的情况下，以共模形式将干扰信号耦合到受试线路的、具有规定尺寸和特性的一种装置。

11.331 模拟手 artificial hand
模拟常规工作条件下，手持式电气设备和地之间的人体阻抗的电网络。

11.332 环天线系统 loop antenna system, LAS
由三个直径为 2 m 的大环天线以空间正交方式组成的天线系统。用于测量 9 kHz~30 MHz 频率范围内单个受试设备发射的磁场产生的感应电流。

11.333 功率吸收钳 absorbing clamp
带有电源线的吸收装置，该装置环绕引线放置时能吸收到的最大功率可以用起辐射天线作用的电源线所提供的能量来衡量。

11.14 视频参量

11.334 视频线性失真 video linear distortion
视频信号在产生、传输和处理过程中所引起的与视频信号的幅度无关的失真。仅依赖于系统特性。

11.335 视频非线性失真 video nonlinear distortion
视频信号在产生、传输和处理过程中所引起

的与视频信号的幅度有关的失真。主要包括微分增益、微分相位、亮度非线性以及色度信号对亮度信号的交调失真等参数。

11.336 平均图像电平 average picture level, APL
行有效期间图像信号幅度的平均分量在不包括行、场消隐期间的整个帧周期内的平均值。以亮度信号幅度标称值的百分数来表示。

11.337　K 系数评价法　K-rating method of assessment

把各种波形失真按人眼视觉特性给予不同加权的基础上度量图像损伤的一套系统方法。用于亮度信号线性失真的评价。

11.338　短时间波形失真　short-time wave-form distortion

将标称亮度幅度和规定形状的窄脉冲或快阶跃函数加到电路的输入端时，输出脉冲与其原来形状的偏差。短时间波形失真对应的 K 系数为 2T 正弦平方波失真与 2T 正弦平方波条脉冲幅度之比值。

11.339　行时间波形失真　line-time waveform distortion

将一个周期与行周期相同数量级且具有标称亮度幅度的方波信号（条脉冲）加到被测电路的输入端时，输出端方波形状的改变。

11.340　场时间波形失真　field-time wave-form distortion

将一个周期与场周期同样数量级并具有标称亮度幅度的场方波信号加到被测电路的输入端时，输出波形的改变。

11.341　长时间波形失真　long-time wave-form distortion

将从低平均图像电平到高平均图像电平或从高平均图像电平到低平均图像电平突然变化的视频测试信号加到电路的输入端时，输出信号的消隐电平不能精确地跟踪输入信号变化的程度。这种失真可能表现为指数形式，但更多的则以非常低的阻尼振荡形式出现。

11.342　色度−亮度增益差　chrominance-luminance gain inequality

把一个具有规定的亮度和色度分量幅度的测试信号加到被测电路的输入端时，输出和输入信号之间色度分量相对于亮度分量幅度比的改变。其表现为色度信息的提升或衰减，反映在图像上表现为色饱和度的变化。

11.343　色度−亮度时延差　chrominance-luminance delay inequality

将亮度分量和色度分量在幅度和时间上都有确定关系的复合信号（亮度分量有规定的幅度和波形，色度分量是被这个亮度分量调制的色度副载波）加到被测电路的输入端时，输出端复合信号的亮度分量和色度分量调制包络的相应部分与输入端信号在时间关系上的变化。

11.344　亮度非线性失真　luminance nonline-ar distortion

当平均图像电平为某一特定值时，将起始电平从消隐电平逐步增加到白电平的小幅度阶跃信号加到被测电路的输入端时，输出端的各阶跃幅度与输入端相应的阶跃幅度的比值之间的最大差值。

11.345　微分增益失真　differential gain dis-tortion

将恒定小幅度的色度副载波叠加在不同电平的亮度信号上，并加到被测电路的输入端，当亮度信号从消隐电平变到白电平，而平均图像电平保持在某一特定值时，输出端的副载波幅度的变化。

11.346　微分相位失真　differential phase dis-tortion, DP

将未经相位调制的恒定小幅度副载波叠加在亮度信号上，并加到被测电路的输入端，当亮度信号从消隐电平变到白电平，而平均图像电平保持在某一特定值时，输出端的副载波的相位的变化。

11.347　色度信号对亮度信号的交调失真　intermodulation from the chrominance signal into the luminance signal

把规定幅度的色度信号叠加在恒定幅度的亮度信号上，并加至被测电路的输入端时，在平均图像电平保持在某一特定值时，输出端由于叠加的色度信号而引起亮度信号的变化。失真的大小对应于输出信号中叠加副载波部分的亮度分量幅度与未叠加副载波部分亮度分量幅度的最大差值。

11.348　色度信号增益的非线性失真　chrominance signal gain nonlinear distortion

被测电路输入端的亮度信号幅度和平均图像电平为固定值，色度副载波幅度从规定的最小值变到规定的最大值（一般采用三电平色度信号）时，输出端副载波与输入端对应幅度间的比例偏离。

11.349　色度信号相位的非线性失真　chrominance signal phase nonlinear distortion

被测电路输入端的亮度信号幅度和平均图像电平为固定值，色度副载波幅度从规定的最小值变到规定的最大值（一般采用三电平色度信号）时，输出端三个副载波的波群间的最大相位差。

11.350　同步信号的静态非线性失真　synchronizing signal steady state nonlinear distortion

被测电路输入端的视频信号中具有规定的平均图像电平和标称幅度的同步信号及标称幅度的条脉冲信号，输出信号同步脉冲中点幅度与信号幅度的标称值的偏差。

11.351　连续随机噪声信噪比　continuous random noise S/N

亮度信号幅度的标称值与带宽限制后测得的随机噪声幅度有效值之比。用分贝表示。

11.352　加权连续随机噪声信噪比　weighting continuous random noise S/N

亮度信号幅度的标称值与通过规定的加权和带宽限制后测得的随机噪声幅度有效值之比。用分贝表示。加权网络的结构、参数和特性统一由国际标准规定。

11.353　色度调幅噪声信噪比　chrominance AM noise S/N

亮度信号幅度的标称值与带宽限制后测得的色度调幅噪声幅度有效值之比。用分贝表示。

11.354　色度调相噪声信噪比　chrominance PM noise S/N

亮度信号幅度的标称值与带宽限制后测得的色度调相噪声幅度有效值之比，用分贝表示。

11.355　副载波水平相位　subcarrier to horizontal phase, ScH phase

视频电视信号行同步前沿50%电平点和基准副载波过零点间的定时关系。其误差以副载波相位的度数来表示。在PAL制系统中，定义为色同步正向水平分量推算到第一场第一行的同步脉冲前沿半幅点的相位。而在NTSC制系统中，定义为色同步推算到第一场第一行的同步脉冲前沿半幅点的相位。

11.356　载波　carrier wave
没有调制信号时，发射机发射的电磁波。

11.357　载波频率　carrier frequency
能够被另一个信号调制或附加的连续波频率。在调频中，载波频率又称"中心频率（center frequency）"。

11.358　信道功率　channel power
被测信号的频率带宽内的平均功率。一般规定为在所测频率带宽内的积分功率，但实际的测量方法取决于所依据的通信标准。

11.359　邻频道功率比　adjacent channel power ratio, ACPR
邻频道平均功率与发送频道平均功率之比。

11.360　群速　group velocity
占有某个频带的平面波的包络传播速度。在相速随频率变化的媒介中，群速对相速有大致恒定不变的包络延迟。

11.361　相位抖动　phase jitter
电话线上模拟信号的突然的寄生变化。通常由该线电源和通信设备来回改变信号相位所造成。

11.362　时间抖动　time jitter
由于同步性能发生变化而引起沿时基观测脉冲位置的变化。

11.363　信令　signaling
告知通信的接收端即刻就要发送信息的动作。

11.364　载噪比　carrier-to-noise ratio
在选频之后和进行任何非线性处理（如限幅和检波）之前，载波幅度与噪声幅度之比。

11.365　衰落　fading
因传输媒介或路径的变化而引起接收到的信号强度随时间变化的现象。

11.366　衰落裕量　fading margin
又称"衰落储备"。在无线电系统规划中做出的衰减容限，使得预期的衰落仍使信号维持高于规定的最小信噪比。

11.367　选择性衰落　selective fading
对无线电信号的不同频谱成分产生不同影响的衰落。

11.368　数字数据　digital data
以二进制编码格式（如 ASCII）发送和接收的信息。

11.369　模拟信号　analog signal
可以在多种媒介中传输的、信号强度连续变化的电磁波。

11.370　数字信号　digital signal
幅度的取值在时域上是离散的，幅值被限制在有限个数值（通常取两个幅值）以内的信号。

11.371　串扰　crosstalk
在一个电路或信道上传输的信号对另一个电路或信号产生不良影响的现象。可能产生于临近终端的双绞线之间的电子耦合、承载多路信号的同轴电缆中的电子耦合或由于微波天线接收了并不想要的信号。

11.372 基频 fundamental frequency
在一个周期量用傅里叶函数表示时，最低的频率成分。

11.373 模拟传输 analog transmission
与信号内容无关的一种传输。传输过程中模拟信号的衰减会限制其传输距离，可通过放大延长其传输距离。

11.374 数字传输 digital transmission
数字信号的传输。包括短距离传送时的基带传输方式和远距离传送时的载波传输方式。

11.375 信噪比 signal to noise ratio, SNR, S/N
信号功率与在传输的某一特定点处呈现的噪声功率之比。通常用分贝表示。

11.376 衍射 diffraction
携带信号的电磁波在传输过程中遇到表面比该电磁波的波长大且难以穿透的障碍物时，以边界为源向不同的方向传播的现象。

11.377 散射 scattering
携带信号的电磁波在传输过程中遇到表面与该电磁波的波长大约相等或小一些的障碍物时向不同方向反射或传播的现象。

11.378 脉冲编码调制 pulse code modulation, PCM
在一定的时间间隔内，以高于信号最大主频率对信号进行的取样。取样得到的样本包含了原信号中的所有信息，利用低通滤波器可以从这些样本中重新提取出该信号。

11.379 多径效应 multipath effect
在移动通信系统中，从发射机到接收机之间存在多种不同的传输路径或遇到障碍物产生反射，使到达接收机的信号质量受到影响的现象。

11.380 抖动 jitter
由于传输系统的原因，数字信号的各有效瞬间的位置相对于其理想位置产生的短时的不断变动。

11.381 频率误差 frequency error
测得的实际频率与理论期望的频率之差。在数字调制的载波信号中，一串码元的载波相位形成一个相位轨迹，将这个相位轨迹与理论上理想的相位轨迹做每一码元的逐一比较，得到的差值轨迹的回归线斜率为频率误差。

11.382 相位误差 phase error
测得的实际相位与理论期望的相位之差。在数字调制的载波信号中，一串码元的载波相位形成一个相位轨迹，每个码元相位差与回归线之差值为该码元的相位误差。

11.383 峰值相位误差 peak phase error
在特定时间内统计得到的相位误差最大值。

11.384 方均根相位误差 RMS phase error
相位误差的方均根值。

11.385 误差矢量幅度 error vector magnitude, EVM
由于射频放大器的非线性与噪声、传输通道的干扰与衰落等原因，使得矢量的幅度与相位产生变化，测量到的矢量与参考矢量的矢量差的幅度。是标量，通常表示为对参考矢量峰值的百分比。

11.386 同相正交信号原点偏移 I/Q origin offset
测得的同相正交信号的原点与参考同相正

交信号的原点之差。通常表示为对参考矢量峰值比的对数的 20 倍。

11.387 矢量幅度误差 vector magnitude error

测量到的矢量的幅度与参考矢量的幅度之差值。通常表示为对参考矢量峰值的百分比。

11.388 比特率 bit rate

通信系统在单位时间（常以秒计）内传输的平均比特数。

11.389 抖动传递函数 jitter transfer function

表征通信系统对输入抖动的传递特性。

11.390 抖动容限 jitter tolerance

表征通信系统或设备接口（包括电信号接口和光信号接口）承受输入抖动的能力。一般以正弦调制的随机序列作输入测试序列，并将产生某一指定的误码性能（如误码功率代价准则和误码出现准则）的劣化量的正弦抖动幅度定义为抖动容限。

11.391 误码 error

又称"差错"。对于数字传输系统而言，发送和接收序列中对应单个数字的不一致。

11.392 二元差错 bit error

又称"比特差错"。发送序列中由两种符号（如"0"和"1"）发生的差错。

11.393 三元差错 ternary error

发送序列由三种符号（如"+1"、"0"和"-1"）发生的差错。

11.394 码字差错 word error

在数字通信中有时是由若干比特组成一个码字，以码字为基本单位度量的差错。如帧定位字差错。

11.395 块差错 block error

又称"码组差错"。由于数据分组等原因，将一组码看成一个整体度量的差错。如果块内有 1 比特以上差错，被检测为一个块差错。如循环冗余差错、比特间差奇偶校验差错等。

11.396 编码差错 code error

线路编码的规则被破坏产生的差错。

11.397 误码率 error rate

在数字传输过程中，错误的比特数与传输的总比特数之比值。

11.398 漂动 wander

在数字通信中，数字信号的各个有效瞬时对其理想时间位置长期的、非累积性的频率低于 10 Hz 的相位变化。

11.399 时间间隔误差 time interval error

在特定的时间周期内，一个给定信号相对于理想信号的时延变化。

11.400 最大时间间隔误差 maximum time interval error

在一个测量周期内，一个给定的窗口内的最大相位变化。

11.401 中心波长 center wavelength

用纳米为单位表示的光源加权平均真空波长。

11.402 峰值波长 peak wavelength

在整个光谱上幅度最大点所对应的波长。

11.403 边模抑制比 side mode suppression ratio, SMSR

单纵模激光器在整个光谱上主纵模的峰值光功率与最显著边模的峰值光功率之比值。

11.404 差分群时延 differential group delay,

DGD

一个给定波长的两个偏振主态模式经过一个给定的传输通道的时间差。平均差分群时延是差分群时延在时域或频域上的平均值。最大差分群时延为系统接收灵敏度劣化 1dB 时的差分群时延值。

11.405　光纤损耗　optical fiber attenuation

每单位长度光纤光功率衰减的分贝数。

11.406　光色散　chromatic dispersion

光在光纤中传播时，不同波长的光波群时延所显现出的脉冲展宽不同的物理现象。

11.407　偏振模色散　polarization mode dispersion, PMD

输入光脉冲激励了两个正交偏振分量，并以不同的群速度沿光纤传输，导致脉冲展宽的现象。对于长光纤，由偏振模色散引起的差分群时延与光纤长度的平方根成正比。

11.408　比吸收率　specific absorption rate, SAR

在单位时间内单位质量的物质吸收的能量。

11.409　通信协议　communication protocol

通信网络的各个实体之间进行信息交换所必须共同遵守的规定或规则。

11.410　通信协议一致性　communication protocol consistence

通信网络产品的协议实现与相应标准规定的符合程度。

11.411　通信协议一致性测试　communication protocol consistence test

为验证网络产品的协议实现的准确性，判断网络产品的协议实现是否符合协议的规定，以保证协议的各种现行版本之间能够互通

并进行可靠的通信测试。

11.412　无线通信综合测试仪　radio communication integrated tester

用于无线移动通信参数测试的仪器。

11.413　无线信道模拟器　RF channel emulator

模拟无线传播信道的特性如多径衰减、路径损耗、对数正态阴影衰落等的仪器。

11.414　噪声和干扰模拟器　noise and interference emulator

用于模拟在宽带通信系统中存在的共信道和邻信道干扰和噪声的仪器。

11.415　矢量信号分析仪　vector signal analyzer

用于测量矢量信号，特别是数字调制信号的各种参数的综合性分析仪。

11.416　矢量信号发生器　vector signal generator

可提供正弦波信号和各种标准或定制制式的矢量调制波信号的综合性信号发生器。

11.417　天馈线测试仪　cable tester

主要用于测量天馈线的插入损耗，端口电压驻波比等参数，可对射频传输线、接头、转接器、天线及其他射频器件或系统查找故障，通常还具备频谱分析功能，有效识别干扰信号、监测信号质量的仪器。

11.418　误码测试仪　error tester

用于同步数字体系和准同步数字体系传输设备或系统的误码性能分析和接口参数测试的仪器。通常由图案发生器和误码检测器两个部分组成。

11.419 帧信号发生器和分析仪 frame signal generator and analyzer

用于同步数字体系和准同步数字体系传输设备或系统的误码性能分析、帧信号分析以及接口参数测试的仪器。

11.420 抖动发生器和测试仪 jitter generator and tester

用于同步数字体系和准同步数字体系传输设备或系统的抖动性能测试的仪器。

11.421 数字传输分析仪 digital transmission analyzer

用于同步数字体系和准同步数字体系传输设备或系统传输性能测试的仪器。

11.422 通信信号分析仪 communication signal analyzer

用于光器件、光传输系统光信号眼图以及消光比测试的仪器。

11.423 脉冲编码调制信道测试仪 PCM channel tester

用于脉冲编码调制基群复用设备等其他话音传输设备测试的仪器。

11.424 模拟呼叫器 local call simulator

通过模拟大话务量呼叫，即模拟出电话交换设备的实际运行环境，并记录由电话交换设备产生的影响电话接通的各种故障次数，从而计算出单位时间内的故障数的仪器。

11.425 数字中继呼叫器 digital call simulator

以数字信号的方式模拟大话务量呼叫，记录由电话交换设备产生的影响电话接通的各种故障次数，从而计算出单位时间内的故障数的仪器。

11.426 数据误码测试仪 data error tester

用于低速率（低于 2 048 kbit/s）数据信号传输设备和系统的误码率测试的仪器。

11.427 电缆测试仪 cable tester

对由光纤、电缆以及各种接头组成的大楼综合布线系统的衰减、串扰等性能进行测试的仪器。

11.428 网络性能测试仪 network performance tester

对数据设备、数据网络等进行性能参数测试的仪器。主要完成吞吐量、转发时延、丢包率和背对背性能参数的测试。

11.429 协议分析仪 protocol analyzer

对网络上运行的各种协议进行捕获、解码和协议仿真的仪器。

11.430 七号信令测试仪 No.7 signaling tester

用来对七号信令设备进行检验的仪器。通常包括信令一致性测试、信令兼容性测试和信令流程检测分析译码部分。

12. 时间、频率

12.01 基础名词

12.001 时标 time scale

全称"时间坐标"，又称"时间尺度"。选择一个时间基本单位（秒），从一特定的起点累积而成的坐标。

12.002　秒　second
又称"原子秒"。国际单位制中时间的基本单位，符号为 s。铯-133 原子在其基态的两个超精细能级间跃迁时辐射的 9 192 631 770 个周期的持续时间。该定义为 1967 年第十三届国际计量大会通过采用。

12.003　平太阳秒　mean solar second
基于地球自转周期导出的时间基本单位。1820 年正式定义为：一平太阳秒为平太阳日的 86 400 分之一。平太阳日简单理解为一年内真太阳日的平均值。

12.004　世界时　universal time, UT
以地球自转为基础，以太阳作参照点建立的计时系统。规定以本初子午线所在地即英国格林尼治天文台观测得到的地方平太阳时作为零时区标准时间称为零类世界时（UT_0）。由于地球自转轴的变化会引起观测误差，在 UT_0 的基础上进行极移效应修正后得到一类世界时（UT_1），它能准确反映地球在空间的角位置，是天文界使用的时标。由于地球自转速率的不均匀变化影响世界时的精确测定，在 UT_1 的基础上进行地球自转速率修正后的世界时称为二类世界时（UT_2）。

12.005　国际原子时　International Atomic Time, TAI
以原子秒为单位的时标。由国际计量局利用分布在世界各地的各守时实验室连续工作的原子钟的读数加权计算得到自由原子时，再用秒定义的直接复现器进行校准，得到高度稳定和高度准确的国际原子时。

12.006　协调世界时　coordinated universal time, UTC
国际原子时与第一类世界时协调后产生的时标。所用的时间单位与国际原子时一样为原子秒，在时刻上与第一类世界时靠近，两者之差小于 0.9 s，与国际原子时相差整数秒。协调世界时为国际上统一的法定时间，各国家或地区使用标准时间与协调世界时偏差整小时数，东半球超前，西半球滞后。

12.007　闰秒　leap second
为保持协调世界时与第一类世界时之差小于 0.9 s，在协调世界时上引入的修正秒。增加一秒为正闰秒，减少一秒为负闰秒。进行闰秒的时间由国际计量局提前 10 周通知各地的守时实验室。优先选定的闰秒时间是 6 月底或 12 月底的最后一分钟。

12.008　北京时间　Beijing time
我国统一使用的标准时间。在时刻上超前协调世界时 8 h。

12.009　儒略日　Julian day, JD
从公元前 4713 年世界时 1 月 1 日正午开始按十进制累计的天数。

12.010　修正儒略日　modified Julian day, MJD
从 1858 年世界时 11 月 17 日午夜开始按十进制累计的天数。主要用在天文计时和国际原子时的计算，作为日期的另一种标记。

12.011　历元　epoch
一个世纪的起始点。也指一个计时系统的起始时刻。

12.012　时间频率基准　time frequency primary standard
直接复现秒定义的测量装置。

12.013　数字时钟　digital clock
时标的显示装置。包含主振器、计数器和显示器三个主要部分。主要显示一天内的时间，即时、分、秒。

12.014　原子钟　atomic clock
以原子谐振频率为主振器频率的数字时钟。除显示时、分、秒外，还有秒脉冲输出，外同步信号输入以及秒脉冲时延的调整部件。大部分铯、氢原子频标都配有数字时钟，分别称为"铯原子钟""氢原子钟"。

12.015　石英钟　quartz clock
以石英晶体振荡器为主振器的数字时钟。主要用于显示时、分、秒。

12.016　白相噪声　white phase noise
白噪声对频标信号的相位调制，表现为频率稳定度与取样时间成反比。

12.017　闪烁噪声　flicker noise
又称"1/f噪声"。一种低频噪声，其功率谱密度与频率成反比。

12.018　闪相噪声　flicker phase noise
闪烁噪声对频标信号的相位调制，表现为频率稳定度与取样时间成反比。

12.019　闪频噪声　flicker frequency noise
闪烁噪声对频标信号的频率调制，表现为频率稳定度与取样时间无关。此时的稳定度有时称为"闪烁平坦区"。

12.020　白频噪声　white frequency noise
白噪声对频标信号的频率调制，表现为频率稳定度与取样时间的平方根成反比。

12.02　时　　间

12.021　时刻　instant time
连续流逝的时间的某一瞬间，即时标上的点或一台具体时钟的读数。表征时间何时发生。

12.022　时间间隔　time interval
连续流逝的时间中两个瞬间的距离，即时标上两点之差。表征事件持续了多久。

12.023　时间间隔发生器　time interval generator
以内部晶体振荡器的周期为参考，通过数字电路和模拟电路产生各种时间间隔的仪器。间隔值由单列脉冲宽度、脉冲周期或双列脉冲时间差确定。

12.024　时间间隔计数器　time interval counter, TIC
用于测量电信号的时间间隔的仪器。测量时选用的时基由计数器内的晶振信号通过倍频和分频后的周期产生。

12.025　时基　time base
时间间隔测量所选用的单位时间。如 ns, μs, ms。按照测量仪最小显示值选取。

12.026　秒表　stop watch
最简单的、低精度时间间隔测量仪。一般用手动开启和停止。

12.027　机械秒表　mechanical stop watch
整套结构为机械式的秒表。以内设游丝的摆动周期为参考，由度盘和指针停在度盘上的刻度值显示时间的测量结果。

12.028　石英电子秒表　quartz electronic stop watch
简单的电子式秒表。所用时基由内设晶振产生，以数字显示器给出时间的测量结果。

12.029　电秒表　electromotive stop watch
以 50 Hz，220 V 的市电为动力的秒表。

12.030　毫秒仪　millisecond meter
所测时间间隔大于 1 ms，分辨力优于 0.1 ms 的一种数字式测量时间间隔的仪器。

12.031　钟差　clock time difference
两台钟的读数差。

12.032　钟速　clock rate
两台钟读数差的变化率。

12.033　日差　daily clock time difference rate
两台钟的读数差经过一天后的变化量。

12.034　时间偏差　time offset
一个时标（或时钟）相对一参考时标（或参考钟）的时刻差。

12.035　时间编码　time code
时间信息的二进制编码。用于无线或有线远距离传输标准时间。一般包含年、月、日、时、分、秒。

12.036　时间比对　time comparison
利用比对装置测定和计算两个时标（时钟）的时间偏差和偏差稳定度的操作。

12.037　时间同步　time synchronization
在某一时刻，使两台或多台时钟具有同一读数的操作过程。

12.038　时间传输　time transfer
参考时间的编码型式通过有线或无线传送到远距离。供时间比对、时间同步使用，也可直接解码使用参考时间。

12.039　无线电授时台　radio time service
用于发射标准时间信息的无线电台。标准时间为协调世界时，同时发送协调世界时与第一世界时的时差，也可直接发送当地时间。所有信息都以二进制数字编码通过载频发送。

12.040　电视时间频率发播　TV time frequency transfer
在电视场扫描的逆程中插入标准时间频率信息，随同全电视信号发送。

12.041　网络授时　Internet time service
在因特网上按照网络时间协议（NTP）发送标准时间信息。主要用于校准用户计算机内的时钟。

12.042　网络时间协议　network time protocol, NTP
在因特网上发送时间编码的标准协议。编码为 64 位的二进制定点数，前 32 位是 1900 年 1 月 1 日 0 点 0 分 0 秒开始至今的协调世界时的总秒数，可到 2036 年。后 32 位表示秒的小数部分，分辨力可达 200 ps。

12.043　电话授时　telephone time service
在有线电话网上，通过调制解调器传送和接收标准时间编码信息。主要用于校准用户计算机内的时钟。接收方式有两种：单向的，不扣除传输时延；双向的，扣除传输时延，不确定度可优于 10 ms。

12.044　全球定位系统　global positioning system, GPS
美国国防部建立的高精度全球卫星无线电导航系统。至少有 24 颗卫星分布在 6 个固定平面上围绕地球旋转，卫星高度约 20 200 km，旋转周期为 11 h 58 min。地球上的用户在任一时刻都可同时收到 4 颗以上卫星，确定自己的位置。星上备有铯原子钟和铷原子钟。钟的时间每天由地面监测，并给出相对标准时间协调世界时（或 GPS 时间）的偏差。偏差值保持小于 100 ns，用户可以从收到的导航电文中得到标准时间信息校准本地时钟。

12.045　GPS 共视法　GPS common-view
相距较远的两台钟或两个地方世界时之间进行时间比对的方法。共视意味着两地同时能看到同一颗卫星，并同时测出本地钟与所接收到卫星给出的 GPS 时间差，事后交换数据得出两地时钟的时差。

12.046　卫星双向法　two way time and frequency transfer
相距较远的两台钟的时间比对方法。利用地球同步卫星的转发器作为媒介，两地同时发送各自的时间信号，一般为秒脉冲，同时测量本地钟秒脉冲与接收到的对方发来的秒脉冲间的时差。两个测量结果相减处理后，

可得到两地钟的真正时差。

12.047　载频相位测量　carrier phase measurement
全球定位系统定位时一种精密的测距方法。直接收到测量卫星发射的载频信号从卫星到接收天线所累积的相位值，乘以载频的周期可以精确得到信号在空间的传输时间。时频计量上主要用于相距较远的两地的时钟比对。在两地各自测出两地时钟相对卫星信号载频的相位差，从而求出两地时钟的读数差。

12.048　时间标准偏差　time standard deviation
多次测得的时差与其平均值之差的方均根值，用贝塞尔公式计算。主要用于分析时间传递方法的优劣程度。

12.049　时间标准　time standard
能给出标准时间（年、月、日、时、分、秒）和参考秒脉冲的装置。

12.03　频　　率

12.050　频率　frequency
重复事件的速率。单位是赫[兹]（Hz），定义为 1 s 内事件重复的次数。电信号的频率通常用赫[兹]的倍数度量，如千赫（$1\,kHz=10^3\,Hz$）、兆赫（$1\,MHz=10^6\,Hz$）、吉赫（$1\,GHz=10^9\,Hz$）。

12.051　周期　period
重复事件的重复时间，与频率互为倒数。电信号的周期通常用秒的分数度量，如毫秒（$1\,ms=10^{-3}\,s$）、微秒（$1\,\mu s=10^{-6}\,s$）、纳秒（$1\,ns=10^{-9}\,s$）。

12.052　频率标准　frequency standard
简称"频标"。一台独立工作的、输出几个

标准频率值的装置。

12.053　原子频标　atomic frequency standard
以原子在两个能级间跃迁时发射或吸收振荡信号的频率为参考，通过锁相环路锁定一个给出实用频率的晶体振荡器，使晶振频率与原子跃迁频率具有同样的准确度。

12.054　铯原子频标　cesium beam frequency standard
简称"铯频标"，又称"铯原子钟"。利用铯–133 原子在其基态的两个超精细能级间的跃迁信号控制一台晶体振荡器制成的原子频标。跃迁频率为 9 192 631 770 Hz。

12.055　氢原子频标　hydrogen frequency standard
简称"氢频标"，又称"氢原子钟"。利用氢原子在其基态的两个超精细能级间的跃迁信号控制一台晶体振荡器制成的原子频标。所用的原子跃迁频率为 1 420 405 752 Hz。

12.056　铷原子频标　rubidium frequency standard
简称"铷频标"，又称"铷原子钟"。利用铷原子在其基态的两个超精细能级间的跃迁信号控制一台晶体振荡器制成的原子频标。原子跃迁频率为 6 834 682 608 Hz。

12.057　主动型原子频标　active atomic frequency standard
原子跃迁自动发生，利用其跃迁频率经变换后锁定一台晶体振荡器制成的原子频标。

12.058　被动型原子频标　passive atomic frequency standard
原子跃迁是在外加的激励信号感应下发生而制成的原子频标。激励信号来自一台晶体振荡器，由激励信号频率与原子跃迁频率进行比较，产生与频偏成比例的信号用以调整和控制晶振频率。

12.059　石英晶体频标　quartz frequency standard
由一台独立使用的高稳恒温石英晶体振荡器制成的频标。一般输出三个频率：1MHz、5MHz、10MHz。

12.060　光频标　optical frequency standard
基于离子或原子在光频范围内的跃迁制成的频标。是一种还在研制和试验阶段的频率标准，比基于微波跃迁的原子频标具有潜在的更高的频率稳定度。

12.061　晶体振荡器　quartz oscillator
简称"晶振"。利用石英晶体的压电效应产生振荡信号的频率源。

12.062　恒温晶振　oven controlled crystal oscillator
把石英晶体放在一个温度高度稳定的恒温槽内以减少环境温度变化引起晶体谐振频率的变化并配备良好的振荡、放大、控制电路制成的晶振。具有优异的短期频率稳定度和相位噪声特性。

12.063　温补晶振　temperature compensated crystal oscillator
采用温度敏感元件及电路对温度引起的频率变化进行补偿的晶体振荡器。温补晶振比恒温晶振体积小、功耗低。

12.064　频率标称值　nominal frequency
在纸面上或频标面板上标出的频率值。

12.065　频率实际值　actual frequency
通过测量得到的频率值。

12.066　频率偏差　frequency offset
频率实际值与标称值之差。一般用相对值表示。

12.067　频率差　frequency difference
两个频标实际频率之差。

12.068　频率准确度　frequency accuracy
频率偏差的最大范围。表明频率实际值靠近标称值的程度。用数值定量表示时,不带正负号。如一个频标的频率标称值为 5 MHz,频率准确度为 2×10^{-10}, 其含意是频率实际值可能高, 但不会高出 2×10^{-10}, 也可能低, 但不会低出 2×10^{-10}, 即频率实际值 f 满足下式：

$5\,\mathrm{MHz}(1-2\times10^{-10})\leqslant f\leqslant5\,\mathrm{MHz}(1+2\times10^{-10})$。

12.069　频率稳定度　frequency stability

描述由于频率源内部噪声引起的频率取样时间内平均频率的随机起伏程度的量。

12.070　长期频率稳定度　long-term frequency stability

一般是指取样时间大于100 s的频率稳定度。

12.071　短期频率稳定度　short-term frequency stability

一般是指取样时间在 1 ms ~100 s 范围内的频率稳定度。

12.072　阿伦标准偏差　Allan standard deviation

曾称"阿伦方差"。频率稳定度在时域的数字表征，用符号$\sigma_y(\tau)$表示。

12.073　修正阿伦标准偏差　modified Allan standard deviation

阿伦标准偏差的一种模式。能从随取样时间变化的关系上区别出频率不稳定是由白噪声调相还是闪烁噪声调相引起，这两种噪声都是在取样时间小于 1 s 的频率稳定度时。

12.074　测量带宽　measurement bandwidth

频率稳定度测量装置的信号通带宽度。

12.075　相位噪声　phase noise

频率稳定度的频域表征。指单边带偏离信号载频处单位带宽内功率与载频功率之比值。单位符号为 $\mathrm{dB_C/Hz}$。

12.076　日老化率　daily aging rate

表征石英晶体频标连续工作时频率随时间单方向的慢变化程度。用相对值表示的每天的变化量，用最小二乘法估算。

12.077　月漂移率　monthly drift rate

表征原子频标连续工作时频率随时间单方向的慢变化程度。用相对值表示的每月的变化量，用最小二乘法估算。铷原子频标漂移较大，可达 $1\times10^{-11}\sim3\times10^{-11}$/月，氢原子频标较小为 $1\times10^{-14}\sim3\times10^{-14}$/月，铯原子频标很小，几乎可以忽略，故一般不给漂移率。

12.078　开机特性　warm-up

一般用于描述石英晶体频标和晶体振荡器在开机初始阶段的频率不稳情况。目前规定为开机 8 h 内频率的最大变化量，即最大值与最小值之差。

12.079　温度特性　temperature stability

当环境温度改变时，频标的输出频率跟随温度变化的特性。一般给出在温度变化范围内引起的频率最大变化量，也可给出在一定温度范围内，频率的温度系数，即每变化 1℃ 时频率的变化量。

12.080　负载特性　load stability

当频标的负载由空载到短路，两种状态下的频率变化量。

12.081　电压特性　power stability

当外加电压（一般指市电交流电压）变化10% 时，频标输出频率的最大变化量。

12.082　频率复现性　frequency repeatability

频标工作一段时间关机后，下次再开机达到稳定后，频率值与上次关机时频率值的一致程度。用两次相对频差表示。

12.083　频率复制性　frequency reproducibility

按同样设计制造出的一批频标，产生同一频率值的能力。用多台频标频率值的标准偏差表征。

12.084　频率合成器　frequency synthesizer
以内部晶振的频率值为参考，通过加、减、乘、除的电路变换产生多种近于连续的频率的仪器。一般有外部频标输入功能，可以得到更高的准确度。

12.085　频率计数器　frequency counter
用计数法测量电信号频率的仪器。

12.086　通用计数器　universal counter
测量周期、时间间隔、相位差的计数器。

12.087　分频器　frequency divider
把输入频率变成较低频率的器件。分频方式有直接数字分频和锁相分频。

12.088　倍频器　frequency multiplier
把输入频率变成较高频率的器件。

12.089　混频器　frequency mixer
将两个不同频率的输入信号变换成一个频率等于两个输入频率之差（下变频）或两个输入频率之和（上变频）的输出信号的器件。

12.090　锁相环　phase locked loop
由压控晶振、相位比较器和控制电压发生器组成的锁相环路。相位锁定后，被控晶振与参考信号具有同样的频率并始终保持。

12.091　频差倍增器　frequency difference multiplier
提高两台频率标准差频测量分辨力的装置。为避免高次倍频的难度，采用倍频、混频方法、逐级重复进行，最后得到仅把差频倍增的结果。

12.092　频标比对器　frequency standard comparator
对两台频率标准进行比对的装置。大都采用频差倍增技术，以较高的测量分辨力测出两台频标的相对平均频率差，通过软件处理可得出频率准确度、频率稳定度等计量性能指标。也可给出频率稳定度随取样时间变化的曲线。频标比对器的输入频率大多为几个点频，如 1MHz、5MHz、10MHz。

12.093　双混频时差法　dual mixer difference method
频标比对器采用的一种测量方法。内设一个媒介振荡器，分别与两比对频标的频率进行混频，产生两个低频信号，低频信号的标称频率一般取 1 Hz、10 Hz、100 Hz 或 1 kHz，测量两低频信号的时差（相位差），通过时差的变化量求出两频标的相对平均频率偏差，并利用软件计算多种取样时间的频率稳定度。

12.094　比相仪　phase comparator
用比相法测量两台频率标准相对频差的装置。相位差值大都用电压笔式记录仪观测，也有的用时间间隔计数器测量。主要用于测量取样时间较大的平均频率差和频标的长期稳定度。

12.095　频率校准　frequency calibration
以一准确度已知的频率标准作参考，校准和调整一台被校频率标准的频率值的操作过程。校准结果要给出测量不确定度。

12.096　校表仪　watch calibrator
以内置晶振作参考源用于快速测定钟表的相对走时速率的仪器。

12.097　输入灵敏度　input sensitivity
测量仪器能正常进行测量时，要求输入信号具有的最小电压值。用有效值表示。

12.098　最大输入频差　maximum input frequency difference

频率标准比对器正常工作时所允许的两比对信号间的最大频差。

12.099　GPS 控制铷频标　GPS controlled rubidium oscillator
用 GPS 信号控制一台铷原子频标，使其具有较高的频率准确度，并消除铷频标固有的漂移。采用的控制方法是测量铷频标分出的秒脉冲与 GPS 秒脉冲的时差，通过多次测量算出铷频标相对 GPS 的频差，然后调整铷频标的频率，两次调整的间隔可为 1~12 h。

12.100　GPS 控制石英频标　GPS controlled quartz oscillator
利用 GPS 信号通过相位锁定控制石英晶体振荡器的频率，使其成为一台消除老化的高准确度的石英晶体频标。

13. 光　学

13.01　基础名词

13.001　光[学]辐射　optical radiation
波长位于向 X 射线过渡区(≈1nm)和向无线电波过渡区(≈1mm)之间的电磁辐射。

13.002　可见辐射　visible radiation
能直接引起视感觉的光学辐射。可见辐射的光谱范围没有一个明确的界限，既与到达视网膜的辐射功率有关，也与观察者的响应度有关。在一般情况下，可见辐射的下限取在 360~400 nm，而上限取在 760~830 nm。通常把它们限定在 380~780 nm。

13.003　红外辐射　infrared radiation
波长比可见辐射波长长的光学辐射。

13.004　紫外辐射　ultraviolet radiation
波长比可见辐射波长短的光学辐射。

13.005　单色辐射　monochromatic radiation
具有单一频率的辐射。实际上，频率范围甚小的辐射即可看成单色辐射。也可用空气中或真空中的波长来表征单色辐射。

13.006　复合辐射　composite radiation
包含两种或两种以上单色成分的辐射。

13.007　光谱　spectrum
组成辐射的单色成分按波长或频率顺序排列。在光谱学中分为线状光谱、连续光谱和同时显示这两种特征的光谱。

13.008　[光]谱线　spectral line
光谱中表现为线状的成分。相应于在两个能级之间跃迁时发射或吸收的单色辐射。

13.009　偏振器　polarizer
又称"起偏器"。能使光学辐射束变成只具有一种偏振态的偏振辐射的光学器件。

13.010　消偏振器　depolarizer
能使光学辐射束变成非偏振辐射束，其消偏振特性与入射辐射的偏振态无关的光学器件。

13.011　反射　reflection
光束投射到不同介质的分界面时，不改变辐射的单色成分的频率而使之被界面或介质折回的现象。

13.012　吸收　absorption
辐射能与物质相互作用而转换为其他能量形式的现象。

13.013　透射　transmission
辐射在不改变其单色成分的频率时穿过介质的现象。

13.014　折射　refraction
辐射通过非光学均匀介质或者穿过不同介质的分界面时，由于其传播速度的变化而引起传播方向变化的现象。

13.015　色散　dispersion
单色辐射在介质中传播速度随其频率变化的现象。可用于描述光学器件（如棱镜或光栅）能分解辐射为单色成分的特性，或描述介质中单色辐射的传播速度随其频率变化的介质特性。

13.02　辐　射　度

13.016　点源　point source
一种发光体，其尺寸与其到辐照面的距离相比较足够小，使之在计算和测量时可以忽略不计。在所有方向均匀发射的点源被称为"各向同性点源（isotropic point source）"或"均匀点源（uniform point source）"。

13.017　立体角　solid angle
闭合锥面包围的空间。

13.018　球面度　steradian
半径为 R 的球面上，面积等于 R^2 的球面对球心的张角。是立体角的国际单位制单位，单位符号为 sr。

13.019　辐[射]通量　radiant flux
又称"辐射功率"。以辐射的形式发射、传输或接收的功率。符号为 Φ_e 或 Φ 或者 P，单位为 W。

13.020　辐[射]能量　radiant energy
在指定的时程Δt 内，辐射通量 Φ_e 的时间积分。符号为 Q_e 或 Q，单位为 J。

13.021　光子通量　photon flux
在时间元 dt 内发射、传输或接收的光子数 dN_p 除以该时间元所得之商。符号为 Φ_p 或 Φ，单位为 s^{-1}。对于光谱分布为 d$\Phi_e(\lambda)/$dλ 或 d$\Phi_e(\nu)/$dν 的辐射束，其光子通量为

$$\Phi_p = \int_0^\infty \frac{d\Phi_e(\lambda)}{d\lambda} \cdot \frac{\lambda}{hc_0} d\lambda = \int_0^\infty \frac{d\Phi_e(\nu)}{d\nu} \cdot \frac{1}{h\nu} d\nu$$

式中，h 为普朗克常量，$h = 6.626\,069\,57(29) \times 10^{-34}$ J·s，c_0 为真空中的光速，$c_0 = 299\,792\,458$ m/s。

13.022　光子数　photon number
在指定的时程Δt 内，光子通量 Φ_p 的时间积分。符号为 N_p，为无量纲的量。

13.023　光子强度　photon intensity
辐射源在包含指定方向的立体角元 dΩ 内传输的光子通量 dΦ_p 除以该立体角元所得之商，符号为 I_p。单位为 $s^{-1}\cdot sr^{-1}$。

13.024　射线束的几何广度　geometric extent of a beam of rays
量元 dG 在整个射线束上取积分。符号为 G，单位为 m^2·sr。量元 dG 定义为：

$$dG = \frac{dA \cdot \cos\theta \cdot dA' \cdot \cos\theta'}{l^2} = dA \cdot \cos\theta \cdot d\Omega$$

式中，dA 和 dA' 是束元相距为 l 的两截面面积；θ 和 θ' 是束元方向分别与 dA 和 dA' 的法线之间的夹角；$d\Omega = dA' \cos\theta' / l^2$，是 dA' 对 dA 上一点所张的立体角。对于在非漫射连续介质中传输的辐射束，$G \cdot n^2$（n 是折射率）是不变量，且称该量为"光学广度"。

13.025　辐[射]亮度　radiance

辐射源在某一方向的单位投影面积单位立体角单位波长的辐射通量，即由公式 $L_e = d\Phi_e / (dA \cdot \cos\theta \cdot d\Omega)$ 定义的量。符号为 L_e，单位为 $W \cdot m^{-2} \cdot sr^{-1}$。公式中：$d\Phi_e$ 是由经过实际或假想面上指定点的束元在包含指定方向的立体角元 $d\Omega$ 内传播的辐射通量，dA 是包含指定点的该辐射束截面积，θ 是该截面法线与辐射束方向之间的夹角。

13.026　光子亮度　photon radiance

由公式 $L_p = d\Phi_p / (dA \cdot \cos\theta \cdot d\Omega)$ 定义的量。符号为 L_p，单位为 $s^{-1} \cdot m^{-2} \cdot sr^{-1}$。公式中：$d\Phi_p$ 是由经过实际或假想面上指定点的束元在包含指定方向的立体角元 $d\Omega$ 内传播的光子通量，dA 是包含指定点的辐射束截面积，θ 是该截面法线与辐射束方向间的夹角。

13.027　辐[射]照度　irradiance

表面上一点处的辐射照度是入射在包含该点的面元上的辐射通量 $d\Phi_e$ 除以该面元面积 dA 之商，符号为 E_e，即 $E_e = \frac{d\Phi_e}{dA}$。单位为 $W \cdot m^{-2}$。

13.028　光子照度　photon irradiance

表面上一点处的光子照度是入射在包含该点的面元上的光子通量 $d\Phi_p$ 除以该面元面积 dA 之商，符号为 E_p，即 $E_p = \frac{d\Phi_p}{dA}$。单位为

$s^{-1} \cdot m^{-2}$。

13.029　曝辐[射]量　radiant exposure

表面上一点处的曝辐射量是在指定的时程内，入射在包含该点的面元上的辐射能量 dQ_e 除以该面元面积 dA 之商，符号为 H_e，单位为 $J \cdot m^{-2} = W \cdot s \cdot m^{-2}$，即 $H_e = \frac{dQ_e}{dA}$。在指定的时程 Δt 内，由指定点处的辐射照度 E_e 对时间积分，得到曝辐射量的等效定义为 $H_e = \int_{\Delta t} E_e dt$。

13.030　曝光子量　photon exposure

表面上一点处的曝光子量是在指定的时程内，入射在包含该点的面元上的光子数 dQ_p 除以该面元面积 dA 所得之商，符号为 H_p，单位为 m^{-2}，即 $H_p = \frac{dQ_p}{dA}$。在指定的时程 Δt 内，由指定点处的光子照度对时间积分，得到曝光子量的等效定义为 $H_p = \int_{\Delta t} E_p dt$。

13.031　辐[射]出射度　radiant exitance

表面上一点处的辐射出射度是离开包含该点的面元的辐射通量 $d\Phi_e$ 除以该面元面积 dA 之商，符号为 M_e，单位为 W/m^2，即 $M_e = \frac{d\Phi_e}{dA}$。

13.032　光子出射度　photon exitance

表面上一点处的光子出射度是离开包含该点的面元的光子通量 $d\Phi_p$ 除以该面元面积 dA 所得之商，即 $M_p = \frac{d\Phi_p}{dA}$。

13.033　辐射效率　radiant efficiency

辐射源发出的辐射通量除以所消耗的功率（含辅助设备，如镇流器所消耗的功率）所得之商。该量的符号为 η_e，为无量纲的量。

13.034 光谱分布 spectral distribution

在波长 λ 处，包含 λ 的波长区元 $\mathrm{d}\lambda$ 内的辐射量、光子量或光度量 $\mathrm{d}X(\lambda)$ 除以该区元所得之商，符号为 $X_\lambda(\lambda)$，即 $X_\lambda = \mathrm{d}X(\lambda)/\mathrm{d}\lambda$，单位为 $[X]\cdot\mathrm{m}^{-1}$，如 $\mathrm{W}\cdot\mathrm{m}^{-1}$，$\mathrm{lm}\cdot\mathrm{m}^{-1}$ 等。

13.035 相对光谱分布 relative spectral distribution

辐射量、光度量或光子量 $X(\lambda)$ 的光谱分布 $X_\lambda(\lambda)$ 与某一选定参考值 R 之比，符号为 $S(\lambda)$。$S(\lambda) = X_\lambda(\lambda)/R$，$R$ 可以是该分布的平均值、最大值或者任意选定的值。

13.036 热辐射 thermal radiation

由于物质的粒子（原子、分子、离子等）受热激发引起辐射能量的发射过程，或该过程所发射的辐射。

13.037 普朗克定律 Planck's law

描述普朗克辐射体的辐射亮度的光谱密集度与波长和温度的函数关系的定律，即：

$$L_{e,\lambda}(\lambda,T) = \frac{\partial L_e(\lambda,T)}{\partial \lambda} = \frac{c_1}{\pi}\lambda^{-5}(e^{c_2/\lambda T}-1)^{-1}$$

式中：L_e 为辐射亮度；λ 为真空中的波长；T 为热力学温度；$c_1 = 2\pi hc_0^2 = 3.741\,771\,53\,(17)\times 10^{-16}\,\mathrm{W}\cdot\mathrm{m}^2$；$c_2 = hc_0/k = 1.438\,777\,0\,(13)\times 10^{-2}\mathrm{m}\cdot\mathrm{K}$；$k$ 为玻尔兹曼常量；h 为普朗克常量；c_0 为真空中光速。

13.038 维恩定律 Wien's law

普朗克定律的一种近似形式。当乘积 λT 小于 $0.002\mathrm{m}\cdot\mathrm{K}$ 时，所得近似值的误差小于千分之一，该定律的数学表达式为

$$L_{e,\lambda}(\lambda,T) = \frac{c_1}{\pi}\lambda^{-5}e^{-c_2/\lambda T}.$$

13.039 斯特藩–玻尔兹曼定律 Stefan-Boltzmann law

描述普朗克辐射体的辐射出射度 M_e 与其温度 T 之间关系的定律，即 $M_e = \sigma T^4$。式中，σ 为斯特藩–玻尔兹曼常量：$\sigma = \dfrac{2\pi^5 k^4}{15h^3 c_0^2}$ $=5.670\,373\,(21)\times 10^{-8}\mathrm{W}\cdot\mathrm{m}^{-2}\cdot\mathrm{K}^{-4}$。

13.040 半球发射率 hemispherical emissivity

热辐射体的辐射出射度与处在相同温度的普朗克辐射体的辐射出射度之比。符号为 ε_h。

13.041 方向发射率 directional emissivity

热辐射体在指定方向上的辐射亮度与处在相同温度下普朗克辐射体的辐亮度之比。符号为 $\varepsilon(\theta,\varphi)$。这里的 θ 和 φ 是确定指定方向的角度坐标。

13.042 选择性辐射体 selective radiator

在所考虑的光谱区，光谱发射率随波长变化的热辐射体。

13.043 非选择性辐射体 non-selective radiator

在所考虑的光谱区，光谱发射率不随波长变化的热辐射体。

13.044 灰体 gray body

发射率小于 1 的非选择性热辐射体。

13.045 分布温度 distribution temperature

在所考虑的光谱区内，待测辐射体与普朗克辐射体具有相同或近似相同的相对光谱分布时普朗克辐射体的温度。符号为 T_D，单位为 K。

13.046 人工黑体 artificial blackbody

又称"模拟黑体（simulative blackbody）"。人工制造的、热辐射特性近似于黑体的装置或器件。通常由辐射腔体、控温和测温系统、光阑等部分构成。用计算或实验方法确定其发射率。根据其工作波段的不同，大致可分

为常温黑体炉、中温黑体炉和高温黑体炉三类。工作温度和发射率已知的黑体炉可以作为基准或标准辐射源复现全辐射亮度和光谱辐射亮度的单位量值。工作温度、发射率和光阑面积已知的黑体炉可以复现全辐射照度和光谱辐射照度的单位量值。

13.047　等离子体　plasma
由大量的接近于自由运动的带电粒子所组成的体系。这种体系在整体上是准中性的，粒子的运动主要由粒子间的电磁相互作用决定，由于是长程的相互作用，因而具有集体行为。

13.048　等离子黑体　plasma blackbody
在紫外和真空紫外区，由稳定的高温惰性气体放电而产生的辐射系数等于或大于 5 cm^{-1} 的弧辐射源。

13.049　壁稳氩弧　wall-stabilized argon arc
在一个大气压下，两电极间充以稳定的氩气而激发的光弧，使轴向温度达到 10^4 K 以上，处于局部热力学平衡条件下的等离子体弧辐射。

13.050　小氩弧　argon mini-arc
辐射波长在 152~335 nm 范围的壁稳氩弧。具有高的稳定性和重复性，可作为辐射亮度的传递标准。

13.051　氢弧　hydrogen arc
在一个大气压下，在弧柱中充以稳定的氢，使弧温度达到 10^4 K 以上，处于局部热力学平衡时发出波长从 130~360 nm 光波的连续辐射。

13.052　同步[加速器]辐射　synchrotron radiation
由具有极大加速度的自由带电粒子（如在环形轨道上高速运动的带电粒子）发出的辐射。

13.053　全辐射亮度　total radiance
在一定光谱范围内，某给定场点在指定方向上的单位投影面积在单位立体角内通过的辐射功率。符号为 L，单位为 W/(sr $\cdot$ m^2)。

13.054　全辐射照度　total irradiance
被光辐射照射的表面上单位面积内接收的辐射通量。符号为 E，单位为 W/m^2。

13.055　光谱辐射亮度　spectral radiance
在包含波长 λ 的单位波长间隔内，某给定场点在指定方向上的单位投影面积在单位立体角内通过的辐射功率。符号为 $L_{(\lambda)}$，单位为 W/(sr $\cdot$ m^2 $\cdot$ μm)。

13.056　光谱辐射照度　spectral irradiance
在包含波长 λ 的单位波长间隔内，被光辐射照射的表面上单位面积内接收的辐射通量。符号为 $E_{(\lambda)}$，单位为 W/(m^2 $\cdot$ μm)。

13.057　标准辐射源　standard radiant source
用于校准其他辐射源或辐射探测器的辐射源。

13.058　光谱辐[射]亮度标准灯　standard lamp for spectral radiance
用于保存和传递辐射亮度的光谱密集度单位量值的特制电光源。具有一亮度均匀、稳定的发光面，如钨带灯、氚放电灯等。

13.059　光谱辐[射]照度标准灯　standard lamp for spectral irradiance
用于保存和传递辐射照度的光谱密集度单位量值的特制电光源。其发光体布置成一平面或直线，以便于计算发光体到照射面之间的距离。如排丝溴钨灯和双端引出的管状溴钨灯。

仪器。

13.060 分布温度标准灯 standard lamp for distribution temperature

用于保持和传递分布温度单位量值的特制白炽灯。主要用作可见辐射区的相对光谱功率分布标准和校准分布温度计与色温计。

13.061 光谱总辐射通量标准灯 spectral total radiant flux standard lamp

用于保持和传递一个波长或多个波长的几何总辐射通量单位量值的特制电光源。

13.062 辐射计 radiometer

测量辐射量(如辐亮度、辐照度等)的仪器。

13.063 光谱辐射计 spectroradiometer

在指定光谱区内以窄带方式测量辐射量的

13.064 变角辐射计 variable angle radiometer

用于测量辐射源、灯具、介质或表面的辐射空间分布特性的辐射计。

13.065 紫外[辐射]照度计 UV irradiance meter

测量紫外辐射照度的仪器。

13.066 曝辐[射]量表 radiant exposure meter

测量曝辐射量的仪器。

13.067 总辐射通量积分仪 total radiant flux integrating meter

测量总辐射通量(积分的或单色的)的仪器。可以是积分球、多面体积分器或圆筒形积分器。

13.03　光　　度

13.068 光 light

人眼可以看见的一系列电磁波,波长在380~780nm范围。"*被知觉的光(perceived light)*"是人的视觉系统特有的所有知觉和感觉的普遍和基本的属性;进入眼睛并引起光感觉的可见辐射称为"*光刺激(light stimulus)*"。

13.069 明视觉 photopic vision

正常人眼适应于几个坎德拉每平方米以上的光亮度水平时的视觉。这时,视网膜上的锥状细胞是起主要作用的光感受器。

13.070 暗视觉 scotopic vision

正常人眼适应于百分之几坎德拉每平方米以下的光亮度水平时的视觉。这时,视网膜上的柱状细胞是起主要作用的光感受器。

13.071 中间视觉 mesopic vision

介于明视觉和暗视觉之间的视觉。这时,视网膜上的锥状细胞和柱状细胞同时起作用。

13.072 光谱光[视]效率 spectral luminous efficiency

波长为 λ_m 与 λ 的两束辐射,在特定光度条件下产生相等光感觉时,该两束辐射通量之比,选择 λ_m 使其比值的最大值等于1。用于明视觉时符号为 $V(\lambda)$,用于暗视觉时符号为 $V'(\lambda)$。

13.073 CIE 标准光度观察者 CIE standard photometric observer

相对光谱响应曲线符合明视觉的 $V(\lambda)$ 函数或者暗视觉的 $V'(\lambda)$ 函数的理想观察者。遵从光通量定义中所含的相加律。

13.074　光通量　luminous flux
根据辐射对 CIE 标准光度观察者的作用，从辐射通量 Φ_e 导出的光度量。该量的符号为 Φ_v，单位为 lm。对于明视觉，有

$$\Phi_v = K_m \int_0^\infty \frac{d\Phi_e(\lambda)}{d\lambda} V(\lambda) d\lambda 。$$

式中，$d\Phi_e(\lambda)/d\lambda$ 是辐射通量的光谱分布，$V(\lambda)$ 是光谱光视效率。对于暗视觉，应将上式中 K_m 和 $V(\lambda)$ 分别换成 K'_m 和 $V'(\lambda)$。

13.075　总光通量　[geometry] total luminous flux
光源向整个空间发出的光通量的总和。符号为 Φ，单位为 lx。

13.076　光量　quantity of light
在指定时程 Δt 内，光通量 Φ_v 的时间积分，符号为 Q_v。单位为 lm·s 或 lm·h。

13.077　发光强度　luminous intensity
光源在包含指定方向的立体角元 $d\Omega$ 内传输的光通量 $d\Phi_v$ 除以该立体角元之商，符号为 I_v，即 $I_v = d\Phi_v / d\Omega$。单位为 cd。

13.078　[光]亮度　luminance
由公式 $L = d\Phi_v/(dA \cdot \cos\theta \cdot d\Omega)$ 定义的量。式中，$d\Phi_v$ 是由通过实际或假想面上指定点的光束元在包含指定方向的立体角元 $d\Omega$ 内传播的光通量，dA 是包含指定点的光束截面积，θ 是该截面法线与光束方向间的夹角。符号为 L_v，L，单位为 cd/m²=lm·m⁻²·sr⁻¹。

13.079　[光]照度　illuminance
表面上一点处的光照度是入射在包含该点的面元上的光通量 $d\Phi_v$ 除以该面元面积 dA 之商，即 $E_v = \dfrac{d\Phi_v}{dA}$。该量的符号为 E_V 或 E，单位为 lx，lx=lm·m⁻²。若将表示式 $L_v \cdot \cos\theta \cdot d\Omega$ 对指定点所见的半球空间进行积分，则得到光照度的等效定义为

$$E_v = \int_{2\pi sr} L_v \cdot \cos\theta \cdot d\Omega 。$$

式中，L_v 是从不同方向入射的、立体角为 $d\Omega$ 的光束元对着指定点的光亮度，θ 是这些光束元与指定点所在表面法线间的夹角。

13.080　[光]出射度　luminous exitance
表面上一点处的光出射度是离开包含该点面元的光通量 $d\Phi_v$ 除以该面元面积 dA 所得之商，即 $M_v = \dfrac{d\Phi_v}{dA}$。若将表示式 $L_v \cdot \cos\theta \cdot d\Omega$ 对指定点所见的半球空间进行积分，则得到光出射度的等效定义为 $M_v = \displaystyle\int_{2\pi sr} L_v \cdot \cos\theta \cdot d\Omega$

式中，L_v 是指定点上立体角为 $d\Omega$ 的不同方向光束元的光亮度，θ 是这些光束元与该点所在表面法线间的夹角。该量的符号为 M_v 或 M，单位为 lm·m⁻²。

13.081　曝光量　luminous exposure
表面上一点处的曝光量是在指定的时程内，入射在包含该点的面元上的光量 dQ_v 除以该面元面积 dA 之商，即 $H_v = \dfrac{dQ_v}{dA}$。该量的符号为 H_v，单位为 lx·s，1lx·s=1lm·s·m⁻²。若在指定的时程 Δt 内，将入射在指定点处的光照度 E_v 对时间积分，则得到曝光量的等效定义为 $H_v = \displaystyle\int_{\Delta t} E_v dt$。

13.082　点耀度　point brilliance
在人眼感觉不出光源的表观直径的距离上，直接目视观测光源时所涉及的光度量。是以观察者眼睛所处平面（垂直于光源方向）上产生的光照度来度量的。符号为 E_v 或 E，单位为 lx。

13.083　等效光亮度　equivalent luminance
一比较场的光亮度。其辐射的相对光谱功率

分布与处于铂凝固温度的普朗克辐射体相同,其频率为 540×10^{12} Hz 的单色辐射与所考虑的视场在特定的光度测量条件下有相同的视亮度。比较场须有特定的形状和大小,但是可以不同于所考虑的场。等效光亮度的符号为 L_{eq},单位为 $cd \cdot m^{-2}$。

13.084　坎[德拉]　candela
发光强度的国际单位制基本单位。符号为 cd。1cd=1lm/sr。发出频率为 540×10^{12} Hz 辐射的光源在指定方向的辐射强度为 1/683 W/sr 时在该方向的发光强度。

13.085　流明　lumen
发光强度为 1cd 大的均匀点光源在单位立体角(球面度)内发出的光通量。其等效定义是频率为 540×10^{12} Hz、辐射通量为 1/683 W 的单色辐射束的光通量。光通量的国际单位制单位,符号为 lm。

13.086　辐射的光效能　luminous efficacy of radiation
光通量 Φ_v 除以相应的辐射通量 Φ_e 之商,符号为 K,即 $K = \Phi_v / \Phi_e$。单位为 $lm \cdot W^{-1}$。对于单色辐射,明视觉条件下 $K(\lambda)$ 的最大值用 K_m 表示:$K_m = 683 \ lm \cdot W^{-1}$($\lambda_m = 555$ nm)。在暗视觉条件下:$K'_m = 1700 \ lm \cdot W^{-1}$($\lambda_m' = 507$ nm)。对于其他波长则有:$K(\lambda) = K_m \cdot V(\lambda)$ 和 $K'(\lambda) = K'_m \cdot V'(\lambda)$。

13.087　辐射的光效率　luminous efficiency of radiation
按照 $V(\lambda)$ 加权的辐射通量与其相应的辐射通量之比。符号为 V,单位为 1,即

$$V = \frac{\int_0^\infty \Phi_{e,\lambda}(\lambda)V(\lambda)\mathrm{d}\lambda}{\int_0^\infty \Phi_{e,\lambda}(\lambda)\mathrm{d}\lambda} = \frac{K}{K_m}$$

上式为明视觉适应下的计算公式,其中明视

觉光谱光视效率 $V(\lambda) = K(\lambda) / K_m$;在暗视觉适应下,上式中的光谱光视效率函数相应地更换为 $V'(\lambda) = K'(\lambda) / K'_m$。

13.088　光源的发光效能　luminous efficacy of a source
简称"光源的光效"。光源发出的光通量除以所消耗功率之商。该量的符号为 η_v,单位为 $lm \cdot W^{-1}$。

13.089　光度学　photometry
按约定的光谱光视效率函数 $V(\lambda)$ 或 $V'(\lambda)$ 评价辐射量的有关测量技术。

13.090　光度计量基准　national measurement standard of photometry
复现发光强度基本单位(坎德拉)量值的测量装置。在 20 世纪 70 年代以前,国际上采用铂凝固点黑体作光度基准。坎德拉新定义通过后,以辐射的绝对测量为基础建立光度计量基准。

13.091　发光强度标准灯　standard lamp for luminous intensity
用于保存和传递发光强度单位量值的特种白炽电灯。其发光体布置成平面、玻壳的形状和附加光阑力求避免或减少杂散光,使之在较宽的距离范围满足距离平方反比法则的要求。

13.092　总光通量标准灯　standard lamp for total luminous flux
用于保存和传递总光通量单位量值的特种电光源。有白炽灯和气体放电灯两大类,它们各自又有若干品种和规格,使之在发光空间分布和光谱组成等方面尽量与被测灯接近。

13.093　比较灯　comparison lamp
发光稳定,但不必知道其发光强度、光通量

或光亮度值的光源。用以相继比较标准灯和待测灯。

13.094　标准照度计　standard illuminance meter
用于保存和传递光照度单位量值的、性能稳定、$V(\lambda)$失配因数小且符合相关规范要求的光照度计。

13.095　测光导轨　photometric bench
简称"光轨"，又称"光度测量装置"。由直线导轨、测距标尺、滑车、光度计台、灯架和光阑等组成的装置。主要用于按照距离平方反比法则测量发光强度和校准光度计。

13.096　目视光度测量法　visual photometry
用人眼判定被比较的两个光照面上光刺激的平衡而进行的光度测量方法。

13.097　物理光度测量法　physical photometry
使用经过$V(\lambda)$修正的物理探测器代替人眼进行的光度测量方法。

13.098　光度计　photometer
测量光度量的仪器的总称。

13.099　目视光度计　visual photometer
在目视光度测量中使用的光度计。

13.100　等视亮度光度计　equality of brightness photometer
同时观测比较视场的两部分，且调节两部分视亮度使之相等的目视光度计。

13.101　等对比光度计　equality of contrast photometer
同时观测比较视场的两部分，且调节两部分对比度使之相等的目视光度计。

13.102　闪烁光度计　flicker photometer
目视光度计的一种。人眼所观测的单一视场由待比较的两光源交替照明，或观测到交替照亮的两相邻视场，适当选择交替频率使之高于色融合频率而低于视亮度融合频率。

13.103　物理光度计　physical photometer
一种测量光度的仪器。其物理探测器的光谱响应度与CIE标准光度观察者一致。

13.104　光谱失配修正因数　spectral mis-match correction factor
又称"色修正因数"。当光度计所测光源的相对光谱功率分布与校准光度计时所用光源不相同时，用于与物理光度计的读数相乘的因数，以修正由于光度计的相对光谱响应度与CIE标准光度观察者的光谱光视效率函数不一致所产生的误差。符号为F^*。

$$F^* = \frac{\int P(\lambda)V(\lambda)\mathrm{d}\lambda \cdot \int P_A(\lambda)S_{\mathrm{rel}}(\lambda)\mathrm{d}\lambda}{\int P(\lambda)S_{\mathrm{rel}}(\lambda)\mathrm{d}\lambda \cdot \int P_A(\lambda)V(\lambda)\mathrm{d}\lambda}$$

式中，$S_{\mathrm{rel}}(\lambda)$为光度计的相对光谱响应度，$P(\lambda)$和$P_A(\lambda)$分别为被测光源和CIE标准照明A的相对光谱功率分布。

13.105　[光]照度计　illuminance meter
测量光照度的仪器。

13.106　[光]亮度计　luminance meter
测量光亮度的仪器。

13.107　变角光度计　variable angle photometer
测量光源、照明器、介质或表面的光的空间分布特性的光度计。

13.108　积分球　integrating sphere
作为辐射计、光度计或光谱光度计的部件使

用的中空球。其内表面覆以在使用光谱区几乎没有光谱选择性的漫反射材料。

13.109　球形光度计　integrating-sphere photometer

配有积分球的光度计。主要用于相对法(比较法)测量光源的总光通量。

13.110　摄影昼光　photographic daylight
色温近似为 5 500 K 的照明体。

13.04　光　谱　光　度

13.111　光谱光度学　spectrophotometry
在确定的几何条件下,对材料的反射、吸收和透射等量随波长分布的测量技术。

13.112　漫射　diffusion
又称"散射"。辐射束在不改变其单色成分的频率时,被表面或介质分散在许多方向的空间分布过程。

13.113　规则反射　regular reflection, specular reflection
又称"镜反射"。在无漫射的情形下,按照几何光学的定律进行的反射。

13.114　规则透射　regular transmission
又称"直接透射"。在无漫射的情形下,按照几何光学的定律进行的透射。

13.115　漫反射　diffuse reflection
在宏观尺度上不存在规则反射时,由反射造成的弥散。

13.116　漫透射　diffuse transmission
在宏观尺度上不存在规则透射时,由透射造成的弥散。

13.117　混合反射　mixed reflection
规则反射和漫反射兼有的反射。

13.118　混合透射　mixed transmission

规则透射和漫透射兼有的透射。

13.119　各向同性漫反射　isotropic diffuse reflection
被反射的辐射在反射半球的各个方向上产生相同的辐亮度或光亮度的漫反射。

13.120　各向同性漫透射　isotropic diffuse transmission
透过的辐射在透射半球的各个方向上产生相同的辐亮度或光亮度的漫透射。

13.121　漫射体　diffuser
主要靠漫射现象改变辐射的空间分布的器件。如果漫射体所反射或透射的全部辐射是漫射的,则可说该漫射体是全漫射体,它与反射或透射是否各向同性无关。

13.122　理想漫反射体　perfect reflecting diffuser
反射比等于 1 的完美的各向同性漫射体。

13.123　理想漫透射体　perfect transmission diffuser
透射比等于 1 的完美的各向同性漫射体。

13.124　朗伯余弦定律　Lambert's cosine law
一个面元的辐亮度或光亮度在其表面上半球的所有方向相等时,则有 $I(\theta) = I_n \cos\theta$。式中,$I(\theta)$ 和 I_n 分别表示面元在 θ 角(与表面法线夹角)方向及其法线方向的辐射强度或光强度。

13.125 朗伯面 Lambertian surface
一种表面的辐射空间分布符合朗伯定律的理想表面。对于朗伯面有 $M=\pi L$，式中，M 是辐射出射度或光出射度；L 是辐亮度或光亮度。

13.126 反射比 reflectance
在入射辐射的光谱组成、偏振状态和几何分布指定条件下，反射的辐射通量或光通量与入射通量之比。符号为 ρ。

13.127 透射比 transmittance
在入射辐射的光谱组成、偏振状态和几何分布指定条件下，透射的辐射通量或光通量与入射通量之比。符号为 τ。

13.128 规则反射比 regular reflectance
反射通量中的规则反射成分与入射通量之比。符号为 ρ_r。

13.129 规则透射比 regular transmittance
透射通量中的规则透射成分与入射通量之比。符号为 τ_r。

13.130 漫反射比 diffuse reflectance
反射通量中的漫反射成分与入射通量之比。符号为 ρ_d。

13.131 漫透射比 diffuse transmittance
透射通量中的漫透射成分与入射通量之比。符号为 τ_d。

13.132 反射因数 reflectance factor
在入射辐射的光谱组成、偏振状态和几何分布指定条件下，待测反射体在指定的圆锥所限定的方向反射的辐射通量(或光通量)与完全相同照射(或照明)条件下理想漫反射体在同一方向反射的通量之比。符号为 R。

13.133 反射[光学]密度 reflectance [optical] density
反射比 ρ 的倒数取 10 为底的对数。符号为 D_ρ，即 $D_\rho = -\lg \rho$。

13.134 透射[光学]密度 transmittance [optical] density
透射比 τ 的倒数取 10 为底的对数。符号为 D_τ，即 $D_\tau = -\lg \tau$。

13.135 反射因数[光学]密度 reflectance factor [optical] density
反射因数 R 的倒数取 10 为底的对数。符号为 D_R，即 $D_R = -\lg R$。

13.136 辐[射]亮度因数 radiance factor
非自发辐射的介质面元在指定方向上的辐亮度与相同照射条件下理想漫反射(或漫透射)体的辐亮度之比。符号为 β_e 或 β。遇到光致发光介质时，该辐亮度因数是反射辐亮度因数和发光辐亮度因数之和。

13.137 光亮度因数 luminance factor
非自发辐射的介质面元在指定方向上的光亮度与相同照明条件下理想漫反射(或漫透射)体的光亮度之比。符号为 β_v。遇到光致发光介质时，该光亮度因数是反射光亮度因数和发光光亮度因数之和。

13.138 辐亮度系数 radiance coefficient
介质面元在指定方向上的辐亮度除以该介质上的辐照度所得之商。符号为 q_e，单位为 sr^{-1}。

13.139 光亮度系数 luminance coefficient
介质面元在指定方向的光亮度除以同一介质上的光照度所得之商。符号为 q_v，单位为 sr^{-1}。

13.140 反射计测值 reflectometer value

由特定反射计测得的值。符号为 R'。

13.141 光泽 gloss

表面的外观模式,由于表面具有方向选择性,感觉到物体的反射亮光好像重叠在该表面上。

13.142 朦胧度 haze

又称"雾度"。试样的漫透射比 τ_d 与其总透射比(规则透射比 + 漫透射比)τ_t 之比,再乘以 100。符号为 H_d。

13.143 吸收比 absorptance

在规定条件下,吸收的辐射通量或光通量与入射通量之比。符号为 α。

13.144 光谱线性衰减系数 spectral linear attenuation coefficient

由于吸收和漫射,准直辐射束在沿长度元 dl 方向传输时,其辐射通量的光谱集度 $\Phi_{e,\lambda}$ 在所考虑点的相对减少量除以长度 dl 所得之商,符号为 $\mu(\lambda)$,即 $\mu(\lambda) = \frac{1}{\Phi_{e,\lambda}} \frac{d\Phi_{e,\lambda}}{dl}$。单位为 m^{-1}。

13.145 光谱线性吸收系数 spectral linear absorption coefficient

由于吸收,准直辐射束在沿长度元 dl 方向传输时,其辐射通量的光谱集度 $\Phi_{e,\lambda}$ 在所考虑点的相对减少量除以长度 dl 所得之商,符号为 $\alpha(\lambda)$,即 $\alpha(\lambda) = \frac{1}{\Phi_{e,\lambda}} \frac{d\Phi_{e,\lambda}}{dl}$。单位为 m^{-1}。

13.146 光谱质量衰减系数 spectral mass attenuation coefficient

光谱线性衰减系数 $\mu(\lambda)$ 除以介质的质量密度 ρ 所得之商。符号为 μ_a,单位为 $\text{m}^2 \cdot \text{kg}^{-1}$。

13.147 光谱光学厚度 spectral optical thickness

又称"光谱光学深度"。对于长度指定的介质,是指一个在大气物理学和物理海洋学中使用的量。对于沿着指定长度方向传播的波长为 λ 的单色准直辐射束,在其通过均匀或非均匀漫射介质的路程上,从点 x_1 到点 x_2 时,介质在点 x_1 到点 x_2 之间的光谱光学厚度符号为 $\delta(\lambda)$,$\delta(\lambda)$ 被定义为:$\delta(\lambda) = \int_{x_1}^{x_2} \mu(x, \lambda) dx$。式中,$\mu(x, \lambda)$ 是在 x 处的光谱线性衰减系数。对于均匀的非漫射层来说,$\delta(\lambda)$ 就是光谱内透射密度。

13.148 光谱内透射比 spectral internal transmittance

到达均匀非漫射薄层的内出射面的光谱辐射通量与穿越入射面进入薄层的光谱辐射通量之比。符号为 $\tau_i(\lambda)$。对于指定薄层的光谱内透射比,依赖于薄层内的辐射程,尤其是入射角。

13.149 光谱内吸收比 spectral internal absorptance

到达均匀非漫射薄层的内入射面和内出射面之间被吸收的光谱辐射通量与穿过入射面进入薄层的光谱辐射通量之比。符号为 $\alpha_i(\lambda)$。

13.150 光谱吸收度 spectral absorbance

又称"光谱内透射密度(spectral internal transmittance density)"。光谱内透射比 $\tau_i(\lambda)$ 的倒数取 10 为底的对数。符号为 $A_i(\lambda)$,即 $A_i(\lambda) = -\lg \tau_i(\lambda)$。

13.151 反射率 reflectivity

材料层的厚度达到其反射比不随厚度的增加而变化时的反射比。符号为 ρ_∞。

13.152 光谱透射率 spectral transmissivity

在不受材料界面影响条件下，辐射程为一个单位长度时，材料层的光谱内透射比。符号为 $\tau_{i,o}(\lambda)$。必须规定这个单位长度，如果使用新的单位长度比原来长度大 k 倍，则 $\tau_{i,o}(\lambda)$ 的值将变为 $\tau'_{i,o}(\lambda) = [\tau_{i,o}(\lambda)]^k$。

13.153　光谱吸收率　spectral absorptivity

在不受材料界面影响条件下，辐射程为一个单位长度时，材料层的光谱内吸收比。符号为 $\alpha_{i,o}(\lambda)$。必须规定这个单位长度，如果使用新的单位长度比原来长度大 k 倍，则 $\alpha_{i,o}(\lambda) = 1 - \tau_{i,o}(\lambda)$ 的值将变为 $\alpha'_{i,o}(\lambda) = 1 - [\tau_{i,o}(\lambda)]^k$。

13.154　漫射因数　diffusion factor

当所考虑的漫射表面被垂直照明时，在与法线成 20° 和 70° 角测得的光亮度平均值与 5° 角测得的光亮度值之比。符号为 σ，即 $\sigma = \dfrac{L(20°) + L(70°)}{2L(5°)}$。用以表示漫射通量的空间分布。对于每个各向同性的漫射体来说，无论其为漫反射比还是漫透射比，σ 都等于 1。定义漫射因数的这种方法，只适用于其漫射指示线与普通乳白玻璃无明显差别的材料。

13.155　漫射指示线　indicatrix of diffusion

用极坐标平面图描述漫反射或漫透射介质面元的相对辐射光强度或辐射光亮度在空间的角分布。对于窄束入射辐射来说，用笛卡儿坐标表示漫射指示线是方便的，如果角分布具有旋转对称性，则用其子午截面的指示线。

13.156　逆反射　retroreflection

反射光线沿靠近入射光的反方向返回的反射。当入射光的方向在较大范围内变化时，仍能保持这种性质。

13.157　逆反射元　retroreflective element

逆反射表面或器件的最小光学单元。通过折射或反射或二者同时产生逆反射现象。

13.158　逆反射器　retroreflector

显示逆反射的表面或器件。

13.159　逆反射材料　retroreflective material

具有微小逆反射元的连续薄层材料。该逆反射元在或者非常接近其曝露面。

13.160　观测角　observation angle

逆反射的观测方向与入射光线的夹角。符号为 α。

13.161　投射角　entrance angle

逆反射体相对于入射光线方向的夹角。符号为 β。对于平面型反射体，投射角一般与入射角相一致。

13.162　逆反射比　retroreflectance

在入射和反射条件限制在很狭窄的范围内，反射辐光通量和入射通量之比。

13.163　光强度系数　coefficient of luminous intensity

逆反射在观测方向的光强度 I 除以投向逆反射体且落在垂直于入射光方向的平面内的光照度 $E_\perp$ 之商。符号为 R，即 $R = I / E_\perp$。单位为 $cd \cdot lx^{-1}$。

13.164　逆反射系数　coefficient of retrore-flection

逆反射面的逆反射光强度系数除以其被照面积 A 之商。符号为 R'，即 $R' = E / A = I / A \cdot E_\perp$。单位为 $cd \cdot lx^{-1} \cdot m^{-2}$。

13.165　逆反射光亮度系数　coefficient of retroreflected luminance

逆反射面在观测方向的光亮度 L 除以投向逆反射体在垂直于入射光方向的平面内的光照度 $E_\perp$ 之商。符号为 R_L，即 $R_L = L / E_\perp$。单位为 sr^{-1}。

13.166 液晶显示器 liquid crystal displayer
由其反射比或透射比随所加电场而改变的液态晶体制成的显示器。

13.167 折射率 refractive index
电磁波在真空中的速度与其单色辐射在介质中的相速度之比。符号为 $n(\lambda)$。对于各向同性介质，该折射率等于入射角 θ_1 的正弦与光线穿过真空与介质界面的折射角 θ_2 的正弦之比，即 $n(\lambda) = \sin\theta_1 / \sin\theta_2$。

13.168 [强吸收材料的]光谱吸收指数
spectral absorption index [of a heavity absorbing material]
光谱吸收系数 $\alpha(\lambda)$ 与波长 λ 乘积的 4π 分之一。符号为 $\kappa(\lambda)$，即 $\kappa(\lambda) = \dfrac{\lambda}{4\pi}\alpha(\lambda)$。

13.169 滤光器 optical filter
改变辐射光通量、相对光谱分布或二者同时被改变的规则透射器件。

13.170 中性楔 neutral wedge
透射比沿楔表面的直线路径或曲线路径连续变化的非选择性滤光器。

13.171 中性阶梯楔 neutral step wedge
透射比沿楔表面的直线路径或曲线路径呈阶梯式变化的非选择性滤光器。

13.172 透明介质 transparent medium
在特定的光谱区，主要表现为规则透射的介质。通常具有较高的规则透射比。如果物体的几何形状合适，则通过可见区透明的介质即可看清该物体。

13.173 半透明介质 translucent medium
又称"模糊介质"。以漫射的形式透过可见辐射的介质。透过该介质看不清任何物体。

13.174 非透明介质 opaque medium
在特定的光谱区，不透或几乎不透辐射的介质。

13.175 光谱光度计 spectrophotometer
在相同波长上，测量同一辐射量的两个值之比的仪器。

13.176 反射计 reflectometer
测量反射量的仪器。

13.177 光密度计 optical densitometer
测量反射或透射光学密度的仪器。

13.178 光泽度计 gloss meter
测量光泽表面的光度性质的仪器。

13.179 朦胧度计 haze meter
又称"雾度计"。测量朦胧度的仪器。在特定条件下用积分球测量。

13.180 多色仪 polychromator
同时产生多条窄带光谱通道的光学器件。

13.181 傅里叶[变换]光谱仪 Fourier transform spectrometer
基于双光束干涉原理，经频率调制产生干涉图、再经傅里叶变换解调后，获得光谱信息的第三代光谱仪。

13.182 变角反射计 variable angle reflectometer
测量表面的反射辐射或光方向分布特性的仪器。

13.183　光谱反射比　spectral reflectance
在一定波长、偏振状态和空间条件下，反射的辐射通量与入射通量之比。符号为$\rho(\lambda)$。

13.184　光谱反射因数　spectral reflectance factor
在入射辐射的光谱组成、偏振状态和空间分布指定的条件下，待测反射体在指定的圆锥所限定的方向反射的辐射通量与完全相同照射条件下理想漫反射体在同样几何条件下反射的通量之比。符号为R。

13.185　光谱规则透射比　spectral regular transmittance
透射通量中的规则透射成分与入射通量之比。符号为τ_r。

13.186　标准玻璃滤光器　spectrophotometric standard of glass filters
用以校准分光光度计光度标，并具有不同透射比的中灰玻璃滤光器组。具有强吸收峰的玻璃滤光器，用以校准分光光度计波长标。

13.187　光谱乘积　spectral production
入射通量的光谱分布S与探测器的光谱响应度s在每一波长上的乘积。符号为Π，即$\Pi = S \cdot s$。

13.188　杂散光　stray light
又称"杂散辐射"。不遵循仪器设计的光路到达探测器的通量。分为同色和异色两种杂散光。

13.189　孔径通量　aperture flux
在移去试样但不干扰系统其他部分时，在有用光谱区从取样孔某些方向出来的通量。符号为Φ_φ。

13.190　透射因数　transmittance factor
透过试样的通量与孔径通量之比。符号为T，即$T = \Phi_\tau / \Phi_\varphi$。

13.191　透射因数密度　transmittance factor density
透射因数的倒数取以10为底的对数。符号为D_T，即$D_T = -\lg T$。在感光测定中，这个量又称为"透射密度"。

13.192　视觉密度　visual density
用光谱响应度与CIE $V(\lambda)$相符合的探测器测得的透射和反射密度。

13.193　彩色积分密度　color integrating density
由具有确定光谱加权函数的测试系统测得的透射或反射密度。M状态、A状态和T状态密度是常用的彩色积分密度。

13.194　投影密度　projection density
在入射通量与透射辐射通量的角分布范围相等的条件下测量的一种密度。

13.195　显微透射比　microtransmittance
在胶片微小面积上的透射比。

13.196　显微密度　microdensity
显微透射比的倒数取以10为底的对数。

13.197　漫透射视觉密度　diffuse transmission visual density
用光谱响应度与CIE标准光度观察者相符合的物理探测器测得的漫透射比的倒数取以10为底的对数。

13.198　漫透射彩色积分密度　diffuse transmission color integrating density
由代表一定颜色的具有确定光谱加权函数

的测试系统测得的漫透射比的倒数取以10 为底的对数。

13.05　色　　度

13.199　色度学　colorimetry
建立在一组协议上的有关颜色的测量技术。

13.200　目视色度测量　visual colorimetry
在色刺激之间用眼睛做定量比较的色度测量。

13.201　物理色度测量　physical colorimetry
用物理探测器代替人眼对色刺激进行的色度测量。

13.202　[颜]色　color
(1)感知意义：包括彩色和无彩色及其任意组合的视知觉属性。该属性可以用诸如黄、橙、棕、红、粉红、绿、蓝、紫等区分彩色的名词来描述，或用诸如白、灰、黑等说明无彩色的名词来描述，还可用明或亮和暗等词来修饰，也可以用上述各种词的组合词来描述。(2)心理物理意义：用如三刺激值定义的可计算值对色刺激所做的定量描述。

13.203　[感知的]彩色　chromatic [perceived] color
(1)从认知方面：彩色是指所感知的颜色具有色调，因而常用形容词"彩色"、"彩色的"来描述以区别于白、灰、黑。(2)从心理感受方面：在通常的适应条件下，引起彩色感知的刺激。对于物体色，通常认为纯度大于0的刺激为彩色刺激。

13.204　[感知的]无彩色　achromatic [perceived] color
(1)从认知方面：无色调的可感知色。反射物体通常用白、灰、黑等词语描述，对于透射物体，通常称无色的，或中性的。(2)从

心理感受方面：在通常的适应条件下，引起无彩色感知的刺激。对于物体色，一般认为在所有照明体下的完全漫反射体或完全漫透射体都是无彩色刺激，但照明光源具有很高彩度的情况除外。

13.205　物体色　object color
被感知为某一物体所具有的颜色。

13.206　表面色　surface color
被感知为某一漫反射或发射光的表面所具有的颜色。

13.207　[感知的]发光色　luminous [perceived] color
被感知为某一发光区域（如光源）或镜面反射光的区域所具有的颜色。

13.208　[感知的]非发光色　non-luminous [perceived] color
被感知为某一透射或漫反射区域所具有的颜色。

13.209　[感知的]相关色　related [perceived] color
被感知为某一与其他颜色相关的区域所具有的颜色。

13.210　[感知的]非相关色　unrelated [perceived] color
被感知为某一与其他颜色隔离的区域所具有的颜色。

13.211　色调　hue
根据所观察区域呈现的感知色与红、绿、黄、

蓝的一种或两种组合的相似程度来判定的视觉属性。

13.212　视彩度　colorfulness
根据所观察区域感知色呈现的色彩多寡来判定的视觉属性。对于色品一定的色刺激和在相关色情况下光亮度因数一定的色刺激，除非视亮度很高，视彩度通常随亮度增大而增大。以前，视彩度表示色调和饱和度的组合感觉，即与色品的感知有关。

13.213　饱和度　saturation
按视亮度比例来判定的所观察区域的视彩度。在给定的观察条件下，除非视亮度很高，色品一定的色刺激在产生明视觉的光亮度范围内呈现大体不变的饱和度。

13.214　彩度　chroma
依据与所观察区域有相似照明的表观为白色或高透射区域的视亮度比例来判定的视彩度。在给定的观察条件下，除非视亮度很高，来自亮度因素确定的表面且色品确定的相关色刺激，在产生明视觉的光亮度范围内呈现大体不变的彩度；在同样环境和给定照度下，若亮度因素增加，彩度通常也增大。

13.215　[相关色的]明度　lightness [of a related color]
依据与所观察区域有相似照明的表观为白色或高透射区域的视亮度比例来判定的视亮度。只有相关色才呈现明度。

13.216　白度　whiteness
对高反射比和低色纯度的漫射表面色特性的度量。符号为 W。

13.217　适应　adaptation

视觉系统的状态由于先前或当前受到的刺激而引起的调节过程。该刺激可能有不同的亮度、光谱分布和视张角。当刺激亮度至少有几个坎德拉每平方米时，称为"明适应（light adaptation）"；当刺激亮度小于几百分之一坎德拉每平方米时，称为"暗适应（dark adaptation）"。也包括对特定的空间频率、方位、大小等的适应。

13.218　[颜]色适应　chromatic adaptation
主要由于刺激的相对光谱分布不同而引起的适应。

13.219　视觉敏锐度　visual acuity
又称"视觉分辨力（visual resolution）"。清晰观看分离角很小的细节的能力。如可用观察者刚可感知分离的两相邻物体（点或线或其他特定刺激）以弧分为单位的角分离值的倒数定量表示。

13.220　亮度阈　luminance threshold
可感知的刺激最低亮度。其值与视场大小、刺激周围、适应状态及其他观察条件有关。

13.221　亮度差阈　luminance difference threshold
可感知的最小亮度差。符号为 L。

13.222　对比　contrast
（1）感知意义定义：同时或相继观看的视场两部分或更多部分表观差异的评定。有视亮度对比、明度对比、色对比、同时对比、相继对比等。（2）物理意义定义：与感知的视亮度对比相关的量，通常由一个包括有关刺激亮度的公式来定义。

13.223　对比灵敏度　contrast sensitivity
可感知的（物理的）最小对比的倒数。用 S_c

表示。通常表示为 $L/\Delta L$，式中，L 是平均亮度，ΔL 是亮度差阈。S_c 值与亮度和包括适应状态在内的观察条件有关。

13.224　闪烁　flicker
由亮度或光谱分布随时间波动的光刺激引起的不稳定视觉。

13.225　融合频率　fusion frequency
又称"临界闪烁频率（critical flicker frequency）"。对于给定的一组条件，超过该频率就不能感知闪烁刺激的交替频率。

13.226　塔尔博特定律　Talbot's law
如果视网膜某点受到超过融合频率且振幅周期变化的光刺激作用，则所引起的视觉等同于一个稳定光刺激所产生的视觉，该稳定光刺激的振幅等于变化的光刺激在一个周期内的平均振幅。

13.227　显色性　color rendering
施照体对物体色貌的影响，该影响是由于观察者有意识或无意识地将它与参比施照体下的色貌相比较而产生的。

13.228　显色指数　color rendering index
在具有合理允差的色适应状态下，被待测施照体照明的物体的心理物理色与用参比施照体照明同一物体的心理物理色符合程度的度量。符号为 R。

13.229　CIE 1974 特殊显色指数　CIE 1974 special color rendering index
在具有合理允差的色适应状态下，被待测施照体照明的 CIE 试验色样的心理物理色与用参比施照体照明同一色样的心理物理色符合程度的度量。符号为 R_i。

13.230　CIE 1974 一般显色指数　CIE 1974 general color rendering index
一组八个特定色样的 CIE 1974 特殊显色指数的平均值。符号为 R_a。

13.231　施照体色度位移　illuminant colorimetric shift
由施照体改变引起的物体色刺激的色品和亮度因数的变化。

13.232　适应性色度位移　adaptive colorimetric shift
为校正色适应变化而做的数学调整。

13.233　总和色度位移　resultant colorimetric shift
施照体色品位移和适应性色品位移的总和，是个合成矢量。

13.234　施照体[感知]色位移　illuminant [perceived] color shift
观察者的色适应状态没有任何变化的情况下，仅仅由于施照体改变引起的物体感知色的变化。

13.235　适应性[感知]色位移　adaptive [perceived] color shift
仅仅由于色适应变化引起的物体感知色变化。

13.236　总和[感知]色位移　resultant [perceived] color shift
施照体感知色位移和适应性感知色位移的合成位移。

13.237　楚兰德　Troland
表示与光刺激产生的视网膜照度成比例的量的单位。符号为 Td。当眼睛观察均匀表面时，楚兰德数等于自然或人工限制的瞳孔面积（以平方厘米为单位）乘以该表面光亮度（以坎德拉每平方米为单位）的积。在视网膜有效照度的计算中，必须计入吸收、散射、反射损失和待测眼的具体尺寸，以及斯泰尔斯–克劳福德效应。

13.238　色刺激　color stimulus
进入人眼并产生颜色（包括彩色和无彩色）感觉的可见辐射。

13.239　彩色刺激　chromatic stimulus
在占优势的适应条件下产生彩色感知的刺激。在物体色的色度学场合，纯度大于零的刺激通常被认为是彩色刺激。

13.240　无彩色刺激　achromatic stimulus
在占优势的适应条件下产生无彩色感知的刺激。在物体色的色度学场合，完全漫反射体或漫透射体在除了高彩度光源以外的所有照明光下，通常被认为是无彩色刺激。

13.241　单色刺激　monochromatic stimulus
又称"光谱刺激（spectral stimulus）"。包含单色辐射的刺激。

13.242　互补色刺激　complementary color stimuli
当两种色刺激适当相加混合而产生特定无彩色感觉的三刺激值时，则它们是互补的。

13.243　色刺激函数　color stimulus function
色刺激以辐亮度或辐射功率一类辐射度量作为波长函数的光谱密集度的表达式。

13.244　相对色刺激函数　relative color stimulus function
色刺激函数的相对光谱功率分布。

13.245　同色异谱刺激　metameric color
stimuli, metamers
三刺激值相同而光谱不同的色刺激。相应的特性称为"同色异谱性（metamerism）"。

13.246　施照体　illuminant
又称"照明体"。在影响物体色知觉的波长范围内，具有特定相对光谱功率分布的光辐射体。

13.247　参比施照体　reference illuminant
用来与其他施照体比对的施照体。用于颜色复制的参比施照体要有特殊的定义。

13.248　昼光施照体　daylight illuminant
具有与某一时相的昼光相同或近似相同的相对光谱功率分布的施照体。

13.249　CIE 标准施照体　CIE standard illuminants
国际照明委员会（CIE）按相对光谱功率分布定义的施照体 A, B, C, D_{65} 和其他施照体 D。施照体 A：温度约为 2 856 K 的普朗克辐射；施照体 B：直接太阳辐射（已废除）；施照体 C：平均昼光；施照体 D_{65}：包括紫外辐射在内的昼光。

13.250　CIE 标准光源　CIE standard source
由国际照明委员会规定的其辐射近似 CIE 标准施照体的人造光源。

13.251　等能光谱　equi-energy spectrum, equal energy spectrum
辐射能量的光谱密集度在整个可见区都不随波长改变的辐射光谱。有时把等能光谱视为一种施照体，在这种情况下用符号 E 标出。

13.252　色刺激的相加混合　additive mixture of color stimuli
不同的色刺激在视网膜上叠加，其中任一刺

激都不能被单独感知。

13.253　色匹配　color matching
使一个色刺激显现出与给定色刺激具有相同颜色的操作。

13.254　三色系统　trichromatic system
基于三种适当选择的参比色刺激相加混合来匹配色，并用三刺激值来表征色刺激的系统。

13.255　参比色刺激　reference color stimuli
三色系统所依据的一组三色刺激。这些刺激既可以是实际的色刺激也可以是由实际刺激的线性组合定义的理论刺激：三参比色刺激中每一刺激的大小，既可以用光度或辐射度单位表示，也可以用其比值确定的更普遍的形式表示，或者说这组三刺激的特定相加混合与特定的无彩刺激相匹配。在 CIE 标准色度系统中，参比色刺激用符号[X]，[Y]，[Z]和[X₁₀]，[Y₁₀]，[Z₁₀]表示。

13.256　[色刺激的]三刺激值　tristimulus values [of a color stimulus]
在给定的三色系统中，与所考虑刺激达到色匹配所需要的三参比色刺激量。在 CIE 标准色度系统中，用符号 X, Y, Z 和 X_{10}, Y_{10}, Z_{10} 表示三刺激值。

13.257　[三色系统的]色匹配函数　color matching function [of a trichromatic system]
等辐射功率的单色刺激的三刺激值。在给定波长下，一组色匹配函数的三个值称为色匹配系数（曾称"光谱三刺激值"）；色匹配函数可以用来从它的色刺激函数计算色刺激的三刺激值；在 CIE 标准色度系统中，色匹配函数用符号 $\bar{x}(\lambda), \bar{y}(\lambda), \bar{z}(\lambda)$ 和 $\bar{x}_{10}(\lambda), \bar{y}_{10}(\lambda), \bar{z}_{10}(\lambda)$ 表示。

13.258　色方程　color equation
两种色刺激匹配的代数或矢量表达式。如一种匹配可以是三参比色刺激的相加混合：

$$C[C] \equiv X[X] + Y[Y] + Z[Z]$$

式中：记号"≡"表示一种色匹配，并读作"匹配"，不加括号的符号代表由加括号的符号指示的激量。所以 $C[C]$意味着有 C 个单位的刺激[C]，记号"+"意味着色刺激的相加混合。在这一方程中，减号意味着在做色匹配时，被加入的色刺激在该方程的另一边。

13.259　色空间　color space
色在三维空间的几何表示。

13.260　色立体　color solid
含表面色的那部分色空间。

13.261　色[谱]集　color atlas
按照一定规则排列和识别的色样图集。

13.262　CIE 1931 标准色度系统 X, Y, Z　CIE 1931 standard colorimetric system X, Y, Z
利用国际照明委员会 1931 年采纳的三个 CIE 色匹配函数 $\bar{x}(\lambda)$, $\bar{y}(\lambda)$, $\bar{z}(\lambda)$ 和参比色刺激[X], [Y], [Z]确定任意光谱分布的三刺激值的系统。三刺激值 Y 与光亮度成比例。适用于张角在约 1°和 4°(0.017rad 和 0.07rad)之间的中心视场。

13.263　CIE 1964 补充标准色度系统 X₁₀, Y₁₀, Z₁₀　CIE 1964 supplementary standard colorimetric system X₁₀, Y₁₀, Z₁₀
利用国际照明委员会 1964 年采纳的 CIE 三色匹配函数 $\bar{x}_{10}(\lambda), \bar{y}_{10}(\lambda), \bar{z}_{10}(\lambda)$ 和参比色刺激[X₁₀],[Y₁₀], [Z₁₀]确定任意光谱分布的三刺激值的系统。适用于张角约大于 4°(0.07rad)

的中心视场。在使用该系统时，表示所有色度量的符号都用脚标 10 加以区别。Y_{10} 的值不与亮度成比例。

13.264 CIE 色匹配函数 CIE color matching functions
CIE 1931 标准色度系统的 $\bar{x}(\lambda)$，$\bar{y}(\lambda)$，$\bar{z}(\lambda)$ 函数和 CIE 1964 补充标准色度系统的 $\bar{x}_{10}(\lambda)$，$\bar{y}_{10}(\lambda)$，$\bar{z}_{10}(\lambda)$ 函数。

13.265 CIE 1931 标准色度观察者 CIE 1931 standard colorimetric observer
由国际照明委员会于 1931 年创立的采用数学方法来定义色彩空间，用三个理想的原色来代替实际原色建立的一种色度系统。符合明示光谱光视效率函数。

13.266 CIE 1964 补充标准色度观察者 CIE 1964 supplementary standard colorimetric observer
1964 年由国际照明委员会针对 CIE 1931 标准色度系统存在的不足而补充的标准色度系统。

13.267 色品坐标 chromaticity coordinates
每个三刺激值与其总和之比。因为三个色品坐标之和等于 1，所以只用其中两个就足以定义色品。在 CIE 标准色度系统中，色品坐标分别用符号 x, y, z 和 x_{10}, y_{10}, z_{10} 表示。

13.268 色品 chromaticity
由色品坐标或由主波长或补波长及纯度一起定义的色刺激性质。

13.269 光谱色品坐标 spectral chromaticity coordinate
单色刺激的色品坐标。

13.270 色品图 chromaticity diagram
由色品坐标确定的点表示色刺激色品的平面图形。在 CIE 标准色度系统中，通常把 y 画成垂直坐标和把 x 画成水平坐标来得到 x, y 色品图。

13.271 光谱轨迹 spectrum locus
色品图上或三刺激空间里，表示单色刺激的点的轨迹。

13.272 紫色刺激 purple stimulus
色品图上位于由特定无彩刺激点和光谱轨迹上波长近似 380 nm 和 780 nm 两端点构成的三角形内的那些点表示的刺激。

13.273 紫色边界 purple boundary
色品图上表示波长近似 380 nm 和 780nm 的单色刺激相加混合的直线或三刺激空间里相应的平面。

13.274 普朗克轨迹 Planckian locus
色品图上表示不同温度下普朗克辐射体色品的点的轨迹。

13.275 日光轨迹 daylight locus
色品图上表示具有不同相关色温的日光时相的色品的点的轨迹。

13.276 [色刺激的]主波长 dominant wavelength [of a color stimulus]
当单色刺激与特定无彩刺激以适当比例相加混合用于匹配所考虑色刺激时，该单色刺激的波长。符号为 d。在紫色刺激场合，主波长由补波长代替。

13.277 [色刺激的]补波长 complementary wavelength [of a color stimulus]
当单色刺激与所考虑色刺激以适当比例相

加混合用以匹配特定无彩刺激时，该单色刺激的波长。符号为λ_c。

13.278　[色刺激的]纯度　purity [of a color stimulus]

当用相加混合匹配所考虑的色刺激时，单色刺激量与特定无彩刺激量的比例的度量。该比例可以用各种方法来度量。在紫色刺激场合，单色刺激由紫色边界上一点的色品所表示的刺激来代替。

13.279　色度纯度　colorimetric purity

由下式定义的量：$p_c = L_d/(L_n + L_d)$。式中，L_d 和 L_n 分别是单色刺激和特定无彩刺激相加混合匹配所考虑色刺激时的亮度。

13.280　兴奋纯度　excitation purity

在 CIE 1931 或 1964 标准色度系统色品图上，同一直线上的两个距离之比 NC/ND 所定义的量。NC 是表示特定无彩刺激的点 N 和表示所考虑色刺激的点 C 之间的距离；ND 是点 N 和光谱轨迹上表示所考虑色刺激主波长的点 D 之间的距离。

13.281　相关色温度　correlated color temperature

普朗克辐射体的温度。在此温度下，其感知色与特定观察条件下相同视亮度的给定刺激最接近。符号为 T_{cp}，单位为 K。

13.282　均匀色空间　uniform color space

用等距离表示大小相等的感知色差阈或超阈值色差的色空间。

13.283　均匀色品标度图　uniform-chromaticity-scale diagram, UCS diagram

简称"UCS 图"。尽量以整个图内等距离表示同亮度色刺激的等色差来定义的坐标构成的二维图。

13.284　CIE 1976 均匀色品标度图　CIE 1976 uniform-chromaticity-scale diagram, CIE 1976 UCS diagram

简称"CIE 1976 UCS 图"。由下式定义的直角坐标 u' 和 v' 作图而生成的均匀色品标度图：

$$\begin{cases} u' = \dfrac{4X}{X+15Y+3Z} = \dfrac{4x}{-2x+12y+3} \\ v' = \dfrac{9Y}{X+15Y+3Z} = \dfrac{9y}{-2x+12y+3} \end{cases}$$

式中，X, Y, Z 是 CIE 1931 或 1964 标准色度系统的三刺激值，而 x, y 是所考虑色刺激的相应色品坐标。

13.285　色度计　colorimeter

测量色刺激的三刺激值等色度量的仪器。

13.286　多角度测色仪　multi-angle instrument for measuring color

能够同时或依次从不同角度测量样品颜色特性的仪器。例如，多角度分光光度计可以同时或依次从几个不同角度测量样品的光谱反射比，然后计算出样品的色度量。所谓不同角度一般是相对于入射光的镜面反射方向而言。

13.287　白度计　whiteness meter

测量白度的仪器。将理想漫反射体白度定义为 100。

13.06　激　　光

13.288　激光辐射　laser radiation

以受激发射效应为原理，通常由激光器发出的 1 mm 以下波长的相干电磁辐射。

13.289 激光束 laser beam

空间定向的激光辐射。

13.290 光束轴 beam axis

在均匀介质内的光束传播方向上，连接光束横截面能量（功率）一阶矩所定义的连续点的直线。

13.291 光束直径 beam diameter

（1）在垂直于光束轴的平面内，包含总激光束功率或能量规定百分数的最小圆域的直径。其符号为 d_u，单位为 m。（2）由功率或能量密度分布函数二阶矩，按以下公式定义，其符号为 d_σ。

$$d_\sigma(z) = 2\sqrt{2}\sigma(z)$$

$\sigma(z)$ 为光束在 z 处的功率密度分布函数 $E(x,y,z)$ 的二阶矩，由下式给出：

$$\sigma^2(z) = \frac{\iint r^2 \cdot E(r,\varphi,z) \cdot r \cdot \mathrm{d}r \mathrm{d}\varphi}{\iint E(r,\varphi,z) \cdot r \cdot \mathrm{d}r \mathrm{d}\varphi}$$

式中：r 是 z 处至质心 $(\bar{x},\bar{y})$ 的距离；φ 是方位角。而一阶矩则为质心坐标，即：

$$\bar{x} = \frac{\iint xE(x,y,z)\mathrm{d}x\mathrm{d}y}{\iint E(x,y,z)\mathrm{d}x\mathrm{d}y}$$

$$\bar{y} = \frac{\iint yE(x,y,z)\mathrm{d}x\mathrm{d}y}{\iint E(x,y,z)\mathrm{d}x\mathrm{d}y}$$

原则上，积分应在整个 xy 平面进行。实际上是在至少包含 99% 光束功率或能量区域积分。在脉冲激光情况下，功率密度 E 以能量密度 H 替换之。

13.292 [光]束腰 beam waist

光束的最小直径或束宽处。

13.293 光束横截面积 beam cross-sectional area

包含总光束功率（能量）规定百分数的最小面积。其符号为 A_u；用于二阶矩定义光束直径或半径时，符号为 A_σ。单位为 m^2。

13.294 有效 f 数 effective f-number

光学零件的焦距与该零件上的光束直径之比。

13.295 光束参数积 beam parameter product

激光束腰直径与其束散角的乘积除以 4，即 $d_{\sigma 0} \cdot \theta_\sigma / 4$。其单位为 rad·m。椭圆光束的光束参数积则分别由功率（能量）分布的主轴给出。

13.296 光束指向稳定度 beam pointing stability

所测光束轴角偏移量的标准差的两倍。

13.297 光束平移稳定度 beam displacement stability

所测光束轴平行位移量的标准差的两倍。

13.298 光束位置稳定度 beam positional stability

光束偏离平均稳态位置的最大横向位移和（或）角位移。此量也表述为光束指向稳定度与光束平移稳定度的和。

13.299 光束腰直径 beam waist diameter

（1）光束束腰处的功率或能量的圆域直径。符号为 $d_{0,u}$，单位为 m。（2）光束束腰处的功率或能量密度分布函数二阶矩直径。符号为 $d_{\sigma 0}$，单位为 m。

13.300 连续波激光器 continuous wave laser

在大于或等于 0.25 s 时间内能连续发射的激光器。

13.301 脉冲激光器 pulse laser

以单脉冲或序列脉冲形式发射能量的激光

器。一个脉冲的持续时间短于 0.25 s。

13.302 脉冲功率 pulse power

脉冲能量与脉冲持续时间 τ_H 之商。符号为 P_H，单位为 W。

13.303 峰值功率 peak power

功率时间函数的最大值。符号为 P_{pk}，单位为 W。

13.304 平均功率 average power

平均脉冲能量与脉冲重复率 f_p 之积。符号为 P_{av}，单位为 W。

13.305 脉冲能量 pulse energy

一个脉冲所含的辐射能量。符号为 Q，单位为 J。

13.306 激光脉冲重复率 laser pulse repetition rate

重复脉冲激光器每秒钟发射的激光脉冲个数。符号为 f_p，单位为 Hz。

13.307 激光脉冲持续时间 laser pulse duration

一激光脉冲上升和下降到它的 50% 峰值功率点之间的时间间隔。符号为 τ_H，单位为 s。

13.308 激光能量密度 laser energy density

又称"激光曝辐量"。激光光束投射在 x，y 处面元 dA 上的能量除以面元 dA。符号为 $H(x,y)$，单位为 J/m^2。

13.309 激光连续功率 laser continuous power

连续激光器发射的功率输出。符号为 P，单位为 W。

13.310 激光功率密度 laser power density

又称"激光辐照度"。激光光束投射在 x，y 处面积 δA 上的功率除以面积 δA。符号为 $E(x,y)$，单位为 W/m^2。

13.311 光斑尺寸 spot size

对圆形激光束，靶面含有 86.5% 总光束功率或能量的最小圆域的直径。符号为 d_s，单位为 m。

13.312 激光纵模 laser longitudinal mode

在长度为 L 的激光谐振腔内，沿电磁波传播方向的电场分布本征函数。纵模数 $q = 2L/\lambda$ 描述谐振腔程长内的驻波的半波长数。

13.313 激光横模 laser transversal mode

谐振腔内垂直电磁波传播方向的电场分布本征函数，或垂直电磁波传播方向光束功率（能量）密度分布本征函数。对于矩形对称，以 TEM$_{mn}$ 表征各阶横模，数 m，n 表示垂直电磁波传播方向的 x，y 方向场分布的节点数（厄米–高斯模）。对于柱形对称，以 TEM$_{pl}$ 表征各阶横模，数 p，l 表示径向和方位节点数（拉盖尔–高斯模）。TEM$_{00}$ 是没有节点的基横模，简称"基模(basic mode)"。横模模数较小者和较大者分别称为"低阶模(low order mode)"和"高阶模(high order mode)"。

13.314 瑞利长度 Rayleigh length

在激光束传播方向，束腰处至束径或束宽增大 $\sqrt{2}$ 倍处之间的距离。符号为 z_R，单位为 m。对于高斯基模，$z_R = \dfrac{\pi d_{\sigma 0}^2}{4\lambda}$。通常，式 $z_R = d_{\sigma 0} / \theta_\sigma$ 成立。

13.315 激光远场 laser far-field

自束腰到远比瑞利长度 Z_R 大的距离处的辐射场。

13.316 束散角 divergence angle

(1)由于束宽逐渐增大形成包络渐近锥面而构成的（围绕功率或能量）全角。符号为 θ_u，$\theta_{x,u}$，$\theta_{y,u}$，单位为 rad。对于圆截面激光束，由光束直径 d_u 得知光束宽度；对于非圆截面激光束，束散角分别由 x 和 y 方向对应的光束宽度 $d_{x,u}$，$d_{y,u}$ 确定。(2)由于束宽逐渐增大形成包络渐近锥面而构成的（功率或能量密度分布函数的二阶矩）全角。符号为 θ_σ，$\theta_{\sigma x}$，$\theta_{\sigma y}$，单位为 rad。对于圆截面激光束，由光束直径 d_σ 得知光束宽度；对于非圆截面激光束，束散角分别由 x 和 y 方向对应的光束宽度 $d_{\sigma x}$，$d_{\sigma y}$ 确定。

13.317　光束传输比　beam propagation ratio
又称"M^2 因子（M^2 factor）"。实际激光模与高斯基模的光束参数积之商。是光束参数积逼近理想高斯光束的衍射极限程度的度量。符号为 M^2，$M^2 = \dfrac{\pi}{\lambda} \cdot \dfrac{d_{\sigma 0}\theta_\sigma}{4}$。对于理想高斯光束，光束传输比为 1；对于各种实际光束，其值均大于 1。

13.318　光束传输因子　beam propagation factor
光束传输比的倒数。符号为 K。

13.319　量子效率　quantum efficiency
单个激光光子的能量与引发光抽运激光器反转的单个光子的能量之比。符号为 η_Q。

13.320　激光器效率　laser efficiency
激光束内的总辐射功率（能量）与直接供给激光器的泵浦功率（能量）之商。符号为 η_L。

13.321　激光装置效率　laser device efficiency
激光束内的总辐射功率（能量）与包括所有附属系统在内的全部输入功率（能量）之商。

符号为 η_T。

13.322　斜率效率　slope efficiency
激光器的输出功率（能量）随泵浦源功率（能量）变化曲线的斜率。

13.323　晶体倍频效率　frequency doubling efficiency of crystal
通过晶体后变为 2ν 频率或 $\lambda/2$ 波长激光的功率或能量与原入射的频率为 ν 或波长为 λ 的激光功率或能量的商。符号为 η_d。

13.324　可达发射极限　accessible emission limit, AEL
所定安全类别激光器件允许的最大发射水平。

13.325　最大允许照射量　maximum permissible exposure, MPE
正常情况下人体受到激光照射不会产生不良后果的激光辐射水平。

13.326　激光功率计　laser power meter
测量连续激光光束功率的仪器。

13.327　激光能量计　laser energy meter
测量脉冲激光光束能量的仪器。

13.328　激光峰值功率计　laser peak power meter
测量脉冲激光光束峰值功率的仪器。

13.329　光束分析仪　beam analyzer
对激光光束的空域参数特性进行测试和分析的仪器。这些参数特性包括光束截面的相对功率（能量）空域分布、光束直径、横模模式、束散角等。

13.330　光束质量测试仪　beam quality

measuring instrument

测量激光束传输比或光束传输因子等表征光束质量参数的仪器。

13.331　光强分布测试仪 intensity distribution measuring instrument

测量光束功率或能量相对空域分布或横模模式的仪器。

13.332　激光衰减器 laser attenuator

又称"光束衰减器"。将激光辐射降低到规定水平的器件。

13.333　扩束器 beam expander

可增大激光束直径的光学器件组。

13.334　光束终止器 beam stop device

终止激光束路径的器件。

13.07　光　纤　特　性

13.335　光衰减 light attenuation

又称"光损耗（light loss）"。平均光功率在光纤或光学波导及其连接件中的减弱。一段光纤上，两个横截面 1 和 2 之间在波长 λ 处的衰减为：$A(\lambda)=10\lg\left(P_1(\lambda)/P_2(\lambda)\right)$，单位为 dB。式中：$P_1(\lambda)$ 为通过横截面 1 的光功率；$P_2(\lambda)$ 为通过横截面 2 的光功率。

13.336　衰减系数 attenuation coefficient

在稳态条件下，均匀光纤的单位长度损耗。符号为 $\alpha(\lambda)$：$\alpha(\lambda)=A(\lambda)/L$，单位为 dB/km。式中：$L$ 为光纤长度（km）。$\alpha(\lambda)$ 值与选择的光纤长度无关。

13.337　光纤带宽 bandwidth of an optical fiber

光纤基带传递函数从最大值下降到 3 dB 时的频率范围，即半功率点的频率范围。当以电特性表示时，则是 6 dB 点的频率范围。

13.338　折射率分布 refractive index profile

折射率沿光纤横截面直径分布的曲线。

13.339　折射率分布参数 refractive index profile parameter

在指数律折射率分布中确定折射率分布的参数。符号为 g。

13.340　相对折射率差 refractive index relative difference

纤芯折射率与包层折射率的相对差值。符号为 Δ，$\Delta=\left(n_1^2-n_2^2\right)/2n_1^2$。式中：$n_1$ 为纤芯的最大折射率；n_2 为最里面的均匀包层的折射率。

13.341　纤芯直径 core diameter

确定纤芯中心的圆的直径。符号为 $2a$。

13.342　光纤/包层同心度误差 core/cladding concentricity error

对于多模光纤，是纤芯中心与包层中心之间的距离除以纤芯直径。对于单模光纤，是纤芯中心与包层中心之间的距离。

13.343　模场直径 mode field diameter

单模光纤的导模横向宽度的量度。符号为 $2w$。由远场强度分布 $F(q)$ 得出：

$$2w=\frac{2}{\pi}\left[\frac{2\int_0^\infty q^3 F^2(q)\mathrm{d}q}{\int_0^\infty q F^2(q)\mathrm{d}q}\right]^{-1/2}$$

式中：$q=\dfrac{1}{\lambda}\sin\theta$。对于单模光纤的高斯分

布而言，模场直径是光场幅度分布 $1/e$ 各点即光功率分布 $1/e^2$ 各点所形成圆的直径。

13.344 [光纤的]截止波长 cutoff wavelength [of an optical fiber]

包含高阶模发射的总功率和基模功率之比降低到规定值，各模基本均匀激发下的波长。当工作波长大于截止波长时，光纤将单模运行，否则会存在多个传导模式。

13.345 光缆截止波长 cutoff wavelength of an optical cable

已成光缆的光纤截止波长。符号为 λ_{cc}。

13.346 色散系数 dispersion coefficient

光纤单位长度的色散。符号为 $D(\lambda)$。是单位长度的群时延 $\tau(\lambda)$ 对波长的导数：

$$D(\lambda) = \frac{\mathrm{d}\tau(\lambda)}{\mathrm{d}\lambda}$$

单位通常为 $\mathrm{ps/(km \cdot nm)}$。

13.347 材料色散参数 material chromatic dispersion parameter

表征光纤材料色散的量。符号为 M。

$$M(\lambda) = -\frac{1}{c_0}\left(\frac{\mathrm{d}N}{\mathrm{d}\lambda}\right) = \frac{\lambda}{c_0}\left(\frac{\mathrm{d}^2 n}{\mathrm{d}\lambda^2}\right)$$

式中：n 为光纤材料的折射率；N 为群折射率；λ 为信号的波长；c_0 为真空中光速。

13.348 分布色散参数 profile dispersion parameter

由相对折射率差随波长变化而引起的色散。该量由下式给出：

$$P(\lambda) = \frac{n_1}{N_1}\frac{\lambda \mathrm{d}\Delta}{\Delta \mathrm{d}\lambda}$$

式中：n_1 为纤芯的最大折射率；N_1 为对应于 n_1 的群折射率，$N_1 = n_1 \cdot \lambda(\mathrm{d}n_1 / \mathrm{d}\lambda)$；$\Delta$ 为相对折射率差。

13.349 色散斜率 chromatic dispersion slope

光纤色散系数对波长的导数。符号为 $S(\lambda)$，$S(\lambda) = \mathrm{d}D(\lambda)/\mathrm{d}\lambda$。

13.350 零色散波长 zero dispersion wavelength

色散系数为零的波长。符号为 λ_0。

13.351 零色散斜率 zero dispersion slope

零色散波长下的色散斜率值。符号为 S_0，$S_0 = S(\lambda_0)$。

13.352 发射数值孔径 launch numerical aperture, LNA

将功率耦合（发射）进入光纤内的光学系统的数值孔径。

13.353 归一化频率 normalized frequency

决定光纤传输条件的参量。以符号 V 表示，由下式定义：$V = 2\pi a / \lambda (n_1^2 - n_2^2)^{1/2}$。式中：$a$ 为纤芯半径；λ 为真空波长；n_1 为芯内最大折射率；n_2 为均匀包层的折射率。

13.354 消光比 extinction ratio

一光传输系统"1"码"0"码的平均光功率之比。通常以对数的形式表示。其符号为 r_e：$r_e = \lg I(1)/I(0)$。式中：$I(1)$ 为"1"码的平均光功率；$I(0)$ 为"0"码的平均光功率。

13.355 [菲涅耳]反射法 [Fresnel] reflection method

通过测量光纤端面上径向各点的反射比从而测出光纤折射率分布的测试方法。

13.356 透射近场扫描法 transmitted near field scanning method

用扩展光源照射光纤输入端面，而在光纤输出端面上逐点测量出射度，从而测出光纤折射率分布以及其他几何特性参数的测试方法。也可用于测量模场直径，其条件是要使输入端面照明仅激励光纤基模。此法被推荐作为几何参数测定的基准测试法和单模光纤模场直径的替代测试法，也被推荐作为多模光纤几何参数和折射率分布测定的替代测试法。

13.357 远场扫描法 far field scanning method

在光纤输入端面照明只激发基模的条件下，测量远场辐射强度的角分布来测定单模光纤的模场直径的测试方法。被推荐作为测定单模光纤模场直径和多模光纤数值孔径的基准测试法。

13.358 透射功率法 transmitted power method

在规定条件(固定长度和曲率)下，利用一根短的被测光纤传输功率对比于基准传输功率随波长的变化，以确定单模光纤截止波长的测试方法。可用相同的微弯光纤或用一短截多模光纤获得基准功率。被推荐作为单模光纤截止波长的基准测试法。

13.359 可变光阑孔法 variable aperture method

在只有基模传到被测光纤输出端的条件下，通过测量多个逐次增大半径的光阑孔的远场总强度，以确定单模光纤模场直径的方法。

13.360 刀口扫描 knife-edge scan

在只有基模传到被测光纤输出端的条件下，通过测量垂直于纤轴的平面刀口的远场总强度随刀口横移而变，以确定单模光纤模场直径的测试方法。

13.361 剪断法 cutback technique

测量光纤传输特性(如衰减和带宽)的一种方法。进行两次传输测量：一次是在光纤全长的输出端上测量，另一次是在不改变注入条件下，在接近注入端的一短段剪断光纤后测量。是衰减和带宽的基准测试法。

13.362 光时域反射法 optical time domain reflection method

又称"后向散射法(backscattering method)"。靠光脉冲传输通过光纤，测量返回输入端的散射光与反射光的合成光功率的时间函数，测得光纤特性的方法。

13.363 插入损耗法 insertion loss method

又称"介入损耗法"。测试光纤衰减和带宽等传输特性的一种方法。进行两次传输测量：先测量和记录直接从发射系统来的光功率，后探测发射系统连接待测光纤后的光功率并加以比较。其结果需对连接损耗进行修正。

13.364 光时域反射计 optical time domain reflectometer

用光时域反射法检测光纤特性的仪器。

13.365 折射近场法 refracted near-field method

以大数值孔径的单色光锥顶沿光纤输入端面直径进行扫描，并测量其折射光功率的变化，从而测得光纤折射率分布的方法。

13.366 相移法 phase shift method

测量不同波长发射的正弦调制光信号在被测光纤内的相对相移，以确定光纤的色散系数的方法。被推荐为色散系数的基准测试法。

13.08 光辐射探测器

13.367 [光辐射]探测器 detector [of optical radiation]

光辐射入射其上产生可测物理效应的器件。

13.368 光子探测器 photon detector

利用辐射与物质相互作用的光辐射探测器。这种探测器在吸收光子后随之产生与接收到的光子数成比例的输出。

13.369 线性探测器 linear detector

在指定范围内其输出与输入成正比，因而响应度在该范围内恒定的探测器。

13.370 阵列探测器 array detector

对多色仪输出敏感的、通常按照线状或平面状排列的探测器元件。在某些情况下，光学元件可以构成阵列的一部分，如光导纤维与阵列探测器耦合在一起。

13.371 选择性探测器 selective detector

在所考虑光谱区光谱响应度随波长变化的探测器。

13.372 非选择性探测器 non-selective detector

在所考虑光谱区光谱响应度不随波长变化的探测器。

13.373 光电探测器 photoelectric detector

利用辐射与物质的相互作用，吸收光子并把光子从平衡态释放出来产生电动势、电流或电变化的探测器。

13.374 光电管 photoemissive cell, photoelectric tube

利用光辐射引起电子发射的光电探测器。

13.375 光阴极 photocathode

在光电探测器中，用作光电子发射的金属或半导体膜。

13.376 光电倍增管 photomultiplier

由光阴极、光阳极和电子倍增器组成的光电探测器件。其倍增器利用了光阴极和阳极之间的若干打拿极或者若干通道的二次电子发射。

13.377 光敏电阻 photoresistor

又称"光导管(light pipe)"。吸收光辐射而改变电导率的光电器件。

13.378 光电池 photovoltaic cell, photocell

吸收光辐射而产生电动势的光电探测器件。

13.379 光电二极管 photodiode

在两种半导体间的 PN 结附近，或在半导体与金属间的结附近，由于吸收辐射而产生光电流的光电探测器件。

13.380 光电雪崩二极管 avalanche photodiode

带偏置电动势工作的光电二极管。其初始光电流在探测器内获得放大。

13.381 光电晶体管 phototransistor

光电效应发生在具有放大功能的双 PN 结 (PNP 或 NPN)附近的半导体光电探测器件。

13.382 [非选择性]量子探测器 [non-selective] quantum detector

其量子效率不随所考虑光谱区的波长而变

化的探测器。

13.383 光子计数器 photon counter
由光电探测器和辅助电子设备组成的能记录探测器光阴极发射的电子数目的仪器。

13.384 热探测器 thermal detector
由于吸收辐射的部分被加热而产生可测物理效应的探测器。

13.385 绝对热探测器 absolute thermal detector
能够直接比较辐射通量和电功率的光辐射探测器。

13.386 温差堆 thermopile
又称"热电堆"。吸收辐射产生温差电动势的串联热伏结的器件。

13.387 辐射热计 bolometer
因加热部件吸收辐射而引起电阻改变的热探测器。

13.388 热电探测器 pyroelectric detector
某些电介质因温度变化引起自发极化或者长期感应极化,测量其变化速率的热探测器。

13.389 陷光探测器 trap detector
通过两只以上二极管探测器的适当排列,以提高其表面吸收率的一种探测器的组合。通常分为反射型和透射型两种。

13.390 低温绝对辐射计 cryogenic absolute radiometer
在低温和真空条件下运转的、用超导材料做电加热引线的绝对热探测器。常带有配套指示仪表。

13.391 光电流 photocurrent
光电探测器由入射辐射产生的那部分输出电流。在光电倍增管中必须区分阴极光电流和阳极光电流。符号为 I_{ph}。

13.392 暗电流 dark current
在无输入时,光电探测器或者其阴极输出的电流。

13.393 时间常数 time constant
从一个稳恒输入发生阶梯变化到另一个稳恒输入之后,探测器的输出从其初始值变到终结值的 $(1-1/e)$ 倍所需要的时间。

13.394 噪声等效输入 noise equivalent input
在指定测量仪器的频率和带宽时,探测器产生一个刚好等于方均根噪声的输出时所需的输入。该带宽通常定为 1 Hz。

13.395 噪声等效辐照度 noise equivalent irradiance
探测器测量均匀辐照度时的噪声等效输入。符号为 E_m。

13.396 噪声等效功率 noise equivalent power
使探测器的输出信号方均根电压(或电流)等于噪声的方均根电压(或电流)时,入射到探测器上的辐射功率。

13.397 内量子效率 internal quantum efficiency
对探测器输出有贡献的元事件(如释放电子)数与吸收的光子数之比。符号为 η_i。

13.398 外量子效率 external quantum efficiency
对探测器输出有贡献的元事件(如释放电子)数与入射的光子(包括被探测器反射的光子)数之比。符号为 η。若使用无限定的名词"量子效率"，则总是指外量子效率。

13.399　太阳电池校准值　calibration value of solar cell

在标准太阳辐照条件下，太阳电池的积分响应度。

13.09　光学元器件

13.400　光学系统　optical system
又称"光具组"。由若干光学元件(如透镜、反射镜、棱镜及光阑等)按一定顺序组合的系统。同轴的两个或两个以上折射或反射球面组成的光学系统称"共轴球面系统(coaxial spherical system)"。

13.401　光具座　optical bench
多种独立部件用积木式结构按需要组合成一种能测量多种关系参数的通用仪器。用于光辐射测量的称"测光导轨"。

13.402　正弦光栅　sinusoidal grating
透射比或反射比仅在一个方向上呈正弦变化，而在其垂直方向上保持不变的光栅。

13.403　波片　wave plate
当偏振光垂直穿过时，使其两个相互垂直振动的成分产生一定光程差的平面平行薄片。用于改变或检验光的偏振状态。

13.404　全波片　full-wave plate
产生的光程差为波长整数倍的波片。

13.405　半波片　half-wave plate
产生的光程差为 1/2 波长奇数倍的波片。

13.406　1/4 波片　quarter-wave plate
产生的光程差为 1/4 波长奇数倍的波片。

13.407　视场角　field angle
入射窗直径对入射光瞳中心的张角。

13.408　数值孔径　numerical aperture, NA
(1)对于有限远的物成像的透镜或透镜组，是其入射光束所在空间介质的折射率与对应的孔径角的正弦值的乘积。(2)对于光纤，是光纤辐射角或接受角的正弦乘以与入射或入射面接触的介质的折射率。(3)对于折射率从轴上的 n_1 单调地下降到包层 n_2 的光纤，$NA=\sqrt{n_1^2-n_2^2}$。n 为介质的折射率。

13.409　孔径光阑　aperture stop
又称"有效光阑"。在光学系统中对入射光束起限制作用的光阑。用于控制进入光学系统的光能量、系统像差的大小以及形成满意像的物空间的深度。

13.410　视场光阑　field diaphragm, field stop
在光学系统中，特别起限制成像景物范围作用的光阑。

13.411　光焦度　focal power
简称"焦度"。像方介质折射率与系统像方焦距的比值或物方空间介质折射率与系统物方焦距的比值(绝对值)。单位为 m^{-1}。

13.412　像差　aberration
理想光学系统所成的像与实际系统所成的像之间存在的偏差。

13.413　球[面像]差　spherical aberration
主光轴上物点发出的单色发散宽光束，经过光学系统后，各光线与主光轴相交于不同位置，因而形成边缘模糊的像。近轴光线所成的像点和远轴光线所成的像点，沿光轴的距离，称为"纵向球差(longitudinal spherical aberration)"；近轴像点与远轴光线射到近轴像面上的点之间的距离，称为"横向球差(lateral spherical aberration)"。

13.414 彗差 coma aberration
位于主光轴外物点发出的单色宽光束入射到光学系统的入瞳上，相同环带光束，在理想像面上形成环形光斑。若环带直径不同，形成的环形光斑的直径就不同，且光斑中心相对于理想像点的位置也不同，因而组成星状的像，这种像差称为彗差。

13.415 畸变 distortion
光学系统的横向放大率随物点光束的主光线和主光轴间所成的夹角而变，致使像的几何形状与物不能严格相似的现象。当横向放大率随夹角增加而增大时所产生的畸变称为"正畸变(positive distortion)"或"枕形畸变(pillow distortion)"，反之为"负畸变(negative distortion)"或"桶形畸变(barrel distortion)"。

13.416 像散性像差 astigmatic aberration
位于主光轴外的物点发出的单色窄光束，经光学系统后，会聚成两条相隔一定距离相互垂直焦线的像差。

13.417 像场弯曲 curvature of the field
成像透镜把垂直于主光轴的平面物形成曲面像的像差。

13.418 色[像]差 chromatic aberration
同一光学材料对于不同波长的单色光具有不同的折射率，致使发出复合光的光源所投射的光，经过透镜折射后，在像平面上形成有不同像距彩色像的像差。

13.419 位置色差 chromatic longitudinal aberration
又称"轴向色差"。不管是远轴光束还是近轴光束经透镜后都将会得到一系列沿主光轴与色光对应的不重合的像点。

13.420 垂轴色差 chromatic lateral aberration
又称"放大率色差"。一物体由透镜生成一系列与各色光对应的高度不同的像，在像面上只能得到一个有彩边的"像"。

13.421 波像差 wave aberration
球面波经过实际光学系统后，其变形后的实际波面与理想波发生偏离而出现的光程差。

13.422 等晕区 isoplanatic region
在测量准确度之内，点扩散函数恒定的区域即为一个成像系统的等晕区。如果成像器件是抽样或扫描器件，则等晕区为在规定的允差范围内，点扩散函数的傅里叶变换可以认为是恒定的区域。

13.423 空间频率 spatial frequency
与实空间位置变量(u,v)相对应的傅里叶空间中的变量。可以用直线或角度坐标上的正弦空间分布周期的倒数来表示。单位为1/毫米(1/mm)或1/毫弧度(1/m rad)等。

13.424 调制度 modulation degree
一个周期性辐射量(I)的调制度(M)定义为

$$M = \frac{I_{\max} - I_{\min}}{I_{\max} + I_{\min}}$$

式中：$I_{\max}$和$I_{\min}$分别为发射或照射的光辐射量的极大值和极小值。

13.425 点扩散函数 point spread function, PSF
一个在线性范围内并在规定成像状态下工

作的成像系统的点扩散函数 PSF(u,v)，是点源像 $F(u,v)$ 的归化辐照度分布，即

$$\text{PSF}(u,v) = F(u,v)/\int_{-\infty}^{\infty}\int_{-\infty}^{\infty} F(u,v)\mathrm{d}u\mathrm{d}v。$$

式中，(u,v) 为参考平面上各点的笛卡儿坐标。

13.426　线扩散函数　line spread function, LSF

一个在线性范围内并在指定成像状态下工作的成像系统，在等晕区内的线扩散函数 LSF(u)，是非相干性源像的归化辐照度分布。与点扩散函数 PSF(u,v)的关系为

$$\text{LSF}(u) = \int_{-\infty}^{\infty} \text{PSF}(u,v)\mathrm{d}v。$$

13.427　刃边扩散函数　edge spread function, ESF

一个在线性范围内并在指定成像状态下工作的成像系统，在等晕区内的刃边扩散函数 ESF(u)，是一个刃边像的辐照度分布。与线扩散函数 LSF(u)的关系为

$$\text{ESF}(u) = \int_{-\infty}^{\infty} \text{LSF}(u')\mathrm{d}u'。$$

13.428　波像差函数　wavefront aberration function

表示从一个物点出发，经过光学系统以后到达出瞳面上的波阵面，与一个以像点为中心的球面（即参考球面）之间的光程差。

13.429　光学传递函数　optical transfer function, OTF

当光学成像系统在线性范围工作时，在等晕区内的光学传递函数是相应的点扩散函数的傅里叶变换，即

$$\text{OTF}(r,s)=\iint_{-\infty}^{\infty} \text{PSF}(u,v)\exp[-2\pi\mathrm{j}(ru+sv)]\mathrm{d}u\mathrm{d}v$$

是一个复合函数，它与调制传递函数和相位传递函数的关系为

$$\text{OTF}(r,s) = \text{MTF}(r,s)\exp[-\mathrm{i}\text{PTF}(r,s)]$$

在零空间频率时，其值等于 1。

13.430　调制传递函数　modulation transfer function, MTF

光学传递函数的模量。

13.431　相位传递函数　phase transfer function, PTF

光学传递函数的辐角。在零空间频率时，其值为 0。相位传递函数的值与点扩散函数的参考坐标系原点位置有关，原点位置的位移会使相位传递函数产生一个对空间频率成线性的附加项。

13.432　星点检验　star test

一种定性地评价光学系统成像质量的方法，即一点光源（星点）经被检光学系统成像，通过肉眼观察星点像及其像平面前后的光能分布的衍射图形。

13.433　平凸 50 mm 标准镜头　plano-convex 50 mm standard lens

用于标准光学传递函数测试仪器测试调制传递函数和相位传递函数值的基础透镜。焦距标称值为 50 mm，带有理论计算值和标准值。透镜的一面为球面，半径为 25 mm；另一面为平面，厚度等于 10 mm。

13.434　双胶合 200 mm 标准镜头　doublet 200 mm standard lens

用于对以大口径、长焦距的准直物镜提供无限远目标的标准光学传递函数测试仪器测试调制传递函数值的专用透镜。焦距标称值为 200 mm，带有理论计算值和标准值。

13.435　系统的光谱透射比　spectral transmittance for optical system

在给定波长下，透过光学系统的辐射通量与入射其上的辐射通量之比。

13.436 色贡献指数 color contribution index, CCI
表征物镜相对于无物镜时预期改变摄影影像颜色程度的由三个正整数组成的数组。

14. 电 离 辐 射

14.01 基 础 名 词

14.001 靶核 target nucleus
受粒子轰击而与其起核反应的核。

14.002 电离辐射 ionizing radiation
由能够产生电离的带电粒子和(或)不带电粒子组成的辐射。电离可由初级过程产生，也可由次级过程产生。

14.003 杂散辐射 stray radiation
泄漏辐射和散射辐射的总称。

14.004 泄漏辐射 leakage radiation
穿过屏蔽体的电离辐射。

14.005 散射辐射 scattering radiation
带电粒子在通过物质的过程中方向受到改变的辐射。

14.006 宇宙辐射 cosmic radiation
来自地球外部的能量很高的初级粒子，以及由这些粒子与大气外层相互作用产生的次级粒子组成的辐射。

14.007 韧致辐射 bremsstrahlung
电磁场使带电粒子动量改变时发射的电磁辐射。

14.008 有用射束 useful beam
由准直器限定的直接用于辐照或测量目的的辐射束。

14.009 辐射源 radiation source
能发射电离辐射的装置或物质。

14.010 参考辐射 reference radiation
为校准剂量计以及确定其能量响应而规定的一系列具有不同能量不同发射率其他特征的辐射。

14.011 伴随辐射 concomitant radiation
伴随待测辐射出现的辐射。

14.012 载体 carrier
以适当的数量载带某种微量物质共同参与某化学或物理过程的另一种物质。

14.013 散射 scattering
入射的粒子或辐射与粒子或粒子系碰撞而改变运动方向和(或)能量的过程。

14.014 反散射 backscattering
粒子或辐射被物质散射时，相对于其入射方向的角度大于90°的散射。

14.015 [电离辐射]能谱 energy spectrum [of ionizing radiation]
某一辐射量的值随能量的分布。如粒子发射率随能量的分布。

14.016 共振能 resonance energy
正好可以激活复合核中某一能级的入射粒子的动能。

14.02　放射性活度

14.017　放射性活度　activity
在一确定时刻，某一特定能态的一定量的放射性核素的活度是确定时间间隔内该能态上自发核跃迁数的期望值与该时间间隔之商。一般采用核素活度 $A=dN/dt$ 来描述，dN 是时间间隔 dt 内自发核跃迁数的期望值。单位名称为贝可[勒尔]，符号为 Bq，$1Bq=1s^{-1}$。

14.018　比活度　specific activity
单位质量某种物质的放射性活度。

14.019　表面活度响应　surface activity response
在给定的几何条件下，表面污染仪对某一核素测得的计数（对本底进行修正后）除以标准平面源的单位面积活度之商。单位符号为 $s^{-1} \cdot Bq^{-1} \cdot cm^{2}$。

14.020　放射性核素纯度　radionuclide purity
放射性物质中某一核素的放射性活度对总放射性活度的比值。

14.021　放射性浓度　activity concentration, radioactive concentration
某种物质单位体积的放射性活度。

14.022　放射性平衡　radioactive equilibrium
某一衰变链中，各放射性核素的活度均按该链前驱核素的平均寿命随时间作指数衰减的状态。如果前驱核素的寿命很长，以致在考察期间前驱核素总体上的变化可以忽略，那么所有核素的放射性活度将几乎相等，这种平衡称为"长期平衡（secular equilibrium）"，否则就称为"短期平衡（short-run equilibrium）"。

14.023　放射性气溶胶　radioactive aerosol
含有放射形核素的固体或液体微粒在空气或其他气体中形成的分散系。

14.024　放射性污染　radioactive contamination
存在于某物质中或某物质表面上的不希望有的放射性物质的量超过其天然存在量，并导致技术上的麻烦或辐射危害。

14.025　放射源　radioactive source
用作电离辐射源的放射性物质。

14.026　平面源　plane source
放射性核素均匀分布在一面，而衬底厚度足以防止从源的背面发射粒子的一种板状放射源。

14.027　薄放射源　thin source
包括保护膜在内的厚度足够小的放射源。在此源中放射性材料发出的有用辐射在源材料内部的吸收可以忽略不计。

14.028　密封[放射]源　sealed source
一种密封在包壳或紧密覆盖层里的放射源。该包壳或覆盖层应具有足够的强度，使之在设计的使用条件和正常磨损下不会有放射性物质散失出来。

14.029　[源]表面发射率　surface emission rate
放射源在 2π 球面度内的发射率。

14.030　源效率　source efficiency
源的表面发射率与在源内（或在饱和层内）单位时间产生（或释放）的同种粒子数之比。

14.031　阴影屏蔽　shadow shield
辐射源虽未被全部遮蔽，但在源和屏蔽物体之间直接辐射不能自由穿行的屏蔽方式。

14.032　源–表面距离　source-surface distance
沿着射束轴，从源的前表面到被照射对象表面测出的距离。

14.033　散射–空气比　scatter-air ratio
以分数形式表示的源–表面距离非限定时的散射函数，即：散射–空气比 $=S_d(S+d)^2/(S+t)^2$。式中，S_d 为在限定源–表面距离时，深度 d 处的散射函数；S 为源–表面距离；t 为参考点的深度。

14.034　固定立体角法　constant solid angle method
又称"小立体角法"。通过测量空间某一立体角内放射源的粒子发射率，推算出源反射的全部粒子数的方法。

14.035　发射速率　emission rate
一个给定的放射源，在单位时间内发射出的给定类型和能量的粒子数。

14.036　衰变　disintegration, decay
某一特定能态的核素从该能态上的自发核跃迁。

14.037　半衰期　half life
在单一的放射性衰变中，放射性活度降至其原有值的一半时所需要的时间。

14.038　衰变纲图　decay scheme
详细标明能级、辐射类型、半衰期及分支比等核数据的放射性核素衰变的图式。

14.039　分支比　branching ratio
两种或两种以上特定方式的衰变的分支份额之比。

14.040　同位素丰度　isotopic abundance
一种元素的同位素混合物中，某特定同位素的原子数与该元素的总原子数之比。

14.041　液体闪烁体放射性活度测量仪　liquid scintillator activity meter
把放射性样品与液体闪烁体混合，以测定该样品放射性活度的测量仪器。

14.042　[放射性活度]标准溶液　standard solution [of activity]
一种液体放射性标准物质。

14.043　标准放射源　standard source
性质和活度在某一确定的时间内都是已知的，并能用作比对标准或参考的放射源。包括溶液、气体和固体形态的放射源。

14.044　检验源　checking source
又称"监督源"。用于检查辐射测量装置稳定性的放射源。

14.045　符合计数法　coincidence counting method
用规定的时间间隔内发生的两个或两个以上的事件（或脉冲）在电路或仪器的输出端产生一个信号的测量方法。常用于放射性核素活度的直接测量。

14.046　反符合　anticoincidence
用某个事件或脉冲在规定的时间间隔内阻止电路或仪器在指定的输入端出现信号时产生相应的输出信号。

14.047　反符合屏蔽　anticoincidence shielding

用反符合环探测器将主探测器包围起来，对两者的输出脉冲进行反符合，以降低宇宙射线和环境中 γ 射线对本底计数贡献的一种技术。

14.048　效率示踪法　efficiency tracer method

利用符合装置测定纯 β 衰变核素活度的一种方法。测得纯 β 衰变核对 β 计数率的贡献与探测活度已知的 β-γ 示踪核效率的关系曲线，并将曲线外推到 100% 的效率，即得到纯 β 衰变核素的衰变率。

14.049　效率外推法　efficiency extrapolation method

利用符合装置测定复杂衰变形式核素活度的一种方法。测得 β 道探测效率与计数的关系曲线，并外推出探测器效率为 100% 的计数。

14.050　低水平辐射测量装置　low level radiation measuring assembly

一种低本底的测量微弱放射性活度的装置。

14.051　放射性活度测量仪　activity meter

测定放射性活度的辐射测量仪。

14.052　井型电离室　well type ionization chamber

在立体角接近 4π 球面度的情况下，测量相当大体积的 β、X、γ 射线发射体的放射性活度的电离室。包含一个安放被测量源的同心圆柱形井。

14.053　表面污染测量仪　surface contamination meter

测量物体表面放射性污染程度的辐射测量仪。

14.03　粒子注量、电离探测器

14.054　[粒子]注量　[particle] fluence

入射到某确定截面积的球中的粒子数除以该截面积所得之商。一般用 $\Phi = \mathrm{d}N/\mathrm{d}a$ 来表述，式中，$\mathrm{d}N$ 为截面积为 $\mathrm{d}a$ 的球中的粒子数。单位名称为每平方米，单位符号为 m^{-2}。

14.055　[粒子]注量率　[particle] fluence rate

在某时间间隔内粒子注量的增量除以该时间间隔之商。一般用 $\varphi = \mathrm{d}\Phi/\mathrm{d}t$ 来表述，式中，$\mathrm{d}\Phi$ 是时间间隔 $\mathrm{d}t$ 内粒子注量的增量。单位名称为每平方米秒，单位符号为 $\mathrm{m}^{-2} \cdot \mathrm{s}^{-1}$。

14.056　能注量　energy fluence

入射到某截面的球中的辐射量与该截面之商。符号为 Ψ，$\Psi = \mathrm{d}R/\mathrm{d}a$，$\mathrm{d}R$ 为入射到截面为 $\mathrm{d}a$ 的球中的辐射量。单位名称为焦[耳]每平方米，单位符号为 $\mathrm{J} \cdot \mathrm{m}^{-2}$。

14.057　能注量率　energy fluence rate

在某时间间隔内能注量的增量与该时间间隔之商。用 $\Psi(t, r)$ 表示：
$$\Psi(t, r) = \mathrm{d}\Psi(t, r)/\mathrm{d}t$$
其中，$\mathrm{d}\Psi(t, r)$ 是 t 时刻 $\mathrm{d}t$ 时间内，辐射场 r 处能量注量的增量。

14.058　质量减弱系数　mass attenuation coefficient

某物质对不带电电离粒子的质量减弱系数 μ/ρ 是 $\mathrm{d}N/N$ 除以 $\rho\mathrm{d}l$ 而得的商，即 $\mu/\rho = (1/\rho N)(\mathrm{d}N/\mathrm{d}l)$。式中，$\mathrm{d}N/N$ 为粒子在密度为 ρ 的物质中穿行距离 $\mathrm{d}l$ 时经受相互作用的分数。单位为 $\mathrm{m}^2 \cdot \mathrm{kg}^{-1}$。

14.059　质能吸收系数　mass energy absorption coefficient

某物质对不带电电离粒子的质能吸收系数 μ_{eN}/ρ 是 μ_{tr}/ρ 和 $(1-g)$ 的乘积，即 $\mu_{eN}/\rho=(\mu_{tr}/\rho)\cdot(1-g)$。式中 μ_{tr}/ρ 为质能转移系数，g 为次级带电粒子的能量在该物质中由于轫致辐射而损失的分数。单位为 $m^2\cdot kg^{-1}$。

14.060 质能转移系数 mass energy transfer coefficient
某物质对不带电电离粒子的质能转移系数 μ_{tr}/ρ 是 dE_{tr}/EN 除以 ρdl 而得的商，即 $\mu_{tr}/\rho=(1/\rho EN)(dE_{tr}/dl)$。式中，$E$ 为每个粒子的能量(不包括静止能)；N 为粒子数；dE_{tr}/EN 为入射粒子在密度为 ρ 的物质中穿行距离 dl 时，其能量由于相互作用而转变成带电粒子动能量的分数。单位为 $m^{-1}\cdot kg^{-1}$。

14.061 总质量阻止本领 total mass stopping power
某物质对带电粒子总质量阻止本领 S/ρ 是 $1/\rho$ 除以 dE/dl 之商，即 $S/\rho=(1/\rho)/(dE/dl)$。式中，dE 为带电粒子在密度为 ρ 的物质中穿行距离为 dl 时损失的能量，这种能量损失包括碰撞损失和辐射损失。

14.062 线能量转移 linear energy transfer
某物质对带电粒子的线能量转移(或称有限制的线性碰撞阻止本领) L_Δ 是 dE 除以 dl 之商，即 $L_\Delta=(dE/dl)_\Delta$。式中，dE 为带电粒子在穿行 dl 距离时由于与电子碰撞而损失的能量，在这类碰撞中其能量损失小于 Δ。单位是 $J\cdot m^{-1}$ 或 $eV\cdot m^{-1}$。

14.063 辐射品质 radiation quality
描述带电粒子(初级带电电离粒子或由不带电电离粒子产生的次级带电粒子)在物质中能量传递的微观空间分布的辐射特性。传能线密度即为描述辐射品质的方法之一。

14.064 峰总比 photofraction

对于给定的光子能量，在全吸收峰内探测到的光子数与在同一时间间隔内探测到的总光子数之比。

14.065 带电粒子平衡 charged particle equilibrium, CPE
在受照射介质中某点周围的体积元内，带电粒子的能量、数目和运动方向均保持不变，即带电粒子辐射率和谱分布在该体积元内不变，也即进入和离开该体积元的带电粒子的能量(不包括静止能量)彼此相等的状态。

14.066 过滤器 filter
置于辐射束中用于改变其能谱组成、射束组分、能注量率或吸收剂量率空间分布的部件。

14.067 电离探测器 ionization detector
利用探测器灵敏体积内的电离效应的辐射探测器。如电离室、计数管或半导体探测器。

14.068 [探测器的]窗 window [of detector]
为使待测辐射进入探测器灵敏体积的易于穿透的部位。

14.069 壁效应 wall effect
探测器壁对测量结果的影响。通常与探测器壁的性质和厚度有关。

14.070 计数管 counter tube
充有适当气体的一般为管状的脉冲电离探测器。管中电极间加有电场，其强度足以引起气体放大，并能把与电离辐射在灵敏体积内产生的电子、离子有关的电荷收集在电极上。

14.071 计数器 counter
对电脉冲进行计数的装置。

14.072　长计数器　long counter

一种中心装有三氟化硼计数管,外层有圆柱形石蜡或聚乙烯屏蔽的测量中子的装置。在约(1~10)MeV的能量范围内,其能量响应可认为不变。

14.073　电离室　ionization chamber

灵敏体积内含有适当气体的电离探测器。探测器电极间加有电场,其强度不足以引起气体放大,但能把与电离辐射在灵敏体积内产生的电子、离子有关的电荷收集在电极上。

14.074　布拉格–戈瑞空腔电离室　Bragg-Gray cavity ionization chamber

用于测量介质中的吸收剂量(如射线或射线的吸收剂量)的电离室。其灵敏体积气体压力臂的性质和厚度等特性满足布拉格–戈瑞空腔条件。

14.075　电流电离室　current ionization chamber

以平均电流形式提供信息的电离室。

14.076　[电流电离室的]饱和曲线　saturation curve [of current ionization chamber]

在给定的辐照条件下,电离室输出的电流随所加电压变化的特征曲线。

14.077　脉冲电离室　pulse ionization chamber

以脉冲形式提供信息的电离室。

14.078　[电离室的]复合损失　loss due to recombination [in ionization chamber]

由于电离室中产生的部分正负离子的相互作用使其电荷中和(但质量保持守恒),导致电离室收集到的电离电流小于其饱和电流的现象。

14.079　半导体探测器　semiconductor detector

用半导体材料制成的电离探测器。

14.080　[半导体探测器的]电荷收集时间　charge collection time [of semiconductor detector]

一个电离粒子射入半导体探测器后,探测器收集电荷所需要的时间。通常用从收集到的电荷最终值的10%增到90%所需要的时间来表示。

14.081　[半导体探测器的]耗尽层　depletion layer [in semiconductor detector]

半导体探测器中构成灵敏体积的一层半导体材料。粒子在其中损耗的绝大部分能量对输出信号均有贡献。

14.082　[半导体探测器的]死层　dead layer [of semiconductor detector]

半导体探测器中紧接耗尽层的不灵敏部分。待测粒子在其中损失的能量对形成最终信号没有明显贡献。

14.083　活化探测器　activation detector

一种利用在辐射照射下产生的感生放射性,来确定粒子注量率或粒子注量的辐射探测器。

14.084　流气式探测器　gas flow detector

通过气体在探测器中低速流动,来维持其中有合适的工作气体的辐射探测器。

14.085　[探测器的]灵敏体积　sensitive volume [of detector]

探测器中对辐射灵敏并用于探测的那部分体积。

14.086　角响应　angle response

辐射探测器的灵敏度与辐射入射角的关系。

14.087 能量响应 energy response
辐射探测器的灵敏度与辐射能量的关系。

14.088 [探测器的]使用寿命 useful life [of detector]
辐射探测器的效率在无明显下降时所能预期的总计数。

14.089 探测器死时间 detector dead time
核辐射探测器记录一个计数脉冲后到再能记录一个新脉冲所需的最短时间间隔。

14.090 探测器效率 detector efficiency
核辐射探测器测到的粒子数与在同一时间间隔内入射到探测器上的该种粒子数的比值。

14.091 探测效率 detection efficiency
在一定的探测条件下，探测到的粒子数与在同一时间间隔内辐射源发射出的该种粒子总数的比值。

14.092 盖革–米勒计数管 Geiger-Müller counter tube
工作在盖革–米勒区的计数管。

14.093 自猝灭计数管 self-quenched counter tube
只靠所充的气体而不需任何其他措施就能猝灭的盖革–米勒区的计数管。

14.094 高压计数管 high pressure counter
内部充以高气压工作气体的计数管。

14.095 流气式计数管 gas flow counter tube
通过适当的气体在探测器内慢速流动，保持适当的气压的计数管。

14.096 盖革–米勒区 Geiger-Müller region
气体放大系数远大于 1，脉冲幅度实际上与单次电离事件在灵敏体积内，最初生成的离子对总数无关的计数管的电压区间。

14.097 [计数管的]坪 plateau [of counter tube]
计数管特性曲线上计数率基本上不随所加电压变化的那一部分。

14.098 ICRU 球 ICRU sphere
一个直径为 30cm 的组织等效材料组成的球体。其密度为 $1g \cdot cm^{-1}$，质量成分为氧 76.2%、碳 11.1%、氢 10.1%和氮 2.6%。

14.099 阈探测器 threshold detector
对能量超过一定值的粒子才能有响应的粒子探测器。

14.100 闪烁探测器 scintillation detector
由闪烁体直接或通过光导光耦合到光敏器件(如光电倍增管)上组成的辐射探测器。

14.101 闪烁体 scintillator
含有闪烁物质并以适当的形式组成的辐射探测元件。

14.102 辐射能谱仪 radiation spectrometer
简称"辐射谱仪"。测量电离辐射能谱的装置。

14.103 全吸收峰 total absorption peak
对于 X 或 γ 辐射，相当于光子在探测物质中能量全部吸收时的能谱响应的峰。

14.104 [辐射能谱仪的]能量分辨力 energy resolution [of radiation spectrometer]
对于某一给定的能量，辐射谱仪能分辨的两

个粒子能量之间的最小相对差值。

14.105　[辐射测量仪的]本底　background [of radiation meter]
当辐射测量仪处于正常工作条件而被测辐射源不存在时辐射测量仪指示的值。

14.106　[辐射测量装置的]探头　probe [of radiation measuring assembly]
辐射测量装置的一部分。通常具有一个几何形状适当的外壳，内部装有辐射探测器，还可能装有前置放大器和某些功能单元。

14.107　[计数装置中的]堆积　pile-up [in counting assembly]
一个脉冲叠加在前一个脉冲上的现象。这种堆积引起脉冲幅度失真并可能使一些脉冲无法分辨。

14.108　分辨时间　resolving time
两个相继出现而仍能被分隔开的脉冲或致电离事件之间的最小时间间隔。

14.109　照射野　field of beam
辐射束在与其轴线相垂直的平面上的照射面。

14.110　气体放大　gas multiplication
在足够强的电场作用下，由入射辐射(或其他原因)在气体中的起始电离产生的每个离子对形成更多离子对的过程。

14.111　气体放大系数　gas multiplication coefficient
在一定条件下，经气体放大后的离子对数与起始离子对数之比。

14.112　正比区　proportional region
气体放大系数大于 1，并且实际上与单次电离事件在灵敏体积内，最初生成的离子对总数无关的计数管的电压区间。脉冲幅度与最初生成的离子对总数成正比。

14.113　定标器　scaler
包含一个或几个定标电路的、对电脉冲进行计数的装置。

14.04　电离辐射剂量

14.114　吸收剂量　absorbed dose
电离辐射授予一定质量的物质的平均能量与该质量之商。一般用吸收剂量 $D = \mathrm{d}\bar{\epsilon}/\mathrm{d}m$ 来表述。单位名称是戈瑞（Gy）。

14.115　吸收剂量率　absorbed dose rate
某时间间隔内吸收剂量的增量与该时间间隔之商。一般用吸收剂量率 $\dot{D} = \mathrm{d}D/\mathrm{d}t$ 来表述，$\mathrm{d}D$ 是时间间隔 $\mathrm{d}t$ 内吸收剂量的增量。单位名称为戈[瑞]每秒（Gy·s^{-1}）。

14.116　照射量　exposure
光子在一定质量的空气中释放出来的全部电子

（负电子和正电子）完全被空气所阻止时，在空气中产生任一种符号的离子总电荷的绝对值除以该质量的商。单位为库[仑]每千克（C·kg^{-1}）。

14.117　照射量率　exposure rate
在一定时间间隔内照射量的增量除以该时间间隔之商。一般会采用 $\dot{X} = \mathrm{d}X/\mathrm{d}t$ 来描述，$\mathrm{d}X$ 是时间间隔 $\mathrm{d}t$ 内照射量的增量。单位名称为库[仑]每千克秒（C/(kg·s)）。

14.118　比释动能　kerma
不带电电离粒子在单位质量的某一物质内

释放出来的全部带电电离粒子的初始动能的总和。用符号 K 表示。单位为戈瑞(Gy)。

14.119　比释动能率　kerma rate
单位时间间隔内的比释动能。用符号 $\dot{K}$ 表示，$\dot{K} = \mathrm{d}K/\mathrm{d}t$。

14.120　空气比释动能率常数　air kerma rate constant
发射光子的放射性核素的空气比释动能率常数 Γ_δ 是具有某活度的该核素离点源一定距离处由能量大于 δ 的光子所造成的空气比释动能率与该距离的二次方的乘积除以核素活度的商。一般用 $\Gamma_\delta = l^2 \dot{K}_\delta / A$ 来表述。l 是距离，$\dot{K}_\delta$ 是比释动能率，A 是核素活度。单位为 J/(m² · kg)。

14.121　剂量当量　dose equivalent
组织中被研究的某一点处的剂量当量是该点处的吸收剂量、品质因子与其他修正因子的乘积。单位为希[沃特](Sv)。

14.122　剂量当量率　dose equivalent rate
确定时间间隔内剂量当量的增量与该时间间隔之商。一般用剂量当量率 $\dot{H} = \mathrm{d}H/\mathrm{d}t$ 来表述，$\mathrm{d}H$ 是确定的时间间隔 $\mathrm{d}t$ 内的剂量当量的增量。单位名称为希[沃特]每秒（Sv · s⁻¹）。

14.123　周围剂量当量　ambient dose equivalent
辐射场中某一点处的周围剂量当量 $H^*(d)$ 是相应的齐向扩展场在 ICRU 球体内逆向齐向场的半径上深度 d 处产生的剂量当量。对于 $H^*(d)$ 表示的监测来说，推荐的深度为 10mm，$H^*(d)$ 可写为 $H^*(10)$。

14.124　定向剂量当量　directional dose equivalent
辐射场中某一点处定向剂量当量 $H'(d)$ 是相应的扩展场在 ICRU 球体内指定方向的半径上深度 d 处产生的剂量当量。

14.125　半值层　half value layer, HVL
置于某种辐射束通过的路径上，能使指定的辐射量（如照射量率）的值减小一半所需的给定材料的厚度。

14.126　百分深度剂量　percentage depth dose
模体中任一深度 d 处的吸收剂量 D_d 与射束轴上固定参考点（通常为峰值点）的吸收剂量 D_0 的比值。以百分数表示。

14.127　等剂量曲线　isodose curve
吸收剂量是常数的线（通常在一个平面上）。

14.128　等剂量图　isodose diagram
表示模体中一个特定平面上吸收剂量分布的一组等剂量曲线。常以规整的百分深度剂量间隔画成。

14.129　剂量率响应　dose rate response
辐射探测器的灵敏度与剂量率大小的关系。

14.130　品质因数　quality factor
表示吸收剂量的微观分布对生物效应的影响所用的系数。其值是根据水中的线碰撞阻止本领而确定的。在辐射防护工作中，将吸收剂量乘以品质因数和其他修正因子即可换算成剂量当量。

14.131　靶体截面　cross section
对某一种相互作用而言，靶体截面是入射带电粒子或非带电粒子对一个靶体发生相互作用的概率与入射粒子在该时间的注量之比值。靶体截面描述为 $\sigma = P/\Phi$，P 是入射粒子的注量为 Φ 时，对靶体相互作用的概率。单位名称为靶恩，符号为 b，1 b=10⁻²⁸ m²。

14.132　浅表个人剂量当量　superficial individual dose equivalent

人体某一指定点下面一定深度处的软组织剂量当量。适用于弱贯穿辐射。如深度为 d，可表示为 $H_s(d)$。对表示监测时，推荐深度为 0.07 mm，可写为 $H_s(0.07)$。

14.133　深部个人剂量当量　penetrating individual dose equivalent

人体上某一指定点下面深度 d 处的软组织剂量当量。适用于强贯穿辐射。符号为 $H_p(d)$。对于用 $H_p(d)$ 表示的监测来说，推荐的深度 d 为 10 mm，$H_p(d)$ 可写为 $H_p(10)$。

14.134　剂量计　dosemeter

测量吸收剂量的辐射测量仪器。有时也泛指测量照射量、剂量当量或其他剂量量的辐射测量仪器。

14.135　辐射变色剂量计　radiochromic dosemeter

利用某些化学物质（液体或固体）经电离辐射照射后产生的变色效应，通过比色或黑度测量确定辐射剂量的剂量计。

14.136　热释光剂量计　thermoluminescent dosemeter

由一个或多个热释光探测器构成的剂量计。需用热释光剂量计读出器测读。

14.137　胶片剂量计　film dosemeter

利用胶片对电离辐射的"感光"作用而制成的剂量计。

14.138　化学剂量计　chemical dosemeter

基于测定电离辐射在某些物质中产生的化学变化而制成的剂量计。

14.139　辐射测量仪　radiation meter

用于测量电离辐射的仪器或装置。包括一个或几个辐射探测器，以及若干与探测器相连接的部件或基本功能单元。

14.140　剂量当量计　dose equivalent meter

测量剂量当量的辐射测量仪器。

14.141　剂量当量率计　dose equivalent ratemeter

测量剂量当量率的辐射测量仪器。

14.142　剂量率计　dose ratemeter

测量吸收剂量率的辐射测量仪器。有时也泛指测量照射量率、剂量当量率或其他剂量率量的辐射测量仪器。

14.143　组织等效电离室　tissue equivalent ionization chamber

用于确定组织中的吸收剂量的电离室。其室壁和收集极均为组织等效材料，通常用组织等效气体作为工作气体。

14.144　照射量计　exposure meter

测量照射量的辐射测量仪器。

14.145　照射量率计　exposure ratemeter

测量照射量率的辐射测量仪器。

14.146　自由空气电离室　free air ionization chamber

以空气为介质、主要用于照射量绝对测量的空气壁电离室。

14.147　外推电离室　extrapolation ionization chamber

至少可以改变其中一个特性参数（一般是电极间的距离）的电离室。其目的是外推出电离室体积为零时读数。

14.148　模体　phantom
在辐射剂量学、辐射监测研究以及放射治疗学中使用的人体或动物体(整个或局部)的模拟物或具有约定几何尺寸的模型。通常由各种组织等效材料构成，多用于测量和计算吸收剂量分布，有时用于确定体外计数效率。

14.149　散射因子　scatter factor
在模体中一点的总照射量(或吸收剂量)和仅由初级光子所产生的那部分照射量(或吸收剂量)之比。对 400 keV 以下的 X 射线，在模体入射表面的散射因子称为"反散射因子(backscattering factor)"；对其他能量的光子，在参考点的散射因子称为"峰值散射因子(peak scattering factor)"，只用于放射治疗剂量学中。

14.05　中　　子

14.150　中子活化　neutron activation
由中子辐照产生放射性的过程。

14.151　中子源强度　neutron source strength
中子源单位时间内发射出的中子数。

14.152　中子共振吸收　resonance absorption of neutrons
在共振能区内的中子吸收。

14.153　超热中子　epithermal neutron
动能大于热扰动能的中子。常仅指能量刚超过热能(即可与化学键能相比)的能量范围内的中子。

14.154　中子反照率　neutron albedo
穿过一表面进入某区域的中子仍穿过该表面返回的概率。

14.155　伴随粒子法　associated particle method
测量在产生中子的核反应中与中子同时产生的伴随粒子，以确定核反应所产生的中子的方法。

14.156　锰浴法　manganese bath method
通过测量中子源在 $MnSO_4$ 水溶液中引起的锰-56 总活度来校准中子源强度的一种方法。

14.157　多球中子谱仪　multisphere neutron spectrometer
由几种不同直径的慢化球体(一般为聚乙烯)和置于其中的中子探测元件组成的一组探测器。可根据这些不同直径的球体探测器对同一中子束给出不同计数率，通过一定计算程序确定该中子束的能谱。

14.158　反冲质子计数管　recoil proton counter tube
充有含氢气体，用于探测快中子的正比计数管。起始电离主要是由快中子与氢核进行碰撞产生的反冲质子引起。

14.159　反冲质子能谱仪　recoil proton spectrometer
通过测量反冲质子的能量分布测定快中子能谱的辐射谱仪。这些反冲质子是由快中子在含氢探测器中的弹性散射产生。

14.160　反冲质子望远镜　recoil proton telescope
测量中子束入射到含氢辐射体上在某一固定立体角内发射的反冲质子，以确定入射中子束注量率或能谱的装置。

14.161 氦计数管 helium counter tube
充有氦–3 气体，用于探测中子的正比计数管。起始电离是由中子与氦–3 进行核反应产生的质子和氚核引起的。

14.162 自发裂变中子源 spontaneous fission neutron source
由重原子核自发裂变出中子的中子源。

14.163 裂变电离室 fission ionization chamber
用一层或多层可裂变材料涂层或镀层作为一个电极的电离室。可通过中子诱发裂变产物产生的电离来探测中子。

14.164 正比计数管 proportional counter
tube
工作在正比区的计数管。

14.165 三氟化硼计数管 boron trifluoride counter
充有三氟化硼气体，用于探测中子的正比计数管。起始电离是由中子与硼–10 进行核反应产生的 α 粒子和锂–7 引起。

14.166 中子飞行时间能谱仪 time-of-flight neutron spectrometer
通过测量中子飞行时间测定中子束能谱的辐射谱仪。

14.167 镉比 cadmium ratio
中子探测器在裸态与包有特定厚度镉层时的响应之比。

14.06 辐 射 防 护

14.168 辐射防护 radiation protection
研究保护人类及其生活环境免受或少受辐射损害的应用性学科。这里所说的辐射，从广义上说，既包括电离辐射也包括非电离辐射，后者如微波、激光和紫外线等；从狭义上说，则仅包括电离辐射，此时亦称"放射防护"。

14.169 辐射化学产额 radiation chemical yield
由于授予物质平均能量而使第一指定实体 X 中生成、破坏或变化的物质的平均量与该平均能量之比。单位为 $mol \cdot J^{-1}$。

14.170 场所监测 area monitoring
为提供与工作人员的工作环境及其所从事的操作有关的辐射水平的数据而进行的辐射监测。

14.171 个人监测 personal monitoring
为提供工作人员个人所接受的辐射水平而进行的辐射监测。常用工作人员个人配带的装置和通过对体内或排泄物中放射性核素的测量进行监测。

14.172 环境监测 environmental monitoring
在操作放射性物质或辐射源的设施边界外面进行的辐射监测。

14.173 个人剂量计 personal dosemeter
用于个人剂量监测的剂量计。

14.174 环境剂量计 environmental dosemeter
用于环境测量的剂量计。

14.175 光致发光剂量计 photoluminescent dosemeter

由光致发光探测器构成的剂量计。

14.176　辐射加工　radiation processing

用电离辐射作用于物质，使其品质或性能得以改善的一种技术。

14.07　放　射　治　疗

14.177　粒子加速器　particle accelerator

将带电粒子(如电子、质子、氚核以及 α 粒子等)加速，使其动能增加(一般指大于 0.1 MeV)的装置。

14.178　直线加速器　linear accelerator

将带电粒子沿直线路径加速的粒子加速器。

14.179　标称能量　nominal energy

医用电子加速器的特性之一。对 X 射线辐射，标称能量为电子撞击靶时的辐射能量。此能量由厂家对辐射束的特性加以规定。对电子辐射，标称能量为有用电子束在正常治疗距离处的辐射能量。辐射束中的电子能量是在正常治疗距离处的辐射束轴上，即垂直于辐射束轴的体模表面的入射处测得。

14.180　远距离放射治疗　teleradiotherapy

辐射源至皮肤之间的距离较大(通常不小于 50 cm)时的放射治疗。

14.181　近距离放射治疗　brachytherapy

用一个或多个辐射源在患者腔内、组织间或表浅部位进行的放射治疗。

14.182　立体定向放射外科治疗　stereotactic radiosurgery therapy

将立体定向成像程序与小辐射野(通常为 4~18 mm)的 X 射线辐射或同步回旋加速器的质子、重粒子和 γ 射线辐射结合进行单次或多次大剂量会聚的放射治疗。

14.183　源皮距　radiation source to skin distance

放射治疗中从辐射源表面至入射面的距离。

14.184　电子污染　electron contamination

用 X 辐射进行放射治疗时，由于各种因素产生的电子辐射而引起的体模表面吸收剂量增加的现象。

14.185　X 射线污染　X-ray contamination

用电子辐射进行治疗时，由 X 射线引起的电子辐射最大射程以外的吸收剂量增加的现象。

14.186　相对表面吸收剂量　relative surface absorbed dose

体模表面位于规定位置时，在体模中沿辐射束轴 0.5 mm 深度处的吸收剂量与最大吸收剂量之比。

14.187　表面剂量　surface dose

受辐照物体入射表面某点处(通常选择在辐射束轴上)的吸收剂量。包括反散射产生的吸收剂量。

14.188　深度剂量　depth dose

在受辐照物体入射表面下方特定深度处(通常在辐射束轴处)的吸收剂量。

14.189　深度剂量曲线　depth dose chart

在源表距和辐射野面积一定时，辐射束轴上的吸收剂量随深度而变化的关系曲线。

14.190 实际射程 practical range

对电子辐射，体模表面位于正常治疗距离处，体模中沿辐射束轴的深度剂量曲线上，下降最陡处的切线外推后与深度吸收剂量曲线末段的外推线相交，交点处所对应的深度。

14.191 均整度 flatness

在一个辐射野的限定部分内，最高与最低的吸收剂量之比。标准体模入射面与辐射束轴垂直，并在其特定深度上与规定的辐射条件下测量吸收剂量。

14.192 最大剂量深度 depth of dose maximum

体模表面位于特定距离时，体模内辐射束轴上最大吸收剂量的深度。

14.193 [辐射]品质指数 quality index

对 X 射线辐射，10 cm×10 cm 的辐射野，辐射探测器位于正常治疗距离处，在体模内沿辐射束轴于 20 cm 深度处和 10 cm 深度处所测量的吸收剂量之比值。

14.194 闪烁成像 scintigraphy

记录放射性核素在人体内分布的技术。

14.195 伽马照相机 gamma camera

由探测到被测物体发出的 γ 射线辐射一次形成图像的闪烁成像设备。

14.196 狭缝焦点射线照相 focal spot slit radiogram

用狭缝照相机通过有效焦点并垂直于狭缝长度上以及辐射所通过的空间辐射强度分布而得到的 X 射线照片。

14.197 针孔焦点射线照相 focal spot pinhole radiogram

用针孔照相机将有效焦点的形状和方位以及辐射所通过的空间辐射强度分布而得到的 X 射线照片。

14.198 星卡焦点射线照相 focal spot star radiogram

用星形照相机获得确定在有效焦点的一个或多个方向上的星形花纹的分辨率限度的 X 射线照片。

14.199 线扩散函数 line spread function, LSF

在成像系统中，由一个线源辐射产生的计数密度沿一条直线上的分布。该直线处于规定的成像平面内，且垂直于线源的图像。

14.200 图像矩阵 image matrix

在一个优选的直角坐标系统中的矩阵单元的排列。

14.201 矩阵元 matrix element

图像矩阵的最小单元。

14.202 体积元 volume element

在二维或三维的图像矩阵中由矩阵元确定的物质中的单元。其尺寸由通过适当的刻度因子换算后的矩阵元尺寸和所有的三维的系统空间分辨力确定。

14.203 电离室参考点 reference point of ionization chamber

电离室中的一点。在校准电离室时，使其符合于在规定的约定真值之上的点。

14.204 实际焦点 actual focal spot

靶面上阻拦截止加速粒子束的区域。

14.205 有效焦点 effective focal spot

实际焦点在基准平面上的垂直投影。

14.206 焦点标称值 nominal focal spot value

在规定条件下测量的与射线管有效焦点尺寸有特定比例的无量纲数值。

14.207 标称 X 射线管电压 X-ray tube nominal voltage

在规定的条件下允许的最高 X 射线管电压。

14.208 CT 剂量指数 100 computed tomography dose index 100, $CTDI_{100}$

沿着垂直于体层平面方向上的剂量分布除以辐射源在 360°的单次旋转时产生的体层切片的数目 N 与辐射源在某一单次旋转中的标称切片厚度 T 的乘积从−50 mm 到+50 mm 的积分。即 $CTDI_{100} = \int_{-50\,mm}^{+50\,mm} \frac{D(z)}{N \times T}\, dz$。式中：$D$ 为沿着与体层平面垂直线 Z 向的剂量分布，这个剂量是按照空气吸收剂量测得的；N 为辐射源在某一单次旋转时产生的体层切片数；T 为标称体层切片厚度。

14.209 CT 螺距因子 CT pitch factor

在 X 射线管每转时的患者支架水平方向上的行程 Δd 除以通过 X 射线管辐射时产生的体层切片的数目 N 与标称体层切片厚度 T 的积，即 CT 螺距因子= $\Delta d / (N \times T)$。式中：Δd 为患者支架水平方向上的行程；N 为 X 射线管在某一单次旋转时产生的体层切片数；T 为标称体层切片厚度。

14.210 表面污染控制水平 control level of surface contamination

为控制人的体表、衣物、器械及场所表面的放射性污染而规定的限值。

14.211 辐射检测仪 radiation monitor

当与电离辐射有关的量超过某一可调预置值或测得值不在可调预置范围内时，能够给出可察觉的报警信号(通常是灯光或音响信号)的辐射测量仪。

15. 化　学

15.01 基础名词

15.001 物质的量 amount of substance

国际单位制的基本量之一。描述一系统中指定基本单元数的一个量，与基本单元粒子数成正比。单位是摩[尔]，符号为 mol。使用物质的量时，一般应指明基本单元；物质 B 的量，常用 n_B 或 $n(B)$ 表示；一般粒子的物质的量，常用括弧给出，如：$n(1/2\ H_2SO_4)$。

15.002 摩[尔] mole

物质的量的单位。1 mol 是指系统中所包含的基本单元数与 0.012 kg 碳–12 的原子数目相等。使用摩尔时，应指明基本单元，可以

是原子、分子、离子、电子及其他粒子，或是这些粒子的特定组合。

15.003 摩尔质量 molar mass

基本单元的摩尔质量 M 等于其总质量 m 与物质的量 n 之比。单位是千克每摩尔 $(kg \cdot mol^{-1})$，常用克每摩尔 $(g \cdot mol^{-1})$。

15.004 摩尔体积 molar volume

系统的体积 V 与其中粒子的物质的量 n 之比。单位是立方米每摩尔 $(m^3 \cdot mol^{-1})$，常用升每摩尔 $(L \cdot mol^{-1})$。

15.005 [物质的量]浓度 molarity
溶液中组分 B 的物质的量 n_B 与溶液体积 V 之比。单位是摩尔每立方米 $(mol \cdot m^{-3})$，常用摩尔每升 $(mol \cdot L^{-1})$。

15.006 质量摩尔浓度 molality
溶液中组分 B 的物质的量 n_B 与溶剂 A 的质量之比。单位是摩尔每千克 $(mol \cdot kg^{-1})$，常用毫摩尔每千克 $(mmol \cdot kg^{-1})$。

15.007 质量浓度 mass concentration
组分 B 的质量 m_B 与相应混合物的体积 V（包括物质 B 的体积）之比。单位是千克每立方米 $(kg \cdot m^{-3})$，常用克每升 $(g \cdot L^{-1})$。

15.008 质量分数 mass fraction
组分 B 的质量 m_B 与体系的总质量 m 之比。

15.009 体积分数 volume fraction
组分 B 的体积与溶液的总体积之比。

15.010 摩尔分数 mole fraction
又称"物质的量分数"。组分 B 的物质的量 n_B 与体系中总的物质的量之比。

15.011 原子质量常数 atomic mass constant
等于一个处于基态的碳-12中性原子静止质量的 1/12。符号为 m_u，其值为 $1.660\,538\,921(73) \times 10^{-27}kg$。

15.012 法拉第常数 Faraday constant
电解每一电化学当量物质所需的电量。符号为 F，单位是库仑每摩尔，其值为 $96\,485.3365(21)\ C \cdot mol^{-1}$。

15.013 气体常数 gas constant
表征理想气体性质的普适常数。是摩尔分子的理想气体的压强 P 和体积 V 的乘积与绝对温度 T 的比值。符号为 R，单位是焦耳每摩尔

开尔文，其值为 $8.314\,4621(75)\,J/(mol \cdot K)$。

15.014 道尔顿定律 Dalton's law
又称"气体分压定律"。低压下气体混合物的总压力等于各组分的分压力之和。

15.015 拉乌尔定律 Raoult's law
在一定温度下，稀溶液中溶剂的蒸气压等于纯溶剂的蒸气压与其摩尔分数的乘积。

15.016 法拉第电解定律 Faraday's law of electrolysis
电解时，在电极上析出或溶解的物质的质量 (m) 与通过电极的电量 (Q) 成正比，即 $m = kQ$。系数 k 表示电解时通过单位电量发生的物质质量的变化。

15.017 朗伯–比尔定律 Lambert-Beer's law
当单色光通过厚度一定、均匀的吸收溶液层时，溶液对光的吸收程度 (A) 与溶液中吸光物质的浓度 (c) 成正比。

15.018 化学计量学 metrology in chemistry
关于化学测量的学科。是在化学领域内研究计量单位的统一和量值准确可靠的计量学分支。

15.019 化学计算学 stoichiometry
通过化学分子式、化学反应式、原子量或分子量等计算化学元素、化合物彼此反应的比例关系或数量的学科。

15.020 化学统计学 chemometrics
化学与数学、统计学、计算机技术相结合形成的新学科。主要研究化学中的统计学与统计方法、实验设计与方法优化、校正理论、信号处理、因素分析、模型及参数设计、数据库检索、人工智能和系统软件等。

15.021　焓　enthalpy

又称"热焓"。热力学系统的状态函数之一。为内能 U 加压力 P 与体积 V 的乘积。符号为 H，即 $H=U+PV$。

15.022　焓变　enthalpy change

一定量的物质在定压可逆过程中，由一种状态转变为另一种状态吸收的热量。符号为 ΔH，单位是 $kJ \cdot mol^{-1}$ 或 $J \cdot g^{-1}$。

15.023　熔化焓　enthalpy of fusion

定压下物质从固态转变为同温度下液态过程所吸收的热量。单位是 $J \cdot mol^{-1}$。

15.024　反应热　heat of reaction

又称"反应焓(enthalpy of reaction)"。等温下物质在化学反应过程中释放或吸收的热量。单位是 $J \cdot mol^{-1}$。

15.025　蒸发焓　enthalpy of evaporation

定压下物质由液态变为同温度的气态过程中吸收的热量。单位是 $J \cdot mol^{-1}$。

15.026　溶解焓　enthalpy of solution

恒温恒压下物质溶于溶剂形成溶液时吸收或释放的热量。单位是 $J \cdot mol^{-1}$。

15.027　摩尔电导　molar conductance

含有 1mol 电解质的溶液，在距离为 1cm 的两个平行电极间具有的电导。单位是 $S \cdot cm^2 \cdot mol^{-1}$。

15.028　电导池常数　conductance cell constant

电导池中电流通过的电解质溶液导体的长度(两电极之间的距离)L 与电解质溶液导体的横截面积 A 之比。常用 J 表示，单位是 m^{-1}。

15.029　牛顿流体　Newtonian fluid

服从牛顿定律的流体。其黏度与剪切速率无关。

15.030　非牛顿流体　non-Newtonian fluid

不服从牛顿定律的流体。其黏度随剪切速率变化。

15.031　数均分子量　number-average molecular weight

聚合物分子量按数量分布函数 $N(M)$ 表示的统计平均值。

15.032　重均分子量　weight-average molecular weight

聚合物体系中，按每个分子量组分的质量统计平均得到的分子量。

15.033　黏均分子量　viscosity-average molecular weight

与聚合物溶液的特性黏数相关的分子量。

15.034　Z 均分子量　Z-average molecular weight

聚合物分子量按 Z 量的统计平均值。定义为聚合物体系中各分子量组分的 Z 值的分数与其相应的分子量的乘积的总和。

15.035　分子量分布　molecular weight distribution

描述聚合物多分散程度的量，是聚合物中不同分子量的同系物所占的质量和数量。聚合物的分子大小是不均一的，不同分子量的分布状态可用分子量分布曲线等方式表示。

15.036　分子量分布指数　molecular weight distribution index

重均分子量与数均分子量的比值。是表征聚

合物分子量分布宽度的常用方法之一。

15.037　聚合物熔融指数　melting index of polymer
表征聚合物流动性能的参数。用 MI 表示。是热塑性材料在一定温度、压力下于 10 min 内通过标准毛细管的质量。

15.038　闪点　flash point
石油产品在规定条件下加热到其蒸气与火焰接触会发生闪火时的最低温度。

15.039　燃点　ignition point
石油产品在规定条件下加热到接触火焰点着并燃烧不少于 5 s 时的最低温度。

15.040　倾点　pour point
试样在规定的条件下冷却，每降一定温度（通常为 3℃）检查一次流动性，当装试样的试管保持水平位置 5 s 试样仍不流动，此时的温度加 3℃即为该试样的倾点。

15.041　辛烷值　octane number
表示汽油抗爆性的单位。在数值上等于在规定条件下与试样抗爆性相同的标准燃料（异辛烷和正庚烷混合物）中所含异辛烷（2，2，4-三甲基戊烷）的体积百分数。

15.042　化学式　chemical formula
用化学元素符号表示各种物质的化学组成的式子。包括分子式、结构式、实验式等。

15.043　化学反应　chemical reaction
又称"化学作用"。一种或多种物质改变化学组成、性质和特征成为与原来不同的另一种或多种物质的变化。

15.044　化学平衡　chemical equilibrium
化学反应正向和逆向速度相等时，体系的组成趋于定值，不随时间变易的状态。

15.045　理想气体　ideal gas
理论上假想的一种把实际气体性质加以简化的气体。从微观角度看，它是分子本身的体积和分子间的作用力可以忽略不计的气体。

15.046　理想溶液　ideal solution
各组分分子大小完全相同，分子间相互作用完全一样的溶液。从性质上说，当由各纯组分混合形成溶液时，其热力学性质的变化，如混合体积、混合焓、混合熵等与理想气体混合形成同样组成的混合物时完全一样。

15.047　[标准物质]定值　characterization [of RM]
对与标准物质预期用途有关的一个或多个物理、化学、生物或工程技术等方面的特性量值的测定。

15.048　[标准物质]均匀性　homogeneity [of RM]
与物质的一种或多种特性相关的具有相同结构或组成的状态。通过测量取自不同包装单元或取自同一包装单元（如瓶、包等）的、特定大小的样品，测量结果落在规定不确定度范围内，则可认为标准物质对指定的特性量是均匀的。

15.049　[标准物质]稳定性　stability [of RM]
在特定的时间范围和储存条件下，标准物质的特性量值保持在规定范围内的能力。

15.050　[标准物质]有效期限　expiration date [of RM]
在规定的储存和使用条件下，保证标准物质的特性量值稳定的最长期限。

15.051 **[标准物质]认定值** certified value [of RM]

又称"[标准物质]标准值"。有证标准物质认定证书上标明的附有不确定度的量值。

15.052 **检出限** detection limit

由给定测量程序获得的测得值，其声称的物质成分不存在的误判概率为 β，声称物质成分存在的误判概率为 α。国际理论和应用化学联合会推荐 α 和 β 的默认值为 0.05。

15.053 **测定限** determination limit

定量分析方法实际可能测定的某组分的下限。与检出限不同，测定限不仅受测定噪声的限制，还受空白背景的限制。只有当分析信号比噪声和空白背景大到一定程度时才

能可靠地分辨和检测出来。

15.054 **定量限** limit of quantification

在规定的测量条件下，能够获得可接受精密度（重复性）和准确度的被分析成分的最低含量或浓度。

15.055 **耐用性** ruggedness

衡量分析方法不受其参数中小的预知变化的影响，仍能在正常使用条件下保证结果可靠的能力。

15.056 **线性范围** linearity range

信号与被分析成分的量值呈线性函数关系的范围。

15.02 化学测量的量

15.057 **纯度** purity

物质的主要组分在该物质中所占的分数。

15.058 **含量** content

物质中所含组分的质量、摩尔或体积分数。

15.059 **浓度** concentration

表达溶液中溶质与溶剂存在相对量的一种数量标记。

15.060 **浊度** turbidity

液体中悬浮的不溶物的量，是被测液体对直射光产生光吸收或光散射的一种定量描述。

15.061 **浊度单位** unit of turbidity

表示浊度大小的约定单位。通常由国际标准化组织（ISO）、国家标准化组织或行业组织以标准化文件或规定的形式定义。目前比较通用的浊度单位有：①德国标准化学会（DIN）

规定的二氧化硅浊度单位：1 L 蒸馏水中含 1 mg 二氧化硅微粒（粒径约为 5 μm）时的浊度为 1 度；②日本工业标准（JIS）规定的高岭土浊度单位：1 L 蒸馏水中含 1 mg 高岭土（粒径约为 5 μm）时的浊度为 1 度；③国际标准化组织规定的福尔马肼浊度单位：100 mL 硫酸肼溶液（含硫酸肼 1 g）和 100 mL 六次甲基四胺溶液（含六次甲基四胺 10 g），任意等体积混合后稀释 10 倍，所得溶液浊度为 400 度。

15.062 **湿度** humidity

表征气体中水蒸气含量的参数。

15.063 **相对湿度** relative humidity

湿气的摩尔分数与相同温度、压力下饱和水蒸气的摩尔分数之比。

15.064 **质量混合比** ratio of mass

湿气中水蒸气的质量与干气的质量之比。

15.065 水分 moisture
表示液体或固体中水含量的参数。通常用质量百分数表示。

15.066 露点温度 dew point temperature
在等压条件下将气体冷却，当气体中的水蒸气冷凝成水并达到相平衡时的温度。

15.067 霜点温度 frost point temperature
在等压条件下将气体冷却，当气体中的水蒸气冷凝成霜并达到相平衡时的温度。

15.068 黏度 viscosity
又称"动力黏度"。稳态流动中的剪切应力与剪切速率之比。单位是 Pa·s。

15.069 运动黏度 kinematic viscosity
黏度与同温下的密度之比。单位是 $m^2 \cdot s^{-1}$。

15.070 黏度计常数 viscometer constant
与黏度计的形状、尺寸及测定条件有关的常数。

15.071 烟度 smoke
空气中悬浮颗粒为固体时的浊度。

15.072 雾度 haze
空气中悬浮颗粒为液滴时的浊度。

15.073 粒径 particle diameter
又称"粒度"。表示颗粒的大小。对于球形颗粒，粒径为其直径；对于形状不规则的颗粒，粒径为通过颗粒重心，连接颗粒表面上两点间诸线段长度的统计平均值。

15.074 颗粒密度 particle density
单位体积颗粒物质的质量。

15.075 粒度分布 particle size distribution

表征颗粒物粒径大小分布的参数。按不同的粒径区间统计颗粒数量或质量分数，以此表示该体系颗粒的分散程度。

15.076 酸度 acidity
用 pH 表示的溶液中游离氢离子的活度 $[\alpha_{H^+}]$。pH 的理论定义是氢离子活度的负对数。pH 的实用定义是根据 pH 的电测量法原理提出的，已被有关国际组织和各国计量部门普遍采用。

15.077 pH 标度 pH scale
在(0~14) pH 范围内，规定几种 pH 标准溶液作为基准点，用规定的仪器和方法复现这些基准点的 pH 值的过程。

15.078 摩尔电导率 molar conductivity
单位浓度电解质溶液的电导率，用 Λ_m 表示。

15.079 燃烧热 heat of combustion
物质燃烧反应产生的热。单位是 $J \cdot mol^{-1}$，常用 $kJ \cdot mol^{-1}$。

15.080 热值 heat value
多组分可燃混合物的燃烧热。单位是 $J \cdot kg^{-1}$，常用 $MJ \cdot kg^{-1}$。

15.081 活度 activity
在化学研究和实际应用中，将实际溶液的化学行为修正到理想溶液的化学行为而采用的校正浓度，亦即在化学反应中起作用的有效浓度。等于实际浓度乘以活度系数。

15.082 水活度 water activity
物质中水的蒸气压力与相同温度下纯水的蒸气压力之比，也等于平衡相对湿度乘以100。

15.083 离子活度 ion activity

溶液中自由离子的表观浓度，即在溶液化学反应中起实际作用的有效离子浓度。

15.084 离子活度系数 ionic activity coefficient
溶液中自由离子的表观浓度与其实际浓度

之比值。用符号 f 表示，$f = a/c$。式中：a 为离子活度，c 为离子浓度。

15.085 水的离子积 ionic product of water
水溶液中氢离子活度和氢氧离子活度的乘积。用 K_w 表示。室温下 $K_w = 1 \times 10^{-14}$。

15.03 化学测量方法

15.086 基准[测量]方法 primary method [of measurement]
具有最高计量学特性的测量方法。其操作可以被完全地描述和理解，可以用 SI 单位完整地表述其不确定度。分直接基准方法和比例基准方法两种。直接基准方法是直接测量一个未知量，不需要相同量的标准作参考。比例基准方法测量一个未知量需要相同量的标准作参考，其操作过程能够用一个测量公式完整的描述。

15.087 参考[测量]方法 reference method [of measurement]
经过全面研究，清楚而严密地描述所需条件和程序，用于测量物质的一种或多种特性量的方法。已经证明具有与预期用途相称的准确度及其他性能，适用于标准物质的定值，也可用来评价对同一测量过程所使用的其他方法。

15.088 有效[测量]方法 validated method [of measurement]
经过确认已证明技术性能可以满足应用目的的方法。如经过实验确认其选择性和适用性、测定范围和线性、检出限、定量限、回收率、重复性和复现性等技术参数能满足实际使用的要求。

15.089 化学分析 chemical analysis

以物质的化学反应为基础确定物质化学成分或组成的方法。是分析化学的基础，主要包括定性分析和定量分析。按分析对象可分为无机分析和有机分析；按待测成分的量可分为常量分析、微量分析和痕量分析等。

15.090 仪器分析 instrumental analysis
以物质的物理性质或物理化学性质为基础，使用光、电、热、放射能等测量仪器进行的分析。

15.091 定性分析 qualitative analysis
分析化学的一个分支。主要研究通过被分析对象的物理或化学特性等对被分析对象的性质、特点等做出判断与鉴定的理论和实践。

15.092 定量分析 quantitative analysis
分析化学的一个分支。主要研究准确测量试样中化学组分含量（或浓度）的理论与实践。

15.093 常量分析 macro analysis
对 0.1 g 以上的试样进行的化学分析。

15.094 半微量分析 semimicro analysis
对 10~100 mg 的试样进行的化学分析。

15.095 微量分析 microanalysis
对 1~10 mg 的试样进行的化学分析。

15.096 超微量分析 ultramicro analysis
对 1 mg 以下的试样进行的化学分析。

15.097 痕量分析 trace analysis
对待测组分的质量分数小于 0.01%的试样进行的化学分析。

15.098 超痕量分析 ultratrace analysis
对待测组分的质量分数小于 0.0001%的试样进行的化学分析。

15.099 重量分析[法] gravimetric analysis
用适当的方法将被测组分与试样中的其他组分分离，转化为一定的称量形式后称重，由此计算被测组分含量的分析方法。

15.100 沉淀重量法 precipitation gravimetry
通过沉淀分离和称量沉淀进行物质含量测定的方法。

15.101 滴定分析[法] titrimetric analysis
将一种已知浓度的标准溶液滴加到待测物质的溶液中，根据完成化学反应所消耗的标准溶液的浓度、体积和待测溶液的量，计算出溶液中待测物质含量的分析方法。

15.102 元素分析 elemental analysis
测定样品中元素（或原子团）的组成和含量的无机分析方法。包括定性分析和定量分析。

15.103 元素有机分析 elemental organic analysis
对有机化合物中的碳、氢、氮、氧、硫、磷、卤素等元素的定性分析和定量分析。

15.104 气体分析 gasometric analysis
利用各种气体具有不同的物理、化学或物理化学性质来测定气体组成或能转化为气体

的物质的分析。

15.105 酸碱滴定[法] acid-base titration
利用酸、碱之间质子传递反应，用已知浓度的碱或酸标准溶液滴定试液中酸或碱的滴定分析方法。

15.106 氧化还原滴定[法] redox titration
以氧化还原反应为基础的滴定分析方法。主要包括高锰酸钾滴定法、重铬酸钾滴定法、溴量法和碘量法。

15.107 沉淀滴定[法] precipitation titration
化学分析中，利用沉淀反应进行的滴定分析法。借已知浓度沉淀剂的用量，来计算被测物质的含量。

15.108 非水滴定[法] non-aqueous titration
滴定分析法之一。用无机物或有机物的非水溶液作为滴定剂，在非水溶剂的介质中滴定被测物质。

15.109 返滴定[法] back titration
将一种过量的标准溶液加到试样溶液中，使之与被测物质作用，然后用另一标准溶液再滴定上述过量而未反应的标准溶液，由两种标准溶液的浓度和用量求得被测物质含量的方法。

15.110 络合滴定[法] complexometry
利用络合物的形成及解离反应进行滴定，借金属指示剂的变色或电学、光学方法确定滴定终点的方法。

15.111 凯氏定氮法 Kjeldahl method
试样经浓硫酸和催化剂消解转化成铵盐后，加碱蒸馏将氨蒸出，经硼酸吸收后用标准酸溶液滴定，根据试样量、标准酸溶液的浓度及消耗量计算出总氮的含量的方法。

15.112 光度滴定[法] photometric titration

将一定的标准溶液滴到待测溶液中，测定待测溶液的吸光度随标准溶液滴加的变化，用作图法求得滴定终点，从而计算待测组分的含量的方法。

15.113 热分析 thermal analysis

在程序控制温度下，测量物质的物理性质与温度关系的一种技术。在加热或冷却过程中，随着物质的结构、相态和化学性质的变化，都会伴有相应的物理性质变化，如质量、温度、尺寸和声、光、热、力等，通过测量这些变化可对物质进行定性、定量分析。目前热分析方法的种类很多。

15.114 差热分析 differential thermal analysis, DTA

在程序控制温度下，测量被测物和参比物的温度差随温度变化关系的分析技术。其原理是将试样与参比物置于相同炉温下，用差式热电偶测量二者的温差。试样无热效应发生时，热电偶无信号输出，差热分析曲线为直线。若有热效应发生，差热分析曲线偏离基线，随着吸热或放热速率的增加，温差增大，热效应结束，曲线回到基线。在差热分析曲线上形成一个峰，它代表某一温度下有吸热或放热效应发生。

15.115 热重法 thermogravimetry

在程序控制温度下，测量被测物的质量随温度变化关系的分析方法。

15.116 差示扫描量热法 differential scanning calorimetry

在程序控制温度下，测量输入到试样和参比物的能量随温度变化的技术。有热流式和功率补偿式两种。

15.117 氧弹量热测量法 bomb calorimetric method

以水作为量热介质，在恒容条件下被测物质在充有约 3 MPa 氧气的燃烧室（称"氧弹"）内燃烧，测量由此引起的温度升高，根据热量计的热容量和温升计算被测物质的发热量的方法。

15.118 水流型气体热量计测量法 water-flow type gas calorimetric method

一定量的燃气经稳压后进入热量计并完全燃烧，放出的热量被连续的水流吸收，测量达到平衡时水的温度、流量等参数，计算出每标准立方米燃气燃烧产生的热量的方法。

15.119 标准气体配制法 preparing method of standard gas mixture

根据需要制备标准气体的方法。常用的有：分压法（manometric method）、静态容量法（static volumetric method）、动态容量法（dynamic volumetric method）、饱和法（saturation method）、连续注射法（continuous injection method）等。

15.120 电化学分析法 electrochemical analysis

根据物质的电化学性质确定物质组成和含量的分析方法。

15.121 恒电流库仑法 constant current coulometry

以恒定电流通过电解池，工作电极上电解产生的滴定剂和电解池中的被测物质进行定量化学反应，根据法拉第定律由消耗的电量计算出滴定剂的量，从而确定被测物质的量的方法。

15.122 控制电位库仑法 controlled potential coulometry

在工作电极电位相对于参比电极电位不变

的情况下电解，直至待测物质完全电析或耗尽，通过消耗的电量进行定量分析的方法。消耗的电量用库仑计测量，或通过电解的电流–时间曲线求得。

15.123 电导分析[法] conductometric analysis

通过测量溶液的电导率确定被测物质浓度，或直接用溶液电导值表示测量结果的分析方法。

15.124 电量分析[法] coulometric analysis

又称"库仑分析[法]"在特定条件下，通过被测物质电解过程中某些电量（如电极电位、电流、电导等）的变化，测定其含量的电化学分析方法。

15.125 离子选择电极分析[法] ion selective electrode analysis

用离子选择性电极作为测量器件或指示器件的电分析方法。包括直接电位法和电位滴定法。

15.126 电位法 potentiometry

以测定指示电极电位的大小或变化来确定被测溶液中某组分的活度或浓度的电化学分析方法。

15.127 电流滴定[法] amperometric titration

根据极谱分析原理，在一定的外加电压下，滴加标准溶液，借滴定过程中扩散电流的改变来确定终点，从而获得被测物的含量的方法。

15.128 电位滴定[法] potentiometric titration

在样品溶液中插入适当的指示电极和参比电极，组成一化学原电池，向试样溶液中滴加能与被测组分进行化学反应的已知浓度的标准溶液，监测指示电极电位的变化，根据反应达到等当点时电极电位的突跃来确定滴定终点，从而获得被测组分的含量的方法。

15.129 电导滴定[法] conductometric titration

利用稀溶液中电解质溶液的浓度与电导率成正比的性质，用标准溶液滴定被测溶液，根据滴定过程中电导率的变化确定滴定终点，实现定量测定的方法。

15.130 高频分析 high frequency analysis

在一容器中装入待测样品和一对金属电极，施加高频电压，由于待测试样中不同组分的介电常数不同，导致高频电导的变化，测量这种变化，以此进行的组分定量分析。

15.131 高频滴定[法] high frequency titration

利用高频电导的变化来指示容量分析滴定终点的方法。

15.132 控制电位电解法 controlled potential electrolysis

在电解过程中，工作电极的电位始终控制在一定数值的电解分析方法。

15.133 电重量法 electrogravimetry

将被测溶液置于电解装置中电解，使被测组分在电极上以金属或其他形式析出，根据电极质量的增加求出被测组分含量的方法。

15.134 极谱法 polarography

通过测量由一个极化电极（如滴汞电极）和一个去极化电极（如甘汞电极）组成的电池，在电解过程中得到的电流–电压曲线，来确定被测物质及其浓度的方法。分为控制电位法（测量电流）和控制电流法（测量电位）。

15.135　方波极谱法　square wave polarography

将一低频、小振幅的方波电压叠加在缓慢改变的直流电压上，在方波电压改变方向前的一瞬间测量通过电解池的交流电流的极谱法。是一种控制电位极谱法。

15.136　脉冲极谱法　pulse polarography

在直流电压上面叠加一个脉冲电压，并在脉冲后期测量电流的极谱法。是一种控制电位极谱法。根据施加电压方式可分为常规脉冲极谱法和示差脉冲极谱法。

15.137　示波极谱法　oscillopolarography

用示波器来观测极谱曲线的分析方法，包括单扫描极谱法和交流示波极谱法。

15.138　伏安法　voltammetry

根据电解过程中指示电极电位和通过电解池电流之间的关系，来确定被测物质含量的电化学分析方法。

15.139　阳极溶出伏安法　anodic stripping voltammetry

将一工作电极（如悬汞电极）和一参比电极放入被测溶液中，在两极间加一定的电压，在搅拌下电解一定时间使金属离子形成汞齐而富集。溶液静止后向电极施加反向电压，达到某一电位时，已析出的金属重新溶出，得一溶出曲线，测量峰电流值即可对被测离子进行定量分析的方法。

15.140　阴极溶出伏安法　cathodic stripping voltammetry

与阳极溶出伏安法相反，利用在正电位下电极本身的溶解，产生金属离子，该离子与被测溶液中的阴离子形成溶解度很小的盐，沉积在电极表面上。改变电位为负方向，当达到该金属离子的还原电位时，金属离子还原产生一阴极还原电流，得到电流–电压曲线，根据还原电流峰高可间接地计算出被测阴离子的含量或浓度的方法。

15.141　光谱电化学法　spectroelectrochemistry

将光谱技术与电化学方法相结合，在一个电解池内同时进行光谱及电化学测量的一门联用技术。利用了电化学方法容易控制物质的状态，光谱方法有利于识别物质的特点。

15.142　扫描电子显微镜法　scanning electron microscopy

用聚焦的电子束轰击样品，以获取次级电子、背散射电子、透射电子、样品电流、束感生电流、特征 X 射线、俄歇电子以及不同能量的光子的信号，采用其成像电子信号，特别是次级电子信号，来获取物质表面形态的信息，帮助分析和观察物质表面化学和物理性质的技术。

15.143　比色法　colorimetry

使被测物质在一定条件下与某试剂发生显色反应，然后以某种光线分别透过标准溶液和被测溶液，比较两者的颜色强度或对光吸收的程度，来确定被测物质的含量的方法。

15.144　比浊分析　turbidimetric analysis

测量、比较光线通过标准悬浮液和待测溶液后透射光或散射光的强度，确定被测物质浓度的方法。

15.145　浊度法　nephelometry

根据测量光线通过悬浮液后散射光的强度，确定被测物质含量的方法。

15.146　发射光谱　emission spectrum

物质在高温状态或因受到带电粒子的撞击激发后直接发出的光谱。因受激时物质所处的状态不同，发射光谱有不同的形状，在原子状态中为比较分开的线光谱；在分子状态中为带光谱；在炽热的固态、液态或高压气体中为连续光谱。

15.147　发射光谱分析　emission spectrometric analysis

简称"光谱分析"，又称"发射光谱化学分析"。根据被测物质在外界能量激发下所发射的特征谱线的波长和强度，来确定元素（或组分）的存在或含量的方法。

15.148　火焰光度法　flame photometry

某些元素的化合物在火焰中被激发而发出一定波长的光线，其强度与化合物含量成正比，光线经滤光片投射到光电池上，即可测定其强度，比较试样溶液与标准溶液的光线强度，从而求出化合物的含量的方法。

15.149　吸收分光光度法　absorption spectrophotometry

又称"吸收分光光度分析"。基于物质对光的选择性吸收而建立起来的分析方法。将混合光分散为单色光，使每一单色光分别、依次通过被测溶液，测定溶液的吸光度，绘出相应的吸收光谱。物质对光的吸收或反射等性质与其结构密切相关，据此可做结构分析。利用某种单色光分别透过标准溶液和被测溶液，比较其吸收强度，可做定量分析。

15.150　原子发射分光光度法　atomic emission spectrophotometry

根据处于激发态的被测元素原子回到基态时发射的特征谱线及其强度，对被测元素进行定性、定量分析的方法。

15.151　原子吸收分光光度法　atomic absorption spectrophotometry

基于从光源辐射出的具有待测元素特征谱线的光，通过试样蒸气时被蒸气中的被测元素的基态原子吸收，由辐射特征谱线光强度的减弱的程度，来测定试样中被测元素含量的方法。

15.152　荧光分析　fluorescence analysis

测量物质被紫外光照射所发射的荧光强度，确定物质含量的一种分析方法。用于有机、无机、生物等的分析。

15.153　原子荧光光谱法　atomic fluorescence spectrometry

试样溶液通过火焰原子化器或非火焰原子化器时，产生原子蒸气，在被测元素特定的共振光激发下，金属原子从基态激发到高能态，当又回到基态时发射出特征波长的荧光。根据发射出的荧光辐射强度和原子浓度的线性关系，来测定试样中该元素含量的方法。

15.154　X 射线荧光光谱法　X-ray fluorescence spectrometry

试样在强 X 射线照射下激发出具有荧光特征的光谱，根据光谱特征和强度确定化学元素和含量的方法。

15.155　磷光分析[法]　phosphorescence analysis

利用某些物质在紫外光照射后产生磷光的特性及强度，对物质进行定性或定量分析的方法。

15.156　红外吸收光谱法　infrared absorption spectrometry

又称"红外分光光度法"。物质在红外光照射下，选择吸收其中某些波长的光波，使其转动能级和振动能级发生跃迁而产生特有的红外吸收光谱。根据试样红外吸收谱带的波长位置和吸收强度来测定试样组成、分子结构等的方法。

15.157 拉曼光谱法 Raman spectrometry

强单色光照射到纯净透明的气体、液体或固体物质时，被其分子散射，在散射光中有一些与入射光频率稍有改变的谱线，组成拉曼光谱。拉曼谱线的多少、波长和强度与物质分子的性质、物质的含量有关。据此进行分子结构研究和化合物成分分析等的方法。

15.158 X 射线谱分析[法] X-ray spectrum analysis

根据被测物质所产生的 X 射线谱进行定性和定量分析的方法。包括 X 射线发射光谱分析和 X 射线吸收光谱分析。

15.159 X 射线吸收光谱法 X-ray absorption spectrometry

每一元素对一定波长的 X 射线都有特征吸收，根据 X 射线透过试样前后强度的变化来进行定性和定量分析的方法。

15.160 X 射线衍射法 X-ray diffractometry

根据晶体物质 X 射线衍射图的特征和(或)衍射线的强度对晶体结构、晶胞参数等进行测定的方法。分为单晶 X 射线衍射法和多晶 X 射线衍射法。

15.161 X 射线光电子能谱 X-ray photo-electron spectroscopy

一束具有一定能量的 X 射线与原子发生作用时，光子的能量可以把原子轨道上的电子激发出来，测量被激发出来的光电子动能及信号强度随能量的分布，即得到 X 射线光电子能谱图。试样表面发射的光电子能量仅取决于原子的电离轨道，据此可进行试样的定性分析。

15.162 X 射线能谱分析 X-ray spectrometric analysis

以高能 X 射线为试样，将试样原子内层轨道的电子激发出来，形成缺少内层电子的激发态离子。该离子极不稳定，其外层电子迅速向内层空穴跃迁，同时发射另一能量的 X 射线。此激发过程持续进行可得到不同能量线系的 X 射线，通过能量色散方式可获得 X 射线强度随能量变化的能量谱图。根据能量谱图上特征 X 射线的强度和峰位置进行元素的定性和定量分析的方法。

15.163 旋光法 polarimetry

通过测量偏振光与旋光物质相互作用时偏振光振动方向的变化而实现对物质进行分析的方法。

15.164 化学发光[法] chemiluminescence

物质分子吸收化学反应产生的能量后跃迁至激发态，当回到基态时以光的形式辐射能量，根据物质发生化学反应时的发光现象而进行定性和定量分析的方法。

15.165 色谱法 chromatography

利用混合物中各组分在固定相和流动相中不断地分配、吸附和脱附或在两相中其他作用力的差异，使各组分得到分离的方法。

15.166 气相色谱法 gas chromatography

用气体作为流动相的一种色谱法。用于测定气体或能转化为气体的固体或液体物质。

15.167 气固色谱法 gas-solid chromatography

用固体(一般指吸附剂)作为固定相的一种气相色谱法。

15.168 气液色谱法 gas-liquid chromatography

将固定液涂渍在载体上作为固定相的一种气相色谱法。

15.169 反应气相色谱法 reaction gas chromatography

试样在色谱柱前、柱内或柱后的反应区进行化学反应，再由载气将反应后的样品带入色谱柱和检测器，或者直接进入检测器进行检测的一种气相色谱法。

15.170 反相气相色谱法 inverse gas chromatography

以被测物质（如聚合物）作为固定相，将某种已知的挥发性低分子化合物（探针分子）作为样品注入汽化室，由载气带入色谱柱，挥发性低分子化合物在两相中分配。由于聚合物的组成和结构不同，与探针分子的作用也不同，检测探针分子的色谱保留值，借此研究聚合物与探针分子或聚合物之间相互作用的一种色谱法。

15.171 液相色谱法 liquid chromatography

用液体作为流动相的色谱分析法。

15.172 液固色谱法 liquid-solid chromatography

用固体（一般指吸附剂）作为固定相的一种液相色谱法。

15.173 液液色谱法 liquid-liquid chromatography

将固定液涂渍在载体上作为固定相的一种液相色谱法。

15.174 反相高效液相色谱法 reversed phase high performance liquid chromatography

由非极性固定相和极性流动相组成的分离体系，用来分析能溶于极性或弱极性溶剂中的有机物的一种液相色谱法。

15.175 反相离子对色谱法 reversed phase ion-pair chromatography

用适当的离子对试剂与被测离子结合，生成具有一定疏水性的中性离子对化合物，用反相分配色谱进行分离的一种色谱法。

15.176 准液相色谱法 pseudophase liquid chromatography

用微粒有机键合硅胶作固定相，表面活性剂或环糊精等类物质的水溶液作流动相的一种液相色谱法。

15.177 亲和色谱法 affinity chromatography

利用待分离组分和固定相连接的配体之间存在特异亲和力，实现该组分高选择性分离的色谱法。常用于蛋白质和生物活性物质的分离与制备。

15.178 离子色谱法 ion chromatography

根据离子性化合物与固定相表面离子性功能基团之间的电荷相互作用来进行离子性化合物分离和分析的一种色谱法。

15.179 薄层色谱法 thin layer chromatography

将吸附剂均匀地涂布在薄层板上作为固定相，试样溶液点在薄板的一端，以适当溶剂作为流动相展开，根据试样中各组分被展开剂载带移动的距离不同而被分开的平面色谱法。

15.180 纸色谱法 paper chromatography

用纸作为固定相或载体的平面色谱法。

15.181 超临界流体色谱法 supercritical fluid chromatography

用处于临界温度及临界压力以上的流体作为流动相的一种色谱法。

15.182 冲洗色谱法 elution chromatography

将试样加在色谱柱的一端，用在固定相上被吸附或溶解能力比试样中各组分都弱的溶剂作流动相，根据试样中各组分在固定相上的吸附或溶解能力的不同，被流动相带出色谱柱的先后顺序亦不同，而使各组分彼此分离的一种色谱法。

15.183 凝胶色谱法 gel chromatography
以化学惰性多孔物质（如凝胶）为固定相，试样组分不与固定相发生作用，而是受固定相孔径大小的影响，按分子体积分离的一种液相色谱法。

15.184 离子交换色谱法 ion exchange chromatography
以离子交换剂（一般为离子交换树脂）为固定相，流动相带着试样通过固定相时，根据试样离子与固定相表面离子交换基团之间的交换能力和速度不同，从而在固定相中保留时间不同来进行分离的一种色谱法。

15.185 等离子体色谱法 plasma chromatography
经气相色谱分离后的被测物各组分与等离子体接触而反应，得到非稳定的离子-分子，这些离子-分子连续进入一充满非反应气的管内，经电场作用发生漂移，由于被分离组分的结构不同，相应的离子-分子漂移速度不同，到达收集器的时间也不同，从而获得彼此分离的色谱法。记录等离子谱图，可以进行定性和定量分析。

15.186 顶空气相色谱法 headspace gas chromatography
被测试样放在密闭容器中，在恒定温度下达到热力学平衡，以试样容器上部（顶空）的蒸气作为样品进行气相色谱分析的方法。用于液体或固体样品中所含挥发性成分的测定。

15.187 多维色谱法 multidimensional chromatography
同时或者先后用多种色谱系统使样品达到满意分离的一种色谱法。

15.188 逆流色谱法 counter current chromatography
基于样品在两种互不相容的溶剂间分配系数不同，在两液相做相对移动时，样品组分在连续萃取过程中达到分离的一种色谱法。

15.189 内标法 internal standard method
在色谱分析中，将一定量的某种纯物质作为内标物加到试样中，然后对含有内标物的样品进行色谱分析，分别测定内标物和待测组分的峰面积（或峰高）及相对校正因子，按 $m_i = m_s \cdot A_i f_i / A_s f_s$ 计算出被测组分含量的方法。式中：m_i 为被测组分的百分含量；A_i、A_s 分别为被测组分和内标物的色谱峰面积；f_i、f_s 为分别为被测组分和内标物的相对校正因子；m_i、m_s 分别为样品和内标物的质量。

15.190 外标法 external standard method
又称"已知样校准法"。用标准溶液做色谱分析，测量其峰高或峰面积，求出单位峰高或峰面积对应的组分含量，即校正值或峰高或峰面积对浓度的标准曲线。然后在相同的条件下，测量待测试样，根据校正值或标准曲线计算试样组分含量的方法。是色谱法普遍采用的定量方法之一。

15.191 胶束液相色谱法 micellar liquid chromatography
以高于临界胶束浓度的表面活性剂（如十二烷基硫酸钠）代替有机溶液和水溶液作为流动相的一种液相色谱法。被分离组分在固定相和胶束相以及水相之间进行分配达到分离。在水溶液中形成的胶束称为"正相胶束"，用于反相液相色谱分离；在非极性溶剂中形成的胶束称为"反相胶束",用于正相液相色谱分离。

15.192　电泳分析[法]　electrophoretic analysis

利用溶液中带有不同量电荷的阳离子或阴离子在外加电场作用下,以不同的迁移速度向与其电荷相反的电极移动而达到分离目的的分析方法。按分离方式可分四种类型:区带电泳、界面电泳、等速电泳和等电聚焦电泳。

15.193　区带电泳　zone electrophoresis

试样在固体支持体上进行的电泳。

15.194　界面电泳　boundary electrophoresis

不用支持体,试样在液体(一般用缓冲液)中进行的电泳。

15.195　等速电泳　isotachophoresis

将试样加在高迁移率的前导离子和低迁移率的尾随离子的电解质之间,通入直流电后,试样区带上形成均匀的电场,组分离子因移动速度不同而被分开的电泳。

15.196　等电聚焦电泳　isoelectric focusing electrophoresis

利用具有 pH 梯度的电泳介质来分离等电点不同的蛋白质的电泳技术。

15.197　高压电泳　high voltage electrophoresis

外加电场的直流电压一般在 50 V/cm 以上的区带电泳。

15.198　凝胶电泳　gel electrophoresis

支持体为高分子凝胶的电泳。

15.199　纸电泳　paper electrophoresis

支持体为滤纸的区带电泳。

15.200　毛细管区带电泳　capillary zone electrophoresis

在毛细管内和电极槽内充有相同组分和相同浓度的背景电解质溶液(缓冲溶液),从毛细管的一端倒入样品后,在毛细管两端加上一定电压,荷电溶质便朝其电荷极性相反的方向移动。根据样品各组分的淌度不同,其迁移速度也不同,而将其分离,得到按时间分布的电泳谱图,进行定性、定量分析。

15.201　质谱法　mass spectrometry

采用不同的离子化方式,将待测组分转变成带电粒子,利用稳定磁场使带电粒子按照质量大小的顺序分离、检测的方法。

15.202　同位素稀释质谱法　isotope dilution mass spectrometry

在试样中加入已知量的、与被测元素相同但同位素丰度不同的物质(称"稀释剂"),混合均匀达到平衡后,用质谱测量混合试样中被测元素的同位素丰度比值,由此计算出被测元素含量的方法。

15.203　质谱-质谱法　mass spectrometry-mass spectrometry

又称"串接质谱法"。利用二级(或多级)质谱进行分离的一种质谱检测技术。用来研究亚稳跃迁和碰撞活化解离,进行有机化合物结构鉴定以及混合物分析的方法。

15.204　质量分离-质量鉴定法　mass separation-mass identification spectrometry

试样离子化后,按质荷比分离(可得一级质谱),选定其中某质荷比离子,经亚稳解离或碰撞诱导解离,再经第二级质谱仪,可得选定离子质谱的质谱法。常用于研究离子结构、反应和混合物分析。

15.205　热电离　thermal ionization
原子或分子在高温的气态环境中，或在热的表面上进行离子化的过程。

15.206　表面电离　surface ionization
试样在炽热的、高功函数的金属表面进行离子化的过程。

15.207　电子电离　electron ionization
试样被具有一定动能的电子束轰击而离子化的过程。

15.208　化学电离　chemical ionization
试样分子与电离的反应气离子碰撞并发生分子–离子反应，而使试样分子离子化的过程。

15.209　场电离　field ionization
气态的试样分子或原子在强电场（大于 10^7 V/cm）作用下失去电子而离子化的过程。

15.210　场解吸　field desorption
将试样溶液涂在发射体表面上，加热发射体使试样解吸出来，同时在发射体上加高电压，试样在强电场作用下失去电子形成分子离子的过程。

15.211　光电离　photo ionization
原子或分子吸收光的能量大于其电子电离能时，电子逸出变为离子的过程。

15.212　激光电离　laser ionization
利用激光束辐射使试样分子离子化的过程。

15.213　高频火花电离　high frequency spark ionization
利用高频电压产生火花放电，使固体试样离子化的过程。

15.214　快速原子轰击电离　fast atom bom- bardment ionization
用快速原子束（一般为 Ar 或 Xe）轰击液态或固态试样表面而使其离子化的过程。

15.215　碰撞诱导解离　collision induced dissociation
用惰性气体分子在质谱仪的碰撞区与被分析物离子碰撞，在一定的条件下反应离子的部分动能转化为内能。内能的增加使被分析物离子发生诱导分解，产生碎片离子的过程。

15.216　基质辅助激光解吸电离　matrix-assisted laser desorption ionization, MALDI
试样与基质混合结晶后，在激光轰击下使试样离子化的过程。

15.217　电喷雾电离　electrospray ionization
在输运试液的毛细管出口端与对应电极之间施加高电压，试样流在毛细管口形成液体锥，在强电场作用下引发正、负离子的分离，形成带电荷的液滴，在加热气体的作用下，液滴变小并分裂，离子从带电液滴中蒸发出来，形成单电荷或多电荷离子的过程。

15.218　电感耦合等离子体电离　inductively coupled plasma ionization
以电感耦合等离子体光源代替经典的激发光源（电弧、火花等），使试样离子化的过程。

15.219　电场扫描　electric field scanning
以一定方式（通常是线性方式）、一定速率改变双聚焦质谱仪的静电场电压，实现不同动能离子分离的过程。

15.220　磁场扫描　magnetic field scanning
质谱分析中，固定加速电压和离子运动圆周半径，以一定方式改变磁场强度，实现不同质荷比离子分离的过程。

15.221　联动扫描　linked scan

在具有两个以上分析器的质谱仪中，以一定的方式同时扫描电场(E)和磁场(B)，用于检测亚稳离子的相关离子的特性。主要扫描方式有：B/E，B^2/E，E^2/V 等，V 是离子的加速电压。

15.222　多离子检测　multi-ion detection

同时对几个选定质荷比的离子进行检测的质谱分析。

15.223　波谱法　wave spectroscopy

利用原子对射频微波的响应进行定性定量分析的方法。

15.224　核磁共振波谱法　nuclear magnetic resonance spectroscopy

基于原子核在磁场中吸收射频辐射能量后发生能级跃迁现象的一种波谱法。

15.225　碳–13 核磁共振波谱法　^{13}C nuclear magnetic resonance spectroscopy

以碳–13 核为研究对象的核磁共振波谱法。

15.226　氢–2 核磁共振波谱法　^2H nuclear magnetic resonance spectroscopy

以氢–2 核为研究对象的核磁共振波谱法。

15.227　氮–15 核磁共振波谱法　^{15}N nuclear magnetic resonance spectroscopy

以氮–15 核为研究对象的核磁共振波谱法。

15.228　磷–32 核磁共振波谱法　^{32}P nuclear magnetic resonance spectroscopy

以磷–32 核为研究对象的核磁共振波谱法。

15.229　质子核磁共振波谱法　proton magnetic resonance spectroscopy

以氢–1 核为研究对象的核磁共振波谱法。

15.230　二维谱　two-dimensional spectrum

由两个彼此独立时间域函数经两次傅里叶变换得到两个频率域函数的核磁共振谱。

15.231　能谱法　spectroscopy

用具有一定能量的粒子束轰击试样，根据被激发的粒子能量(或被测试样反射的粒子能量和强度)与入射粒子束强度的关系图(称为"能谱")，实现试样的非破坏性元素分析、结构分析和表面物化特性分析的方法。

15.232　电子能谱法　electron spectroscopy

采用单色光源或电子束照射试样，使其中电子受激发而发射出来，测量这些电子的能量和强度，从而获得试样表面特性的分析方法。

15.233　光电子能谱法　photoelectron spectroscopy

以光(X 射线或紫外光)作为激发源获得电子能谱，进行定性分析或化学态分析的方法。

15.234　二次离子谱法　secondary ion spectroscopy

用能量 1~20 keV 的一次离子束轰击固体试样，溅射出二次离子，再进行质谱分析的方法。能进行试样表面微区分析和纵深分析，能分析几乎所有元素和同位素。

15.235　俄歇电子能谱法　Auger electron spectroscopy

通过测量俄歇电子的强度和能量，研究固体表面组成等相关信息的技术。

15.236　中子活化分析　neutron activation analysis

用中子流照射待测元素，引起核反应，产生放射性核素的放射性活度与试样中的待测元素的质量成正比，据此进行的定量分析的方法。

15.237　表面分析　surface analysis
利用电子束、离子束、光子束、中性粒子束等作为探针，有时加上电场、磁场、热和机械作用来探测处于真空或超高真空中的样品表面，研究其表面形貌、化学组分、原子结构、原子态、电子态等相关特性的方法。

15.238　微区分析　microanalysis
在试样的微小区域中进行元素鉴定、组成和形貌分析的分析方法。被分析的体积通常小于 $1\mu m^3$，被分析的质量为 $10^{-12}g$ 量级。

15.04　被　分　析　物

15.239　样本　sample
又称"样本大小"。从总体所包含的全部个体中抽取的一部分个体的集合。样本中包含个体的数目称样本容量。

15.240　初始样品　primary sample
最初选自于总体待测物的一个或更多个样本。

15.241　批量样品　batch sample
在规定的条件下抽取的一批样品。

15.242　盲样　blind sample
为了质量控制目的而提交的带有假定标识符的样品。

15.243　大块样品　bulk sample
由样本单元集合构成的样品。

15.244　空白样品　blank sample
不含(被)分析物的样品。

15.245　缩分样品　reduced sample
通过分割或缩分方法，从初始样品中得到的具有代表性的一部分样品。

15.246　子样品　sub-sample
子样品可以是：1)经选择或分割得到的一部分样品；2)作为样品由一堆中抽取的一个独立单元；3)多级取样最后阶段的一个样品。

15.247　组合样品　combined sample
通过分离或选择技术(如重质液体、磁性、筛分等)分离出指定组分、对各组分分别分析并数学组合各分析结果的样品。

15.248　复合样品　composite sample
由几种不同样品组成的有代表性混合物。

15.249　实验室样品　laboratory sample
提供给实验室进行分析的样品。通常直接取自于大堆样品，可能由样本单元组成。

15.250　测试样品　test sample
由实验室样品取出的用于分析测试的部分样品。

15.251　分析样品　analytical sample
从测试样品中取出的、经物理或化学处理后适合做分析的部分样品。

15.252　点样品　spot sample
又称"部位样品"。自动进样器样品盘上的样品。

15.253　多级样品　multistage sample
分阶段选择的样品。每一阶段抽取的样品选自于相邻前一阶段的样品。

15.254　最终样品　final sample
在多级取样过程的最后阶段抽出的样品。

15.255　强化样品　spiked sample
又称"添加样品"。添加适当量的待测物标准品后所构成的样品。

15.256　副份样品　duplicate sample
又称"复样品(replicate sample)"。在一定的条件下抽取的两个或多个样品。取样单元在时间或空间上可能是相邻的。通常用于估计样品的可变性。

15.257　仲裁样品　umpire sample, referee sample
为解决纠纷，按照事先达成一致的方式抽取、制备和保存的样品。

15.258　保留样品　retention sample
为日后鉴别目的而被保存的取自一批制成品且包装齐全的样品。

15.259　等分样品　aliquot
将一待测试样等分后得到的样品。

15.260　样品量　sample size
抽取样品的大小、容量、尺寸或质量等。

15.261　取样　sampling
又称"采样"。按照一定的程序抽取或构成分析试样的过程。

15.262　比例取样　proportional sampling
对每一层样品采取相同取样单元比例(通常为基本取样单元)的抽样方法(可能的舍入影响除外)。

15.263　最小取样量　minimum sample intake
在规定的分析测试条件下，保证能代表待测物特性的最少样品量。

15.264　取样误差　sampling error
因取样给测量结果带来的误差。

15.265　样品预处理　sample pretreatment
从取样后到分析前，为适应分析方法的要求而对样品进行适当的处理等操作。

15.266　试液　test solution
直接用于分析测定的溶液。

15.267　储备溶液　stock solution
浓度大于分析测试所用的溶液浓度、储存待用的溶液。

15.05　化学测量过程

15.268　基体　matrix
又称"基质"。试样中除被测组分之外的所有其他组分。

15.269　基体效应　matrix effect
除被测量以外，样品特性对按特定测量程序测定被测量及其量值的影响。

15.270　基体匹配　matrix matching
为消除基体效应，往标准溶液中加入与被分析试样中所含等量的基体或主要组分的操作。

15.271　基体分离　matrix isolation
将试样中影响待测组分测定的其他组分分

离出去的过程。

15.272 化学干扰 chemical interference
某些化学因素（如基体效应、化学反应、试剂纯度等）对待测特性量测量结果产生的影响。

15.273 消解 digestion
又称"消化"。在规定的条件下将试样完全分解的过程。

15.274 掩蔽 masking
将干扰物质转变为稳定的络合物、沉淀或改变价态等，使之不干扰分析测量的过程。

15.275 分离 separation
将试样中的某组分与其他组分分开的过程。

15.276 富集 enrichment, gathering
采用物理、化学技术使待测物的含量或浓度比原有样品中的含量或浓度高，以便于分析测量的过程。

15.277 回收率 recovery
测得量（或分离后测得量）与实际加入量（或原来含量）之比。是判断分析过程是否存在系统误差和衡量分离富集效果的一个量。

15.278 沾污 contamination
因环境、实验操作不当等因素造成试样组分发生变化的现象。

15.279 试剂空白 reagent blank
在化学分析中，因所用试剂中含有微量待测组分或其他对测定有响应的组分而产生的附加响应。

15.280 空白值 blank value
在未加入待测组分的情况下，按照分析待测组分同样的条件和步骤进行试验所得到的结果。

15.281 空白试验 blank test
在试样分析同时做的、其操作程序和所用试剂均与试样分析完全相同、但无试样存在的试验。用于校正某些因素对分析结果的影响。

15.282 空白校正 blank correction
从试样分析结果中扣除空白值，以消除由所用水、试剂、器皿和环境、操作等引起的系统误差。

15.283 溶解 dissolution
一种物质（溶质）均匀地分散在另一种物质（溶剂）中形成溶液的过程。

15.284 稀释 dilution
加入溶剂使溶液的浓度变小的过程。

15.285 萃取 extraction
分离提纯混合物的一种方法。分为液液萃取和固液萃取两种。

15.286 萃取平衡常数 extraction equilibrium constant
萃取过程中两相化学反应的平衡常数。

15.287 萃取分离因子 extraction separation factor
又称"萃取分离系数"。在相同萃取条件下，两个待分离组分在同一萃取体系内分配比值。

15.288 精馏 rectification
在回馏的条件下使气–液相多次逆流接触，从而使混合物中的轻、重组分较好地分离的过程。是蒸馏的一种高级形式。

15.289　减压蒸馏　reduced pressure distillation

又称"真空蒸馏"。在低于大气压力的条件下进行蒸馏的过程。

15.290　分步沉淀　fractional precipitation

利用共存离子与同一沉淀剂所生成沉淀的溶度积之差进行分离的过程。

15.291　共沉淀　coprecipitation

某种可溶性组分伴随难溶组分沉淀的现象。

15.292　继沉淀　postprecipitation

又称"后沉淀"。一种组分沉淀以后，另一可溶或微溶组分再从溶液中析出沉淀的现象。

15.293　陈化　aging

沉淀过程结束后，沉淀与母液一起放置一定时间后再过滤的过程。

15.294　解蔽　demasking

将被掩蔽的物质由被掩蔽的形式恢复到初始状态的过程。

15.295　封闭　blocking

在络合滴定到达终点时，滴定剂不能从指示剂–金属离子有色络合物中夺取金属离子，造成指示剂无颜色变化的现象。

15.296　同离子效应　common ion effect

在已建立平衡的体系中加入一种或多种已存在的组分会使平衡产生移动，并在新的条件下建立新平衡的现象。

15.297　熔融　fusion

试样与适当的熔剂一起在高温下加热而被分解的过程。

15.298　灼烧　ignition

在重量分析中，所得沉淀经过滤、洗涤后，在高温下加热除去水分和易挥发物，使之成为组成固定的称量形式的过程。

15.299　恒重　constant weight

在相同条件下，对被测物重复进行干燥、加热或灼烧，直到两次质量差不超过规定范围。

15.300　灰化　ashing

高温下除去样品中有机基体的操作。通常是将样品放入马弗炉中，在 400~700℃利用大气中的氧作氧化剂，破坏样品中的有机组分的过程。

15.301　灰分　ash

试样在规定条件下充分灼烧后残留的固体物质。

15.302　残渣　residue

试样在一定温度下蒸发、灼烧或经规定的溶剂提取后的残留物。

15.303　化学计量点　stoichiometric point

在滴定过程中，待滴定组分的物质的量浓度和滴定剂的物质的量浓度达到相等时的点。

15.304　滴定终点　titration end point

在滴定分析中，用标准溶液滴定被测溶液，反应完全时，两者以等当量化合，此点称等当点。但在实际操作中等当点难以确知，通常滴定的终止是借指示剂的变色或被测溶液某种特性的改变来确定，由此得到的终点。

15.305　终点误差　end point error

曾称"滴定误差(titration error)"。滴定分析中，因滴定等当点与指示剂指示的滴定终点不一致引起的误差。不包括滴定过程中其他原因引起的误差。

15.306　滴定度　titer
在滴定分析中表示标准溶液浓度的一种方法。常用每毫升标准溶液中所含该该物质的克数，或每毫升标准溶液相当于被测物质的克数表示。

15.307　滴定曲线　titration curve
在滴定分析中，用标准溶液滴定被测溶液时，被测溶液的某些特性(如 pH 值、电极电位等)随标准溶液的加入而改变，以标准溶液的用量和被测溶液相应特性的变化绘得的曲线。

15.308　滴定常数　titration constant
滴定反应的平衡常数。用以衡量滴定反应的完全程度。

15.309　称量因子　weighing factor
具有一定称量组成形式的物质与其中某元素或某元素的化合物相互之间的换算系数。

15.310　平行测定　parallel determination
在相同的操作条件下，同时对某一试样的几份子样进行的重复测定。

15.311　回收试验　recovery test
当被分析试样的组分复杂，不完全清楚时，向试样中加入已知量的被测组分，然后测定、检查加入的组分能否定量回收，以判断分析过程是否存在系统误差的试验。是对照试验的一种。所得结果用百分数表示，称为"百分回收率(percentage recovery)"。

15.312　校正曲线　calibration curve
又称"工作曲线"。用与被测试样组成相同或相似的已知浓度的标准试液系列，在规定的实验条件下制作的分析信号响应值随浓

度变化的曲线。作为比较标准，根据被测组分信号，从校正曲线上求出其浓度。

15.313　缓冲溶液　buffer solution
能抵消少量外来物质(如酸、碱、络合剂或金属离子，氧化剂或还原剂)及溶剂的稀释等的影响，保持本身的某种特征量不发生显著变化的溶液。

15.314　络合剂　complexing agent
溶于水且能和金属离子形成络合物(包括螯合物)的试剂。

15.315　滴定剂　titrant
在滴定分析中，滴加到被测溶液中并与之进行定量化学反应的已知准确浓度的溶液。

15.316　沉淀剂　precipitant
在沉淀分离、微量成分的富集和重量分析中，使被分析组分从溶液中以沉淀的形式分离出来所用的化学试剂。

15.317　萃取剂　extractant
能与亲水性物质发生化学反应，生成可被萃取的疏水性物质的试剂。通常是有机试剂。

15.318　指示剂　indicator
一类能因某化合物的存在或介质特性(如酸碱性、氧化还原电位等)的改变而变换自身颜色的化学试剂。

15.319　酸碱指示剂　acid-base indicator
用于指示酸碱滴定终点的一类指示剂。

15.320　氧化还原指示剂　oxidation-reduction indicator, redox indicator
用于指示氧化还原滴定终点的一类指示剂。

15.321　金属指示剂　metal indicator

能指示溶液中金属离子浓度变化的有机试剂。常用作络合滴定指示剂。

15.322　吸附指示剂　adsorption indicator
用于指示沉淀滴定终点的一类指示剂。是一些有机染料，能被反应产生的沉淀吸附并改变颜色从而判断终点。

15.323　洗脱剂　eluant
又称"淋洗剂"。在色谱分离过程中，将置于色谱柱一端的试样组分带到另一端的流动的气体或液体。

15.324　展开剂　developing solvent
平面色谱法中的流动相。能溶解试样中的待测组分，携带其通过固定相，并使在移动过程中于展开剂和固定相之间反复分配，达到

分离的目的。

15.325　减尾剂　tailing reducer
为改善载体表面性质以达到减轻或消除色谱峰拖尾现象而加到固定相中的少量化合物。

15.326　位移试剂　shift reagent
少量加到试液中的、使被测分子的各种化学基团的化学位移有不同程度改变的试剂。

15.327　弛豫试剂　relaxation reagent
加到试液中的、使被测核的弛豫时间缩短而又不产生明显的谱线位移和加宽的试剂。

15.328　氘代试剂　deuterated reagent
分子中的氢被氘取代的化学试剂。

15.06　化学测量仪器

15.329　分析仪器　analytical instrument
用于分析物质组成、化学结构及某些物理及物理化学特性的仪器。

15.330　电化学石英晶体微天平　electro-chemical quartz crystal microbalance
灵敏度可达纳克(ng)级的质量检测器。其基本原理是由两电极及其中间的石英晶体薄片构成一个晶体振荡器，晶体振荡频率的变化与电极表面质量的变化成正比，通过测量振荡频率的变化来表征电极表面物质的质量。

15.331　滴定管　buret
用于滴定分析的玻璃量器。为一细长且内径均匀的玻璃管，管壁上有精确的体积刻度，下端具活塞或嵌有玻璃珠并接一玻璃尖头的橡胶管。

15.332　移液管　pipet
用于转移液体的具有精确体积刻度的量出式管状玻璃量器。

15.333　电位滴定仪　potentiometric titrator
用电极电位的变化来指示滴定分析终点的仪器。一般由电池测量系统(包括指示电极、参比电极)、电位测量仪器、滴定管、滴定溶液等组成。

15.334　电导[率]仪　conductivity meter
测量电解质溶液电导或电导率的仪器。

15.335　pH 计　pH meter
以玻璃电极为指示电极，甘汞电极为参比电极，根据电位法原理测定溶液 pH 值的仪器。

15.336　离子活度计　ion-activity meter

测定溶液中离子活度的电化学分析仪器。

15.337 湿度计 hygrometer
测量气体中含水量的仪器。

15.338 水分测定仪 moisture determination apparatus
测量固体或液体试样中水分的仪器。

15.339 浊度计 turbidimeter
又称"比浊计"。测量液体浊度大小的仪器。根据液体中悬浮颗粒对入射光的吸收和散射作用，以及光强的减弱与液体浊度有定量关系而进行浊度测定。

15.340 电解池 electrolytic cell
一种由外界供给电能引起电化学反应的装置。由两支电极和电解质溶液组成。

15.341 电导池 conductance cell
盛装被测电导溶液的玻璃容器。有多种外型，一般是把两个铂片电极分别封固在两根玻璃管内，再熔封到玻璃容器内构成。

15.342 电极 electrode
在电化学分析中，第一类电极是指金属及与之接触的溶液中的金属离子组成的体系，其电极电位取决于溶液中相关离子的活度。也有将惰性金属（如铂）及与之接触的溶液中的某些阴离子所组成电极，称为"第一类非金属电极"，其电极电位取决于溶液中相关阴离子的活度。第二类电极是指覆盖有难溶化合物（如氧化物、氢氧化物、盐等）的金属及与之接触的含有该难溶化合物阴离子的溶液所组成的体系。这类电极的电位稳定，常被用作参比电极。

15.343 参比电极 reference electrode
一种不极化的、电极电位已知的电极。由于单个电极的电极电位无法直接测出，测量时需配上该电极组成电池。

15.344 指示电极 indicating electrode
能反映出溶液中某种离子浓度变化的电极。如玻璃电极、铂电极、离子选择电极等。

15.345 标准氢电极 standard hydrogen electrode
氢气压力为 101.325 kPa、氢离子活度为 1 时的氢电极。在任何温度时其电位都指定为零。

15.346 离子选择电极 ion selective electrode
对某种离子有选择性响应的一种电化学传感器。由于电极的膜电位与溶液中特定离子活度的负对数在一定范围内呈线性关系，故可通过测量膜电位求出溶液中特定离子的活度。

15.347 玻璃电极 glass electrode
以玻璃薄膜作为敏感材料的一类离子选择电极。根据玻璃成分不同，其对离子响应的特性也不同，对氢离子响应的电极称为"pH 玻璃电极"，对钠离子响应的电极称为"pNa 玻璃电极"等等。

15.348 汞膜电极 mercury film electrode
在玻碳或银等导电基体上涂敷一层薄汞膜制成的电极。其作用相当于静止汞电极，用于阳极溶出伏安法。

15.349 滴汞电极 dropping mercury electrode
汞从毛细管尖端流出并成长为汞滴而滴下的电极。为极谱分析中最常用的极化电极。

15.350 [超]微电极 ultramicroelectrode

直径在 $100\mu m$ 以下的电极。按其形状可分为微盘电极、微环电极、微球电极和组合式微电极。

15.351　盐桥　salt bridge
用于连接两种电化学性质或浓度不同的溶液,可以消除液接电位的盛有电解质溶液或被琼脂固定的电解质溶液的器件。

15.352　底液　base solution
在极谱分析中,不含有待测物质而含有其他所需成分的溶液。

15.353　迁移电流　migration current
在极谱分析中,由于静电场的作用使去极剂达到电极表面引起电极反应而产生的电流。其大小与电位梯度成正比,与被测离子的浓度无关。

15.354　支持电解质　supporting electrolyte
在极谱分析中用于消除迁移电流的电解质。

15.355　能斯特方程　Nernst equation
表示电极的平衡电位与电极反应各组分活度关系的方程式。

15.356　法拉第电流　Faradaic current
又称"电解电流"。在电解过程中,因电极上的氧化还原反应而产生的电流。服从法拉第电解定律。

15.357　极限电流　limiting current
在极谱法中,当外加电压增加到一定值时,电流不再增大,达到一个极限值时的电流。包括极限扩散电流和残余电流两部分。

15.358　扩散电流　diffusion current
在极谱电解池中,电极表面与扩散层外离子浓度存在差异,离子因扩散运动产生的电流。在极谱分析的实验条件下,极谱电解池的电流完全受待测离子向电极表面扩散的速度控制,故极谱波上任一点的电流都是扩散电流。但习惯上只把极谱波上的极限扩散电流称为扩散电流。

15.359　残余电流　residual current
在电解过程中,当外加电压未达到待研究物质的分解电压时流过电解池的电流。

15.360　极谱波　polarographic wave
在极谱分析过程中得到的电流–电压曲线。极谱波的半波电位是定性分析的依据,极谱波的极限扩散电流是定量分析的依据。

15.361　不可逆极谱波　irreversible polarographic wave
在极谱分析中,当电极反应速度比扩散速度慢,整个极谱过程受电极反应速度控制的极谱波。此时要使物质在电极上反应产生电流,就需增加额外的外加电压。所得极谱波形伸延,半波电位比可逆波要负得多。

15.362　可逆极谱波　reversible polarographic wave
又称"扩散波"。电极反应可逆,极谱电流仅受扩散速率控制的极谱波。

15.363　极谱图　polarogram
应用可极化的电极或指示电极进行电解时,随施加电压的变化而获得的电流-电压(或电位)曲线。

15.364　半波电位　half-wave potential
极谱波上的电流为极限扩散电流的一半时所对应的滴汞电极电位。

15.365　峰电位　peak potential
一些呈峰形的极谱曲线或伏安曲线呈峰形,

峰的最高点对应的电位。

15.366 等电点 isoelectric point
又称"等电 pH"。对两性分子而言，指分子上的净电荷等于零时的 pH 值。

15.367 伊尔科维奇方程 Ilkovic equation
表示平均极限扩散电流和溶液中待测物质的浓度 c 呈正比关系的方程式，是极谱法定量分析的理论基础。

15.368 扩散电流常数 diffusion current constant
表示平均极限扩散电流、待测物质浓度和毛细管特性之间关系的值。

15.369 比色计 colorimeter
通过比较被测溶液和标准溶液的颜色进行定量分析的仪器。

15.370 [光]谱仪 spectrometer
利用一定部件和光学系统将光辐射按波长分列，并用适当的接收器接收不同波长的光辐射的仪器。用于获得、记录和分析光谱。

15.371 分光光度计 spectrophotometer
在不同波长下测定试样吸收、反射或透过等光学特性的仪器。是分光仪器和光强测量仪器的组合，由光源、单色器、吸收池、接收器和控制、记录系统等部分组成。通过与标准样品比较可对试样进行定性、定量分析。

15.372 紫外可见近红外光谱仪 ultraviolet/visible/near infrared spectrophotometer
根据朗伯–比尔定律和物质对紫外、可见或近红外光（辐射）选择吸收的特性设计的对物质进行定性、定量分析的仪器。

15.373 原子吸收分光光度计 atomic absorption spectrophotometer
又称"原子吸收光谱仪"。通过测量物质所产生的原子蒸气对谱线的吸收能力进行定性定量分析的仪器。

15.374 原子荧光光谱仪 atomic fluorescence spectrometer
通过测量元素原子蒸气在辐射能激发下所发射的原子荧光强度进行元素定量分析的仪器。

15.375 X 射线荧光光谱仪 X-ray fluorescence spectrometer
能够使试样中待测元素产生次级 X 射线，并将各谱线分辨、对其强度进行测量的仪器。

15.376 荧光光度计 fluorometer
在荧光分析中，用于测量试样被紫外光照射产生的荧光及强度，从而进行定性、定量分析的仪器。

15.377 红外分析仪 infrared analytical instrument
根据朗伯–比尔定律和物质对红外光（辐射）选择吸收的特性而设计的对物质进行定性、定量分析的仪器。

15.378 红外分光光度计 infrared spectrophotometer
由红外光源、以棱镜或光栅为单色器的光学系统、检测器和控制、记录系统组成，用来做红外光谱分析的仪器。常采用双光束方式，是使用最广泛的一种红外分析仪器。

15.379 傅里叶变换红外光谱仪 Fourier transform infrared spectrometer
基于双光束干涉原理，经频率调制产生干涉图，再经过傅里叶变换调节后而获得光谱信息的第三代红外光谱仪器。

15.380 磷光计 phosphorimeter
在磷光分析中,用于测量试样被紫外光照射产生的磷光及强度,从而进行定性、定量分析的仪器。

15.381 电感耦合等离子体原子发射光谱仪 inductively coupled plasma atomic emission spectrometer, ICP-AES
以电感耦合等离子体作为光源的发射光谱仪器。

15.382 直读光谱仪 direct reading spectrometer
直接测定谱线强度的光谱仪器。

15.383 火焰光度计 flame photometer
通过测定某些元素的化合物在火焰中被激发而发出一定波长的光的强度,定量测定这些元素含量的仪器。

15.384 旋光仪 polarimeter
测定旋光性物质旋光度的仪器。

15.385 [旋光]糖量计 saccharimeter
根据糖溶液或其他有旋光性物质的旋光特性,测定其浓度(或含量)的仪器。

15.386 吸收滤光片 absorbing filter
根据光吸收作用制成的滤光片。分选择性滤光片和无选择性滤光片两种。

15.387 干涉滤光片 interference filter
利用光干涉的原理,获得狭窄光谱带的器件。通常由两块表面喷镀一薄层金属银的平行光学玻璃制成,其中夹有折光指数很小的氟化镁固体,另外还有一块有色滤光片。当复色光照射到该器件时,在两层金属膜(或多层介质膜)内多次反射而产生干涉,只有半波长的整倍数等于两金属层间距离的光波才能透过,其半宽度很小,一般为10 nm。

15.388 棱镜 prism
由透明物质制成的具有两个以上斜交平面的多面体。也可做成一定形状的液槽,装入要用的液体。棱镜的主要作用是改变光线行进方向,或根据在同一介质中不同波长的光具有不同折射率的特性,使复合光分离成单色光。

15.389 光栅 grating
利用多缝衍射原理使光发生色散的光学元件。

15.390 空心阴极灯 hollow-cathode lamp
一种冷阴极辉光放电管。其阴极是圆筒形空心结构,当元素以蒸气态从阴极中逸出时受激发产生极窄的特征谱线。

15.391 入射辐射[光]通量 incident flux
照射到介质表面的辐射光通量。

15.392 透射辐射[光]通量 transmitted flux
从介质内部射出的辐射光通量。

15.393 试样辐射[光]通量 sample flux
单色辐射光通过待测物质,并到达检测器的辐射光通量。

15.394 参比辐射[光]通量 reference flux
单色辐射光通过参比物质,并到达检测器的辐射光通量。

15.395 吸光度 absorbance
透射比倒数的对数,即入射辐射强度 I_0 与透射辐射强度 I_{tr} 之比的对数值。是量纲为 1 的量。符号为 A。

15.396 波数 wave number
波长 λ 的倒数。等于单位长度上波的数目。单位是 m^{-1}。

15.397 色谱仪 chromatograph
利用色谱法对物质进行定性、定量分析，并研究其物理化学等特性的仪器。

15.398 气相色谱仪 gas chromatograph
用气体作为流动相的一种色谱仪。

15.399 液相色谱仪 liquid chromatograph
用液体作为流动相的一种色谱仪。

15.400 凝胶色谱仪 gel chromatograph
采用有机溶剂为流动相，化学惰性的多孔物质(如凝胶)为固定相的一种色谱仪。除用作一般的分离分析外除用做一般的分离分析外，多用于高聚物分子量分布的测定。

15.401 薄层[色谱]扫描仪 thin layer [chromatography] scanner
对薄层色谱分离后的化合物斑点进行扫描测量和记录的仪器。由光源、单色器、可扫描移动的样品台及检测系统组成。

15.402 离子色谱仪 ion chromatograph
对阳离子和阴离子混合物进行分离和检测的专用液相色谱仪。

15.403 超临界流体色谱仪 supercritical fluid chromatograph
用处于临界温度及临界压力以上的流体作为流动相的一种色谱仪。

15.404 多维色谱仪 multidimensional chromatograph
由两台或者两台以上的色谱仪组合起来的、具有分离分析复杂样品中多组分功能的一种色谱仪。

15.405 多用色谱仪 unified chromatograph
可以单独进行气相色谱、超临界流体色谱和微柱液相色谱操作，或在一次色谱分析中改变流动相，对同一种样品依次进行两种或两种以上类型色谱分析的一种色谱仪。

15.406 气[相色谱]–质[谱]联用仪 gas chromatograph-mass spectrometer
对气体或在一定温度范围内可气化的液体及固体具有高分离能力的气相色谱仪与高灵敏的可提供丰富结构信息的质谱仪组合联机使用的分析仪器。

15.407 液[相色谱]–质[谱]联用仪 liquid chromatograph-mass spectrometer
具有高分离能力的液相色谱仪与可提供丰富结构信息的质谱仪组合联机使用的分析仪器。

15.408 气相色谱–傅里叶红外光谱联用仪 gas chromatograph-Fourier transform infrared spectrometer
对气体或在一定温度范围内可气化的液体及固体具有高分离能力的气相色谱仪与傅里叶变换红外光谱仪组合联机使用的分析仪器。

15.409 气相色谱–傅里叶红外光谱–质谱联用仪 gas chromatograph-Fourier transform infrared-mass spectrometer
对气体或在一定温度范围内可气化的液体及固体具有高分离能力的气相色谱仪与可提供丰富结构信息的傅里叶红外光谱仪和质谱仪组合联机使用的分析仪器。

15.410 毛细管电泳–质谱联用仪 capillary electrophoresis-mass spectrometer
将毛细管电泳与质谱仪连接起来进行分析

的仪器。

15.411　进样器　sample injector
能定量地将试样注入色谱系统的器件或装置。

15.412　裂解器　pyrolyzer
能使试样瞬间加热裂解为较小分子的部件。常用于裂解气相色谱。

15.413　检测器　detector
在色谱分析中，根据柱后流出试样各组分的物理、化学或物理化学性质，直接或间接地对其鉴别或反映其浓度变化的装置。

15.414　热导检测器　thermal conductivity detector, TCD
利用载气和色谱柱流出物热导系数不同，使热敏元件发生差异而产生电信号的器件。是气相色谱仪上常用的浓度型检测器之一。

15.415　火焰离子化检测器　flame ionization detector, FID
气相色谱仪用的质量型检测器。由喷嘴、点火线圈、极化极、收集极等构成。氢气和空气混合进入喷嘴，点火形成氢火焰，有机物在氢火焰中发生化学电离，产生含单碳的正离子，形成的离子流由收集极收集，经放大转换成电压信号输出。大多数有机物在该检测器上有反应，响应值基本上与有机物中含碳原子的数目成比例。

15.416　电子捕获检测器　electron capture detector, ECD
一种常用的浓度型气相色谱仪检测器。载气分子在 ^3H 或 ^{63}Ni 等辐射源所产生的 β 粒子的作用下离子化，在电场中形成稳定的基流，当含有电负性基团的试样组分通过时，俘获电子使基流减小而产生电信号。

15.417　火焰光度检测器　flame photometric detector, FPD
专用于含硫和磷化合物的气相色谱质量型检测器。含硫或含磷的化合物在富氢火焰中燃烧发射出特征波长的光，经滤光后照射在光电倍增管上并转化为电信号。

15.418　氮磷检测器　nitrogen phosphorus detector, NPD
专门用来检测痕量含氮、磷化合物的高灵敏度电离型气相色谱检测器。

15.419　紫外–可见光检测器　ultraviolet-visible light detector
利用物质对紫外–可见光的吸收特性而设计的一种检测器。其工作原理是朗伯–比尔定律，基本结构与一般的紫外–可见光光度计相同。通过测定试样组分在吸收池中吸收紫外–可见光的大小并与标准物质比较来确定组分的含量。

15.420　荧光检测器　fluorescence detector
利用某些物质(如芳香族化合物、生化物质)吸收一定能量(波长)的光后，发射出比吸收波长更长的特征光(荧光)的性质所设计的检测器。

15.421　安培检测器　amperometric detector
利用被测物质在电极表面发生氧化还原反应引起电流的变化而进行测定的原理设计的检测器。常用的安培检测器由一个恒电位器和三个电极组成的电化学池构成。

15.422　电导检测器　conductivity detector
利用电解质溶液导电的原理，连续测定柱出物的电导率，将流动相的背景电导与样品离子电导的差值作为响应值记录在色谱图上的仪器。

15.423　光电二极管阵列检测器　photodiode array detector

利用光电二极管阵列作为检测元件的检测器。该检测器的特点是令光线先通过样品流通池，再用一系列分光技术，使所有波长的光在接收器同时被检测。

15.424　蒸发光散射检测器　evaporative light-scattering detector

基于在一定的条件下，散射光强度正比于溶液中溶质颗粒的大小和数量而设计的液相色谱检测器。经色谱柱分离的组分随流动相进入雾化器，被高速载气流喷成薄雾。进入蒸发器后溶剂被蒸发，不挥发的组分形成微小的雾状颗粒，通过光路时发生光散射，由光电倍增管接收，得到被测组分的信号。

15.425　[色谱]柱　[chromatographic] column

内装固定相用以分离混合组分的柱管。

15.426　填充柱　packed column

装填有固定相的色谱柱。柱管的材料一般为不锈钢、玻璃等，管长 2~4 m，内径 2~3 mm。

15.427　毛细管柱　capillary column

由玻璃或石英玻璃管制成的色谱柱。内径一般不超过 0.53 mm，长度在数十米到百米之间，管内壁经过改性并涂有固定液。

15.428　离子交换柱　ion exchange column

填充了离子交换填料，用来分离离子型化合物的色谱柱。

15.429　流动相　mobile phase

在色谱分析过程中载带试样（组分）向前移动的一相。在色谱柱中与固定相做相对运动。气相色谱中的流动相是气体，称为"载气（不参与分离）"；液相色谱中的流动相是液体，称为"洗脱剂"或"淋洗剂"（参与分离）。

15.430　固定相　stationary phase

填充于色谱分离柱中（或铺在平板色谱薄层板上）不随试样组分一起移动的活性物质。一般分为固体固定相（如硅胶、氧化铝等）、液体固定相、键合固定相等。

15.431　保留时间　retention time

从进样开始到被分离的试样组分出现浓度极大值（色谱峰的顶点）经过的时间。用 t_R 表示，单位是 min。

15.432　保留体积　retention volume

从进样开始到被分离的试样组分出现浓度极大值（色谱峰的顶点）所流过的流动相体积。用 V_R 表示，单位是 mL。

15.433　死时间　dead time

(1)计数类检测器在产生一次放电后，恢复到正常接收状态所需要的极短的时间间隔。在此时间内检测器不能对任何信号产生响应。(2)在色谱分析过程中，不被固定相吸附或者溶解的组分从进样到柱后出现浓度最大值的时间，即组分流经全柱空隙所需的时间。用 t_{0R} 表示。

15.434　死体积　dead volume

在色谱分析过程中，惰性组分从进样到柱后出现浓度最大值流过色谱柱的流动相体积。是色谱柱内填充物颗粒间的空隙、整个色谱仪管路接口间的空隙以及检测器中的空隙的总合。用 V_{0R} 表示。

15.435　戈雷方程　Golay equation

戈雷针对空心毛细管色谱柱的柱效提出的一个速率理论方程。表征色谱柱的各种参数和载气流速对柱效的影响。

15.436　范第姆特方程　van Deemter equation

范第姆特推导出的针对填充柱的柱效与载

气流速、柱中纵向扩散及传质阻力等动力学因素相关联的方程式，即速率理论方程式。

15.437　柱效率　column efficiency
在色谱分离中，色谱柱由于动力学因素（操作因素）所决定的分离效率。

15.438　色谱图　chromatogram
色谱柱流出物通过检测器系统产生的响应信号对时间或载体流出体积的曲线图。

15.439　分辨力　resolution
又称"分离度"。在色谱中定量描述两相邻组分在色谱柱中分离情况的指标。等于两相邻组分保留值之差与两组分色谱峰基线宽度总和之半的比值。用 R 表示。

15.440　分离数　separation number
相邻两个碳数的正构烷烃峰之间可容纳分辨力 $R=1.177$ 的色谱峰数。是衡量色谱分离能力的重要参数之一。

15.441　基流　background current
在气相色谱中，仅载气流过检测器时产生的信号电流。主要来源于载气中的杂质。

15.442　最小检出量　minimum detectable quantity
能产生相当于 2 倍检测器噪声信号所需要的最小样品量。

15.443　分流比　split ratio
在毛细管色谱法中，进入毛细管柱的样品和载气的混合气体体积与被放空的混合气体体积之比。

15.444　液相色谱–质谱仪接口　liquid chromatograph-mass spectrometer interface
连接液相色谱仪和质谱仪并能对流出物中溶质产生电离作用的接口。

15.445　热喷雾接口　thermospray interface
液相色谱柱流出物通过金属毛细管，在出口处被急剧加热、雾化产生微液珠、粒子和蒸气混合物，并将溶质电离的一种常用液相色谱–质谱联用仪接口。

15.446　电喷雾接口　electrospray interface
液相色谱柱流出物通过一根细尖嘴、高场强的金属毛细管并在其出口处将溶质电离的一种常用液相色谱–质谱联用仪接口。

15.447　质谱仪　mass spectrometer
试样离子化后，根据带电粒子的性质，将不同质荷比的离子在磁场、电场中分开、检测和记录的仪器。

15.448　单聚焦质谱仪　single focusing mass spectrometer
对离子束实现方向聚焦的质谱仪。

15.449　双聚焦质谱仪　double focusing mass spectrometer
对离子束实现方向聚焦和能量聚焦的质谱仪。

15.450　四极质谱仪　quadrupole mass spectrometer
采用直流和射频组成的四极电场质量分析器的质谱仪。

15.451　飞行时间质谱仪　time-of-flight mass spectrometer
利用具有不同质荷比的离子从离子源飞出通过一定距离的无场区所需时间不同而实现分离的质谱仪。

15.452　离子回旋共振质谱仪　ion cyclotron resonance mass spectrometer

在高频电场和垂直于电场的恒定磁场的作用下，满足回旋共振条件而获得最大能量，使不同质荷比的离子分离的质谱仪。

15.453 离子源 ion source
使试样离子化并聚焦、加速成具有一定能量的离子束的部件。

15.454 化学电离源 chemical ionization source
利用化学电离原理使样品发生电离的装置。

15.455 大气压化学电离源 atmospheric pressure chemical ionization source
在大气压状态下使样品发生化学电离的装置。

15.456 分子分离器 molecular separator
利用有机物分子与载气分子的质量或其他性质的差异，将色谱柱流出物中各组分与载气尽可能分离的部件。是气相色谱–质谱联用仪的接口。

15.457 离子阱质谱仪 ion-trap mass spectrometer
利用不同质荷比的离子在高频电场和磁场形成的势阱中共振频率不同，使之分离的质谱仪。

15.458 基峰 base peak
在质谱图中，强度最大的离子峰。

15.459 归一化强度 normalized intensity
以基峰的强度为 100，其他峰的强度以其与基峰相比的百分数表示。

15.460 相对灵敏度 relative sensitivity
某分析仪器测量待测物的灵敏度与相同条件下测量相同量标准物质的灵敏度的比值。

15.461 离子动能谱 ion kinetic energy spectrum
在质谱仪中，离子流在扇形电场的作用下，按照其动能/电荷之比进行分离得到的质谱。

15.462 质量分析离子动能谱 mass analyzed ion kinetic energy spectrum
由特定质量的离子产生的碎片离子的质谱。在反置几何型双聚焦质谱仪中，设定一定的磁场使母离子通过，若其在磁场和电场间的无场区发生亚稳跃迁，便产生了碎片离子，通过电场扫描检测这些碎片离子得到的质谱。

15.463 碰撞气 collision gas
在碰撞活化解离（CID）中，与被分析离子在碰撞室里进行碰撞的气体。一般为惰性气体，如 He、Ne、Ar、Kr、Xe，以及 O_2、N_2、CH_4 气体等。

15.464 谱库检索 library searching
将被分析试样的归一化质谱与数据系统标准谱库中已知化合物的归一化标准质谱比较，给出定性结果的过程。

15.465 核磁共振[波谱]仪 nuclear magnetic resonance spectrometer
研究原子核在磁场中吸收射频辐射能量发生能级跃迁现象，进而研究化合物结构的仪器。主要由磁体、磁场稳定单元、探头、射频发射和接收、波谱显示和记录等部件组成。

15.466 连续波核磁共振[波谱]仪 continuous wave mode NMR spectrometer
采用连续波方式，获得核磁共振波谱信息的仪器。分为扫频式和扫场式两种。

15.467 超导核磁共振[波谱]仪 NMR spectrometer with superconducting magnet
将铌钛合金或其他超导材料制成的励磁线

圈浸到液氦杜瓶中，利用电流超导现象产生强磁场的核磁共振波谱仪。

15.468 脉冲傅里叶变换核磁共振[波谱]仪 pulsed Fourier transform NMR spectrometer
将脉冲技术与傅里叶变换手段结合起来获得核磁共振波谱的仪器。

15.469 电子顺磁共振仪 electron paramagnetic resonance instrument
根据顺磁性物质的电子自旋共振，解析电子顺磁共振谱，可获得物质结构和电子能级等信息，进行定性、定量分析的仪器。

15.470 耦合常数 coupling constant
表征两磁性核的自旋通过成键电子传递的间接相互作用大小的物理量。利用耦合常数可判断化合物内部原子、基团之间的连接顺序、空间位置等。

15.471 化学位移 chemical shift
在核磁共振波谱中，化合物分子中的同种核素因化学环境的差异，如所属化学基团不同、核外电子云分布不同，而造成核磁共振频率不同的现象。

15.472 谱带宽度 spectral band width
辐射功率大于或等于半峰值的波长范围或波数范围。

15.473 脉冲宽度 pulse width
对核自旋体系施加射频激发脉冲的持续的时间。

15.474 空隙时间 aperture time
试样接受激发的时间。在脉冲核磁共振的大多数应用中，空隙时间仅是停顿时间的一小部分。

15.475 二次离子本底 secondary ion background
能量过滤系统和探测系统，对探针粒子轰击靶材所产生的二次离子的响应信号。

15.476 基线噪声 baseline noise
与被测样品无关的检测器输出信号的随机扰动变化。分为短期噪声和长期噪声。

15.477 基线漂移 baseline drift
检测器基线随时间的增加朝单一方向的偏离。

15.478 质量歧视效应 mass discrimination
原子、离子或中性分子在电场、磁场或热运动过程中由于质量数不同，轻质量数粒子运动较快而对分析结果产生影响的现象。

15.479 极化效应 polarization effect
分子在单位电场强度作用下产生的偶极矩发生改变的现象。

15.480 空间电荷效应 space-charge effect
离子在离开截取锥向质量分离器飞行的过程中，由于受同种电荷排斥力而使质量数较小的离子信号减弱、质量数较大的离子信号较强的现象。

15.481 质量范围 mass range
质谱仪能够测定的原子量或分子量的范围。

15.482 质量色散 mass dispersion
能量相同而质荷比不同的离子束，通过磁分析器后按质荷比大小分离开来的程度。

15.483 质量分辨力 mass resolution
在给定条件下，质谱仪对两个相邻质谱峰的区分能力。用可分辨的两个峰的平均质量 M 与可分辨的两个峰的质量差 ΔM 之比表示，符号为 R。

15.484 谱线干扰 spectral line interference

光谱带通内存在的与分析谱线相邻的非吸收线以及谱线重叠等引起的干扰。

15.485 光谱干扰 spectral interference

背景辐射和光谱重叠引起的干扰。前者多来自连续辐射、杂散光、光源气体辐射分子谱带等，后者来自多谱线元素的谱线没有完全分开、谱线轮廓的展宽等。

15.486 背景吸收 background absorption

由非待测组分引起的对入射辐射的吸收。

15.487 背景校正 background correction

对叠加在分析线上的背景吸收进行校正的操作。

15.488 记忆效应 memory effect

一般指前次测定的被测组分未能完全清除而对随后测定造成的影响。

15.489 波长分辨力 wavelength resolution

单色器区别或辨认两条波长差为$\Delta\lambda$的相邻谱线的能力。

15.490 色散率 dispersion

材料的光折射率随波长变化曲线的斜率。是表示物质对不同波长光折射能力的指标。

15.491 有效光谱范围 useful spectral range

在规定的准确度范围内，仪器可进行测量的光谱范围。

15.492 pH 基准物质 primary reference material of pH

具有确定的化学组成和足够的纯度，能按规定的方式复现指定 pH 值的物质。由邻苯二甲酸氢钾等七种物质组成，由该七种基准物质配制成的一定浓度的溶液称"pH 基准缓冲溶液(primary reference buffer solution of pH)"。其 pH 值由 pH 基准装置测得，是 pH 量值传递的基础，也是建立 pH 标度的基准点。

15.493 重量法湿度计 gravimetric hygrometer

用干燥剂完全吸收被测气体中的水蒸气，在精密天平上准确称量干燥剂吸湿前、后的质量变化，同时准确测量被测气体的质量，计算出湿度(质量混合比)的装置。

15.494 冷镜式露点仪 chilled mirror dew point hygrometer

由制冷系统、光电平衡系统、温度测量系统组成，通过测量露点传感器镜面上的露(霜)与气体中的水蒸气达到平衡时的温度，获得湿度量值的仪器。

15.495 湿度发生器 humidity generator

在规定条件下，能发生水蒸气含量恒定且可知的气流或气氛的装置的总称。主要有双压法、双温法、分流法、渗透法等湿度发生器。

15.496 渗透法配气装置 apparatus for standard gas by permeation method

由标准渗透管、流量、温度和压力控制系统等组成，用于气体标准物质的制备的装置。在指定温度和压力下，载气以恒定流速通过放有渗透管的密闭系统，将渗透组分载带出来，根据载气的流速和渗透率计算组分的含量。

15.497 扩散法配气装置 apparatus for standard gas by diffusion method

由标准扩散管、流量、温度、压力控制系统组成。用于气体标准物质的制备的装置。在指定温度和压力下，载气以恒定流速通过放有扩散管的密闭系统，将扩散组分载带出来，根据载气的流速和扩散率计算组分的含量。

15.498　渗透管　permeation tube

装有某种液相与饱和蒸气相共存的挥发性物质的微孔小管或配有多孔材料作管帽的管式容器。在一定温度下，渗透管内的蒸气通过多孔材料向外渗透，其渗透速度符合胡克定律。对一特定的渗透管来说，渗透率随温度改变，渗透率的大小可用称量法测定。

15.499　标准渗透管　standard permeation tube

具有已知渗透率的渗透管。

英汉索引

A

adsorption indicator　吸附指示剂　15.322

AEL　可达发射极限　13.324

affinity chromatography　亲和色谱法　15.177

AFM　原子力显微镜　02.220

aging　陈化　15.293

air buoyancy correction　空气浮力修正　03.030

air conduction　气导　08.096

air discharge method　空气放电方法　11.280

air film slide table　气垫台　05.118

air kerma rate constant　空气比释动能率常数　14.120

Airy points　艾里点　02.011

alignment telescope　准直望远镜，*测微准直望远镜
　02.067

aliquot　等分样品　15.259

Allan standard deviation　阿伦标准偏差，*阿伦方差
　12.072

alternating current　交流，*交流电流　10.066

AM　调幅　11.062

ambient dose equivalent　周围剂量当量　14.123

amorphous magnetic material　非晶态磁性材料
　10.221

amount of substance　物质的量　15.001

ampere　安[培]　10.043

amperometer　电流表　10.154

amperometric detector　安培检测器　15.421

amperometric titration　电流滴定[法]　15.127

amplification ratio　放大比　04.024

amplitude　振幅　05.060

amplitude absolute average value　振幅绝对平均值
　05.061

amplitude distortion　波形失真　11.082

amplitude modulation　调幅　11.062

amplitude modulation depth　调幅度　11.063

amplitude modulation sensitivity　调幅灵敏度　11.065

amplitude peak-to-peak value　振幅峰–峰值　05.063

amplitude peak value　振幅峰值　05.062

amplitude root-mean-square value　振幅方均根值
　05.064

amplitude spectrum　幅值谱　05.037

amplitude uniformity of acceleration peak for shock table
　台面冲击峰值加速度幅值均匀度　05.213

ANA　自动网络分析仪，*矢量网络分析仪　11.120

analog indicating instrument　*模拟指示仪表　10.194

analog [measuring] instrument　模拟[测量]仪表
　10.194

analog signal　模拟信号　11.369

analog to digital conversion　模数转换　10.170

analog transmission　模拟传输　11.373

analytical instrument　分析仪器　15.329

analytical sample　分析样品　15.251

ancillary volume　附件体积　06.022

anechoic chamber　电波暗室　11.310

anechoic room　消声室　08.091

anechoic water tank　消声水池　08.140

aneroid barograph　空盒气压计　07.086

aneroid barometer　空盒气压表　07.087

angle　平面角　02.005

angle block　角度块　02.120

angle gauge block　角度块　02.120

angle of fall　下落角，*初始扬角　04.103

angle of rise　升起角　04.104

angle response　角响应　14.086

angle vibration bench　角振动台　05.125

angular displacement　角位移　05.216

angular sensitivity　角灵敏度　03.037

angular velocity　角速度　05.217

annealing　退火　09.042

annular chamber　环室　06.125

anodic stripping voltammetry　阳极溶出伏安法
　15.139

antenna bandwidth　天线频带宽度　11.240

antenna beam width　天线波束宽度　11.242

antenna effective aperture　天线有效口径　11.227

antenna effective height　天线有效高度　11.228

antenna factor　天线系数　11.239

antenna front to back ratio　天线前后比　11.243

antenna gain　天线增益　11.224

antenna half-power angle　天线半功率角　11.241

antenna impedance characteristic　天线阻抗特性，*天
　线输入阻抗　11.229

antenna pattern　天线方向性图　11.221

antenna pattern gain　天线方向性增益　11.225

antenna phase center　天线相位中心　11.238

antenna polarization　天线极化　11.232

antenna polarization isolation　天线极化隔离　11.237

antenna polarization loss　天线极化损失　11.236

antenna power gain　天线功率增益　11.226

antialiasing filter　抗混叠滤波器　05.104

anticoincidence　反符合　14.046

anticoincidence shielding　反符合屏蔽　14.047

aperture flux　孔径通量　13.189

aperture stop　孔径光阑，*有效光阑　13.409

aperture time　空隙时间　15.474

APL　平均图像电平　11.336

apparatus for standard gas by diffusion method　扩散法配气装置　15.497

apparatus for standard gas by permeation method　渗透法配气装置　15.496

apparatus with radar for measuring rate of motor car　机动车雷达测速仪　05.246

apparatus with space filter for measuring rate of motor car　空间滤波式车速测量仪　05.245

apparent density　表观密度　03.045

apparent mass　视在质量，*加速度阻抗，*动质量　05.029

apparent power　视在功率，*表观功率　10.092

apparent temperature　表观温度　09.126

applanation tonometer　压平式眼压计，*非接触式眼压计　07.079

approved type　获准型式　01.196

arbitrate verification　仲裁检定　01.181

area monitoring　场所监测　14.170

argon mini-arc　小氩弧　13.050

array detector　阵列探测器　13.370

artificial blackbody　人工黑体　13.046

artificial ear　仿真耳　08.111

artificial hand　模拟手　11.331

artificial main network　人工电源网络　11.326

artificial mastoid　仿真乳突　08.113

artificial network　人工网络　11.325

ash　灰分　15.301

ashing　灰化　15.300

associated feature　拟合要素　02.021

associated particle method　伴随粒子法　14.155

associative weigher　*组合秤　03.099

astatic construction　无定向结构　10.176

astigmatic aberration　像散性像差　13.416

asymmetrical input　非对称输入　10.186

asymmetrical output　非对称输出　10.188

atmospheric pressure　大气压力　07.004

atmospheric pressure altimeter　气压高度表　07.088

atmospheric pressure chemical ionization source　大气压化学电离源　15.455

atomic absorption spectrophotometer　原子吸收分光光度计，*原子吸收光谱仪　15.373

atomic absorption spectrophotometry　原子吸收分光光度法　15.151

atomic clock　原子钟　12.014

atomic emission spectrophotometry　原子发射分光光度法　15.150

atomic fluorescence spectrometer　原子荧光光谱仪　15.374

atomic fluorescence spectrometry　原子荧光光谱法　15.153

atomic force microscope　原子力显微镜　02.220

atomic frequency standard　原子频标　12.053

atomic mass constant　原子质量常数　15.011

attenuation　衰减　11.133

attenuation coefficient　衰减系数　13.336

attenuation constant　衰减常量　11.014

audio analyzer　音频分析仪　11.088

audiology　听力学　08.094

audiometer　听力计　08.114

Auger electron spectroscopy　俄歇电子能谱法　15.235

Au/Pt thermocouple　金–铂热电偶　09.066

aural acoustics impedance/admittance instrument　人耳声阻抗/导纳仪　08.115

auscultatory method sphygmomanometer　听诊法血压计　07.073

autocollimation principle　自准直原理　02.010

autocollimator　自准直仪，*自准直平行光管　02.111

automatic catchweighing instrument　自动分检衡器　03.092

automatic drum-filler　定量灌装秤　03.102

automatic gravimetric filling weighing instrument　重力式自动装料衡器　03.097

automatic instrument for weighing road vehicle in motion　动态公路车辆自动衡器　03.104

automatic monitor system for vehicle speeding of motor car　机动车超速自动监测系统　05.247

automatic network analyzer　自动网络分析仪，*矢量网络分析仪　11.120

automatic rail-weigh-bridge 自动轨道衡 03.103

automatic weighing instrument 自动衡器 03.089

auto-power spectral density 自功率谱密度，＊自谱密度 05.101

auxiliary station 辅助台 05.115

auxiliary verification device of a weighing instrument 衡器辅助检定装置 03.128

available noise power 资用噪声功率 11.161

available noise power spectral density 资用噪声功率谱密度 11.162

available power 资用功率，＊可利用功率 11.091

avalanche photodiode 光电雪崩二极管 13.380

average detector 平均值检波器 11.199

average picture level 平均图像电平 11.336

average power 平均功率 10.091，13.304

average sound pressure level 平均声压级 08.025

average value 平均值 10.087

average value of voltage 电压平均值 11.050

A-weighting sound pressure level A 计权声压级，＊A 声级 08.039

axial load 轴向力 04.050

axis of rotation 旋转轴线，＊摆轴线 04.100

azimuthal influence ＊方位影响 04.010

B

background absorption 背景吸收 15.486

background correction 背景校正 15.487

background current 基流 15.441

background indication ＊本底示值 01.112

background [of radiation meter] [辐射测量仪的]本底 14.105

back pressure type piston pressure gauge 反压型活塞式压力计 07.011

backscattering 反散射 14.014

backscattering factor ＊反散射因子 14.149

backscattering method ＊后向散射法 13.362

back titration 返滴定[法] 15.109

balance 天平 03.013

balanced lines 平衡线 11.289

balanced three phase equipment 平衡三相设备 11.302

ballistic galvanometer 冲击检流计 10.295

ball pneumatic dead weight tester 浮球式压力计 07.019

band sound power level 频带声功率级 08.045

band sound pressure level 频带声压级 08.044

bandwidth of an optical fiber 光纤带宽 13.337

Barcol hardness 巴氏硬度 04.135

Barcol hardness test 巴氏硬度试验 04.134

barometer 气压表 07.080

barrel distortion ＊桶形畸变 13.415

base band analysis 基带分析 05.073

base circle 基圆 06.056

base line 基线 02.210

baseline drift 基线漂移 15.477

baseline noise 基线噪声 15.476

baseline surveying 基线测量 02.201

base magnitude 底量值 11.179

base metal thermocouple 廉金属热电偶 09.068

base peak 基峰 15.458

base quantity 基本量 01.005

base size 基本尺寸 02.022

base solution 底液 15.352

base strain sensitivity 基座应变灵敏度 05.094

base unit 基本单位 01.012

basic mode ＊基模 13.313

batch sample 批量样品 15.241

B_n bandwidth ＊B_n 带宽 11.205

beam analyzer 光束分析仪 13.329

beam axis 光束轴 13.290

beam balance 杠杆式天平 03.016

beam cross-sectional area 光束横截面积 13.293

beam diameter 光束直径 13.291

beam displacement stability 光束平移稳定度 13.297

beam expander 扩束器 13.333

beam parameter product 光束参数积 13.295

beam path distance 声程 08.120

beam pointing stability 光束指向稳定度 13.296

beam positional stability 光束位置稳定度 13.298

beam propagation factor 光束传输因子 13.318

beam propagation ratio 光束传输比 13.317

beam quality measuring instrument 光束质量测试仪 13.330

beam stop device 光束终止器 13.334

beam waist [光]束腰 13.292

beam waist diameter 光束腰直径 13.299

beat [method of] measurement 差拍测量[法] 10.168

Beckmann thermometer 贝克曼温度计 09.091

bed slope 河床坡度 06.113

Beijing time 北京时间 12.008

bel 贝尔 08.022

bellows 波纹管 07.053

bellows pressure gauge 波纹管压力表 07.037

below edge reading for meniscus 弯月面下缘读数 03.075

belt weigher *皮带秤 03.090

bench scale 案秤 03.086

Bessel function method 贝塞尔函数法 05.083

Bessel points 贝塞尔点 02.012

BH product *BH 积 10.259

BH product curve *BH 积曲线 10.260

bias *偏移 01.086

bias magnet 偏磁 10.277

bias magnet current 偏磁电流 10.278

bimetallic instrument 双金属系仪表 10.197

bimetallic thermometer 双金属温度计 09.098

bit error 二元差错,*比特差错 11.392

bit rate 比特率 11.388

blank correction 空白校正 15.282

blank indication 空白示值 01.112

blank sample 空白样品 15.244

blank test 空白试验 15.281

blank value 空白值 15.280

blast wave 爆炸波 05.171

blind sample 盲样 15.242

block error 块差错,*码组差错 11.395

blocking 封闭 15.295

board spring table 板簧台 05.116

Bohr magneton 玻尔磁子 10.140

bolometer 辐射热计 13.387

bolometric power meter 测辐射热式功率计 11.101

bomb calorimetric method 氧弹量热测量法 15.117

bone conduction 骨导 08.097

bone-conduction vibrator 骨振器 08.109

boron trifluoride counter 三氟化硼计数管 14.165

bottom echo 底波 08.122

bottom value of distortion meter 失真仪底度值 11.084

bottom volume 底量 06.062

boundary electrophoresis 界面电泳 15.194

Bourdon tube 弹簧管,*波登管 07.049

Bourdon tube pressure gauge 弹簧管式压力表 07.034

brachytherapy 近距离放射治疗 14.181

Bragg-Gray cavity ionization chamber 布拉格–戈瑞空腔电离室 14.074

branching ratio 分支比 14.039

bremsstrahlung 韧致辐射 14.007

Brinell hardness 布氏硬度 04.116

Brinell hardness test 布氏硬度试验 04.115

broadband continuous disturbance 宽带连续骚扰 11.270

broadband discontinuous disturbance 宽带不连续骚扰 11.271

broadband random vibration 宽带随机振动 05.052

broad-crested weir 宽顶堰 06.185

bucket thermometer 表层水温计 09.105

buffer solution 缓冲溶液 15.313

bulk density 堆积密度,*容积密度 03.047

bulk sample 大块样品 15.243

bump testing table 碰撞试验台 05.208

bump testing table with cam 凸轮式碰撞试验台 05.210

bump testing table with gas and liquid 气液式碰撞试验台 05.209

Bunsen-Schilling effusiometer 本生–西林流出计,*本生–西林扩散计 03.063

buret 滴定管 15.331

burst 脉冲群 11.288

C

cable tester 天馈线测试仪 11.417，电缆测试仪 11.427

cadmium ratio 镉比 14.167

calibrated leak 校准漏孔 07.116

calibrated measuring volumetric tank 工作量器 06.204

calibration 校准 01.062

calibration curve 校准曲线 01.064，校正曲线，＊工作曲线 15.312

calibration diagram 校准图 01.063

calibration factor of power mount 功率座校准因子 11.100

calibration hierarchy 校准等级序列 01.065

calibration method of accelerometer in two different positions 两次安装法 05.257

calibration receiver 校准接收机 11.058

calibration system for multi-component transducer 多分量校准系统 04.048

calibration tape 校准带 10.276

calibration value of solar cell 太阳电池校准值 13.399

calibrator 校准器 01.152

calliper 卡尺 02.077

calorimeter 量热计 11.102

Campbell coil 康贝尔线圈 10.289

candela 坎[德拉] 13.084

capacitance 电容 10.028

capacitance pressure transducer 电容式压力传感器 07.058

capacitive voltage probe 容性电压探头 11.322

capacity 容量 06.002

capacity table 容量表 06.031

capillary column 毛细管柱 15.427

capillary electrophoresis-mass spectrometer 毛细管电泳–质谱联用仪 15.410

capillary zone electrophoresis 毛细管区带电泳 15.200

capsule 膜盒 07.052

capsule pressure gauge 膜盒压力表 07.036

carrier 载体 14.012

carrier frequency 载波频率 11.357

carrier phase measurement 载频相位测量 12.047

carrier-to-noise ratio 载噪比 11.364

carrier wave 载波 11.356

catchweigher mounted on a vehicle 车载式重量分检秤 03.096

cathodic stripping voltammetry 阴极溶出伏安法 15.140

CCI 色贡献指数 13.436

Celsius temperature 摄氏温度 09.005

center frequency ＊中心频率 11.357

center wavelength 中心波长 11.401

centrifugal tachometer 离心式转速表 05.233

centrifugal testing machine 离心试验机，＊恒加速度离心试验机 05.251

centrifuge 离心机 05.249

certified reference material 有证标准物质 01.154

certified value [of RM] [标准物质]认定值，＊[标准物质]标准值 15.051

cesium beam frequency standard 铯原子频标，＊铯频标，＊铯原子钟 12.054

channel power 信道功率 11.358

characteristic impedance 特性阻抗 11.105

characteristic impedance standard kit 特性阻抗标准器 11.113

characteristic phase shift 特性相移，＊绝对相移 11.149

characterization [of RM] [标准物质]定值 15.047

charge collection time [of semiconductor detector] [半导体探测器的]电荷收集时间 14.080

charged particle equilibrium 带电粒子平衡 14.065

check device 核查装置，＊核查标准 01.150

checking source 检验源，＊监督源 14.044

checkweigher 重量检验秤 03.093

chemical analysis 化学分析 15.089

chemical dosemeter 化学剂量计 14.138

chemical equilibrium 化学平衡 15.044

chemical formula 化学式 15.042

chemical interference 化学干扰 15.272

chemical ionization 化学电离 15.208

chemical ionization source 化学电离源 15.454

chemical reaction 化学反应，＊化学作用 15.043

chemical shift 化学位移 15.471

chemiluminescence 化学发光[法] 15.164

chemometrics 化学统计学 15.020

chilled mirror dew point hygrometer 冷镜式露点仪 15.494

chroma 彩度 13.214

chromatic aberration 色[像]差 13.418

chromatic adaptation [颜]色适应 13.218

chromatic dispersion 光色散 11.406

chromatic dispersion slope 色散斜率 13.349

chromaticity 色品 13.268

chromaticity coordinates 色品坐标 13.267

chromaticity diagram 色品图 13.270

chromatic lateral aberration 垂轴色差，＊放大率色差 13.420

chromatic longitudinal aberration 位置色差，＊轴向色差 13.419

chromatic [perceived] color [感知的]彩色 13.203

chromatic stimulus 彩色刺激 13.239

chromatogram 色谱图 15.438

chromatograph 色谱仪 15.397

[chromatographic] column [色谱]柱 15.425

chromatography 色谱法 15.165

chrominance AM noise S/N 色度调幅噪声信噪比 11.353

chrominance-luminance delay inequality 色度–亮度时延差 11.343

chrominance-luminance gain inequality 色度–亮度增益差 11.342

chrominance PM noise S/N 色度调相噪声信噪比 11.354

chrominance signal gain nonlinear distortion 色度信号增益的非线性失真 11.348

chrominance signal phase nonlinear distortion 色度信号相位的非线性失真 11.349

CIE color matching functions CIE 色匹配函数 13.264

CIE 1974 general color rendering index CIE 1974 一般显色指数 13.230

CIE 1974 special color rendering index CIE 1974 特殊显色指数 13.229

CIE 1931 standard colorimetric observer CIE 1931 标准色度观察者 13.265

CIE 1931 standard colorimetric system X, Y, Z CIE 1931 标准色度系统 X, Y, Z 13.262

CIE standard illuminants CIE 标准施照体 13.249

CIE standard photometric observer CIE 标准光度观察者 13.073

CIE standard source CIE 标准光源 13.250

CIE 1964 supplementary standard colorimetric observer CIE 1964 补充标准色度观察者 13.266

CIE 1964 supplementary standard colorimetric system X_{10}, Y_{10}, Z_{10} CIE 1964 补充标准色度系统 X_{10}, Y_{10}, Z_{10} 13.263

CIE 1976 UCS diagram CIE 1976 均匀色品标度图，＊CIE 1976 UCS 图 13.284

CIE 1976 uniform-chromaticity-scale diagram CIE 1976 均匀色品标度图，＊CIE 1976 UCS 图 13.284

circle dividing instrument 圆分度仪器 02.106

circuit noise 电路噪声 11.156

circuit power factor 电路功率因数 11.301

circularly polarized light 圆偏振光 02.042

CISPR bandwidth CISPR 带宽 11.205

clamp injection 钳注入 11.292

click 喀砺声 11.272

click limit 喀砺声限值 11.276

clinical electrical thermometer 电子体温计 09.097

clinical thermometer 玻璃体温计 09.088

clinometer 倾斜仪，＊象限仪 02.113

clock rate 钟速 12.032

clock time difference 钟差 12.031

CMM 坐标测量机 02.196

CMRR 共模抑制比 10.183

^{13}C nuclear magnetic resonance spectroscopy 碳–13 核磁共振波谱法 15.225

Coanda effect 附壁效应 06.111

coaxality with load 受力同轴度 04.033

coaxial line 同轴线 11.027

coaxial shielded open circuit kit 同轴开路器 11.115

coaxial shielded short circuit kit 同轴短路器 11.116

coaxial spherical system ＊共轴球面系统 13.400

code error 编码差错 11.396

coefficient for temperature correction 温度修正系数 04.042

coefficient of luminous intensity 光强度系数 13.163

coefficient of retroreflected luminance 逆反射光亮度系数 13.165

coefficient of retroreflection 逆反射系数 13.164

coercivity 矫顽力 10.240

coherent derived unit 一贯导出单位 01.014

coherent system of units 一贯单位制 01.016

coincidence counting method 符合计数法 14.045

collision gas 碰撞气 15.463

collision induced dissociation 碰撞诱导解离 15.215

color [颜]色 13.202

color atlas 色[谱]集 13.261

color contribution index 色贡献指数 13.436

color equation 色方程 13.258

colorfulness 视彩度 13.212

colorimeter 色度计 13.285，比色计 15.369

colorimetric purity 色度纯度 13.279

colorimetric temperature ＊比色温度 09.133

colorimetric thermometer ＊比色温度计 09.135

colorimetric thermometry ＊比色测温法 09.134

colorimetry 色度学 13.199，比色法 15.143

color integrating density 彩色积分密度 13.193

color matching 色匹配 13.253

color matching function [of a trichromatic system] [三色系统的]色匹配函数 13.257

color rendering 显色性 13.227

color rendering index 显色指数 13.228

color solid 色立体 13.260

color space 色空间 13.259

color stimulus 色刺激 13.238

color stimulus function 色刺激函数 13.243

color temperature [颜]色温度 09.133

color thermometer 颜色温度计 09.135

color thermometry 颜色测温法 09.134

column efficiency 柱效率 15.437

coma aberration 彗差 13.414

combination [method of] measurement 组合测量[法] 10.160

combined heat meter 组合式热量表 06.158

combined sample 组合样品 15.247

combined standard measurement uncertainty ＊合成标准测量不确定度 01.056

combined standard uncertainty 合成标准不确定度 01.056

common ion effect 同离子效应 15.296

common mode current 共模电流 11.261

common mode disturbance voltage 共模骚扰电压，＊非对称骚扰电压 11.260

common mode impedance 共模阻抗 11.293

common mode rejection ratio 共模抑制比 10.183

common mode voltage 共模电压 10.181

communication protocol 通信协议 11.409

communication protocol consistence 通信协议一致性 11.410

communication protocol consistence test 通信协议一致性测试 11.411

communication signal analyzer 通信信号分析仪 11.422

commutability of a reference material 标准物质互换性 01.155

comparator 比较仪 10.205

comparison 比对 01.069

comparison goniometer 光学测角比较仪 02.135

comparison lamp 比较灯 13.093

comparison [method of] measurement 比较测量[法] 10.161

compensated micromanometer 补偿式微压计 07.032

compensating wires 补偿型导线 09.082

compensation 补偿 04.067，测量端口补偿 11.129

compensation temperature range 温度补偿范围 04.070

complementary color stimuli 互补色刺激 13.242

complementary [method of] measurement 互补测量[法] 10.167

complementary wavelength [of a color stimulus] [色刺激的]补波长 13.277

complete heat meter 一体式热量表 06.159

complex excitation 复合激励 05.008

complexing agent 络合剂 15.314

complexometry 络合滴定[法] 15.110

complex permeability 复数磁导率 10.244

complex power 复功率 10.094

complex response 复合响应 05.020

composite radiation 复合辐射 13.006

composite sample 复合样品 15.248

compound weir 复式堰 06.188

compressed natural gas dispenser 高压天然气加气机 06.164

compressibility factor 压缩因子 06.110

compression vacuum gauge 压缩式真空计 07.111

computed tomography dose index 100 CT 剂量指数 100 14.208

concentration 浓度 15.059

concentric angular load 同心倾斜力 04.055

concomitant radiation 伴随辐射 14.011

concrete test hammer 混凝土回弹仪 04.093

conductance 电导 10.025

conductance cell 电导池 15.341

conductance cell constant 电导池常数 15.028

conductivity 电导率 10.031

conductivity detector 电导检测器 15.422

conductivity meter 电导[率]仪 15.334

conductometric analysis 电导分析[法] 15.123

conductometric titration 电导滴定[法] 15.129

conductor 导体 10.006

cone 圆锥 02.123

cone angle 锥角 02.124

cone diameter 圆锥直径 02.125

cone gauge 圆锥量规 02.128

cone length 圆锥长度 02.126

cone surface 圆锥表面 02.122

conformance zone 合格区 02.033

conformity assessment of a measuring instrument 测量仪器的合格评定 01.173

conjugate match 共轭匹配 11.034

connector 连接器 11.127

conservation of a measurement standard 测量标准的保持 01.151

constant acceleration 恒加速度 05.248

constant current coulometry 恒电流库仑法 15.121

constant solid angle method 固定立体角法，*小立体角法 14.034

constant temperature bath 恒温槽 09.110

constant weight 恒重 15.299

contact discharge method 接触放电方法 11.279

contact electromotive force 接触电动势 10.004

contact interferometer 接触式干涉仪 02.099

contact potential difference 接触电位差 10.010

contact resistance 接触电阻 09.047

contact thermometry 接触测温法 09.044

container 容器 06.001

contamination 沾污 15.278

content 含量 15.058

continuous disturbance 连续骚扰 11.267

continuous injection method *连续注射法 15.119

continuous random noise S/N 连续随机噪声信噪比 11.351

continuous spectrum 连续谱 05.036

continuous time of the piston rotation 活塞转动延续时间 07.024

continuous totalising automatic weighing instrument 连续累计自动衡器 03.090

continuous wave laser 连续波激光器 13.300

continuous wave mode NMR spectrometer 连续波核磁共振[波谱]仪 15.466

continuous wave simulator 连续波模拟器 11.319

contrast 对比 13.222

contrast sensitivity 对比灵敏度 13.223

control dynamic range for acceleration power spectral density 加速度功率谱密度控制动态范围 05.139

controlled clearance type piston pressure gauge 控制间隙活塞式压力计 07.012

controlled potential coulometry 控制电位库仑法 15.122

controlled potential electrolysis 控制电位电解法 15.132

controlled source 受控源 10.059

control level of surface contamination 表面污染控制水平 14.210

control precision of acceleration power spectral density 加速度功率谱密度控制精密度 05.141

control precision of acceleration root-mean-square value 加速度总方均根值控制精密度 05.140

control weighing instrument 控制衡器 03.078

convection 对流 09.036

conventional mass 折算质量，*约定质量 03.032

conventional quantity value 约定量值 01.022

conventional reference scale 约定参考标尺 01.032

conventional value *约定值 01.022

conventional value of quantity *量的约定值 01.022

06.068

cutback technique　剪断法　13.361

cutoff frequency　截止频率　11.017

cutoff waveguide　截止波导　11.021

cutoff wavelength　截止波长　11.018

cutoff wavelength of an optical cable　光缆截止波长　13.345

cutoff wavelength [of an optical fiber]　[光纤的]截止波长　13.344

cycle load　循环力　04.039

cycle time　循环时间，＊回路时间　05.137

cylinder　活塞筒　07.022

cylinder for load relieving and pressure transmitting　力转换油缸　04.030

cylindrical helix　圆柱螺旋线　02.169

cylindrical thread　圆柱螺纹　02.148

cylindrical throat Venturi nozzle　圆筒形喉部文丘里喷嘴　06.137

cylindrical wave　柱面波　08.008

cylindricity measuring instrument　圆柱度测量仪　02.069

D

daily aging rate　日老化率　12.076

daily clock time difference rate　日差　12.033

Dalton's law　道尔顿定律，＊气体分压定律　15.014

damping　阻尼　05.067

damping ratio　阻尼比　05.068

dark adaptation　＊暗适应　13.217

dark current　暗电流　13.392

data domain measurement　数据域测量　11.003

data error tester　数据误码测试仪　11.426

datum error　＊基值误差　01.136

datum measurement error　基值测量误差　01.136

daylight illuminant　昼光施照体　13.248

daylight locus　日光轨迹　13.275

DC　直流，＊直流电流　10.065

dead band　死区　01.126

dead layer [of semiconductor detector]　[半导体探测器的]死层　14.082

deadstock　死量　06.063

dead time　死时间　15.433

dead volume　死体积　15.434

dead zone　盲区　08.124

decay　衰变　14.036

decay scheme　衰变纲图　14.038

decibel　分贝　08.023

decoupling network　去耦合网络　11.329

defining fixed point　定义固定点　09.019

definitional uncertainty　定义的不确定度　01.051

deflection　偏转　03.028

degree Celsius　摄氏度　09.006

degree of vacuum　真空度　07.109

delay time　延迟时间，＊延时，＊时延　11.151

delivering volumetric method　排出容量比较法　06.036

delivery valve　放液阀　06.050

demagnetization　退磁　10.256

demagnetization curve　退磁曲线　10.255

demagnetizing factor　退磁因子　10.258

demasking　解蔽　15.294

demodulation　解调　11.060

density　密度　03.044

density bottle　密度瓶　03.062

density standard liquid　密度标准液　03.056

depletion layer [in semiconductor detector]　[半导体探测器的]耗尽层　14.081

depolarizer　消偏振器　13.010

depth dose　深度剂量　14.188

depth dose chart　深度剂量曲线　14.189

depth of dose maximum　最大剂量深度　14.192

derived feature　导出要素　02.017

derived quantity　导出量　01.006

derived unit　导出单位　01.013

detection efficiency　探测效率　14.091

detection limit　检出限　15.052

detector　检测器　01.100，15.413

detector dead time　探测器死时间　14.089

detector efficiency　探测器效率　14.090

detector [of optical radiation]　[光辐射]探测器　13.367

determination limit　测定限　15.053

deuterated reagent　氘代试剂　15.328

developing solvent　展开剂　15.324

dew point　露点　09.029

dew point temperature　露点温度　15.066

DGD　差分群时延　11.404

dialgauge　*百分表　02.080

dial indicator　指示表　02.080

dial weight　机械挂砝码　03.011

diameter ratio　直径比　06.122

diaphragm　膜片　07.051

diaphragm pressure gauge　膜片压力表　07.035

dielectric constant　介电常数　10.002

dielectric strength　介电强度　10.020

dielectric waveguide　介质波导　11.028

difference phase shift　差分相移，*增量相移，*相对
　相移　11.148

differential gain distortion　微分增益失真　11.345

differential GNSS receiver　差分全球导航卫星系统接
　收机　02.215

diffcrcntial group delay　差分群时延　11.404

differential input circuit　差分输入电路　10.189

differential [method of] measurement　差值测量[法]
　10.163

differential mode current　差模电流　11.263

differential mode voltage　差模电压，*对称电压
　11.262

differential phase distortion　微分相位失真　11.346

differential piston　差动活塞　07.021

differential pressure　差压[力]　07.002

differential pressure flow meter　差压式流量计
　06.119

differential pressure type piston pressure gauge　差压活
　塞式压力计　07.013

differential scanning calorimetry　差示扫描量热法
　15.116

differential thermal analysis　差热分析　15.114

diffraction　衍射　11.376

diffuser　漫射体　13.121

diffuse reflectance　漫反射比　13.130

diffuse reflection　漫反射　13.115

diffuse sound field　扩散声场，*扩散场　08.014

diffuse transmission　漫透射　13.116

diffuse transmission color integrating density　漫透射彩
　色积分密度　13.198

diffuse transmission visual density　漫透射视觉密度
　13.197

diffuse transmittance　漫透射比　13.131

diffusion　漫射，*散射　13.112

diffusion current　扩散电流　15.358

diffusion current constant　扩散电流常数　15.368

diffusion factor　漫射因数　13.154

digestion　消解，*消化　15.273

digital audio　数字声频　08.068

digital calliper　数显卡尺　02.079

digital call simulator　数字中继呼叫器　11.425

digital clock　数字时钟　12.013

digital data　数字数据　11.368

digital electronic sphygmomanometer　数字式电子血压
　计　07.072

digital height measuring instrument　数显测高仪
　02.098

digital impedance bridge　数字阻抗电桥　10.152

digital indicating instrument　*数字显示仪表　10.195

digital load cell　数字式称重传感器　04.075

digital [measuring] instrument　数字[测量]仪表
　10.195

digital pressure gauge　数字式压力计　07.065

digital signal　数字信号　11.370

digital to analog conversion　数模转换　10.171

digital transmission　数字传输　11.374

digital transmission analyzer　数字传输分析仪
　11.421

dilution　稀释　15.284

dimensionless quantity　*无量纲量　01.008

dimension of a quantity　量纲　01.007

diode thermometer　二极管温度计　09.059

dip hatch　计量口　06.014

dipping datum mark　下计量基准点　06.017

dip plate　计量板　06.015

direct application　直接放电　11.281

direct current　直流，*直流电流　10.065

direct current comparator　直流电流比较仪　10.149

direct drive vibration bench　直接驱动振动台　05.112

direct equalization method　直接平衡法　07.027

directional dose equivalent 定向剂量当量 14.124

directional emissivity 方向发射率 13.041

directly loading unit 直接加力部分 04.018

direct [method of] measurement 直接测量[法] 10.158

direct reading spectrometer 直读光谱仪 15.382

disappearing filament optical pyrometer 隐丝式光学高温计，*目视光学高温计 09.139

discharge coefficient 流出系数 06.130

discharging time 流出时间 06.009

discontinuity in transmission line 传输线不连续性 11.031

discontinuous disturbance 不连续骚扰 11.268

discontinuous totalising automatic weighing instrument 非连续累计自动衡器，*累计料斗秤 03.091

discrete step sinusoidal excitation 离散步进正弦激励 05.009

discrimination of a weighing instrument 衡器鉴别力 03.138

discrimination threshold 鉴别阈 01.125，鉴别力阈，*灵敏限 07.026

disintegration 衰变 14.036

dispersion 色散 13.015，色散率 15.490

dispersion coefficient 色散系数 13.346

displacement shock response spectrum 位移冲击响应谱 05.182

displayer 显示器 01.101

displaying measuring instrument 显示式测量仪器 01.098

disports turn number average rotating velocity 分转数平均转速 05.223

dissemination of the value of quantity 量值传递 01.208

dissipation factor 损耗因数，*损耗角正切 11.123

dissipation loss 耗散损耗 11.138

dissolution 溶解 15.283

distance from weed point to tangent point 外伸长 06.066

distance measuring instrument 测距仪 02.202

distance of center of mass 摆锤质心距 04.113

distance ratio 距离系数 09.146

distortion 失真 11.079，畸变 13.415

distortion factor 失真度 11.083

distortion introduced by instrument 机内引入失真 11.085

distortion power 畸变功率 10.096

distributed parameter circuit 分布参数电路 10.116

distribution temperature 分布温度 13.045

disturbance analyzer 断续骚扰分析仪 11.318

disturbance measuring receiver 骚扰测量接收机 11.317

divergence angle 束散角 13.316

diverter 换向器 06.203

dominant wavelength [of a color stimulus] [色刺激的]主波长 13.276

Doppler ultrasonic flow meter 多普勒超声波流量计 06.145

dose equivalent 剂量当量 14.121

dose equivalent meter 剂量当量计 14.140

dose equivalent rate 剂量当量率 14.122

dose equivalent ratemeter 剂量当量率计 14.141

dosemeter 剂量计 14.134

dose ratemeter 剂量率计 14.142

dose rate response 剂量率响应 14.129

double focusing mass spectrometer 双聚焦质谱仪 15.449

double-lapped joint 双搭接接头 10.292

double pan balance 双盘天平 03.023

double peak value *双峰值 05.063

doublet 200 mm standard lens 双胶合 200 mm 标准镜头 13.434

double tube mercury manometer 双管水银压力表 07.082

DP 微分相位失真 11.346

drain hole 排泄孔 06.089

driving point impedance 驱动点阻抗，*点阻抗 05.031

drop ball shock machine 落球冲击机 05.187

dropping mercury electrode 滴汞电极 15.349

dropping weight pulse pressure generator 落锤式动态脉冲发生器 07.104

drop shock testing table 落体式冲击试验台 05.211

dry gas meter 干式燃气表 06.156

DTA 差热分析 15.114

dual mixer difference method 双混频时差法 12.093

dual piston pressure vacuum gauge 双活塞式压力真空

计　07.016

duplicate sample　副份样品　15.256

duration of shock pulse　冲击脉冲持续时间　05.173

duty factor　空度比，＊占空系数　11.182

dynamic flexibility　动柔度，＊位移导纳　05.026

dynamic force　动态力　04.038

dynamic magnetization curve　动态磁化曲线　10.235

dynamic measurement　动态测量　07.090

dynamic pressure　动态压力　07.009

dynamic pressure measurement system　动态压力测量系统　07.091

dynamic range　动态范围　05.023

dynamic response　动态响应特性　07.092

dynamic signal analyzer　动态信号分析仪　05.100

dynamic state load　动态载荷　03.117

dynamic stiffness　动刚度，＊位移阻抗　05.025

dynamic system　动态系统　05.004

dynamic volumetric method　动态容积法　06.202，＊动态容量法　15.119

dynamic weighing method　动态质量法　06.201

dynamoelectric style tachometer　电动式转速表　05.235

dynamometer　测力仪　04.034

E

earphone　耳机　08.107

earthed input circuit　接地输入电路，＊单端输入　10.190

earthed output circuit　接地输出电路，＊单端输出　10.191

eccentric angular load　偏心倾斜力　04.056

eccentric error　偏载误差　03.041

eccentric load　偏载　03.120，偏心力　04.054

ECD　电子捕获检测器　15.416

eddy current loss　涡流损耗　10.250

edge spread function　刃边扩散函数　13.427

EDM instrument　光电测距仪　02.204

effective acoustic center　有效声中心，＊声中心　08.050

effective amplitude modulation depth　有效调幅度　11.064

effective bandwidth　有效带宽　05.072

effective cross-area of piston　活塞有效面积　04.025

effective dimension of a core　磁芯有效尺寸　10.269

effective efficiency of power mount　功率座有效效率　11.099

effective emissivity　有效发射率　09.124

effective f-number　有效 f 数　13.294

effective focal spot　有效焦点　14.205

effective frequency deviation　有效频偏　11.069

effective mass of the moving element　运动部件的等效质量　05.153

effective radius　工作半径　05.252

effective response　有效响应　05.021

effective value　有效值，＊方均根值　10.088

efficiency extrapolation method　效率外推法　14.049

efficiency of power mount　功率座效率　11.098

efficiency tracer method　效率示踪法　14.048

elastic element　弹性体，＊敏感元件　04.035

elastic element pressure gauge　弹性元件式压力表　07.033

elastic element sphygmomanometer　弹性式血压表，＊血压表　07.071

electrical charge time constant of a detector　检波器充电时间常数　11.207

electrical densimeter　电密度计　03.064

electrical discharge time constant of a detector　检波器放电时间常数　11.208

electrical resonance frequency of the moving element　运动部件的电谐振频率　05.130

electrical transfer impedance　电转移阻抗　08.047

electric charge　电荷　10.035

electric circuit　电路　10.052

electric circuit element　电路元件　10.055

electric current　电流　10.022

electric current intensity　＊电流强度　10.022

electric displacement　电位移　10.037

electric energy meter　电能表　10.157

electric field intensity　电场强度　10.033

electric field scanning　电场扫描　15.219

electric potential　电位　10.034

electroacoustic reciprocity principle　电声互易原理　08.056

electroacoustics　电声学　08.035

electrochemical analysis　电化学分析法　15.120

electrochemical quartz crystal microbalance　电化学石英晶体微天平　15.330

electrode　电极　15.342

electrodynamic instrument　电动系仪表　10.214

electrodynamic vibration bench　电动振动台　05.107

electrogravimetry　电重量法　15.133

electrolytic cell　电解池　15.340

electromagnetic clamp　电磁钳　11.324

electromagnetic compatibility　电磁兼容性　11.219

electromagnetic compatibility margin　电磁兼容裕量　11.255

electromagnetic distance measuring instrument　电磁波测距仪　02.203

electromagnetic disturbance　电磁骚扰　11.245

electromagnetic emission　电磁发射　11.244

electromagnetic flow meter　电磁流量计　06.140

electromagnetic instrument　电磁系仪表　10.213

electromagnetic interference　电磁干扰　11.246

electromagnetic noise　电磁噪声　11.247

electromagnetic susceptibility　电磁敏感度　11.249

electromagnetic vibration bench　动铁式电动振动台，* 电磁振动台　05.109

electromotive force　电动势　10.003

electromotive stop watch　电秒表　12.029

electron capture detector　电子捕获检测器　15.416

electron contamination　电子污染　14.184

electronic balance　电子天平　03.014

electronic level meter　电子水平仪　02.112

electronic weighing instrument　电子衡器　03.080

electron ionization　电子电离　15.207

electron paramagnetic resonance instrument　电子顺磁共振仪　15.469

electron spectroscopy　电子能谱法　15.232

electro-optical distance measuring instrument　光电测距仪　02.204

electrophoretic analysis　电泳分析[法]　15.192

electrospray interface　电喷雾接口　15.446

electrospray ionization　电喷雾电离　15.217

electrostatic actuator　静电激励器　08.077

electrostatic discharge　静电放电　11.278

electrostatic field　静电场　10.032

electrostatic induction　静电感应　10.039

electrostatic instrument　静电系仪表　10.210

electrostatic screen　静电屏蔽　10.172

electrothermal instrument　热电系仪表　10.196

elemental analysis　元素分析　15.102

elemental organic analysis　元素有机分析　15.103

elevation　标高　06.064

ellipse polarization　椭圆极化　11.235

elliptically polarized light　椭圆偏振光　02.043

eluant　洗脱剂，* 淋洗剂　15.323

elution chromatography　冲洗色谱法　15.182

EMC　电磁兼容性　11.219

EMC antenna　电磁兼容性天线　11.220

emergent wave　出射波　11.042

EMI　电磁干扰　11.246

emission level of a disturbing source　骚扰源发射电平　11.250

emission limit of a disturbing source　骚扰源发射限值　11.251

emission margin　发射裕量　11.252

emission rate　发射速率　14.035

emission spectrometric analysis　发射光谱分析，* 光谱分析，* 发射光谱化学分析　15.147

emission spectrum　发射光谱　15.146

emissivity　发射率　09.122

EMI test receiver　电磁干扰测量仪　11.198

EMS　电磁敏感度　11.249

end point error　终点误差　15.305

end-point line　端点直线　04.059

end-point translation line　端点平移直线　04.060

energy fluence　能注量　14.056

energy fluence rate　能注量率　14.057

energy loss　能量损失　04.110

energy resolution [of radiation spectrometer]　[辐射能谱仪的]能量分辨力　14.104

energy response　能量响应　14.087

energy spectrum density　能量谱密度　05.184

energy spectrum [of ionizing radiation]　[电离辐射]能谱　14.015

enrichment　富集　15.276

enthalpy　焓，*热焓　15.021

enthalpy change　焓变　15.022

enthalpy of evaporation　蒸发焓　15.025

enthalpy of fusion　熔化焓　15.023

enthalpy of reaction　*反应焓　15.024

enthalpy of solution　溶解焓　15.026

entrance angle　投射角　13.161

environmental dosemeter　环境剂量计　14.174

environmental monitoring　环境监测　14.172

environment excitation　环境激励　05.018

environment response　环境响应　05.022

epithermal neutron　超热中子　14.153

E plane　E 面　11.222

epoch　历元　12.011

Epstein square　爱泼斯坦方圈，*爱泼斯坦检测架　10.291

equal beam balance　等臂天平　03.019

equal energy spectrum　等能光谱　13.251

equality of brightness photometer　等视亮度光度计　13.100

cquality of contrast photometer　等对比光度计　13.101

equalization time　均衡时间　05.138

equi-energy spectrum　等能光谱　13.251

equipotential screen　等电位屏蔽　10.175

equivalent absorption area　等效吸声面积，*吸声量　08.061

equivalent circuit　等效电路　11.124

equivalent continuous A-weighting sound pressure level　等效连续 A 计权声压级，*等效声级，*时间平均声级　08.040

equivalent input noise temperature　等效输入噪声温度　11.165

equivalent luminance　等效光亮度　13.083

equivalent noise bandwidth　等效噪声带宽　11.173

equivalent output noise temperature　等效输出噪声温度　11.166

equivalent system　等效系统　05.006

equivalent transformation between sources　电源等效变换　10.103

equivalent volume of microphone　传声器等效体积　08.053

error　*误差　01.083，误码，*差错　11.391

error of indication　示值误差　01.131

error of measurement　测量误差　01.083

error performance curve of flow meter　流量计误差特性曲线　06.080

error rate　误码率　11.397

error tester　误码测试仪　11.418

error vector magnitude　误差矢量幅度　11.385

ESD　静电放电　11.278

ESD holding time　静电放电保持时间　11.285

ESF　刃边扩散函数　13.427

etalon　测量标准　01.140

evaporative light-scattering detector　蒸发光散射检测器　15.424

EVM　误差矢量幅度　11.385

examination for conformity with approval type　批准型式符合性检查　01.170

excess noise ratio　超噪比　11.169

excitation　激励　04.066，05.007，10.053，励磁，*激磁　10.266

excitation purity　兴奋纯度　13.280

expanded measurement uncertainty　*扩展测量不确定度　01.057

expanded uncertainty　扩展不确定度　01.057

expansibility factor　可膨胀性系数　06.131

expansion method　膨胀法　07.114

experimental standard deviation　实验标准偏差，*实验标准差　01.088

experimental temperature scale　经验温标　09.009

expiration date [of RM]　[标准物质]有效期限　15.050

exposure　照射量　14.116

exposure meter　照射量计　14.144

exposure rate　照射量率　14.117

exposure ratemeter　照射量率计　14.145

extension wires　延长型导线　09.081

external height of plate　圈板外高　06.060

external quantum efficiency　外量子效率　13.398

external standard method　外标法，*已知样校准法　15.190

extinction ratio　消光比　13.354

extractant　萃取剂　15.317

extracted derived feature　提取导出要素　02.020

extracted integral feature　提取组成要素　02.019

extraction 萃取 15.285

extraction equilibrium constant 萃取平衡常数
  15.286

extraction separation factor 萃取分离因子，＊萃取分离
  系数 15.287

extrapolation ionization chamber 外推电离室 14.147

F

fading 衰落 11.365

fading margin 衰落裕量，＊衰落储备 11.366

fall 落差 06.115

fall rate of the piston 活塞下降速度 07.025

fall time 下降时间 11.185

farad 法[拉] 10.048

Faradaic current 法拉第电流，＊电解电流 15.356

Faraday's law of electrolysis 法拉第电解定律
  15.016

Faraday constant 法拉第常数 15.012

far field 远场，＊远区场 11.196

far field scanning method 远场扫描法 13.357

far sound field 远声场，＊远场 08.013

fast atom bombardment ionization 快速原子轰击电离
  15.214

fatigue testing machine 疲劳试验机 04.096

feeler gauge 塞尺 02.083

femtosecond comb 飞秒光学频率梳 02.038

ferrodynamic instrument 铁磁电动系仪表 10.215

ferro-resonance circuit 铁磁谐振电路 10.072

FID 火焰离子化检测器 15.415

fiducial error 引用误差 01.139

field angle 视场角 13.407

field desorption 场解吸 15.210

field diaphragm 视场光阑 13.410

field ionization 场电离 15.209

field of beam 照射野 14.109

field stop 视场光阑 13.410

field strength meter 场强仪 11.218

field-time waveform distortion 场时间波形失真
  11.340

fill 装料 03.131

filling factor 装满系数 06.033

filling volumetric method 注入容量比较法 06.035

film dosemeter 胶片剂量计 14.137

filter 过滤器 14.066

filter attenuation 滤波器衰减 08.066

filter bandwidth 滤波器带宽 08.067

final peak saw tooth shock pulse 后峰锯齿冲击脉冲
  05.164

final sample 最终样品 15.254

final value 终值 07.096

first order circuit 一阶电路 10.117

first-order phase transition ＊一级相变 09.017

fission ionization chamber 裂变电离室 14.163

fixed location weighing instrument 固定式衡器
  03.082

fixed plug ＊定塞 04.028

fixed point 固定点 09.018

fixed point cell 固定点容器 09.108

fixed point furnace 固定点炉 09.109

flame ionization detector 火焰离子化检测器 15.415

flame photometer 火焰光度计 15.383

flame photometric detector 火焰光度检测器 15.417

flame photometry 火焰光度法 15.148

flank angle 牙侧角 02.158

flash point 闪点 15.038

flat interferometer 平面干涉仪 02.050

flatness 均整度 14.191

flatness and straightness measuring instrument 平直度
  测量仪 02.062

flat-V weir 平坦 V 形堰 06.187

flaw echo 伤波 08.121

flicker 闪烁 13.224

flicker frequency noise 闪频噪声 12.019

flicker meter 闪烁计 11.320

flicker noise 闪烁噪声，＊1/f 噪声 12.017

flicker phase noise 闪相噪声 12.018

flicker photometer 闪烁光度计 13.102

floating input circuit 浮置输入电路 10.192

floating output circuit 浮置输出电路 10.193

floating roof 浮顶 06.065

float meter 转子流量计 06.149

flow 流量 06.074

flow meter 流量计 06.079

flow method 流导法，＊泻流法，＊小孔法 07.115

flow profile 流动剖面 06.100

flow rate 瞬时流量 06.075

flow rate range 流量范围 06.081

fluctuation of rotating velocity 转速波动度 05.225

flume 测流槽 06.190

fluorescence analysis 荧光分析 15.152

fluorescence detector 荧光检测器 15.420

fluorometer 荧光光度计 15.376

fluxgate magnetometer 磁通门磁强计，＊磁饱和式磁强计，＊铁磁探头式磁强计 10.300

fluxmeter 磁通计 10.296

fluxon 磁通量子 10.142

FM 调频 11.067

focal power 光焦度，＊焦度 13.411

focal spot pinhole radiogram 针孔焦点射线照相 14.197

focal spot slit radiogram 狭缝焦点射线照相 14.196

focal spot star radiogram 星卡焦点射线照相 14.198

follow condition 跟随条件 05.099

force knife 力点刀 04.016

forces-combined testing machine 复合试验机，＊多分量试验机 04.085

force standard machine 力标准机 04.001

force step 力级 04.008

form deviation of gear tooth 齿廓偏差 02.172

form deviation of helix 螺旋线偏差 02.173

form error 形状误差 02.057

form-measuring machine 形状测量仪 02.063

Fortin mercury barometer 动槽水银气压表 07.084

Fourier's law 傅里叶定律 09.157

Fourier transform infrared spectrometer 傅里叶变换红外光谱仪 15.379

Fourier transform spectrometer 傅里叶[变换]光谱仪 13.181

FPD 火焰光度检测器 15.417

fractional precipitation 分步沉淀 15.290

frame signal generator and analyzer 帧信号发生器和分析仪 11.419

free air ionization chamber 自由空气电离室 14.146

free field spherical wave reciprocity calibration 自由场球面波互易校准 08.057

free field voltage sensitivity 自由场电压灵敏度，＊接收电压响应 08.055

free position of pendulum 摆锤自由位置，＊摆锤铅垂位置 04.105

free progressive wave 自由行波 08.005

free sound field 自由声场，＊自由场 08.011

freezing heat 凝固热 09.025

freezing point 凝固点 09.022

frequency 频率 12.050

frequency accuracy 频率准确度 12.068

frequency calibration 频率校准 12.095

frequency characteristic 频率特性 11.005

frequency counter 频率计数器 12.085

frequency deviation 频偏 11.068

frequency difference 频率差 12.067

frequency difference multiplier 频差倍增器 12.091

frequency divider 分频器 12.087

frequency domain calibration 频域校准 05.202

frequency domain measurement 频域测量 11.002

frequency doubling efficiency of crystal 晶体倍频效率 13.323

frequency error 频率误差 11.381

frequency interval 频程，＊音程 08.103

frequency mixer 混频器 12.089

frequency modulation 调频 11.067

frequency modulation sensitivity 调频灵敏度 11.070

frequency multiplier 倍频器 12.088

frequency offset 频率偏差 12.066

frequency pulling 频率牵引 11.045

frequency repeatability 频率复现性 12.082

frequency reproducibility 频率复制性 12.083

frequency response function 频率响应函数 05.040

frequency spectrum of a quantity 量的频谱 05.034

frequency stability 频率稳定度 12.069

frequency stabilized laser 稳频激光器 02.036

frequency stabilized laser of realization meter definition 实现米定义的稳频激光器 02.037

frequency standard 频率标准，＊频标 12.052

frequency standard comparator 频标比对器 12.092

frequency synthesizer 频率合成器 12.084

frequency thermometer 频率温度计 09.102

frequency weighting 频率计权 08.036

frequently flash style tachometer 频闪式转速表 05.237

[Fresnel] reflection method [菲涅耳]反射法 13.355

friction testing machine 摩擦试验机 04.090

fringe-counting method 条纹计数法 05.081

frost point temperature 霜点温度 15.067

Froude number 弗劳德数 06.104

fruit hardness 果品硬度 04.137

fruit hardness test 果品硬度试验 04.136

fuel dispenser 燃油加油机 06.161

fullness factor 凸度因子 10.261

full scale flow rate 满刻度流量 06.084

full-wave plate 全波片 13.404

full-width weir 全宽堰 06.189

fully anechoic chamber 全电波暗室 11.311

fully developed velocity distribution 充分发展的速度分布 06.099

fundamental current 基波电流 10.084

fundamental distortion method 基波失真度法 05.226

fundamental frequency 基频 11.372

fundamental mode 基模 11.029

fundamental mounted resonance frequency 基本安装共振频率 05.090

fusion 熔融 15.297

fusion frequency 融合频率 13.225

G

gamma camera 伽马照相机 14.195

gap gauge 塞尺 02.083

gas chromatograph 气相色谱仪 15.398

gas chromatograph-Fourier transform infrared-mass spectrometer 气相色谱–傅里叶红外光谱–质谱联用仪 15.409

gas chromatograph-Fourier transform infrared spectrometer 气相色谱–傅里叶红外光谱联用仪 15.408

gas chromatograph-mass spectrometer 气[相色谱]–质[谱]联用仪 15.406

gas chromatography 气相色谱法 15.166

gas constant 气体常数 15.013

gas dispenser 燃气加气机 06.162

gas flow counter tube 流气式计数管 14.095

gas flow detector 流气式探测器 14.084

gas flow standard facility 气体流量标准装置 06.205

gas-liquid chromatography 气液色谱法 15.168

gas multiplication 气体放大 14.110

gas multiplication coefficient 气体放大系数 14.111

gasometric analysis 气体分析 15.104

gas operated piston pressure gauge 气体活塞式压力计 07.018

gas-solid chromatography 气固色谱法 15.167

gas thermometer 气体温度计 09.100

gathering 富集 15.276

gauge 水尺 06.112

gauge block 量块，*块规 02.070

gauge pressure 表压力 07.005

gauge well 测井 06.118

Gaussian integration method 高斯求积法 06.146

Gaussian random noise 高斯随机噪声 05.056

gear 齿轮 02.165

gear helix angle measuring instrument 齿轮螺旋角测量仪 02.189

gear helix master 齿轮螺旋线样板 02.179

gear involute master 齿轮渐开线样板 02.180

gear lead master 齿轮螺旋线样板 02.179

gear measuring center 齿轮测量中心 02.181

gear run-out measuring instrument 齿轮跳动测量仪 02.188

gear single-flank meshing integrated error measuring instrument 齿轮单面啮合整体误差测量仪 02.193

gear tooth calliper 齿厚卡尺 02.182

gear tooth micrometer 公法线千分尺 02.184

Geiger-Müller counter tube 盖革–米勒计数管 14.092

Geiger-Müller region 盖革–米勒区 14.096

gel chromatograph 凝胶色谱仪 15.400

gel chromatography 凝胶色谱法 15.183

gel electrophoresis 凝胶电泳 15.198

generalized phase control 广义相位控制 11.303

general pressure gauge 一般压力表 07.045

generator power 发生器功率 11.092

geodetic GNSS receiver 测地型全球导航卫星系统接收机 02.213

geometrical feature 几何要素 02.015

geometrical quantity 几何量 02.001

geometric coaxality 几何同轴度 04.032

geometric extent of a beam of rays 射线束的几何广度 13.024

geometric method 几何测量法 06.037

[geometry] total luminous flux 总光通量 13.075

glass electrode 玻璃电极 15.347

global navigation satellite system 全球导航卫星系统 02.211

global positioning system 全球定位系统 12.044

gloss 光泽 13.141

gloss meter 光泽度计 13.178

GNSS 全球导航卫星系统 02.211

GNSS receiver 全球导航卫星系统接收机 02.212

Golay equation 戈雷方程 15.435

gold/platinum thermocouple 金–铂热电偶 09.066

goniometer 测角仪 02.118

GPS 全球定位系统 12.044

GPS common-view GPS 共视法 12.045

GPS controlled quartz oscillator GPS 控制石英频标 12.100

GPS controlled rubidium oscillator GPS 控制铷频标 12.099

grading instrument 分等衡器 03.088

graduated instrument 有分度衡器 03.105

grating 光栅 02.094，15.389

grating angular displacement measuring chain 光栅角位移测量链 02.136

gravimetric analysis 重量分析[法] 15.099

gravimetric hygrometer 重量法湿度计 15.493

gray body 灰体 13.044

grip coaxality 夹头同轴度 04.031

gross weight 毛重，* 毛重值 03.112

grounded input circuit 接地输入电路，* 单端输入 10.190

grounded output circuit 接地输出电路，* 单端输出 10.191

ground reference plane 接地参考平面 11.284

group velocity 群速 11.360

G/T ratio G/T 比 11.174

guide pipe 导液管 06.048

guide piston 导向活塞 04.028

guide wavelength 导内波长 11.022

gyromagnetic effect 旋磁效应 10.227

H

half life 半衰期 14.037

half peak width 半峰宽度 10.243

half-sine shock pulse 半正弦冲击脉冲 05.163

half value layer 半值层 14.125

half-wave plate 半波片 13.405

half-wave potential 半波电位 15.364

Hall effect 霍尔效应 10.139

Hall type pressure transducer 霍尔式压力传感器 07.062

hanging scale 吊秤 03.087

hardness 硬度 04.114

hardness hammer 硬度冲头 04.155

hardness scale 硬度标尺 04.140

hardness standard machine 标准硬度机 04.144

hardness tester 硬度计 04.145

hardness value 硬度值 04.142

harmonic current 谐波电流 10.085

harmonic distortion method 谐波失真度法 05.227

harmonic power 谐波功率 10.095

haze 朦胧度，* 雾度 13.142，雾度 15.072

haze meter 朦胧度计，* 雾度计 13.179

head 封头 06.023

headspace gas chromatography 顶空气相色谱法 15.186

hearing loss 听力损失 08.099

hearing threshold 听阈 08.098

heat capacity 热容[量] 09.151

heat conduction 热传导 09.035

heat flux 热流密度 09.158

heat meter 热量表 06.157

heat of combustion　燃烧热　15.079

heat of reaction　反应热　15.024

heat pipe　热管　09.113

heat radiation　热辐射　09.037

heat value　热值　15.080

helium counter tube　氦计数管　14.161

helium superfluid transition point　氦超流转变点　09.034

Helmholtz coil　亥姆霍兹线圈　10.288

hemispherical emissivity　半球发射率　13.040

henry　亨[利]　10.049

hertz　赫[兹]　10.050

hierarchy scheme　溯源等级图　01.205

higher-order mode　高次模　11.030

high frequency analysis　高频分析　15.130

high frequency impedance analyzer　高频阻抗分析仪　11.132

high frequency spark ionization　高频火花电离　15.213

high frequency titration　高频滴定[法]　15.131

high impedance voltage probe　高阻抗电压探头　11.321

high order circuit　高阶电路　10.119

high order mode　＊高阶模　13.313

high precision mercury-in-glass thermometer for petroleum　石油用高精密玻璃水银温度计　09.094

high pressure counter　高压计数管　14.094

high temperature platinum resistance thermometer　高温铂电阻温度计　09.051

high voltage electrophoresis　高压电泳　15.197

²H nuclear magnetic resonance spectroscopy　氢–2 核磁共振波谱法　15.226

hollow-cathode lamp　空心阴极灯　15.390

homogeneity [of RM]　[标准物质]均匀性　15.048

horizontal hob measuring instrument　卧式滚刀测量仪　02.195

horizontal slide table　水平滑台，＊滑台　05.124

H plane　H 面　11.223

hue　色调　13.211

humidity　湿度　15.062

humidity generator　湿度发生器　15.495

HVL　半值层　14.125

hydraulic diameter　水力直径　06.102

hydraulic slide table　液压式滑台　05.120

hydraulic tension jack　液压式张拉机，＊张拉机　04.092

hydraulic vibration bench　液压式振动台　05.110

hydrogen arc　氢弧　13.051

hydrogen frequency standard　氢原子频标，＊氢频标，＊氢原子钟　12.055

hydrometer　浮计　03.058

hydrometer for general use　通用密度计　03.059

hydrometer for special purpose　专用密度计　03.060

hydrophone　水听器，＊水下传声器　08.137

hydrostatic balance　流体静力天平　03.026

hydrostatic correction table　静压力容积修正值表　06.032

hydrostatic tank gauging　静压法油罐计量装置　06.055

hydrostatic weighing　静压称量　03.054

hygrometer　湿度计　15.337

hysteresis loss　磁滞损耗　10.251

I

ICP-AES　电感耦合等离子体原子发射光谱仪　15.381

ICRU sphere　ICRU 球　14.098

ideal gas　理想气体　15.045

ideal shock pulse　理想冲击脉冲　05.160

ideal solution　理想溶液　15.046

ideal transformer　理想变压器　10.062

IF reference level　中频参考电平　11.273

ignition　灼烧　15.298

ignition point　燃点　15.039

Ilkovic equation　伊尔科维奇方程　15.367

illuminance　[光]照度　13.079

illuminance meter　[光]照度计　13.105

illuminant　施照体，＊照明体　13.246

illuminant colorimetric shift　施照体色度位移　13.231

illuminant [perceived] color shift　施照体[感知]色位移

13.234

image frequency　镜像频率　11.215

image frequency rejection ratio　镜频抑制比　11.216

image matrix　图像矩阵　14.200

immersion method　浸入法　11.296

immunity level　抗扰度电平　11.253

immunity margin　抗扰度裕量　11.254

immunity to disturbance　对骚扰的抗扰度　11.248

impact test　冲击试验　04.097

impact testing machine　冲击试验机　04.098

impact toughness　冲击韧性　04.109

impedance　阻抗　10.026

impedance audiometer　*阻抗听力计　08.115

impression tonometer　压陷式眼压计，*接触式眼压计　07.078

impulse bandwidth　脉冲带宽　11.206

impulse strength　脉冲强度　11.204

impulsive sound　脉冲声　08.029

in-band ripple　带内波动度，*波动度，*波纹度　05.075

incident flux　入射辐射[光]通量　15.391

incident power　入射功率　11.093

incident wave　入射波　11.040

inclined-tube micromanometer　倾斜式微压计　07.031

inconsistency [of temperature scale]　[温标的]非一致性，*温标子温区的非一致性　09.013

increment attenuation　增量衰减　11.135

indentation　压痕　04.152

indentation measuring device　压痕测量装置　04.156

indenter　压头　04.153

index　指示器　01.103

index of asymmetry　非对称性指数　06.166

indicating electrode　指示电极　15.344

indicating measuring instrument　指示式测量仪器　01.097

indication　示值　01.111

indication interval　示值区间　01.113

indication of deflection　变形示值，*输出　04.036

indicator　指示剂　15.318

indicatrix of diffusion　漫射指示线　13.155

indirect application　间接放电　11.282

indirect [method of] measurement　间接测量[法]　10.159

induced electromotive force　感应电动势　10.005

inductance　电感　10.029

inductance pressure transducer　电感式压力传感器　07.060

induction coil factor　感应线圈因数　11.295

induction field　感应场　11.286

induction instrument　感应系仪表　10.216

inductively coupled plasma atomic emission spectro-meter　电感耦合等离子体原子发射光谱仪　15.381

inductively coupled plasma ionization　电感耦合等离子体电离　15.218

inductive voltage divider　感应分压器　10.147

industrial platinum resistance thermometer　工业铂热电阻温度计　09.053

industrial thermocouple assembly　可拆卸工业热电偶　09.079

inertia　惯量，*加速度导纳　05.030

inertial navigation accelerometer　惯性导航加速度计　05.258

influence quantity　影响量　01.072

infrared absorption spectrometry　红外吸收光谱法，*红外分光光度法　15.156

infrared analytical instrument　红外分析仪　15.377

infrared ear thermometer　红外耳温计　09.145

infrared EDM instrument　红外测距仪　02.205

infrared radiation　红外辐射　13.003

infrared spectrophotometer　红外分光光度计　15.378

infrared thermometer　红外温度计　09.141

inherent spurious amplitude modulation　剩余调幅　11.066

inherent spurious frequency deviation　剩余频偏　11.071

initial magnetization curve　起始磁化曲线　10.233

initial peak saw tooth shock pulse　前峰锯齿冲击脉冲　05.165

initial permeability　起始磁导率　10.245

initial potential energy　初始位能　04.106

initial shock response spectrum　初始冲击响应谱　05.177

initial test force　初试验力　04.149

initial verification　首次检定　01.177

injector　注射器　06.040

inner scale liquid-in-glass thermometer　内标式玻璃液

体温度计 09.089

input container 量入式量器 06.005

input impedance 输入阻抗 10.112

input quantity *输入量 01.047

input quantity in a measurement model 测量模型输入量 01.047

input resistance 输入电阻 04.064

input sensitivity 输入灵敏度 12.097

insertion loss 插入损失 08.049，插入损耗 11.134

insertion loss method 插入损耗法，*介入损耗法 13.363

insertion phase shift 插入相移 11.150

inside cross diameter 内横直径 06.025

inside vertical diameter 内竖直径 06.024

inspection of a measuring instrument 测量仪器的监督检查 01.184

installation condition 安装条件 06.086

instantaneous angular velocity 瞬时角速度 05.218

instantaneous rotating velocity 瞬时转速，*即时转速 05.224

instantaneous value 瞬时值 10.086

instant time 时刻 12.021

instant value of voltage 电压瞬时值 11.047

instrumental analysis 仪器分析 15.090

instrumental measurement uncertainty 仪器的测量不确定度 01.132

instrument bias 仪器偏移 01.129

instrument drift 仪器漂移 01.130

instrument with optical index 光标式仪表 10.207

insulation material 绝缘物 09.080

insulation resistance 绝缘电阻 10.021

insulator 绝缘体 10.007

integral feature 组成要素 02.016

integrated control weighing instrument *集成式控制衡器 03.078

integrating sphere 积分球 13.108

integrating-sphere photometer 球形光度计 13.109

intensity distribution measuring instrument 光强分布测试仪 13.331

interference filter 干涉滤光片 09.142，15.387

interference fringe 干涉条纹 02.046

interference of equal inclination 等倾干涉 02.049

interference of equal thickness 等厚干涉 02.048

interferometer 干涉仪 02.045

interharmonics 谐间波 11.300

intermediate check 期间核查 01.201

intermediate frequency rejection ratio 中频抑制比 11.214

intermediate measurement precision 期间测量精密度 01.078

intermediate precision *期间精密度 01.078

intermediate precision condition *期间精密度条件 01.077

intermediate precision condition of measurement 期间精密度测量条件 01.077

intermodulation 互调制 11.076

intermodulation distortion 互调失真 11.086

intermodulation from the chrominance signal into the luminance signal 色度信号对亮度信号的交调失真 11.347

internal height of plate 圈板内高 06.061

internal quantum efficiency 内量子效率 13.397

internal standard method 内标法 15.189

International Atomic Time 国际原子时 12.005

international measurement standard 国际测量标准 01.141

international [practical] temperature scale 国际[实用]温标 09.010

international prototype of kilogram 国际千克原器 03.007

international rubber hardness test 国际橡胶硬度试验 04.129

international standard gravity acceleration 国际标准重力加速度 05.001

International System of Quantities 国际量制 01.004

International System of Units 国际单位制 01.017

Internet time service 网络授时 12.041

interpolation [method of] measurement 内插测量[法] 10.166

intrinsic attenuation 固有衰减，*本征衰减 11.136

intrinsic error 固有误差，*基本误差 01.138

intrinsic measurement standard 本征测量标准 01.149

intrinsic standard *本征标准 01.149

invasive blood pressure monitor 有创血压监护仪 07.076

J

K

kilogram　千克，＊公斤　03.003

kinematic viscosity　运动黏度　15.069

Kirchhoff current law　基尔霍夫电流定律　10.063

Kirchhoff voltage law　基尔霍夫电压定律　10.064

Kjeldahl method　凯氏定氮法　15.111

knife-edge scan　刀口扫描　13.360

knife straight edge　刀口形直尺　02.064

Knoop hardness　努氏硬度　04.122

Knoop hardness test　努氏硬度试验　04.121

K-rating method of assessment　*K* 系数评价法　11.337

KVL　基尔霍夫电压定律　10.064

L

laboratory sample　实验室样品　15.249

laboratory standard microphone　实验室标准传声器　08.071

Lambert-Beer's law　朗伯–比尔定律　15.017

Lambertian surface　朗伯面　13.125

Lambert's cosine law　朗伯余弦定律　13.124

laminar flow　层流　06.093

laminar flow meter　层流流量计　06.132

lamination factor　叠装系数　10.270

Laplace's equation　拉普拉斯方程　10.038

large cylinder　＊大油缸　04.023

large piston　＊大活塞　04.022

large range indicator　＊大量程指示表　02.080

LAS　环天线系统　11.332

laser attenuator　激光衰减器，＊光束衰减器　13.332

laser beam　激光束　13.289

laser continuous power　激光连续功率　13.309

laser device efficiency　激光装置效率　13.321

laser distance measuring instrument　激光测距仪　02.206

laser efficiency　激光器效率　13.320

laser energy density　激光能量密度，＊激光曝辐量　13.308

laser energy meter　激光能量计　13.327

laser far-field　激光远场　13.315

laser ionization　激光电离　15.212

laser longitudinal mode　激光纵模　13.312

laser peak power meter　激光峰值功率计　13.328

laser power density　激光功率密度，＊激光辐照度　13.310

laser power meter　激光功率计　13.326

laser pulse duration　激光脉冲持续时间　13.307

laser pulse repetition rate　激光脉冲重复率　13.306

laser radiation　激光辐射　13.288

laser telemeter　激光测距仪　02.206

laser tracker　激光跟踪仪　02.197

laser transversal mode　激光横模　13.313

latent heat　潜热　09.024

lateral spherical aberration　＊横向球差　13.413

launch numerical aperture　发射数值孔径　13.352

law on metrology　计量法　01.160

LCR meter　数字阻抗电桥　10.152

lead　导程　02.157

lead angle　螺纹升角　02.159

leakage current　泄漏电流　10.173

leakage loss　泄漏损耗　11.139

leakage radiation　泄漏辐射　14.004

leak detector　检漏仪　07.118

leap second　闰秒　12.007

least-squares line　最小二乘法直线　04.061

Leeb hardness　里氏硬度　04.126

Leeb hardness test　里氏硬度试验　04.125

legal control of measuring instrument　测量仪器的法制控制　01.163

legally controlled measuring instrument　法定受控的测量仪器　01.194

legal metrological control　法制计量控制　01.162

legal metrology　法制计量　01.159

legal unit of measurement　法定计量单位　01.021

length measuring machine　测长仪　02.097

length of a gauge block　量块的长度　02.071

length of 24 m Invar wire　24 m 因瓦基线尺的长度　02.200

level　级　08.021

level diameter of spherical metallic tank　球形金属罐水平直径　06.070

level gauge 液位计 06.054

level height 液面高度 06.020

leveling staff 水准尺 02.209

level pipe 液位管 06.047

lever amplification ratio 杠杆比 04.017

lever error 不等臂误差 03.040

library searching 谱库检索 15.464

light 光 13.068

light adaptation ＊明适应 13.217

light attenuation 光衰减 13.335

light loss ＊光损耗 13.335

lightness [of a related color] [相关色的]明度 13.215

light pipe ＊光导管 13.377

light-section microscope 光切显微镜 02.146

light stimulus ＊光刺激 13.068

limited acceleration 极限加速度 05.095

limiting current 极限电流 15.357

limiting effective wavelength 极限有效波长 09.137

limiting operating condition 极限工作条件 01.120

limiting temperature 极限温度 09.015

limiting value ＊极限值 02.025

limit of error ＊误差限 01.135

limit of quantification 定量限 15.054

linear accelerator 直线加速器 14.178

linear detector 线性探测器 13.369

linear displacement measurement by grating 光栅线位移测量 02.096

linear distortion 线性失真 11.080

linear energy transfer 线能量转移 14.062

linear expansivity 线膨胀系数 09.155

linearity range 线性范围 15.056

linear polarized light 线偏振光 02.041

linear speed of cylinder 油缸旋转线速度 04.027

linear sweep 线性扫描，＊均匀扫描 05.134

linear system 线性系统 05.002

linear velocity 线速度 05.219

line current 线电流 10.079

line polarization 线极化 11.233

line sensitivity 线灵敏度 03.038

line spectrum 线谱，＊离散谱 05.035

line spread function 线扩散函数 13.426，14.199

line-time waveform distortion 行时间波形失真 11.339

line voltage 线电压，＊相间电压 10.077

linked scan 联动扫描 15.221

liquefied petroleum gas dispenser 液化石油气加气机 06.163

liquid chromatograph 液相色谱仪 15.399

liquid chromatograph-mass spectrometer 液[相色谱]–质[谱]联用仪 15.407

liquid chromatograph-mass spectrometer interface 液相色谱–质谱仪接口 15.444

liquid chromatography 液相色谱法 15.171

liquid crystal displayer 液晶显示器 13.166

liquid flow standard facility 液体流量标准装置 06.198

liquid-in-glass thermometer 玻璃[液体]温度计 09.086

liquid-in-glass thermometer for petroleum product 石油产品用玻璃液体温度计 09.093

liquid-liquid chromatography 液液色谱法 15.173

liquid manometer 液体式压力计 07.028

liquid operated piston pressure gauge 液体介质活塞式压力计 07.017

liquid scintillator activity meter 液体闪烁体放射性活度测量仪 14.041

liquid-solid chromatography 液固色谱法 15.172

liquid state load 液态载荷 03.118

liquid temperature 液体温度 06.012

liquid visual expansion coefficient 液体视膨胀系数 09.085

LNA 发射数值孔径 13.352

load 载荷 03.115

load cell 负荷传感器 04.046，称重传感器 04.074

load cell interval 称重传感器分度值 04.076

load cell verification interval 称重传感器检定分度值 04.077

loading cylinder 加荷油缸 04.023

loading piston 加荷活塞 04.022

load range 力值范围 04.040

load receptor 承载器 03.121

load stability 负载特性 12.080

load-transmitting device 载荷传递装置 03.122

local call simulator 模拟呼叫器 11.424

locking device of a weighing instrument 衡器锁定装置 03.127

logarithmic decrement　对数衰减率，＊对数缩减率　05.069

logarithmic sweep　对数扫描　05.135

long-base weir　长底堰　06.183

long counter　长计数器　14.072

long distance transmission pressure gauge　远传压力表　07.039

longitudinal magnetostriction coefficient　纵向磁致伸缩系数　10.223

longitudinal spherical aberration　＊纵向球差　13.413

longitudinal wave　纵波　08.003

long-term frequency stability　长期频率稳定度　12.070

long-time waveform distortion　长时间波形失真　11.341

loop analysis　回路法　10.104

loop antenna system　环天线系统　11.332

loss due to recombination [in ionization chamber]　[电离室的]复合损失　14.078

loss-less transmission line　无耗传输线　11.026

loudness rating　响度评定值　08.095

loudspeaker　扬声器　08.074

lower limit temperature　＊下限温度　09.015

lower specification limit　下规范限　02.031

low frequency impedance analyzer　低频阻抗分析仪　11.131

low level radiation measuring assembly　低水平辐射测量装置　14.050

low order mode　＊低阶模　13.313

LPG density testing apparatus　液化石油气密度测量仪　03.068

LSF　线扩散函数　13.426，14.199

LSL　下规范限　02.031

lumen　流明　13.085

luminance　[光]亮度　13.078

luminance coefficient　光亮度系数　13.139

luminance difference threshold　亮度差阈　13.221

luminance factor　光亮度因数　13.137

luminance meter　[光]亮度计　13.106

luminance nonlinear distortion　亮度非线性失真　11.344

luminance threshold　亮度阈　13.220

luminous efficacy of a source　光源的发光效能，＊光源的光效　13.088

luminous efficacy of radiation　辐射的光效能　13.086

luminous efficiency of radiation　辐射的光效率　13.087

luminous exitance　[光]出射度　13.080

luminous exposure　曝光量　13.081

luminous flux　光通量　13.074

luminous intensity　发光强度　13.077

luminous [perceived] color　[感知的]发光色　13.207

lumped parameter impedance　集总参数阻抗　11.121

M

machine of measuring power　测功机　04.045

Mach number　马赫数　06.106

macro analysis　常量分析　15.093

magnetic anisotropy constant　磁各向异性常数　10.226

magnetic anneal　磁退火　10.242

magnetic balance　磁秤　10.294

magnetic dipole moment　磁偶极矩　10.129

magnetic energy product　磁能积　10.259

magnetic energy product curve　磁能积曲线　10.260

magnetic field　磁场　10.123

magnetic field coil constant　磁场线圈常数　10.306

magnetic field scanning　磁场扫描　15.220

magnetic field strength measure　磁场强度量具　10.307

magnetic floating slide table　磁性悬浮滑台　05.122

magnetic flux　磁通量，＊磁通　10.125

magnetic flux constant　磁通常数　10.305

magnetic flux density　＊磁通密度　10.124

magnetic flux measure　磁通量具　10.304

[magnetic] flux quantum　磁通量子　10.142

magnetic hysteresis　磁滞　10.231

magnetic induction　磁感应强度　10.124

magnetic intensity　磁场强度　10.132

[magnetic] loss angle [磁]损耗角 10.252

magnetic moment 磁矩 10.128

magnetic moment measure 磁矩量具 10.308

magnetic polarization 磁极化强度 10.131

magnetic recording 磁记录 10.273

magnetic resonance 磁共振 10.137

magnetic sensitivity 磁灵敏度 05.097

magnetic shielding 磁屏蔽 10.253

magnetic shielding factor 磁屏蔽因数 10.254

magnetic spectrum 磁谱 10.247

magnetic susceptibility 磁化率 10.136

magnetic track 磁迹 10.285

magnet inductor type's tachometer 磁感应式转速表 05.236

magnetization 磁化强度 10.130

magnetization curve 磁化曲线 10.232

magnetizing 充磁 10.265

magnetizing apparatus 磁化装置 10.287

magnetoelastic effect 磁弹性效应，*压磁效应 10.229

magnetometer 磁强计 10.298

magnetomotive force 磁通势，*磁动势 10.133

magneto-optic effect 磁光效应 10.230

magnetoresistance effect 磁电阻效应 10.228

magnetostriction 磁致伸缩 10.222

main direction of flow 主流向 06.176

main test force 主试验力 04.150

main unit 力放大部分 04.019

major diameter 大径 02.152

MALDI 基质辅助激光解吸电离 15.216

mandatory periodic verification 强制周期检定 01.179

manganese bath method 锰浴法 14.156

manhole 人孔 06.030

man-made noise 人为噪声 11.155

manometric method *分压法 15.119

marking [加]标记 01.185

Martens hardness 马氏硬度 04.139

Martens hardness test 马氏硬度试验 04.138

masking 掩蔽 08.100，15.274

mass 质量 03.001

mass analyzed ion kinetic energy spectrum 质量分析离子动能谱 15.462

mass attenuation coefficient 质量减弱系数 14.058

mass concentration 质量浓度 15.007

mass discrimination 质量歧视效应 15.478

mass dispersion 质量色散 15.482

mass energy absorption coefficient 质能吸收系数 14.059

mass energy transfer coefficient 质能转移系数 14.060

mass flow meter 质量流量计 06.148

mass fraction 质量分数 15.008

mass percentage concentration 质量百分浓度，*质量浓度 03.052

mass range 质量范围 15.481

mass resolution 质量分辨力 15.483

mass separation-mass identification spectrometry 质量分离–质量鉴定法 15.204

mass spectrometer 质谱仪 15.447

mass spectrometry 质谱法 15.201

mass spectrometry-mass spectrometry 质谱–质谱法，*串接质谱法 15.203

master gear 测量齿轮 02.176

master meter method 标准表法 06.211

master rack 测量齿条 02.177

master worm 测量蜗杆 02.178

match 匹配 11.033

matched load 匹配负载 11.118

material chromatic dispersion parameter 材料色散参数 13.347

material measure 实物量具 01.093

material testing machine 材料试验机 04.084

matrix 基体，*基质 15.268

matrix-assisted laser desorption ionization 基质辅助激光解吸电离 15.216

matrix effect 基体效应 15.269

matrix element 矩阵元 14.201

matrix isolation 基体分离 15.271

matrix matching 基体匹配 15.270

maximum bare table acceleration 空载最大加速度 05.147

maximum capacity 最大秤量 03.129，04.078

maximum input frequency difference 最大输入频差 12.098

maximum loaded table acceleration 满载最大加速度

05.148

maximum number of load cell verification intervals 称
重传感器最大检定分度数 04.079

maximum permeability 最大磁导率 10.246

maximum permissible error *最大允许误差 01.135

maximum permissible exposure 最大允许照射量
13.325

maximum permissible measurement error 最大允许测
量误差 01.135

maximum pitch moment 最大倾覆力矩 05.154

maximum random thrust force 最大随机推力 05.146

maximum record magnetic level 最高录音磁平
10.281

maximum roll moment 最大偏转力矩 05.155

maximum safe load of a weighing instrument 衡器最大
安全载荷 03.135

maximum shock response spectrum 最大冲击响应谱
05.179

maximum tare effect 最大除皮效果 03.134

maximum thermometer 最高温度计 09.095

maximum thrust force for sinusoidal vibration 最大正
弦推力 05.145

maximum time interval error 最大时间间隔误差
11.400

maximum yaw moment 最大侧倾力矩 05.156

mean axial fluid velocity 平均轴向流体速度 06.101

[mean] effective wavelength [平均]有效波长 09.136

mean solar second 平太阳秒 12.003

mean volume expansion coefficient 体膨胀系数
09.156

measurand 被测量 01.037

measured mean velocity on a vertical 实测垂线平均流
速 06.177

measured quantity value 测得的量值 01.044

measured value *测得值 01.044

measured value of a quantity 测得的量值 01.044

measurement 测量 01.034

measurement accuracy 测量准确度 01.074

measurement bandwidth 测量带宽 12.074

measurement bias 测量偏移 01.086

measurement error 测量误差 01.083

measurement function 测量函数 01.046

measurement grating 测量光栅法 05.197

measurement management system 测量管理体系
01.204

measurement method 测量方法 01.039

measurement model 测量模型 01.045

measurement precision 测量精密度 01.076

measurement principle 测量原理 01.038

measurement procedure 测量程序 01.040

measurement repeatability 测量重复性 01.080

measurement reproducibility 测量复现性 01.082

measurement result 测量结果 01.043

measurement scale *测量标尺 01.030

measurement standard 测量标准 01.140

measurement trueness 测量正确度 01.075

measurement uncertainty 测量不确定度 01.049

measurement unit 测量单位，*计量单位 01.009

[measuring] bridge [测量]电桥 10.202

measuring cargo for liquid products 液货计量舱
06.073

measuring chain 测量链 01.095

measuring container 量器 06.004

measuring instrument 测量仪器，*计量器具 01.092

measuring instrument acceptable for verification 可接
受检定的测量仪器 01.195

measuring interval 测量区间 01.117

measuring junction of thermocouple 热电偶测量端
09.083

measuring microscope 测量显微镜 02.103

measuring neck 计量颈 06.042

measuring neck scale 计量颈标尺 06.044

[measuring] potentiometer [测量]电位差计 10.203

measuring projector 测量投影仪 02.101

measuring range *测量范围 01.117

measuring system 测量系统 01.096

measuring tank 计量罐 06.013

measuring transducer 测量传感器 01.094

measuring velocity method by laser Doppler 激光多普
勒测速法 05.195

measuring volume 测量空间 02.004

mechanical balance 机械天平 03.015

mechanical bathythermograph 机械式温深计 09.107

mechanical impedance 机械阻抗 05.024

mechanical resonance frequency of the moving element
运动部件的机械共振频率，*台面一阶共振频率

05.129

mechanical resonance frequency of the moving element suspension 运动部件悬挂的机械共振频率 05.128

mechanical shock 机械冲击 05.158

mechanical slide table 机械式滑台 05.119

mechanical stop watch 机械秒表 12.027

mechanical system 机械系统 05.003

mechanical time constant of an indicator instrument 指示器机械时间常数 11.209

mechanical vibration bench 机械振动台 05.111

mechanical weighing instrument 机械衡器 03.079

medical ultrasonics 医学超声学 08.126

medium isolator 介质隔离器 07.054

melting heat 熔化热 09.026

melting index of polymer 聚合物熔融指数 15.037

melting point 熔[化]点 09.023

memory effect 记忆效应 15.488

meniscus 弯月面 03.073

meniscus correction 弯月面修正 03.076

mercurial thermometer 水银温度计 09.087

mercury barometer 水银气压表 07.081

mercury film electrode 汞膜电极 15.348

mercury sphygmomanometer 水银血压计 07.068

mercury-thallium alloy low temperature thermometer 汞铊温度计，*汞基温度计 09.092

mesopic vision 中间视觉 13.071

metal indicator 金属指示剂 15.321

metameric color stimuli 同色异谱刺激 13.245

metamerism *同色异谱性 13.245

metamers 同色异谱刺激 13.245

meter 米 02.002

method by Hopkinson bar compress wave 霍普金森杆压缩波法，*应变比较法 05.199

method for measurement velocity with grating 光栅测速法 05.196

method for shock acceleration comparison calibration 冲击加速度比较校准法 05.200

method of rotating velocity for frequency measuring 转速频率测量法，*测频法，*转速频率直接测量法 05.228

method of rotating velocity for periodic measuring 转速周期测量法，*测周法，*转速频率周期测量法 05.229

method with average measuring velocity 平均测速法 05.194

method with shock force 冲击力法 05.192

method with velocity change 速度改变法 05.193

metrological assurance 计量保证 01.161

metrological comparability *计量可比性 01.070

metrological comparability of measurement results 测量结果的计量可比性 01.070

metrological compatibility *计量兼容性 01.071

metrological compatibility of measurement results 测量结果的计量兼容性 01.071

metrological confirmation 计量确认 01.203

metrological expertise 计量鉴定 01.165

metrological expertise certificate 计量鉴定证书 01.192

metrological supervision 计量监督 01.164

metrological traceability 计量溯源性 01.066

metrological traceability chain 计量溯源链 01.067

metrological traceability to a measurement unit 向测量单位的计量溯源性 01.068

metrological verification *计量检定 01.175

metrology 计量学 01.035，计量 01.036

metrology in chemistry 化学计量学 15.018

M^2 factor *M^2 因子 13.317

micellar liquid chromatography 胶束液相色谱法 15.191

microanalysis 微量分析 15.095，微区分析 15.238

micro-calorimeter 微量热计 11.103

microdensity 显微密度 13.196

micrometer 千分尺 02.075，*千分表 02.080

micrometer head 测微头 02.074

microphone 传声器 08.069

microtransmittance 显微透射比 13.195

microwave impedance 微波阻抗 11.104

migration current 迁移电流 15.353

millisecond meter 毫秒仪 12.030

minimum capacity 最小秤量 03.130

minimum condition 最小条件 02.054

minimum coverage area 最小[包容]区域 02.056

minimum dead load 最小静载荷 03.132

minimum dead load output return 最小静载荷输出恢复 03.133

minimum detectable quantity 最小检出量 15.442

minimum load of the measuring range　测量范围的最小载荷　04.081

minimum observation time　最小观察时间　11.275

minimum sample intake　最小取样量　15.263

minimum test load　最小试验载荷　03.137

minimum thermometer　最低温度计　09.096

minimum totalized load　最小累计载荷　03.136

minimum verification interval of load cell　称重传感器最小检定分度值　04.080

minor diameter　小径　02.153

24 m Invar wire　24 m 因瓦基线尺　02.199

mismatch　失配　11.035

mixed reflection　混合反射　13.117

mixed transmission　混合透射　13.118

MJD　修正儒略日　12.010

mobile phase　流动相　15.429

mobile weighing instrument　移动式衡器　03.083

mode field diameter　模场直径　13.343

model　*模型　01.045

model of measurement　测量模型　01.045

modified Allan standard deviation　修正阿伦标准偏差　12.073

modified Julian day　修正儒略日　12.010

modified semi-anechoic chamber　可调式半电波暗室　11.313

modulation　调制　11.059

modulation degree　调制度　13.424

modulation depth　调制度　11.061

modulation distortion　调制失真　11.087

modulation domain measurement　调制域测量　11.004

modulation transfer function　调制传递函数　13.430

module　模数　02.166

Moiré fringe　莫尔条纹　02.095

moisture　水分　15.065

moisture determination apparatus　水分测定仪　15.338

molality　质量摩尔浓度　15.006

molar conductance　摩尔电导　15.027

molar conductivity　摩尔电导率　15.078

molarity　[物质的量]浓度　15.005

molar mass　摩尔质量　15.003

molar volume　摩尔体积　15.004

mole　摩[尔]　15.002

molecular separator　分子分离器　15.456

molecular weight distribution　分子量分布　15.035

molecular weight distribution index　分子量分布指数　15.036

mole fraction　摩尔分数，*物质的量分数　15.010

moment of pendulum　摆锤力矩，*冲击常数　04.111

monochromatic radiation　单色辐射　13.005

monochromatic stimulus　单色刺激　13.241

monthly drift rate　月漂移率　12.077

more scale balance　多标尺天平　03.020

mounted resonance frequency　安装共振频率，*安装谐振频率　05.089

mounting torque sensitivity　安装力矩灵敏度　05.098

moving coil vibration bench　动圈式电动振动台　05.108

moving-iron instrument　电磁系仪表　10.213

moving magnet instrument　动磁系仪表　10.212

moving-scale instrument　动标度仪表　10.208

MPE　最大允许照射量　13.325

MTF　调制传递函数　13.430

mt method standard facility　mt 法气体流量标准装置　06.209

multi-angle instrument for measuring color　多角度测色仪　13.286

multi-component transducer　多分量传感器　04.047

multidimensional chromatograph　多维色谱仪　15.404

multidimensional chromatography　多维色谱法　15.187

multifunction calibrator　多功能校准源　10.151

multi-interval instrument　多分度值衡器　03.110

multi-ion detection　多离子检测　15.222

multimeter　多用表，*万用表　10.201

multipath effect　多径效应　11.379

multiphase flow　多相流　06.096

multiple-jet water meter　多流束水表　06.155

multiple of a unit　倍数单位　01.019

multiple range instrument　多范围衡器　03.111

multisphere neutron spectrometer　多球中子谱仪　14.157

multistage sample　多级样品　15.253

multi-tooth dividing table　多齿分度台　02.107

N

NA 数值孔径 13.408

nanoscale 纳米尺度 02.216

nanotechnology 纳米技术 02.217

narrowband continuous disturbance 窄带连续骚扰 11.269

narrowband noise 窄带噪声 08.028

narrowband random vibration 窄带随机振动 05.051

national hierarchy scheme 国家溯源等级图 01.206

national measurement standard 国家测量标准 01.142

national measurement standard of kilogram 国家千克原器 03.008

national measurement standard of photometry 光度计量基准 13.090

national regulation for metrological verification 国家计量检定规程 01.202

national scheme for metrological verification 国家计量检定等级图 01.207

national standard ＊国家标准 01.142

natural noise 自然界噪声 11.154

navigational GNSS receiver 导航型全球导航卫星系统接收机 02.214

near field 近场，＊近区场 11.195

near sound field 近声场，＊近场 08.012

negative distortion ＊负畸变 13.415

negative pressure 负压[力] 07.007

negative sensitivity resistance thermometer 负温度系数电阻温度计 09.057

nephelometry 浊度法 15.145

Nernst equation 能斯特方程 15.355

net contain of prepackage goods 定量包装商品净含量 01.200

net power 净功率 11.095

net weight 净重，＊净重值 03.114

network function 网络函数 10.114

network parameter 网络参数 11.036

network performance tester 网络性能测试仪 11.428

network time protocol 网络时间协议 12.042

neutralization factor 中和因数 11.054

neutral step wedge 中性阶梯楔 13.171

neutral wedge 中性楔 13.170

neutron activation 中子活化 14.150

neutron activation analysis 中子活化分析 15.236

neutron albedo 中子反照率 14.154

neutron source strength 中子源强度 14.151

Newtonian fluid 牛顿流体 15.029

nickel-chromium alloy/copper-nickel alloy thermocouple 镍铬–铜镍热电偶 09.069

nickel-chromium alloy/gold-iron alloy thermocouple 镍铬–金铁热电偶 09.075

nickel-chromium alloy/nickel-silicon alloy thermocouple 镍铬–镍硅热电偶 09.071

nickel-chromium-silicon alloy/nickel-silicon-magnesium alloy thermocouple 镍铬硅–镍硅镁热电偶 09.072

nitrogen phosphorus detector 氮磷检测器 15.418

NMR spectrometer with superconducting magnet 超导核磁共振[波谱]仪 15.467

^{15}N nuclear magnetic resonance spectroscopy 氮-15 核磁共振波谱法 15.227

noble metal thermocouple 贵金属热电偶 09.062

node analysis 节点法 10.105

noise 噪声 11.153

noise and interference emulator 噪声和干扰模拟器 11.414

noise dose meter 噪声剂量计 08.089

noise equivalent input 噪声等效输入 13.394

noise equivalent irradiance 噪声等效辐照度 13.395

noise equivalent power 噪声等效功率 13.396

noise factor 噪声系数 11.170

noise figure analyzer 噪声系数分析仪 11.176

noise level statistical analyzer 噪声统计分析仪 08.083

noise ratio 噪声比 11.168

noise temperature 噪声温度 11.163

noise thermometer 噪声温度计 09.103

nominal capacity 标称容量 06.007

nominal diameter 公称直径 02.151

nominal energy 标称能量 14.179

nominal flow rate 标称流量 06.083

nominal focal spot value　焦点标称值　14.206

nominal frequency　频率标称值　12.064

nominal indication interval　标称示值区间　01.114

nominal interval　＊标称区间　01.114

nominal property　标称特性　01.033

nominal quantity value　标称量值　01.116

nominal range　＊标称范围　01.114

nominal shock pulse　标称冲击脉冲，＊标称脉冲　05.161

nominal value　＊标称值　01.116

nominal value of shock pulse　标称脉冲的标称值　05.162

non-aqueous titration　非水滴定[法]　15.108

non-automatic weighing instrument　非自动衡器　03.081

non-conformance zone　不合格区　02.034

non-contact thermometry　非接触测温法　09.116

non-graduated instrument　无分度衡器　03.106

non-invasive blood pressure monitor　无创血压监护仪　07.075

nonlinear distortion　非线性失真，＊谐波失真　11.081

nonlinear electric circuit　非线性电路　10.120

non-luminous [perceived] color　[感知的]非发光色　13.208

non-Newtonian fluid　非牛顿流体　15.030

non-selective detector　非选择性探测器　13.372

[non-selective] quantum detector　[非选择性]量子探测器　13.382

non-selective radiator　非选择性辐射体　13.043

non-self-indicating instrument　非自行指示衡器　03.109

non-sinusoidal periodic current circuit　非正弦周期电流电路　10.083

non-uniqueness [of temperature scale]　[温标的]非唯一性　09.012

normal hysteresis loop　正常磁滞回线　10.236

normalized frequency　归一化频率　13.353

normalized impedance　归一化阻抗　11.106

normalized intensity　归一化强度　15.459

normalized site attenuation　归一化场地衰减　11.257

Norton theorem　诺顿定理　10.110

No.7 signaling tester　七号信令测试仪　11.430

nozzle　喷嘴　06.127

NPD　氮磷检测器　15.418

NSA　归一化场地衰减　11.257

NTP　网络时间协议　12.042

N turn number average rotating velocity　N 转数平均转速，＊多周期平均转速　05.222

nuclear magnetic resonance　核磁共振　10.138

nuclear magnetic resonance spectrometer　核磁共振[波谱]仪　15.465

nuclear magnetic resonance spectroscopy　核磁共振波谱法　15.224

null measurement uncertainty　零的测量不确定度　01.133

null [method of] measurement　零值测量[法]　10.162

number-average molecular weight　数均分子量　15.031

number of load cell verification intervals　传感器检定分度数　04.082

number of spectral line　谱线数　05.105

number of verification scale interval　检定标尺分度数　03.036

numerical aperture　数值孔径　13.408

numerical quantity value　量的数值　01.023

numerical value　＊数值　01.023

numerical value equation　数值方程　01.026

numerical value equation of quantity　＊量的数值方程　01.026

numerical value of quantity　量的数值　01.023

Nyquist noise theorem　奈奎斯特噪声定理　11.160

O

object color　物体色　13.205

observation angle　观测角　13.160

octane number　辛烷值　15.041

octave　八度　08.104

octave band filter　倍频程滤波器　08.084

offset open termination　偏置开路器　11.130

off-system measurement unit 制外测量单位，*制外计量单位 01.018

off-system unit *制外单位 01.018

ohm 欧[姆] 10.046

Ohm law 欧姆定律 10.041

ohmmeter 电阻表 10.155

oil film slide table 油膜台 05.117

one third-octave band filter 1/3 倍频程滤波器 08.085

one-tube liquid manometer 单管液体压力计，*杯形液体压力计 07.030

opaque medium 非透明介质 13.174

open area test site 开阔试验场 11.316

open area test site attenuation 开阔场场地衰减 11.256

open channel flow 明渠流 06.078

open circuit 开路 10.060

open circuit voltage 开路电压 11.055

operating line 工作直线 04.058

operating noise temperature 工作噪声温度 11.167

optical bench 光具座 13.401

optical comparator *光学比较仪 02.100

optical comparator for angle measurement 光学测角比较仪 02.135

optical cutting method *光切割法 05.194

optical densitometer 光密度计 13.177

optical dividing head 光学分度头 02.108

optical fiber attenuation 光纤损耗 11.405

optical fiber pressure transducer 光纤式压力传感器，*光导纤维式压力传感器 07.061

optical filter 滤光器 13.169

optical frequency standard 光频标 12.060

optical goniometer *光学测角仪 02.118

[optical] interference [光]干涉 02.044

optical path 光程 02.040

optical pumping magnetometer 光泵磁强计 10.301

optical pyrometer *光学高温计 09.139

optical radiation 光[学]辐射 13.001

optical system 光学系统，*光具组 13.400

optical time domain reflection method 光时域反射法 13.362

optical time domain reflectometer 光时域反射计 13.364

optical transfer function 光学传递函数 13.429

optic displaying sphygmomanometer 光显式血压计 07.070

optimeter 光学计 02.100

ordinal quantity 序量 01.028

ordinal quantity-value scale 序量–值标尺 01.031

ordinal value scale *序值标尺 01.031

orientation error 定向误差 02.058

orientation ratio 定向比 10.271

orifice 节流孔 06.121

orifice plate 孔板 06.126

original phase 起始相位，*初相 11.145

oscillometric method sphygmomanometer 示波法血压计 07.074

oscillopolarography 示波极谱法 15.137

oscilloscope 示波器 11.192

osophone *骨导耳机 08.109

OTF 光学传递函数 13.429

other spurious response 其他乱真响应 11.217

outer scale liquid-in-glass thermometer 外标式玻璃液体温度计 09.090

output container 量出式量器 06.006

output impedance 输出阻抗 10.113

output quantity *输出量 01.048

output quantity in a measurement model 测量模型输出量 01.048

output resistance 输出电阻 04.065

outside cross diameter 外横直径 06.028

outside vertical diameter 外竖直径 06.027

oven controlled crystal oscillator 恒温晶振 12.062

overall selectivity 总选择性，*通带 11.213

overflow cover 溢流罩 06.043

overlap height 搭接高 06.059

overload factor 过载系数 11.210

overshoot 过冲 04.057，过冲量 07.099

oxidation-reduction indicator 氧化还原指示剂 15.320

P

packed column　填充柱　15.426

packing scale　定量包装秤　03.098

paper chromatography　纸色谱法　15.180

paper electrophoresis　纸电泳　15.199

parallel connection　并联　10.101

parallel determination　平行测定　15.310

parallel optical flat　平行平晶　02.052

parasitic components　寄生分量　04.009

parasitic effect　*寄生效应　04.010

Parshall flume　巴歇尔槽　06.194

partial odd harmonic current　部分奇次谐波电流　11.308

partial pressure vacuum gauge　分压真空计　07.122

partial tone　分音　08.102

particle accelerator　粒子加速器　14.177

particle density　颗粒密度　15.074

particle diameter　粒径，*粒度　15.073

[particle] fluence　[粒子]注量　14.054

[particle] fluence rate　[粒子]注量率　14.055

particle size distribution　粒度分布　15.075

passive atomic frequency standard　被动型原子频标　12.058

passive transducer　无源换能器　08.032

passive two-terminal element　无源二端元件　10.056

pattern approval　型式批准　01.168

pattern approval with limited effect　有限型式批准　01.169

pattern evaluation　型式评价　01.166

PCM　脉冲编码调制　11.378

PCM channel tester　脉冲编码调制信道测试仪　11.423

peak detector　峰值检波器　11.200

peak phase error　峰值相位误差　11.383

peak potential　峰电位　15.365

peak power　峰值功率　13.303

peak scattering factor　*峰值散射因子　14.149

peak sound level　峰值声级　08.043

peak-to-peak value of voltage　电压峰–峰值　11.049

peak [value]　峰值　10.089

peak value of voltage　电压峰值　11.048

peak wavelength　峰值波长　11.402

Peltier effect　佩尔捷效应　10.013

pendulum　摆锤　04.101

pendulum impact primary standard machine　摆锤式冲击基准机　04.007

pendulum impact standard machine　摆锤式冲击标准机　04.006

pendulum impact testing machine　摆锤式冲击试验机　04.099

penetrating individual dose equivalent　深部个人剂量当量　14.133

pentaprism　五棱镜　02.131

perceived light　*被知觉的光　13.068

percentage recovery　*百分回收率　15.311

percentage balance　百分率天平　03.017

percentage depth dose　百分深度剂量　14.126

percentile level　累计百分数声级　08.042

perfect reflecting diffuser　理想漫反射体　13.122

perfect transmission diffuser　理想漫透射体　13.123

perigon　周角　02.006

period　周期　12.051

periodic random excitation　周期随机激励　05.015

peripheral flow rate　周缘流量　06.168

permanent magnet moving-coil instrument　磁电系仪表　10.211

permeability　磁导率　10.126

permeability of vacuum　真空磁导率　10.001

permeameter　磁导计　10.293

permeance　磁导　10.135

permeation tube　渗透管　15.498

permittivity　*电容率　10.002

perpendicular magnetization　垂直磁化　10.274

personal dosemeter　个人剂量计　14.173

personal monitoring　个人监测　14.171

personal sound exposure meter　个人声暴露计　08.082

phantom　模体　14.148

phase　相位，*相角　05.057，相　09.016，相位　10.068，相位，*相角　11.144

phase comparator　比相仪　12.094

phase constant　相位常量　11.015

phase control　相位控制　11.304

phase current　相电流　10.078

phase deviation　相偏　11.073

phase difference　相位差　05.058, 11.146

phase error　相位误差　11.382

phase jitter　相位抖动　11.361

phase locked loop　锁相环　12.090

phase modulation　调相　11.072

phase noise　相位噪声　12.075

phase shift　相移　11.147

phase shift method　相移法　13.366

phase spectrum　相位谱　05.038

phase transfer function　相位传递函数　13.431

phase transition　相变　09.017

phase velocity　相速　11.016

phase voltage　相电压　10.076

phasor　相量　10.069

phasor diagram　相量图　10.070

pH meter　pH 计　15.335

phosphorescence analysis　磷光分析[法]　15.155

phosphorimeter　磷光计　15.380

photocathode　光阴极　13.375

photocell　光电池　13.378

photocurrent　光电流　13.391

photodiode　光电二极管　13.379

photodiode array detector　光电二极管阵列检测器　15.423

photoelectric detector　光电探测器　13.373

photoelectric pyrometer　光电高温计　09.140

photoelectric tube　光电管　13.374

photoelectron spectroscopy　光电子能谱法　15.233

photoemissive cell　光电管　13.374

photofraction　峰总比　14.064

photographic daylight　摄影昼光　13.110

photo ionization　光电离　15.211

photoluminescent dosemeter　光致发光剂量计　14.175

photometer　光度计　13.098

photometric bench　测光导轨，＊光轨，＊光度测量装置　13.095

photometric titration　光度滴定[法]　15.112

photometry　光度学　13.089

photomultiplier　光电倍增管　13.376

photon counter　光子计数器　13.383

photon detector　光子探测器　13.368

photon exitance　光子出射度　13.032

photon exposure　曝光子量　13.030

photon flux　光子通量　13.021

photon intensity　光子强度　13.023

photon irradiance　光子照度　13.028

photon number　光子数　13.022

photon radiance　光子亮度　13.026

photopic vision　明视觉　13.069

photoresistor　光敏电阻　13.377

phototransistor　光电晶体管　13.381

photovoltaic cell　光电池　13.378

pH scale　pH 标度　15.077

physical colorimetry　物理色度测量　13.201

physical grating　物理光栅法　05.198

physical photometer　物理光度计　13.103

physical photometry　物理光度测量法　13.097

piezoelectric pressure transducer　压电式压力传感器　07.059

piezometer ring　均压环　06.124

piezoresistive pressure transducer　压阻式压力传感器　07.057

pile-up [in counting assembly]　[计数装置中的]堆积　14.107

pillow distortion　＊枕形畸变　13.415

pin gauge　针规　02.089

pink noise　粉红噪声　05.055

pipe flow　管流　06.077

pipe prover　体积管　06.210

pipet　移液管　15.332

piston　活塞　07.020

piston-cylinder system　活塞系统　07.023

piston for load relieving and pressure transmitting　力转换活塞　04.029

pistonphone　活塞发声器　08.080

piston pressure gauge　活塞式压力计　07.010

piston pressure vacuum gauge　活塞式压力真空计　07.014

piston pressure vacuum gauge with liquid column equilibration　带液柱平衡活塞式压力真空计　07.015

pitch　螺距　02.156

pitch diameter 中径 02.154

Pitot tube 皮托管 06.172

plain limit gauge 光滑极限量规 02.090

Planckian locus 普朗克轨迹 13.274

Planck's law 普朗克定律 13.037

plane angle 平面角 02.005

plane electromagnetic wave 平面电磁波, ＊平面波 11.012

plane optical flat 平面平晶, ＊平面样板 02.053

plane source 平面源 14.026

plane wave 平面波 08.007

plano-convex 50 mm standard lens 平凸 50 mm 标准镜头 13.433

plasma 等离子体 13.047

plasma blackbody 等离子黑体 13.048

plasma chromatography 等离子体色谱法 15.185

plastic ball indentation hardness 塑料球压痕硬度 04.131

plastic ball indentation hardness test 塑料球压痕硬度试验 04.130

plateau [of counter tube] [计数管的]坪 14.097

platform scale 台秤 03.085

platinum/palladium thermocouple 铂–钯热电偶 09.067

platinum purity 铂纯度 09.045

platinum resistance thermometer 铂电阻温度计 09.049

platinum rhodium 30%/platinum rhodium 6% thermocouple 铂铑 30–铂铑 6 热电偶 09.064

platinum rhodium 10%/platinum thermocouple 铂铑 10–铂热电偶 09.063

platinum rhodium 13%/platinum thermocouple 铂铑 13–铂热电偶 09.065

plumb instrument 垂准仪 02.116

PMD 偏振模色散 11.407

pneumatic measuring instrument 气动测量仪器 02.093

^{32}P nuclear magnetic resonance spectroscopy 磷–32 核磁共振波谱法 15.228

point brilliance 点耀度 13.082

pointer instrument 指针式仪表 10.206

point of impact 打击点 04.112

point of mean axial fluid velocity 平均轴向流体速度

点 06.167

point source 点源 13.016

point spread function 点扩散函数 13.425

polarimeter 旋光仪 15.384

polarimetry 旋光法 15.163

polarization effect 极化效应 15.479

polarization mode dispersion 偏振模色散 11.407

polarization voltage 极化电压 08.052

polarized light saccharimeter 偏振光糖量计 03.069

polarizer 偏振器, ＊起偏器 13.009

polarogram 极谱图 15.363

polarographic wave 极谱波 15.360

polarography 极谱法 15.134

polychromator 多色仪 13.180

polygon 正多面棱体 02.105

port 端口, ＊臂 11.039

portable instrument for weighing road vehicle 用于道路车辆称重的便携式衡器 03.084

position error 定位误差 02.059

positive displacement flow meter 容积式流量计 06.147

positive distortion ＊正畸变 13.415

positive pressure 正压[力] 07.006

postprecipitation 继沉淀, ＊后沉淀 15.292

potential screen 电位屏蔽 10.174

potentiometric titration 电位滴定[法] 15.128

potentiometric titrator 电位滴定仪 15.333

potentiometry 电位法 15.126

pour point 倾点 15.040

power 功率 11.089

power flux density 功率通量密度 11.194

power level 功率电平 11.090

power of three-phase circuit 三相电路功率 10.082

power ratio method for attenuation measurement 衰减测量功率比法 11.140

power stability 电压特性 12.081

power ultrasonics 功率超声学 08.125

Poynting vector 坡印亭矢量 11.193

practical range 实际射程 14.190

precipitant 沉淀剂 15.316

precipitation gravimetry 沉淀重量法 15.100

precipitation titration 沉淀滴定[法] 15.107

precise pressure gauge 精密压力表 07.046

precision ＊精密度 01.076

precision centrifuge 精密离心机,＊恒加速度校准装置 05.250

precision glass linear scale 精密玻璃线纹尺 02.085

precision metal linear scale 精密金属线纹尺 02.086

preliminary examination 预检查 01.174

preload 预负荷 04.041

prepackage goods 定量包装商品 01.199

preparing method of standard gas mixture 标准气体配制法 15.119

preset tare device 预置皮重装置 03.126

pressure 压力 07.001

pressure angle 压力角 02.171

pressure-filled thermometer 压力式温度计 09.099

pressure gauge with dual pointer and dual tube 双针双管压力表 07.040

pressure gauge with dual pointer and single tube 双针单管压力表 07.041

pressure gauge with electric contact 电接点压力表 07.038

pressure loss 压力损失 06.085

pressure microphone 声压传声器 08.072

pressure module 压力模块 07.064

pressure ratio 压力比 06.129

pressure-residual intensity index 声压–残余声强指数 08.065

pressure sensitive element 压力敏感元件 07.048

pressure sensitivity 声压灵敏度,＊声压响应 08.054

pressure tapping 取压孔 06.123

pressure transducer 压力传感器 07.055

pressure transmitter 压力变送器 07.066

pressure-vacuum gauge 压力真空表 07.044

primary axis 主轴线 04.049

primary force standard machine 力基准机 04.002

primary hardness standard machine 基准硬度机 04.143

primary measurement standard 原级测量标准 01.143

primary method [of measurement] 基准[测量]方法 15.086

primary reference buffer solution of pH ＊pH 基准缓冲溶液 15.492

primary reference material of pH pH 基准物质 15.492

primary reference measurement procedure 原级参考测量程序 01.042

primary reference procedure ＊原级参考程序 01.042

primary sample 初始样品 15.240

primary standard ＊原级标准 01.143

primary standard of solid density 固体密度基准 03.055

primary torque standard machine 扭矩基准机 04.004

principle of minimum deformation 最小变形原则 02.008

principle of perigon error close 圆周封闭原则 02.009

prism 棱镜 15.388

probe [of radiation measuring assembly] [辐射测量装置的]探头 14.106

products in prepackage 预包装商品 01.198

profile dispersion parameter 分布色散参数 13.348

λ_c profile filter λ_c 滤波器 02.139

λ_f profile filter λ_f 滤波器 02.140

λ_s profile filter λ_s 滤波器 02.138

profilograph 轮廓仪 02.144

profilometer 轮廓仪 02.144

projcction density 投影密度 13.194

propagation constant 传播常量 11.013

propeller type current meter 旋桨式流速计 06.170

property in time domain 时域特性 07.094

proportional counter tube 正比计数管 14.164

proportional cylinder 比例油缸 04.021

proportional piston 比例活塞 04.020

proportional region 正比区 14.112

proportional sampling 比例取样 15.262

protocol analyzer 协议分析仪 11.429

proton gyro magnetic ratio 质子旋磁比,＊质子回转磁比 10.141

proton magnetic resonance spectroscopy 质子核磁共振波谱法 15.229

proving ring 测力环 04.037

proximity method 临近法 11.297

pseudophase liquid chromatography 准液相色谱法 15.176

pseudorandom excitation 伪随机激励 05.014

PSF 点扩散函数 13.425

PTF 相位传递函数 13.431

Pt/Pd thermocouple 铂–钯热电偶 09.067

pulsant pressure　脉动压力　07.089

pulse　脉冲　11.177

pulse amplitude　脉冲幅度　11.178

pulse code modulation　脉冲编码调制　11.378

pulsed Fourier transform NMR spectrometer　脉冲傅里叶变换核磁共振[波谱]仪　15.468

pulse energy　脉冲能量　13.305

pulse ionization chamber　脉冲电离室　14.077

pulse laser　脉冲激光器　13.301

pulse overshoot　脉冲上冲　11.187

pulse polarography　脉冲极谱法　15.136

pulse power　脉冲功率　13.302

pulse preshoot　脉冲预冲　11.186

pulse response amplitude relationship　脉冲响应幅度关系　11.211

pulse response calibration generator　脉冲响应校准器　11.202

pulse response variation with repetition frequency　脉冲响应随重复频率的变化　11.212

pulse ringing　脉冲振铃　11.189

pulse separation　脉冲间隔　11.181

pulse top unevenness　脉冲顶部不平坦度　11.191

pulse undershoot　脉冲下冲　11.188

pulse width　脉冲宽度　11.190，15.473

pure random excitation　纯随机激励　05.013

pure tone　纯音　08.101

purity　纯度　15.057

purity [of a color stimulus]　[色刺激的]纯度　13.278

purple boundary　紫色边界　13.273

purple stimulus　紫色刺激　13.272

pVTt method standard facility　pVTt法气体流量标准装置　06.208

pyroelectric detector　热电探测器　13.388

pyrolyzer　裂解器　15.412

pyrometer lamp　高温计灯泡　09.148

Q

quadrupole mass spectrometer　四极质谱仪　15.450

qualitative analysis　定性分析　15.091

quality factor　品质因数　05.071，品质因数，＊元件的能量存储因数　11.122，品质因数　14.130

quality index　[辐射]品质指数　14.193

quantitative adjustable pipet　移液器　06.041

quantitative analysis　定量分析　15.092

quantitative filling machine　液态物料定量灌装机　06.052

quantity　量　01.001

quantity equation　量方程　01.024

quantity of dimension one　量纲为一的量　01.008

quantity of light　光量　13.076

quantity of the same kind　同类量　01.002

quantity value　量值　01.011

quantity-value scale　量–值标尺　01.030

quantum efficiency　量子效率　13.319

quantum Hall effect　量子霍尔效应　10.016

quarter-wave plate　1/4 波片　13.406

quartz clock　石英钟　12.015

quartz electronic stop watch　石英电子秒表　12.028

quartz frequency standard　石英晶体频标　12.059

quartz oscillator　晶体振荡器，＊晶振　12.061

quasi-peak detector　准峰值检波器　11.201

quick-opening valve dynamic pressure standard　快开阀动态压力标准　07.107

quick-opening valve step pressure generator　快开阀阶跃压力发生器　07.103

R

radial difference　径向偏差　06.057

radian　弧度　02.003

radiance　辐[射]亮度　13.025

radiance coefficient　辐亮度系数　13.138

radiance factor　辐[射]亮度因数　13.136

radiance temperature　[辐]亮度温度　09.127

radiance thermometer 亮度温度计 09.129

radiance thermometry 亮度测温法 09.128

radiant efficiency 辐射效率 13.033

radiant energy 辐[射]能量 13.020

radiant exitance 辐[射]出射度 09.118，13.031

radiant exposure 曝辐[射]量 13.029

radiant exposure meter 曝辐[射]量表 13.066

radiant flux 辐[射]通量，*辐射功率 13.019

radiation chemical yield 辐射化学产额 14.169

radiation intensity 辐射强度 09.117

radiation meter 辐射测量仪 14.139

radiation monitor 辐射检测仪 14.211

radiation processing 辐射加工 14.176

radiation protection 辐射防护 14.168

radiation quality 辐射品质 14.063

radiation resistance of antenna 天线辐射电阻 11.230

radiation source 辐射源 14.009

radiation source to skin distance 源皮距 14.183

radiation spectrometer 辐射能谱仪，*辐射谱仪 14.102

radiation strength of antenna 天线辐射强度 11.231

radiation thermometer 辐射温度计 09.138

radiation thermometry 辐射测温法 09.125

radioactive aerosol 放射性气溶胶 14.023

radioactive concentration 放射性浓度 14.021

radioactive contamination 放射性污染 14.024

radioactive equilibrium 放射性平衡 14.022

radioactive source 放射源 14.025

radiochromic dosemeter 辐射变色剂量计 14.135

radio communication integrated tester 无线通信综合测试仪 11.412

radiometer 辐射计 13.062

radionuclide purity 放射性核素纯度 14.020

radio time service 无线电授时台 12.039

railway tanker 铁路罐车 06.072

Raman spectrometry 拉曼光谱法 15.157

random comparison method 随机比较法 05.088

random error *随机误差 01.084

random measurement error 随机测量误差 01.084

random noise 随机噪声 05.053

random vibration 随机振动 05.050

range of a nominal indication interval 标称示值区间的量程 01.115

Raoult's law 拉乌尔定律 15.015

rapid sine sweep excitation 快速正弦扫描激励 05.012

rated acceleration 额定加速度 05.150

rated displacement 额定位移 05.151

rated operating condition 额定工作条件 01.119

rated thrust force under broadband random vibration exciting 额定宽带随机激振力 05.144

rated thrust force under sinusoidal vibration exciting 额定正弦激振力 05.143

rated travel 额定行程 05.149

rated velocity 额定速度 05.152

rate of acceleration in tangential direction to constant acceleration 切向加速度比 05.254

ratio of mass 质量混合比 15.064

ratio of specific heat capacities 比热比 06.108

Rayleigh length 瑞利长度 13.314

reaction gas chromatography 反应气相色谱法 15.169

reaction type vibration bench 反作用式振动台 05.113

reactive power 无功功率 10.093

reading-assistant mercury sphygmomanometer 助读水银血压计 07.069

reading microscope 读数显微镜 02.102

reading vernier 读数游标 06.046

reagent blank 试剂空白 15.279

real feature 实际要素 02.018

real integral feature *实际组成要素 02.018

realization of temperature scale 温标的实现 09.011

real size 实际尺寸 02.023

real-time measurement 实时测量 11.007

reciprocal transducer 互易换能器 08.034

reciprocity calibrator 互易校准仪 08.088

reciprocity method 互易校准法 05.084

reciprocity theorem 互易定理 10.108

recognition of type approval 型式批准的承认 01.171

recognition of verification 检定的承认 01.182

recoil curve *回复曲线 10.263

recoil line 回复线 10.263

recoil permeability 回复磁导率 10.264

recoil proton counter tube 反冲质子计数管 14.158

recoil proton spectrometer 反冲质子能谱仪 14.159

recoil proton telescope 反冲质子望远镜 14.160

recoil state 回复状态 10.262

recorder 记录器 01.102

record magnetic level 录音磁平 10.283

record pressure gauge 记录式压力表 07.047

recovery 回收率 15.277

recovery test 回收试验 15.311

rectangular shock pulse 矩形冲击脉冲 05.168

rectification 精馏 15.288

rectifier instrument 整流式仪表 10.199

redox indicator 氧化还原指示剂 15.320

redox titration 氧化还原滴定[法] 15.106

reduced pressure distillation 减压蒸馏，＊真空蒸馏
  15.289

reduced sample 缩分样品 15.245

referee sample 仲裁样品 15.257

reference bias magnet 基准偏磁 10.279

reference color stimuli 参比色刺激 13.255

reference condition ＊参考条件 01.121

reference cylinder 标准圆柱 02.092

reference data 参考数据 01.156

reference density 砝码约定密度 03.033

reference electrode 参比电极 15.343

reference flux 参比辐射[光]通量 15.394

reference height 参照高度 06.018

reference illuminant 参比施照体 13.247

reference junction of thermocouple 热电偶参考端
  09.084

reference leak 标准漏孔 07.117

reference level 参照水平面 06.058

reference line 基准直线 02.061

reference magnetic level 参考磁平 10.282

reference material 参考物质，＊标准物质 01.153

reference measurement procedure 参考测量程序
  01.041

reference measurement standard 参考测量标准
  01.145

reference method [of measurement] 参考[测量]方法
  15.087

reference operating condition 参考工作条件 01.121

reference plane 参考面 11.037

reference point 基准点 02.060

reference point of ionization chamber 电离室参考点
  14.203

reference quantity value 参考量值 01.158

reference radiation 参考辐射 14.010

reference ring gauge 标准环规 02.091

reference sensitivity 参考灵敏度 05.042

reference sound source 标准声源 08.076

reference standard ＊参考标准 01.145

reference tape 基准带 10.275

reference value ＊参考值 01.158

reflectance 反射比 13.126

reflectance factor 反射因数 13.132

reflectance factor [optical] density 反射因数[光学]密
  度 13.135

reflectance [optical] density 反射[光学]密度 13.133

reflected power 反射功率 11.094

reflection 反射 11.032，13.011

reflection coefficient 反射系数，＊电压反射系数
  11.107

reflection coefficient modulus 反射系数模 11.108

reflection coefficient phase angle 反射系数相角
  11.109

reflection loss 反射损耗 11.137

reflection parameter 反射参量 11.008

reflection wave 反射波 11.041

reflectivity 反射率 13.151

reflectometer 反射计 13.176

reflectometer value 反射计测值 13.140

refracted near-field method 折射近场法 13.365

refraction 折射 13.014

refraction densimeter for antifreeze 折光防冻液密度计
  03.071

refraction metric saccharimeter 折光糖量计 03.070

refractive index 折射率，＊绝对折射率 02.039，折
  射率 13.167

refractive index profile 折射率分布 13.338

refractive index profile parameter 折射率分布参数
  13.339

refractive index relative difference 相对折射率差
  13.340

regular angular polygon 正多面棱体 02.105

regular reflectance 规则反射比 13.128

regular reflection 规则反射，＊镜反射 13.113

regular transmission 规则透射，＊直接透射 13.114

regular transmittance 规则透射比 13.129

rejection mark 禁用标记 01.187

rejection notice 不合格通知书 01.193

rejection of a measuring instrument 测量仪器的禁用 01.183

related [perceived] color [感知的]相关色 13.209

relative color stimulus function 相对色刺激函数 13.244

relative density 相对密度 03.048

relative density balance for liquid 液体相对密度天平 03.024

relative error 相对误差 01.087

relative humidity 相对湿度 15.063

relative permeability 相对磁导率 10.127

relative sensitivity 相对灵敏度 05.043, 15.460

relative spectral distribution 相对光谱分布 13.035

relative standard measurement uncertainty ＊相对标准测量不确定度 01.055

relative standard uncertainty 相对标准不确定度 01.055

relative surface absorbed dose 相对表面吸收剂量 14.186

relative tape sensitivity 磁带相对灵敏度 10.280

relative vacuum gauge 相对真空计 07.123

relaxation reagent 弛豫试剂 15.327

relaxation testing machine 松弛试验机 04.088

reluctance 磁阻 10.134

remaining liquid 残留量 06.008

remanent magnetic induction 剩余磁感应强度 10.241

repeatability ＊重复性 01.080

repeatability condition ＊重复性条件 01.079

repeatability condition of measurement 重复性测量条件 01.079

replicate sample ＊复样品 15.256

reproducibility ＊复现性 01.082

reproducibility condition ＊复现性条件 01.081

reproducibility condition of measurement 复现性测量条件 01.081

reproduction of shock pulse 冲击脉冲波形再现, ＊冲击波形再现 05.204

reproduction of shock response spectrum 冲击响应谱再现 05.206

reproduction with shock machine 冲击试验机再现 05.205

residual current 残余电流 15.359

residual energy 剩余位能 04.107

residual intensity 残余声强 08.064

residual reflection 剩余反射, ＊固有反射 11.111

residual shock response spectrum 剩余冲击响应谱 05.178

residue 残渣 15.302

resistance 电阻 10.024

resistance thermometer 电阻温度计 09.048

resistivity 电阻率 10.030

resistor attenuator 电阻式衰减器 11.143

resolution 分辨力 01.123, 分辨力, ＊分离度 15.439

resolution of a displaying device 显示装置的分辨力 01.124

resolution of ultrasonic detection 超声检测分辨力 08.123

resolving time 分辨时间 14.108

resonance 谐振 10.071

resonance absorption of neutrons 中子共振吸收 14.152

resonance energy 共振能 14.016

resonance [method of] measurement 谐振测量[法] 10.169

resonance parameter 谐振参量 11.010

resonance vibration bench 共振式振动台 05.114

resonant frequency 谐振频率 07.093

response 响应 05.019, 10.054

resultant colorimetric shift 总和色度位移 13.233

resultant [perceived] color shift 总和[感知]色位移 13.236

result of measurement 测量结果 01.043

retail appliance for vegetable oil 售油器 06.051

retention sample 保留样品 15.258

retention time 保留时间 15.431

retention volume 保留体积 15.432

retroreflectance 逆反射比 13.162

retroreflection 逆反射 13.156

retroreflection prism 反射棱镜 02.132

retroreflective element 逆反射元 13.157

retroreflective material 逆反射材料 13.159

retroreflector 逆反射器 13.158

return loss 回波损耗 11.112

reverberation chamber 混响室 11.314

reverberation room 混响室 08.093

reverberation time 混响时间 08.062

reverberation water tank 混响水池 08.141

reversed phase high performance liquid chromatography 反相高效液相色谱法 15.174

reversed phase ion-pair chromatography 反相离子对色谱法 15.175

reverser 反向器 04.013

reversible polarographic wave 可逆极谱波，＊扩散波 15.362

reversing thermometer 颠倒温度计 09.106

Reynolds number 雷诺数 06.105

RF channel emulator 无线信道模拟器 11.413

RF power meter 射频功率计 11.097

rhodium-iron resistance thermometer 铑铁电阻温度计 09.056

rider 游码 03.012

ridge at the apex of the pyramid 横刃 04.154

ringing frequency 自振频率 07.095

rise time 上升时间 07.097，11.184

RM 参考物质，＊标准物质 01.153

RMS phase error 方均根相位误差 11.384

Rockwell hardness 洛氏硬度 04.118

Rockwell hardness scale 洛氏硬度标尺 04.141

Rockwell hardness test 洛氏硬度试验 04.117

root-mean-square value of voltage 电压有效值 11.051

rotameter 转子流量计 06.149

rotary table 旋转工作台 02.109

rotating angle standard equipment 转角标准装置，＊转台 05.242

rotating velocity 转速 05.220

rotation effect 旋转效应 04.010

roughness profile 粗糙度轮廓 02.141

roughometer 粗糙度测量仪 02.145

roundness measuring instrument 圆度测量仪 02.068

round polarization 圆极化 11.234

rubidium frequency standard 铷原子频标，＊铷频标，＊铷原子钟 12.056

ruggedness 耐用性 15.055

ruler 直尺 02.088

S

saccharimeter [旋光]糖量计 15.385

safe overload 安全过负荷 04.051

salt bath 盐槽 09.111

salt bridge 盐桥 15.351

sample 试件 04.094，样本，＊样本大小 15.239

sample flux 试样辐射[光]通量 15.393

sample injector 进样器 15.411

sample pretreatment 样品预处理 15.265

sample size 样品量 15.260

sampling 取样，＊采样 15.261

sampling error 取样误差 15.264

Saniiri flume 孙奈利槽 06.195

SAR 比吸收率 11.408

saturation 饱和度 13.213

saturation curve [of current ionization chamber] [电流电离室的]饱和曲线 14.076

saturation flux density ＊饱和磁通密度 10.238

saturation hysteresis loop 饱和磁滞回线 10.237

saturation magnetic flux 饱和磁通 10.239

saturation magnetic induction 饱和磁感应强度 10.238

saturation magnetic polarization 饱和磁极化强度 10.220

saturation magnetization 饱和磁化强度 10.218

saturation method ＊饱和法 15.119

scalar network analyzer 标量网络分析仪 11.119

scale ＊标尺 01.104

scale division 标尺分度 01.106，分度值 04.157

scale division sensitivity 分度灵敏度 03.039

scale factor 标度因数 05.260

scale interval 标尺间隔 01.108

scale length 标尺长度 01.105

scale of a measuring instrument 测量仪器的标尺 01.104

scaler 定标器 14.113

scale spacing 标尺间距 01.107

scanning electron microscopy 扫描电子显微镜法 15.142

scanning probe microscope 扫描探针显微镜 02.218

scanning tunneling microscope 扫描隧道显微镜 02.219

scatter-air ratio 散射–空气比 14.033

scatter factor 散射因子 14.149

scattering 散射 11.377, 14.013

scattering parameter 散射参数, ＊S 参数 11.038

scattering parameter method for attenuation measurement 衰减测量散射参数法 11.142

scattering radiation 散射辐射 14.005

ScH phase 副载波水平相位 11.355

scintigraphy 闪烁成像 14.194

scintillation detector 闪烁探测器 14.100

scintillator 闪烁体 14.101

scotopic vision 暗视觉 13.070

screw thread gauge 螺纹量规 02.160

screw thread micrometer 螺纹千分尺 02.164

screw thread plug gauge 螺纹塞规 02.161

screw thread ring gauge 螺纹环规 02.162

sealed source 密封[放射]源 14.028

sealing mark 封印标记 01.188

second 秒, ＊原子秒 12.002

secondary ion background 二次离子本底 15.475

secondary ion spectroscopy 二次离子谱法 15.234

secondary measurement standard 次级测量标准 01.144

secondary standard ＊次级标准 01.144

second order circuit 二阶电路 10.118

second-order nonlinearity coefficient 二阶非线性系数 05.262

second-order phase transition ＊二级相变 09.017

secular equilibrium ＊长期平衡 14.022

sedimentation balance 沉降天平 03.018

Seebeck effect 泽贝克效应 10.012

seismic system 惯性系统 05.005

selective combination weigher 选择组合秤 03.099

selective detector 选择性探测器 13.371

selective fading 选择性衰落 11.367

selective radiator 选择性辐射体 13.042

selectivity ＊选择性 01.128

selectivity of a measuring system 测量系统的选择性 01.128

selectivity of an electronic measuring instrument 电子测量仪器选择性 11.006

self-calibration of impedance analyzer 阻抗分析仪自校准 11.128

self-demagnetizing field 自退磁场 10.257

self-heating effect of resistance thermometer 电阻温度计自热效应 09.060

self-indicating instrument 自行指示衡器 03.107

self-quenched counter tube 自猝灭计数管 14.093

semi-anechoic chamber 半电波暗室 11.312

semi-anechoic room 半消声室 08.092

semiconductor 半导体 10.008

semiconductor detector 半导体探测器 14.079

semimicro analysis 半微量分析 15.094

semi-self-indicating instrument 半自行指示衡器 03.108

semi-substitution method of measurement 不完全替代法 10.165

sensitive volume [of detector] [探测器的]灵敏体积 14.085

sensitivity ＊灵敏度 01.122

sensitivity for rotational motion 旋转运动灵敏度 05.093

sensitivity of a measuring system 测量系统的灵敏度 01.122

sensitivity [of pressure transducer] [压力传感器的]灵敏度 07.100

sensor 敏感器 01.099

separate control weighing instrument ＊分离式控制衡器 03.078

separating frequency 中界频率 05.230

separation 分离 15.275

separation number 分离数 15.440

series connection 串联 10.100

series mode rejection ratio 串模抑制比 10.184

series mode voltage 串模电压 10.182

setting value of angular velocity of main axis 主轴回转速度设定值, ＊转速 05.255

settling time 建立时间 07.098

shadow column instrument 影条式仪表 10.209

shadow shield 阴影屏蔽 14.031

sheathed thermocouple 铠装热电偶 09.076

sheathed thermocouple cable　铠装热电偶电缆
09.077

shielded enclosure　屏蔽室　11.309

shift reagent　位移试剂　15.326

shock equipment by electromagnetic energy　电磁能冲击装置　05.191

shock excitation　冲击激励　05.017

shock machine　冲击机　05.185

shock machine with air gun　气炮冲击机　05.189

shock machine with Hopkinson bar　霍普金森杆冲击机
05.190

shock measuring instrument　冲击测量仪　05.203

shock pendulum　冲击摆　05.186

shock pulse　冲击脉冲　05.159

shock pulse drop-off time　冲击脉冲下降时间　05.175

shock pulse rise time　冲击脉冲上升时间　05.174

shock pulse with Gauss distribution　钟形冲击脉冲
05.170

shock response spectrum　冲击响应谱　05.176

shock spectrum　冲击谱　05.183

shock spectrum method calibration　＊冲击谱法校准
05.202

shock test　冲击试验　05.215

shock testing table　冲击试验台　05.207

shock tube　激波管　07.101

shock-tube dynamic pressure standard　激波管动态压力标准　07.105

shock wave　冲击波　05.172

Shore hardness　肖氏硬度　04.124, 邵氏硬度　04.128

Shore hardness test　肖氏硬度试验　04.123, 邵氏硬度
试验　04.127

short circuit　短路　10.061

short-crested weir　短顶堰　06.184

short interruption　短时中断　11.299

short-run equilibrium　＊短期平衡　14.022

short-term frequency stability　短期频率稳定度
12.071

0 Ω short termination　0 Ω 短路终端　11.126

short-throated flume　短喉道槽，＊无喉道槽　06.193

short-time waveform distortion　短时间波形失真
11.338

shot noise　散弹噪声，＊散粒噪声　11.158

shunt　分流器　10.148

SI　国际单位制　01.017

side load　侧向力　04.053

side mode suppression ratio　边模抑制比　11.403

siemens　西[门子]　10.047

signal generator　信号发生器，＊信号源　11.057

signaling　信令　11.363

signal to noise ratio　信噪比　11.375

simple harmonic vibration　简谐振动，＊正弦振动
05.047

simple pulse　＊简单脉冲　05.160

simulative blackbody　＊模拟黑体　13.046

sine approximation method　正弦逼近法　05.085

sine bar　正弦规　02.110

sine comparison method　正弦比较法　05.087

sine remain　正弦驻留　05.011

single directional coupler comparison method　功率单定向耦合器法　11.096

single electron tunnel effect　单电子隧道效应　10.017

single focusing mass spectrometer　单聚焦质谱仪
15.448

single-jet water meter　单流束水表　06.154

single peak value　＊单峰值　05.062

single tube mercury manometer　单管水银压力表
07.083

sinusoidal current　正弦电流　10.067

sinusoidal dynamic pressure standard　正弦动态压力标准　07.106

sinusoidal grating　正弦光栅　13.402

sinusoidal pressure generator　正弦压力发生器
07.102

size deviation　尺寸偏差，＊偏差　02.024

size-of-source effect　辐射源尺寸效应　09.149

skin effect　趋肤效应，＊集肤效应　11.046

slip-ring　集流环，＊导电滑环　05.256

slope-area method　比降-面积法　06.175

slope efficiency　斜率效率　13.322

small angle generator　小角度发生器　02.119

small angle measuring instrument　小角度测量仪
02.134

small cylinder　＊小油缸　04.021

smallest measurable volume　最小测量容量　06.019

small piston　＊小活塞　04.020

smoke　烟度　15.071

SMRR 串模抑制比 10.184

SMSR 边模抑制比 11.403

S/N 信噪比 11.375

SNA 标量网络分析仪 11.119

snap gauge 卡规 02.084

SNR 信噪比 11.375

soak-out time 热响应时间 02.014

solenoid 螺线管 10.290

solid angle 立体角 13.017

solid state load 固态载荷 03.116

solid state noise generator 固体噪声发生器 11.175

solid state voltage standard 固态电压标准 10.144

sound absorption factor 吸声因数，*吸声系数 08.060

sound analyzer 声分析仪 08.086

sound angle of incidence 声入射角 08.051

sound calibrator 声校准器 08.079

sound exposure 声暴露 08.059

sound exposure level 暴露声级 08.041

sound field 声场 08.010

sound field microphone 声场传声器 08.073

sound frequency signal generator 声频信号发生器 08.090

sound intensity 声强 08.019

sound intensity level 声强级 08.026

sound intensity measuring instrument 声强测量仪 08.081

sound level 声级 08.038

sound level meter 声级计 08.078

sound level recorder 声级记录仪 08.087

sound particle displacement 声质点位移，*质点位移 08.016

sound particle velocity 声质点速度，*质点速度 08.017

sound power 声功率 08.020

sound power level 声功率级 08.027

sound pressure 声压 08.018

sound pressure level 声压级 08.024

sound sensitivity 声灵敏度 05.096

sound transmission loss 传声损失，*隔声量 08.063

sound velocity 声速 08.015

sound wave 声波 08.002

source efficiency 源效率 14.030

source-surface distance 源–表面距离 14.032

space-charge effect 空间电荷效应 15.480

span of a nominal indication interval 标称示值区间的量程 01.115

spatial frequency 空间频率 05.033，13.423

special glassware 专用玻璃量器 06.039

specific absorption rate 比吸收率 11.408

specific activity 比活度 14.018

specification 规范 02.028

specification interval 规范区，*规范范围 02.032

specification limit 规范限 02.029

specification zone 规范区，*规范范围 02.032

specific heat capacity 比热容 09.152

specific heat capacity at constant pressure 定压比热容 09.153

specific magnetization 比磁化强度 10.217

specific saturation magnetization 比饱和磁化强度 10.219

specific total loss 比总损耗，*总损耗[质量]密度 10.248

specific volume 比容 03.051

specimen 试样 04.095

specimen of an approved type 获准型式的样本 01.197

spectral absorbance 光谱吸收度 13.150

spectral absorption index [of a heavity absorbing material] [强吸收材料的]光谱吸收指数 13.168

spectral absorptivity 光谱吸收率 13.153

spectral band width 谱带宽度 15.472

spectral chromaticity coordinate 光谱色品坐标 13.269

spectral distribution 光谱分布 13.034

spectral emissivity 光谱发射率 09.123

spectral interference 光谱干扰 15.485

spectral internal absorptance 光谱内吸收比 13.149

spectral internal transmittance 光谱内透射比 13.148

spectral internal transmittance density *光谱内透射密度 13.150

spectral irradiance 光谱辐射照度 13.056

spectral line [光]谱线 13.008

spectral linear absorption coefficient 光谱线性吸收系数 13.145

spectral linear attenuation coefficient 光谱线性衰减系

数 13.144

spectral line interference 谱线干扰 15.484

spectral luminous efficiency 光谱光[视]效率 09.143，13.072

spectral mass attenuation coefficient 光谱质量衰减系数 13.146

spectral mismatch correction factor 光谱失配修正因数，＊色修正因数 13.104

spectral optical thickness 光谱光学厚度，＊光谱光学深度 13.147

spectral production 光谱乘积 13.187

spectral radiance 光谱辐射亮度 13.055

spectral reflectance 光谱反射比 13.183

spectral reflectance factor 光谱反射因数 13.184

spectral regular transmittance 光谱规则透射比 13.185

spectral stimulus ＊光谱刺激 13.241

spectral total radiant flux standard lamp 光谱总辐射通量标准灯 13.061

spectral transmissivity 光谱透射率 13.152

spectral transmittance for optical system 系统的光谱透射比 13.435

spectroelectrochemistry 光谱电化学法 15.141

spectrometer ＊分光计 02.118，[光]谱仪 15.370

spectrophotometer 光谱光度计 13.175，分光光度计 15.371

spectrophotometric standard of glass filters 标准玻璃滤光器 13.186

spectrophotometry 光谱光度学 13.111

spectroradiometer 光谱辐射计 13.063

spectroscopy 能谱法 15.231

spectrum 频谱 11.043，光谱 13.007

spectrum analyzer 频谱分析仪 11.078

spectrum locus 光谱轨迹 13.271

spectrum purity 频谱纯度 11.044

specular reflection 规则反射，＊镜反射 13.113

speed and mileage meter 车速里程表 05.244

spherical aberration 球[面像]差 13.413

spherical metallic tank 球形金属罐 06.069

spherical segment of horizontal metallic tank 卧式金属罐球缺 06.067

spherical wave 球面波 08.009

sphericity interferometer 球面干涉仪 02.051

sphygmomanometer 血压计 07.067

spiked sample 强化样品，＊添加样品 15.255

spiral Bourdon tube 螺旋形弹簧管 07.050

split ratio 分流比 15.443

SPM 扫描探针显微镜 02.218

spontaneous fission neutron source 自发裂变中子源 14.162

spot sample 点样品，＊部位样品 15.252

spot size 光斑尺寸 13.311

spurious modulation 寄生调制 11.074

spurious radiation 杂散辐射 11.287

square 直角尺，＊90°角尺 02.121

square spline gauge 矩形花键量规 02.185

square wave 方波 11.183

square wave polarography 方波极谱法 15.135

SSE 辐射源尺寸效应 09.149

stability ＊稳定性 01.127

stability of a measuring instrument 测量仪器的稳定性 01.127

stability [of RM] [标准物质]稳定性 15.049

stability of rotating velocity 转速稳定度 05.241

stacking factor ＊占空因子 10.270

stage 水位 06.116

stage-discharge relation 水位–流量关系 06.117

stagnation pressure 滞止压力 06.103

standard air-line 标准空气线 11.114

standard base line ＊标准基线 02.210

standard bell prover 钟罩式气体流量标准装置 06.206

standard capsule platinum resistance thermometer 标准套管铂电阻温度计 09.052

standard cell 标准电池 10.143

standard density 标准密度 03.049

standard earphone 标准耳机 08.108

standard equipment of rotating velocity 转速标准装置 05.240

standard hardness block 标准硬度块 04.146

standard hydrogen electrode 标准氢电极 15.345

standard hydrometer 标准浮计 03.061

standard illuminance meter 标准照度计 13.094

standard lamp for distribution temperature 分布温度标准灯 13.060

standard lamp for luminous intensity 发光强度标准灯

13.091

standard lamp for spectral irradiance　光谱辐[射]照度标准灯　13.059

standard lamp for spectral radiance　光谱辐[射]亮度标准灯　13.058

standard lamp for total luminous flux　总光通量标准灯　13.092

standard measurement uncertainty　＊标准测量不确定度　01.054

standard microphone　标准传声器　08.070

standard mismatch kit　标准失配器，＊失配负载　11.117

standard noise temperature　标准噪声温度　11.164

standard permeation tube　标准渗透管　15.499

standard phase shifter　标准移相器，＊差分相移标准器　11.152

standard platinum resistance thermometer　标准铂电阻温度计　09.050

standard projector　标准发射器　08.138

standard radiant source　标准辐射源　13.057

standard reference data　标准参考数据　01.157

standard resistor　标准电阻　10.145

standard silicon sphere　标准硅球　03.057

standard soap-film burette　皂膜式气体流量标准装置　06.207

standard solution [of activity]　[放射性活度]标准溶液　14.042

standard source　标准放射源　14.043

standard specimen of magnetic material　磁性材料标准样品　10.309

standard temperature of hydrometer　浮计标准温度　03.072

standard uncertainty　标准不确定度　01.054

standard vibrator　标准振动台　05.080

standing-wave flume　驻波槽　06.192

start angle　初相位　05.059

star test　星点检验　13.432

static magnetization curve　静态磁化曲线　10.234

static mathematic model of accelerometer　静态模型方程　05.259

static press compensated dry supporting slide table　带静压补偿的干支撑滑台　05.123

static pressure　静态压力　07.008

static pressure Pitot tube　静压皮托管　06.173

static pressure supporting slide table　静压支撑滑台　05.121

static volumetric method　静态容积法　06.200，＊静态容量法　15.119

static weighing　静态称量　03.005

static weighing method　静态质量法　06.199

static weight unit　＊静重部分　04.018

stationary phase　固定相　15.430

steady electric field　恒定电场　10.040

steady flow　稳定流，＊定常流　06.094

steady state operating condition　稳态工作条件　01.118

steady state voltage change　稳态电压变化　11.306

Stefan-Boltzmann law　斯特藩－玻尔兹曼定律　13.039

step gauge　步距规　02.198

steradian　球面度　13.018

stereotactic radiosurgery therapy　立体定向放射外科治疗　14.182

stilling basin　消力池　06.197

STM　扫描隧道显微镜　02.219

stock solution　储备溶液　15.267

stoichiometric point　化学计量点　15.303

stoichiometry　化学计算学　15.019

stop watch　秒表　12.026

straight cylindrical involute spline gauge　圆柱直齿渐开线花键量规　02.186

straight edge　平尺　02.065

straight length　直管段　06.087

strain　应变　09.043

strain pressure transducer　应变式压力传感器　07.056

stray light　杂散光，＊杂散辐射　13.188

stray radiation　杂散辐射　14.003

striking edge　锤刃，＊冲击刀刃　04.102

strip line　带状线　11.315

Strouhal number　施特鲁哈尔数　06.107

stuff up coefficient　填充系数　10.272

subcarrier to horizontal phase　副载波水平相位　11.355

subdividing fringe method　条纹细分法　05.082

submultiple of a unit　分数单位　01.020

sub-sample　子样品　15.246

subsequent verification　后续检定　01.178

substitution method for attenuation measurement　衰减测量替代法　11.141

substitution [method of] measurement　替代测量[法]　10.164

substitution theorem　替代定理　10.107

subtractive weigher　减量秤　03.101

superconducting quantum magnetometer　超导量子磁强计，＊SQUID 磁强计　10.303

superconductive fixed point　超导固定点　09.031

superconductivity　超导[电]性　09.030

superconductivity transition temperature　超导转变温度　09.032

superconductivity transition width　超导转变宽度　09.033

superconductor　超导体　10.009

supercritical fluid chromatograph　超临界流体色谱仪　15.403

supercritical fluid chromatography　超临界流体色谱法　15.181

superficial individual dose equivalent　浅表个人剂量当量　14.132

superposition theorem　叠加定理　10.106

supporting electrolyte　支持电解质　15.354

supporting knife　支点刀　04.014

surface activity response　表面活度响应　14.019

surface analysis　表面分析　15.237

surface color　表面色　13.206

surface contamination meter　表面污染测量仪　14.053

surface dose　表面剂量　14.187

surface emission rate　[源]表面发射率　14.029

surface ionization　表面电离　15.206

surface plate　平板，＊平台　02.066

surface platinum resistance thermometer　表面铂热电阻温度计　09.055

surface profile　表面轮廓　02.137

surface roughness　表面粗糙度　02.143

surface slope　水表面比降　06.114

surface thermometer　表面温度计　09.054

surge　浪涌冲击，＊浪涌　11.291

surveyor's level　水准仪　02.115

sweeping sinusoidal excitation　扫描正弦激励　05.010

sweep rate　扫描速率　05.133

sweep vibration　扫频振动　05.136

swirling flow　旋涡流　06.091

switching operation　开关操作　11.274

symbol of measurement unit　测量单位符号，＊计量单位符号　01.010

symbol of unit of measurement　测量单位符号，＊计量单位符号　01.010

symmetrical input　对称输入，＊平衡输入　10.185

symmetrical output　对称输出，＊平衡输出　10.187

symmetrical three-phase circuit　对称三相电路　10.080

symmetrical triangular shock pulse　对称三角形冲击脉冲　05.166

synchronizing signal steady state nonlinear distortion　同步信号的静态非线性失真　11.350

synchrotron radiation　同步[加速器]辐射　13.052

systematic error　＊系统误差　01.085

systematic measurement error　系统测量误差　01.085

system of measurement units　＊计量单位制　01.015

system of quantities　量制　01.003

system of units　单位制　01.015

T

table balance　架盘天平　03.025

tachometer　转速表　05.232

tachometer by electron counting　电子计数式转速表　05.238

tachometer by transform of frequency-voltage　频率–电压变换式转速表　05.239

TAI　国际原子时　12.005

tailing reducer　减尾剂　15.325

Talbot's law　塔尔博特定律　13.226

tangent gear tooth gauge　正切齿厚规　02.183

tape　卷尺　02.087

taper　锥度　02.127

taper measuring instrument　锥度测量仪　02.129

taper thread　圆锥螺纹　02.149

tare-balancing device　皮重平衡装置　03.124

tare device　皮重装置　03.123

tare-weighing device　皮重称量装置　03.125

tare weight　皮重，＊皮重值　03.113

target measurement uncertainty　＊目标测量不确定度　01.050

target nucleus　靶核　14.001

target uncertainty　目标不确定度　01.050

taximeter　出租汽车计价器　05.243

TCD　热导检测器　15.414

telephone electroacoustic testing instrument　电话电声测试仪　08.110

telephone receiver　受话器　08.106

telephone time service　电话授时　12.043

telephone transmitter　送话器　08.105

teleradiotherapy　远距离放射治疗　14.180

temperature　温度　09.002

temperature coefficient of resistance　电阻温度系数　09.046

temperature compensated crystal oscillator　温补晶振　12.063

temperature effect on minimum dead load output　最小载荷输出温度影响　04.083

temperature effect on rated output　额定输出温度影响，＊输出温度影响　04.068

temperature effect on zero output　零点输出温度影响，＊零点温度影响　04.069

temperature field　温度场　09.040

temperature gradient　温度梯度　09.039

temperature indication controller　温度指示控制仪　09.114

temperature of tank shell　罐壁温度　06.011

temperature plateau　温坪　09.028

temperature scale　温标　09.008

temperature sensor pair　配对温度传感器　06.160

temperature stability　温度特性　12.079

temperature transmitter　温度变送器　09.115

TEM wave　横电磁波，＊TEM波　11.011

terminal　端子　10.121

terminal variable　端变量　10.122

50 Ω termination　50 Ω 终端　11.125

ternary error　三元差错　11.393

teslameter　特斯拉计　10.297

test configuration　试验布置　11.265

test force　试验力　04.148

test sample　测试样品　15.250

test solution　试液　15.266

THD　总谐波畸变率，＊畸变率，＊畸变因数　10.090

theodolite　经纬仪　02.114

thermal analysis　热分析　15.113

thermal balance　热天平　03.027

thermal conductivity　热导率，＊导热系数　09.038

thermal conductivity detector　热导检测器　15.414

thermal conductivity vacuum gauge　热传导真空计　07.112

thermal detector　热探测器　13.384

thermal diffusivity　热扩散率，＊导温系数，＊热扩散系数　09.154

thermal equilibrium　热平衡　09.001

thermal expansion coefficient　热膨胀系数　02.013

thermal imager　热像仪　09.144

thermal ionization　热电离　15.205

thermal noise　热噪声　11.157

thermal radiation　热辐射　13.036

thermal response time　热响应时间　02.014

thermistor thermometer　热敏电阻温度计　09.058

thermocouple　热电偶　09.061

thermocouple element　热电偶组件　09.078

thermocouple instrument　热偶式仪表　10.198

thermodynamic temperature　热力学温度　09.003

thermoelectric converter　热电变换器　10.180

thermoelectric effect　热电效应　10.011

thermogravimetry　热重法　15.115

thermoluminescent dosemeter　热释光剂量计　14.136

thermometer　温度计　09.014

thermometry　测温学，＊计温学　09.007

thermopile　温差堆，＊热电堆　13.386

thermospray interface　热喷雾接口　15.445

Thevenin theorem　戴维南定理　10.109

thickness gauge　测厚规，＊厚度表　02.082

thin layer chromatography　薄层色谱法　15.179

thin layer [chromatography] scanner　薄层[色谱]扫描仪　15.401

thin-plate notch weir　薄壁缺口堰　06.182

thin-plate weir　薄壁堰　06.181

thin source　薄放射源　14.027

third-order nonlinearity coefficient　三阶非线性系数 05.263

Thomson effect　汤姆孙效应　10.014

thread　螺纹　02.147

thread form　牙型　02.150

thread measuring wires　三针　02.163

three-phase circuit　三相电路　10.073

three-phase load　三相负载　10.075

three-phase source　三相电源　10.074

three-point internal micrometer　三爪内径千分尺 02.076

three wires　三针　02.163

threshold detector　阈探测器　14.099

throat　喉道　06.196

throttle device　节流装置　06.120

throw shock machine　上抛冲击机　05.188

TIC　时间间隔计数器　12.024

tilt test　倾斜试验　03.042

time average rotating velocity　时间平均转速　05.221

time base　时基　12.025

time code　时间编码　12.035

time comparison　时间比对　12.036

time constant　时间常数　05.070，13.393

time constant of AC resistor　交流电阻时间常数 10.019

time domain calibration　时域校准　05.201

time domain measurement　时域测量　11.001

time frequency primary standard　时间频率基准 12.012

time interval　时间间隔　12.022

time interval counter　时间间隔计数器　12.024

time interval error　时间间隔误差　11.399

time interval generator　时间间隔发生器　12.023

time jitter　时间抖动　11.362

time-of-flight mass spectrometer　飞行时间质谱仪 15.451

time-of-flight neutron spectrometer　中子飞行时间能谱仪　14.166

time offset　时间偏差　12.034

time scale　时标，＊时间坐标，＊时间尺度　12.001

time standard　时间标准　12.049

time standard deviation　时间标准偏差　12.048

time synchronization　时间同步　12.037

time to half value　半峰值时间　11.290

time transfer　时间传输　12.038

time weighting　时间计权　08.037

timing style tachometer　定时式转速表　05.234

tissue equivalent ionization chamber　组织等效电离室 14.143

titer　滴定度　15.306

titrant　滴定剂　15.315

titration constant　滴定常数　15.308

titration curve　滴定曲线　15.307

titration end point　滴定终点　15.304

titration error　＊滴定误差　15.305

titrimetric analysis　滴定分析[法]　15.101

tolerance　公差，＊容差　02.026

tolerance interval　公差区，＊公差范围　02.027

tolerance limit　公差限　02.025

tolerance zone　公差区，＊公差范围　02.027

tone burst　猝发声，＊正弦波列　08.030

tonometer　眼压计　07.077，音准仪　08.112

toolmaker's microscope　工具显微镜　02.104

tooth space　齿距　02.170

top magnitude　顶量值　11.180

toroidal throat Venturi nozzle　环形喉部临界流文丘里喷嘴　06.136

torque-calibration lever　扭矩校准杠杆　04.005

torque-meter　扭矩仪　04.043

torque standard machine　扭矩标准机　04.003

torque wrench　扭矩扳子　04.044

torsion balance　扭力天平　03.021

torsion balance with table pan　托盘扭力天平　03.022

torsion spring comparator　扭簧比较仪，＊扭簧测微仪 02.081

total absorption peak　全吸收峰　14.103

total harmonic current　总谐波电流　11.307

total harmonic distortion　总谐波畸变率，＊畸变率，＊畸变因数　10.090

total inside length　内总长　06.026

total irradiance　全辐射照度　13.054

total loss [volume] density　总损耗[体积]密度　10.249

total mass stopping power　总质量阻止本领　14.061

total outside length　外总长　06.029

total pressure Pitot tube　总压皮托管　06.174

total pressure vacuum gauge　全压真空计　07.121

total radiance 全辐射亮度 13.053

total radiant flux integrating meter 总辐射通量积分仪 13.067

total radiation temperature 全辐射温度 09.130

total radiation thermometer 全辐射温度计 09.132

total radiation thermometry 全辐射测温法 09.131

total station electronic tachometer 全站型电子速测仪 02.208

total test force 总试验力 04.151

traceability chain *溯源链 01.067

trace analysis 痕量分析 15.097

tracer method 示踪法 06.179

tracking filter 跟踪滤波器 05.076

transducer 换能器 08.031

transducer sensitivity 传感器灵敏度 05.041

transducer temperature response 传感器温度响应 05.092

transducer transient temperature sensitivity 传感器瞬变温度灵敏度 05.091

transfer device *传递装置 01.148

transfer function 传递函数 10.115

transfer impedance 传递阻抗，*跨点阻抗 05.032

transfer measurement device 传递测量装置 01.148

transformation between star connected and delta connected impedances 星形阻抗与三角形阻抗变换 10.102

transient random excitation 瞬态随机激励 05.016

transitional flow rate 分界流量 06.082

translucent medium 半透明介质，*模糊介质 13.173

transmission 透射 13.013

transmission line 传输线 11.025

transmission parameter 传输参量 11.009

transmittance 透射比 09.121，13.127

transmittance factor 透射因数 13.190

transmittance factor density 透射因数密度，*透射密度 13.191

transmittance [optical] density 透射[光学]密度 13.134

transmitted flux 透射辐射[光]通量 15.392

transmitted near field scanning method 透射近场扫描法 13.356

transmitted power method 透射功率法 13.358

transparent medium 透明介质 13.172

transport property [of substance] [物质]的输运性质 09.150

transverse electromagnetic transmission cell 横电磁波传输室 11.197

transverse electromagnetic wave 横电磁波，*TEM 波 11.011

transverse magnetostriction coefficient 横向磁致伸缩系数 10.224

transverse movement vibration ratio for shock acceleration peak 台面冲击峰值加速度横向运动比 05.214

transverse sensitivity 横向灵敏度 05.044

transverse sensitivity ratio 横向灵敏度比 05.045

transverse vibration ratio for vibration table 台面横向振动比 05.132

transverse wave 横波 08.004

trap detector 陷光探测器 13.389

trapezoidal shock pulse 梯形冲击脉冲 05.169

traveling measurement standard 搬运式测量标准 01.147

traveling standard *搬运式标准 01.147

triangular-profile weir 三角形剖面堰 06.186

triangular spline gauge 三角花键量规 02.187

trichromatic system 三色系统 13.254

trig error 触发误差 05.231

triple point 三相点 09.020

triple point of water 水三相点 09.021

tristimulus values [of a color stimulus] [色刺激的]三刺激值 13.256

Troland 楚兰德 13.237

trueness *正确度 01.075

trueness of measurement 测量正确度 01.075

true value *真值 01.029

true value of a quantity 量的真值 01.029

tungsten-rhenium thermocouple 钨铼热电偶 09.074

tungsten strip lamp 钨带灯 09.147

turbidimeter 浊度计，*比浊计 15.339

turbidimetric analysis 比浊分析 15.144

turbidity 浊度 15.060

turbine flow meter 涡轮流量计 06.141

turbulent flow 湍流，*紊流 06.092

turning point 回转点 03.029

turn-speed of cylinder 油缸转速 04.026

TV time frequency transfer 电视时间频率发播 12.040

two-dimensional spectrum 二维谱 15.230

two-port 二端口 10.111

two way time and frequency transfer 卫星双向法 12.046

type A evaluation ＊A 类评定 01.052

type A evaluation of measurement uncertainty 测量不确定度 A 类评定 01.052

type approval certificate 型式批准证书 01.190

type approval mark 型式批准标记 01.189

type B evaluation ＊B 类评定 01.053

type B evaluation of measurement uncertainty 测量不确定度 B 类评定 01.053

type evaluation 型式评价 01.166

type evaluation report 型式评价报告 01.167

U

UCS diagram 均匀色品标度图，＊UCS 图 13.283

ullage height 空高 06.021

ultimate overload 极限过负荷 04.052

ultimate overload rate ＊极限过负荷率 04.052

ultramicro analysis 超微量分析 15.096

ultramicroelectrode [超]微电极 15.350

ultrasonic detection and measurement 超声检测，＊超声分析 08.117

ultrasonic diagnosis 超声诊断法 08.131

ultrasonic distance measuring instrument 超声波测距仪 02.207

ultrasonic Doppler method testing system 超声多普勒检测系统 08.133

ultrasonic flaw detector 超声探伤仪 08.130

ultrasonic flow meter 超声波流量计 06.144

ultrasonic power 超声功率 08.119

ultrasonic power meter 超声功率计 08.129

ultrasonic probe 超声探头 08.132

ultrasonics 超声学 08.116

ultrasonic source 超声源 08.128

ultrasonic tissue phantom 超声人体组织仿真模块 08.134

ultrasonic transducer 超声换能器 08.127

ultratrace analysis 超痕量分析 15.098

ultraviolet radiation 紫外辐射 13.004

ultraviolet-visible light detector 紫外–可见光检测器 15.419

ultraviolet/visible/near infrared spectrophotometer 紫外可见近红外光谱仪 15.372

umpire sample 仲裁样品 15.257

uncertainty ＊不确定度 01.049

uncertainty budget 不确定度报告 01.061

uncertainty of measurement 测量不确定度 01.049

uncertainty range 不确定区 02.035

uncorrected result 未修正结果 01.090

underwater acoustics 水声学 08.135

underwater sound probe 水声探头 08.139

underwater sound transducer 水声换能器 08.136

undirectional magnetometer 无定向磁强计 10.302

unified chromatograph 多用色谱仪 15.405

uniform-chromaticity-scale diagram 均匀色品标度图，＊UCS 图 13.283

uniform color space 均匀色空间 13.282

uniform field area 均匀域 11.258

uniformity of hardness block 硬度块的均匀度 04.147

uniform point source ＊均匀点源 13.016

unit ＊单位 01.009

unit equation 单位方程 01.025

unit of measurement 测量单位，＊计量单位 01.009

unit of turbidity 浊度单位 15.061

universal bevel protractor 万能角度尺 02.117

universal counter 通用计数器 12.086

universal gear measuring instrument 万能测齿仪 02.191

universal involute and helix measuring instrument 万能渐开线螺旋线测量仪 02.192

universal time 世界时 12.004

universal tooth profile measuring instrument 万能式齿形测量仪 02.190

unrelated [perceived] color [感知的]非相关色 13.210

unsteady flow　不稳定流，＊非定常流　06.095

unsymmetrical mode voltage　不对称模电压，＊V端子电压　11.264

unsymmetrical three-phase circuit　非对称三相电路　10.081

upper datum mark　上计量基准点　06.016

upper edge reading for meniscus　弯月面上缘读数　03.074

upper limit temperature　＊上限温度　09.015

upper quartile method　上四分位法　11.277

upper specification limit　上规范限　02.030

useful beam　有用射束　14.008

useful life [of detector]　[探测器的]使用寿命　14.088

useful spectral range　有效光谱范围　15.491

USL　上规范限　02.030

UT　世界时　12.004

UTC　协调世界时　12.006

U-tube liquid manometer　U形管液体压力计　07.029

UV irradiance meter　紫外[辐射]照度计　13.065

V

vacuum　真空　07.108

vacuum gauge　真空表　07.043，真空计　07.110

vacuum system　真空系统　07.119

validated method [of measurement]　有效[测量]方法　15.088

value　＊值　01.011

value of quantity　量值　01.011

van Deemter equation　范第姆特方程　15.436

vaporizing heat　汽化热　09.027

vapor thermometer　蒸气压温度计　09.104

var　乏，＊无功伏安　10.098

variable angle photometer　变角光度计　13.107

variable angle radiometer　变角辐射计

variable angle reflectometer　变角反射计　13.182

variable aperture method　可变光阑孔法　13.359

variation due to an influence quantity　影响量引起的变差　01.073

variation in length of a gauge block　量块的长度变动量　02.072

vector magnitude error　矢量幅度误差　11.387

vector signal analyzer　矢量信号分析仪　11.415

vector signal generator　矢量信号发生器　11.416

vehicle for liquefied petroleum gas　液化石油气汽车槽车　06.053

velocity-area method　速度面积法　06.165

velocity change quantity for shock acceleration　冲击加速度变化量　05.212

velocity distribution　速度分布　06.098

velocity impedance　速度阻抗　05.027

velocity mobility　速度导纳　05.028

velocity shock response spectrum　速度冲击响应谱　05.181

"velocity" water meter　"速度式"水表　06.152

vent　排气口　06.049

vent hole　排气孔　06.090

Venturi flume　文丘里槽　06.191

Venturi tube　文丘里管　06.128

verification by sampling　抽样检定　01.176

verification certificate　检定证书　01.191

verification mark　检定标记　01.186

verification of a measuring instrument　测量仪器的检定，＊计量器具的检定　01.175

verification scale interval　检定标尺分度值　03.035

vernier calliper　游标卡尺　02.078

versed sine shock pulse　正矢冲击脉冲　05.167

vertical diameter of spherical metallic tank　球形金属罐竖向直径　06.071

vertical hob measuring instrument　立式滚刀测量仪　02.194

vertical velocity curve　垂线流速分布曲线　06.178

vibrating reed instrument　振簧系仪表　10.200

vibrating specimen magnetometer　振动样品磁强计　10.299

vibration　振动　05.046

vibration bench for testing　振动试验台，＊振动台　05.106

vibration calibration by comparison method　振动的比较法校准　05.086

vibration cylinder pressure transducer 振动筒压力传感器 07.063

vibration exciter 激振器 05.126

vibration level 振级 05.049

vibration reference amplitude 振动参考幅值 05.078

vibration reference frequency 振动参考频率 05.077

vibration sensitive axis 振动灵敏轴 05.079

vibration severity 振动烈度 05.048

vibration test 振动试验 05.157

vibration-type densimeter 振动式密度计 03.066

Vickers hardness 维氏硬度 04.120

Vickers hardness test 维氏硬度试验 04.119

video linear distortion 视频线性失真 11.334

video nonlinear distortion 视频非线性失真 11.335

video tape 录像[磁]带 10.284

video track 视频磁迹 10.286

virtual pitch diameter 作用中径 02.155

viscometer constant 黏度计常数 15.070

viscosity 黏度，*动力黏度 15.068

viscosity-average molecular weight 黏均分子量 15.033

visibility of fringe pattern 干涉条纹对比度 02.047

visible radiation 可见辐射 13.002

visual acuity 视觉敏锐度 13.219

visual colorimetry 目视色度测量 13.200

visual density 视觉密度 13.192

visual photometer 目视光度计 13.099

visual photometry 目视光度测量法 13.096

visual resolution *视觉分辨力 13.219

volt 伏[特] 10.044

voltage 电压 10.023

voltage change characteristic 电压变化特性 11.305

voltage dip 电压暂降 11.298

voltage divider 分压器 10.204

voltage level 电压电平 11.056

voltage sanding wave ratio 电压驻波比，*驻波系数 11.110

voltage source 电压源 10.057

voltammetry 伏安法 15.138

volt ampere 伏安 10.097

voltmeter 电压表 10.153

volume 容积 06.003，累积流量，*总量 06.076

volume element 体积元 14.202

volume fraction 体积分数 15.009

volume of smallest scale division 计量颈分度容积 06.045

volume percentage concentration 体积百分浓度，*体积浓度 03.053

"volumetric" water meter "容积式"水表 06.151

voluntary verification 自愿检定 01.180

vortex precession flow meter 旋进旋涡流量计 06.143

vortex-shedding flow meter 涡街流量计 06.142

VSWR 电压驻波比，*驻波系数 11.110

W

waiting time 等待时间 06.010

wall attachment effect 附壁效应 06.111

wall effect 壁效应 14.069

wall pressure tapping 管壁取压孔 06.088

wall-stabilized argon arc 壁稳氩弧 13.049

wander 漂动 11.398

warm-up 开机特性 12.078

watch calibrator 校表仪 12.096

water activity 水活度 15.082

waterflow type gas calorimetric method 水流型气体热量计测量法 15.118

water meter 水表 06.150

watt 瓦[特] 10.051

watt balance 功率天平 10.018

watt hour 瓦特小时，*瓦小时 10.099

wattmeter 功率表 10.156

wave aberration 波像差 13.421

wave form factor 波形因数 05.066，11.053

wave front 波阵面 08.006

wavefront aberration function 波像差函数 13.428

waveguide 波导 11.019

waveguide cutoff frequency 波导截止频率，*临界频率 11.020

waveguide wavelength 波导波长 11.023

X

Y

Z

汉 英 索 引

A

阿贝原则　Abbe principle　02.007

阿伦标准偏差　Allan standard deviation　12.072

*阿伦方差　Allan standard deviation　12.072

艾里点　Airy points　02.011

爱泼斯坦方圈　Epstein square　10.291

*爱泼斯坦检测架　Epstein square　10.291

安[培]　ampere　10.043

安培检测器　amperometric detector　15.421

安全过负荷　safe overload　04.051

安装共振频率　mounted resonance frequency　05.089

安装力矩灵敏度　mounting torque sensitivity　05.098

安装条件　installation condition　06.086

*安装谐振频率　mounted resonance frequency　05.089

案秤　bench scale　03.086

暗电流　dark current　13.392

暗视觉　scotopic vision　13.070

*暗适应　dark adaptation　13.217

B

八度　octave　08.104

巴氏硬度　Barcol hardness　04.135

巴氏硬度试验　Barcol hardness test　04.134

巴歇尔槽　Parshall flume　06.194

靶核　target nucleus　14.001

靶体截面　cross section　14.131

白度　whiteness　13.216

白度计　whiteness meter　13.287

白频噪声　white frequency noise　12.020

白相噪声　white phase noise　12.016

白噪声　white noise　05.054，11.159

*百分表　dialgauge　02.080

*百分回收率　percentage recovery　15.311

百分率天平　percentage balance　03.017

百分深度剂量　percentage depth dose　14.126

摆锤　pendulum　04.101

摆锤力矩　moment of pendulum　04.111

*摆锤铅垂位置　free position of pendulum　04.105

摆锤式冲击标准机　pendulum impact standard machine　04.006

摆锤式冲击基准机　pendulum impact primary standard machine　04.007

摆锤式冲击试验机　pendulum impact testing machine　04.099

摆锤质心距　distance of center of mass　04.113

摆锤自由位置　free position of pendulum　04.105

*摆轴线　axis of rotation　04.100

*搬运式标准　traveling standard　01.147

搬运式测量标准　traveling measurement standard　01.147

板簧台　board spring table　05.116

半波电位　half-wave potential　15.364

半波片　half-wave plate　13.405

半导体　semiconductor　10.008

半导体探测器　semiconductor detector　14.079

[半导体探测器的]电荷收集时间　charge collection time [of semiconductor detector]　14.080

[半导体探测器的]耗尽层　depletion layer [in semiconductor detector]　14.081

[半导体探测器的]死层　dead layer [of semiconductor detector]　14.082

半电波暗室　semi-anechoic chamber　11.312

半峰宽度　half peak width　10.243

半峰值时间　time to half value　11.290

半球发射率　hemispherical emissivity　13.040

半衰期　half life　14.037

半透明介质　translucent medium　13.173

半微量分析　semimicro analysis　15.094

半消声室　semi-anechoic room　08.092

半正弦冲击脉冲　half-sine shock pulse　05.163

半值层　half value layer, HVL　14.125

半自行指示衡器　semi-self-indicating instrument　03.108

伴随辐射　concomitant radiation　14.011

伴随粒子法　associated particle method　14.155

伴随调制　accompanied modulation　11.075

包含概率　coverage probability　01.060

包含区间　coverage interval　01.059

包含因子　coverage factor　01.058

包容区域　coverage area　02.055

薄壁缺口堰　thin-plate notch weir　06.182

薄壁堰　thin-plate weir　06.181

薄层色谱法　thin layer chromatography　15.179

薄层[色谱]扫描仪　thin layer [chromatography] scanner　15.401

薄放射源　thin source　14.027

饱和磁感应强度　saturation magnetic induction　10.238

饱和磁化强度　saturation magnetization　10.218

饱和磁极化强度　saturation magnetic polarization　10.220

饱和磁通　saturation magnetic flux　10.239

* 饱和磁通密度　saturation flux density　10.238

饱和磁滞回线　saturation hysteresis loop　10.237

饱和度　saturation　13.213

* 饱和法　saturation method　15.119

保留时间　retention time　15.431

保留体积　retention volume　15.432

保留样品　retention sample　15.258

暴露声级　sound exposure level　08.041

曝辐[射]量　radiant exposure　13.029

曝辐[射]量表　radiant exposure meter　13.066

曝光量　luminous exposure　13.081

曝光子量　photon exposure　13.030

爆炸波　blast wave　05.171

杯突试验机　cupping testing machine　04.091

* 杯形液体压力计　one-tube liquid manometer　07.030

北京时间　Beijing time　12.008

贝尔　bel　08.022

贝克曼温度计　Beckmann thermometer　09.091

贝塞尔点　Bessel points　02.012

贝塞尔函数法　Bessel function method　05.083

背景校正　background correction　15.487

背景吸收　background absorption　15.486

倍频程滤波器　octave band filter　08.084

1/3 倍频程滤波器　one third-octave band filter　08.085

倍频器　frequency multiplier　12.088

倍数单位　multiple of a unit　01.019

被测量　measurand　01.037

被动型原子频标　passive atomic frequency standard　12.058

* 被知觉的光　perceived light　13.068

* 本底示值　background indication　01.112

* 本生–西林扩散计　Bunsen-Schilling effusiometer　03.063

本生–西林流出计　Bunsen-Schilling effusiometer　03.063

* 本征标准　intrinsic standard　01.149

本征测量标准　intrinsic measurement standard　01.149

* 本征衰减　intrinsic attenuation　11.136

G/T 比　G/T ratio　11.174

比饱和磁化强度　specific saturation magnetization　10.219

比磁化强度　specific magnetization　10.217

比对　comparison　01.069

比活度　specific activity　14.018

比降–面积法　slope-area method　06.175

比较测量[法]　comparison [method of] measurement　10.161

比较灯　comparison lamp　13.093

比较仪　comparator　10.205

比例活塞　proportional piston　04.020

比例取样　proportional sampling　15.262

比例油缸　proportional cylinder　04.021

比热比　ratio of specific heat capacities　06.108

比热容　specific heat capacity　09.152

比容　specific volume　03.051

* 比色测温法　colorimetric thermometry　09.134

比色法　colorimetry　15.143

比色计　colorimeter　15.369

* 比色温度　colorimetric temperature　09.133

* 比色温度计　colorimetric thermometer　09.135

比释动能　kerma　14.118

比释动能率　kerma rate　14.119

* 比特差错　bit error　11.392

比特率　bit rate　11.388

比吸收率　specific absorption rate, SAR　11.408

比相仪　phase comparator　12.094

比浊分析　turbidimetric analysis　15.144

* 比浊计　turbidimeter　15.339

比总损耗　specific total loss　10.248

壁稳氩弧　wall-stabilized argon arc　13.049

壁效应　wall effect　14.069

* 臂　port　11.039

边模抑制比　side mode suppression ratio, SMSR　11.403

编码差错　code error　11.396

变角反射计　variable angle reflectometer　13.182

变角辐射计　variable angle radiometer　13.064

变角光度计　variable angle photometer　13.107

变形示值　indication of deflection　04.036

标称冲击脉冲　nominal shock pulse　05.161

* 标称范围　nominal range　01.114

标称量值　nominal quantity value　01.116

标称流量　nominal flow rate　06.083

* 标称脉冲　nominal shock pulse　05.161

标称脉冲的标称值　nominal value of shock pulse　05.162

标称能量　nominal energy　14.179

* 标称区间　nominal interval　01.114

标称容量　nominal capacity　06.007

标称 X 射线管电压　X-ray tube nominal voltage　14.207

标称示值区间　nominal indication interval　01.114

标称示值区间的量程　range of a nominal indication interval, span of a nominal indication interval　01.115

标称特性　nominal property　01.033

* 标称值　nominal value　01.116

* 标尺　scale　01.104

标尺长度　scale length　01.105

标尺分度　scale division　01.106

标尺间隔　scale interval　01.108

标尺间距　scale spacing　01.107

pH 标度　pH scale　15.077

标度因数　scale factor　05.260

标高　elevation　06.064

标量网络分析仪　scalar network analyzer, SNA

11.119

标准表法　master meter method　06.211

标准玻璃滤光器　spectrophotometric standard of glass filters　13.186

标准铂电阻温度计　standard platinum resistance thermometer　09.050

标准不确定度　standard uncertainty　01.054

标准参考数据　standard reference data　01.157

* 标准测量不确定度　standard measurement uncertainty　01.054

标准传声器　standard microphone　08.070

标准电池　standard cell　10.143

标准电阻　standard resistor　10.145

标准耳机　standard earphone　08.108

标准发射器　standard projector　08.138

标准放射源　standard source　14.043

标准浮计　standard hydrometer　03.061

标准辐射源　standard radiant source　13.057

CIE 标准光度观察者　CIE standard photometric observer　13.073

CIE 标准光源　CIE standard source　13.250

标准硅球　standard silicon sphere　03.057

标准环规　reference ring gauge　02.091

* 标准基线　standard base line　02.210

标准空气线　standard air-line　11.114

标准漏孔　reference leak　07.117

标准密度　standard density　03.049

标准气体配制法　preparing method of standard gas mixture　15.119

标准氢电极　standard hydrogen electrode　15.345

CIE 1931 标准色度观察者　CIE 1931 standard colorimetric observer　13.265

CIE 1931 标准色度系统 X, Y, Z　CIE 1931 standard colorimetric system X, Y, Z　13.262

标准渗透管　standard permeation tube　15.499

标准声源　reference sound source　08.076

标准失配器　standard mismatch kit　11.117

CIE 标准施照体　CIE standard illuminants　13.249

标准套管铂电阻温度计　standard capsule platinum resistance thermometer　09.052

* 标准物质　reference material, RM　01.153

* [标准物质]标准值　certified value [of RM]　15.051

[标准物质]定值　characterization [of RM]　15.047

标准物质互换性　commutability of a reference material
　01.155

[标准物质]均匀性　homogeneity [of RM]　15.048

[标准物质]认定值　certified value [of RM]　15.051

[标准物质]稳定性　stability [of RM]　15.049

[标准物质]有效期限　expiration date [of RM]　15.050

标准移相器　standard phase shifter　11.152

标准硬度机　hardness standard machine　04.144

标准硬度块　standard hardness block　04.146

标准圆柱　reference cylinder　02.092

标准噪声温度　standard noise temperature　11.164

标准照度计　standard illuminance meter　13.094

标准振动台　standard vibrator　05.080

表层水温计　bucket thermometer　09.105

* 表观功率　apparent power　10.092

表观密度　apparent density　03.045

表观温度　apparent temperature　09.126

表面铂热电阻温度计　surface platinum resistance
　thermometer　09.055

表面粗糙度　surface roughness　02.143

表面电离　surface ionization　15.206

表面分析　surface analysis　15.237

表面活度响应　surface activity response　14.019

表面剂量　surface dose　14.187

表面轮廓　surface profile　02.137

表面色　surface color　13.206

表面温度计　surface thermometer　09.054

表面污染测量仪　surface contamination meter　14.053

表面污染控制水平　control level of surface contamina-
　tion　14.210

表压力　gauge pressure　07.005

并联　parallel connection　10.101

* TEM 波　transverse electromagnetic wave, TEM wave
　11.011

波长分辨力　wavelength resolution　15.489

波导　waveguide　11.019

波导波长　waveguide wavelength　11.023

波导截止频率　waveguide cutoff frequency　11.020

* 波登管　Bourdon tube　07.049

* 波动度　in-band ripple　05.075

波峰因数　crest factor　05.065，11.052

波片　wave plate　13.403

1/4 波片　quarter-wave plate　13.406

波谱法　wave spectroscopy　15.223

波数　wave number　15.396

* 波数谱　wave spectrum of a quantity　05.039

* 波纹度　in-band ripple　05.075

波纹度轮廓　waviness profile　02.142

波纹管　bellows　07.053

波纹管压力表　bellows pressure gauge　07.037

波像差　wave aberration　13.421

波像差函数　wavefront aberration function　13.428

波形失真　amplitude distortion　11.082

波形因数　wave form factor　05.066，11.053

波阵面　wave front　08.006

波阻抗　wave impedance　11.024

玻尔磁子　Bohr magneton　10.140

玻璃电极　glass electrode　15.347

玻璃体温计　clinical thermometer　09.088

玻璃[液体]温度计　liquid-in-glass thermometer
　09.086

铂纯度　platinum purity　09.045

铂电阻温度计　platinum resistance thermometer
　09.049

铂铑 30-铂铑 6 热电偶　platinum rhodium 30%/platinum
　rhodium 6% thermocouple　09.064

铂铑 10-铂热电偶　platinum rhodium 10%/platinum
　thermocouple　09.063

铂铑 13-铂热电偶　platinum rhodium 13%/platinum
　thermocouple　09.065

铂–钯热电偶　platinum/palladium thermocouple, Pt/Pd
　thermocouple　09.067

补偿　compensation　04.067

补偿式微压计　compensated micromanometer　07.032

补偿型导线　compensating wires　09.082

CIE 1964 补充标准色度观察者　CIE 1964 supplemen-
　tary standard colorimetric observer　13.266

CIE 1964 补充标准色度系统 X_{10}, Y_{10}, Z_{10}　CIE 1964
　supplementary standard colorimetric system X_{10}, Y_{10},
　Z_{10}　13.263

不等臂误差　lever error　03.040

不对称模电压　unsymmetrical mode voltage　11.264

不合格区　non-conformance zone　02.034

不合格通知书　rejection notice　01.193

不可逆极谱波　irreversible polarographic wave
　15.361

不连续骚扰　discontinuous disturbance　11.268

* 不确定度　uncertainty　01.049

不确定度报告　uncertainty budget　01.061

不确定区　uncertainty range　02.035

不完全替代法　semi-substitution method of measure-
ment　10.165

不稳定流　unsteady flow　06.095

布拉格–戈瑞空腔电离室　Bragg-Gray cavity ionization
chamber　14.074

布氏硬度　Brinell hardness　04.116

布氏硬度试验　Brinell hardness test　04.115

步距规　step gauge　02.198

部分奇次谐波电流　partial odd harmonic current
11.308

* 部位样品　spot sample　15.252

C

材料色散参数　material chromatic dispersion parameter
13.347

材料试验机　material testing machine　04.084

* 采样　sampling　15.261

彩度　chroma　13.214

彩色刺激　chromatic stimulus　13.239

彩色积分密度　color integrating density　13.193

参比电极　reference electrode　15.343

参比辐射[光]通量　reference flux　15.394

参比色刺激　reference color stimuli　13.255

参比施照体　reference illuminant　13.247

* 参考标准　reference standard　01.145

参考测量标准　reference measurement standard
01.145

参考测量程序　reference measurement procedure
01.041

参考[测量]方法　reference method [of measurement]
15.087

参考磁平　reference magnetic level　10.282

参考辐射　reference radiation　14.010

参考工作条件　reference operating condition　01.121

参考量值　reference quantity value　01.158

参考灵敏度　reference sensitivity　05.042

参考面　reference plane　11.037

参考数据　reference data　01.156

* 参考条件　reference condition　01.121

参考物质　reference material, RM　01.153

* 参考值　reference value　01.158

* S 参数　scattering parameter　11.038

参照高度　reference height　06.018

参照水平面　reference level　06.058

残留量　remaining liquid　06.008

残余电流　residual current　15.359

残余声强　residual intensity　08.064

残渣　residue　15.302

侧向力　side load　04.053

测长仪　length measuring machine　02.097

测得的量值　measured quantity value, measured value
of a quantity　01.044

* 测得值　measured value　01.044

测地型全球导航卫星系统接收机　geodetic GNSS
receiver　02.213

测定限　determination limit　15.053

测辐射热式功率计　bolometric power meter　11.101

测功机　machine of measuring power　04.045

测光导轨　photometric bench　13.095

测厚规　thickness gauge　02.082

测角仪　goniometer　02.118

测井　gauge well　06.118

测距仪　distance measuring instrument　02.202

测力环　proving ring　04.037

测力仪　dynamometer　04.034

测量　measurement　01.034

* 测量标尺　measurement scale　01.030

测量标准　measurement standard, etalon　01.140

测量标准的保持　conservation of a measurement
standard　01.151

测量不确定度　measurement uncertainty, uncertainty of
measurement　01.049

测量不确定度 A 类评定　type A evaluation of
measurement uncertainty　01.052

测量不确定度 B 类评定　type B evaluation of

插入损耗　insertion loss　11.134

插入损耗法　insertion loss method　13.363

插入损失　insertion loss　08.049

插入相移　insertion phase shift　11.150

*差错　error　11.391

差动活塞　differential piston　07.021

差分全球导航卫星系统接收机　differential GNSS receiver　02.215

差分群时延　differential group delay, DGD　11.404

差分输入电路　differential input circuit　10.189

差分相移　difference phase shift　11.148

*差分相移标准器　standard phase shifter　11.152

差模电流　differential mode current　11.263

差模电压　differential mode voltage　11.262

差拍测量[法]　beat [method of] measurement　10.168

差热分析　differential thermal analysis, DTA　15.114

差示扫描量热法　differential scanning calorimetry　15.116

差压活塞式压力计　differential pressure type piston pressure gauge　07.013

差压[力]　differential pressure　07.002

差压式流量计　differential pressure flow meter　06.119

差值测量[法]　differential [method of] measurement　10.163

长底堰　long-base weir　06.183

长计数器　long counter　14.072

长期频率稳定度　long-term frequency stability　12.070

*长期平衡　secular equilibrium　14.022

长时间波形失真　long-time waveform distortion　11.341

常量分析　macro analysis　15.093

常用玻璃量器　working glass container　06.038

场电离　field ionization　15.209

场解吸　field desorption　15.210

场强仪　field strength meter　11.218

场时间波形失真　field-time waveform distortion　11.340

场所监测　area monitoring　14.170

超导[电]性　superconductivity　09.030

超导固定点　superconductive fixed point　09.031

超导核磁共振[波谱]仪　NMR spectrometer with su-

perconducting magnet　15.467

超导量子磁强计　superconducting quantum magnetometer　10.303

超导体　superconductor　10.009

超导转变宽度　superconductivity transition width　09.033

超导转变温度　superconductivity transition temperature　09.032

超痕量分析　ultratrace analysis　15.098

超临界流体色谱法　supercritical fluid chromatography　15.181

超临界流体色谱仪　supercritical fluid chromatograph　15.403

超热中子　epithermal neutron　14.153

超声波测距仪　ultrasonic distance measuring instrument　02.207

超声波流量计　ultrasonic flow meter　06.144

超声多普勒检测系统　ultrasonic Doppler method testing system　08.133

*超声分析　ultrasonic detection and measurement　08.117

超声功率　ultrasonic power　08.119

超声功率计　ultrasonic power meter　08.129

超声换能器　ultrasonic transducer　08.127

超声检测　ultrasonic detection and measurement　08.117

超声检测分辨力　resolution of ultrasonic detection　08.123

超声人体组织仿真模块　ultrasonic tissue phantom　08.134

超声探伤仪　ultrasonic flaw detector　08.130

超声探头　ultrasonic probe　08.132

超声学　ultrasonics　08.116

超声源　ultrasonic source　08.128

超声诊断法　ultrasonic diagnosis　08.131

[超]微电极　ultramicroelectrode　15.350

超微量分析　ultramicro analysis　15.096

超噪比　excess noise ratio　11.169

车速里程表　speed and mileage meter　05.244

车载式重量分检秤　catchweigher mounted on a vehicle　03.096

沉淀滴定[法]　precipitation titration　15.107

沉淀剂　precipitant　15.316

沉淀重量法　precipitation gravimetry　15.100
沉降天平　sedimentation balance　03.018
陈化　aging　15.293
称量　weighing　03.004
称量因子　weighing factor　15.309
*称重　weighing　03.004
称重传感器　load cell　04.074
称重传感器分度值　load cell interval　04.076
称重传感器检定分度值　load cell verification interval　04.077
称重传感器最大检定分度数　maximum number of load cell verification intervals　04.079
称重传感器最小检定分度值　minimum verification interval of load cell　04.080
承载器　load receptor　03.121
弛豫试剂　relaxation reagent　15.327
持久强度试验机　creep rupture strength testing machine　04.087
尺寸偏差　size deviation　02.024
齿厚卡尺　gear tooth calliper　02.182
齿距　tooth space　02.170
齿廓偏差　form deviation of gear tooth　02.172
齿轮　gear　02.165
齿轮测量中心　gear measuring center　02.181
齿轮单面啮合整体误差测量仪　gear single-flank meshing integrated error measuring instrument　02.193
齿轮渐开线样板　gear involute master　02.180
齿轮螺旋角测量仪　gear helix angle measuring instrument　02.189
齿轮螺旋线样板　gear helix master, gear lead master　02.179
齿轮跳动测量仪　gear run-out measuring instrument　02.188
冲击摆　shock pendulum　05.186
冲击波　shock wave　05.172
*冲击波形再现　reproduction of shock pulse　05.204
冲击测量仪　shock measuring instrument　05.203
*冲击常数　moment of pendulum　04.111
*冲击刀刃　striking edge　04.102
冲击机　shock machine　05.185
冲击激励　shock excitation　05.017
冲击加速度比较校准法　method for shock acceleration

comparison calibration　05.200
冲击加速度变化量　velocity change quantity for shock acceleration　05.212
冲击检流计　ballistic galvanometer　10.295
冲击力法　method with shock force　05.192
冲击脉冲　shock pulse　05.159
冲击脉冲波形再现　reproduction of shock pulse　05.204
冲击脉冲持续时间　duration of shock pulse　05.173
冲击脉冲上升时间　shock pulse rise time　05.174
冲击脉冲下降时间　shock pulse drop-off time　05.175
冲击谱　shock spectrum　05.183
*冲击谱法校准　shock spectrum method calibration　05.202
冲击韧性　impact toughness　04.109
冲击试验　impact test　04.097，shock test　05.215
冲击试验机　impact testing machine　04.098
冲击试验机再现　reproduction with shock machine　05.205
冲击试验台　shock testing table　05.207
冲击响应谱　shock response spectrum　05.176
冲击响应谱再现　reproduction of shock response spectrum　05.206
冲洗色谱法　elution chromatography　15.182
充磁　magnetizing　10.265
充分发展的速度分布　fully developed velocity distribution　06.099
*重复性　repeatability　01.080
重复性测量条件　repeatability condition of measurement　01.079
*重复性条件　repeatability condition　01.079
抽样检定　verification by sampling　01.176
出射波　emergent wave　11.042
出租汽车计价器　taximeter　05.243
初始冲击响应谱　initial shock response spectrum　05.177
初始位能　initial potential energy　04.106
*初始扬角　angle of fall　04.103
初始样品　primary sample　15.240
初试验力　initial test force　04.149
*初相　original phase　11.145
初相位　start angle　05.059
储备溶液　stock solution　15.267

楚兰德　Troland　13.237

触发误差　trig error　05.231

传播常量　propagation constant　11.013

传递测量装置　transfer measurement device　01.148

传递函数　transfer function　10.115

*传递装置　transfer device　01.148

传递阻抗　transfer impedance　05.032

传感器检定分度数　number of load cell verification
　　intervals　04.082

传感器灵敏度　transducer sensitivity　05.041

传感器瞬变温度灵敏度　transducer transient tempera-
　　ture sensitivity　05.091

传感器温度响应　transducer temperature response
　　05.092

传声器　microphone　08.069

传声器等效体积　equivalent volume of microphone
　　08.053

传声损失　sound transmission loss　08.063

传输参量　transmission parameter　11.009

传输线　transmission line　11.025

传输线不连续性　discontinuity in transmission line
　　11.031

*串接质谱法　mass spectrometry-mass spectrometry
　　15.203

串联　series connection　10.100

串模电压　series mode voltage　10.182

串模抑制比　series mode rejection ratio, SMRR
　　10.184

串扰　crosstalk　11.371

垂线流速分布曲线　vertical velocity curve　06.178

垂直磁化　perpendicular magnetization　10.274

垂轴色差　chromatic lateral aberration　13.420

垂准仪　plumb instrument　02.116

锤刃　striking edge　04.102

纯度　purity　15.057

纯随机激励　pure random excitation　05.013

纯音　pure tone　08.101

*磁饱和式磁强计　fluxgate magnetometer　10.300

磁场　magnetic field　10.123

磁场强度　magnetic intensity　10.132

磁场强度量具　magnetic field strength measure
　　10.307

磁场扫描　magnetic field scanning　15.220

磁场线圈常数　magnetic field coil constant　10.306

磁秤　magnetic balance　10.294

磁带相对灵敏度　relative tape sensitivity　10.280

磁导　permeance　10.135

磁导计　permeameter　10.293

磁导率　permeability　10.126

磁电系仪表　permanent magnet moving-coil instrument
　　10.211

磁电阻效应　magnetoresistance effect　10.228

*磁动势　magnetomotive force　10.133

磁感应强度　magnetic induction　10.124

磁感应式转速表　magnet inductor type's tachometer
　　05.236

磁各向异性常数　magnetic anisotropy constant
　　10.226

磁共振　magnetic resonance　10.137

磁光效应　magneto-optic effect　10.230

磁化率　magnetic susceptibility　10.136

磁化强度　magnetization　10.130

磁化曲线　magnetization curve　10.232

磁化装置　magnetizing apparatus　10.287

磁极化强度　magnetic polarization　10.131

磁记录　magnetic recording　10.273

磁迹　magnetic track　10.285

磁矩　magnetic moment　10.128

磁矩量具　magnetic moment measure　10.308

磁灵敏度　magnetic sensitivity　05.097

磁能积　magnetic energy product　10.259

磁能积曲线　magnetic energy product curve　10.260

磁偶极矩　magnetic dipole moment　10.129

磁屏蔽　magnetic shielding　10.253

磁屏蔽因数　magnetic shielding factor　10.254

磁谱　magnetic spectrum　10.247

磁强计　magnetometer　10.298

*SQUID 磁强计　superconducting quantum magne-
　　tometer　10.303

[磁]损耗角　[magnetic] loss angle　10.252

磁弹性效应　magnetoelastic effect　10.229

*磁通　magnetic flux　10.125

磁通常数　magnetic flux constant　10.305

磁通计　fluxmeter　10.296

磁通量　magnetic flux　10.125

磁通量具　magnetic flux measure　10.304

磁通量子　[magnetic] flux quantum, fluxon　10.142

磁通门磁强计　fluxgate magnetometer　10.300

* 磁通密度　magnetic flux density　10.124

磁通势　magnetomotive force　10.133

磁退火　magnetic anneal　10.242

磁芯磁滞参数　core hysteresis parameter　10.268

磁芯电感参数　core inductance parameter　10.267

磁芯有效尺寸　effective dimension of a core　10.269

磁性材料标准样品　standard specimen of magnetic
material　10.309

磁性悬浮滑台　magnetic floating slide table　05.122

磁致伸缩　magnetostriction　10.222

磁滞　magnetic hysteresis　10.231

磁滞损耗　hysteresis loss　10.251

磁阻　reluctance　10.134

* 次级标准　secondary standard　01.144

次级测量标准　secondary measurement standard
01.144

粗糙度测量仪　roughometer　02.145

粗糙度轮廓　roughness profile　02.141

猝发声　tone burst　08.030

萃取　extraction　15.285

* 萃取分离系数　extraction separation factor　15.287

萃取分离因子　extraction separation factor　15.287

萃取剂　extractant　15.317

萃取平衡常数　extraction equilibrium constant
15.286

D

搭接高　overlap height　06.059

打击点　point of impact　04.112

* 大活塞　large piston　04.022

大径　major diameter　02.152

大块样品　bulk sample　15.243

* 大量程指示表　large range indicator　02.080

大气压化学电离源　atmospheric pressure chemical
ionization source　15.455

大气压力　atmospheric pressure　07.004

* 大油缸　large cylinder　04.023

带电粒子平衡　charged particle equilibrium, CPE
14.065

带静压补偿的干支撑滑台　static press compensated
dry supporting slide table　05.123

CISPR 带宽　CISPR bandwidth　11.205

* B_n 带宽　B_n bandwidth　11.205

带内波动度　in-band ripple　05.075

带内带外加速度总方均根值比　acceleration root-mean-
square value ratio of band-in to band-out　05.142

带液柱平衡活塞式压力真空计　piston pressure vacuum
gauge with liquid column equilibration　07.015

带状线　strip line　11.315

戴维南定理　Thevenin theorem　10.109

单电子隧道效应　single electron tunnel effect　10.017

* 单端输出　earthed output circuit, grounded output
circuit　10.191

* 单端输入　earthed input circuit, grounded input circuit
10.190

* 单峰值　single peak value　05.062

单管水银压力表　single tube mercury manometer
07.083

单管液体压力计　one-tube liquid manometer　07.030

单聚焦质谱仪　single focusing mass spectrometer
15.448

单流束水表　single-jet water meter　06.154

单色刺激　monochromatic stimulus　13.241

单色辐射　monochromatic radiation　13.005

* 单位　unit　01.009

单位方程　unit equation　01.025

单位间换算因子　conversion factor between units
01.027

单位制　system of units　01.015

氮–15 核磁共振波谱法　^{15}N nuclear magnetic
resonance spectroscopy　15.227

氮磷检测器　nitrogen phosphorus detector, NPD
15.418

刀口扫描　knife-edge scan　13.360

刀口形直尺　knife straight edge　02.064

氘代试剂　deuterated reagent　15.328

导程　lead　02.157

导出单位　derived unit　01.013

导出量　derived quantity　01.006

导出要素　derived feature　02.017

* 导电滑环　slip-ring　05.256

导航型全球导航卫星系统接收机　navigational GNSS receiver　02.214

导纳　admittance　10.027

导内波长　guide wavelength　11.022

* 导热系数　thermal conductivity　09.038

导体　conductor　10.006

* 导温系数　thermal diffusivity　09.154

导向活塞　guide piston　04.028

导液管　guide pipe　06.048

道尔顿定律　Dalton's law　15.014

等臂天平　equal beam balance　03.019

等待时间　waiting time　06.010

* 等电 pH　isoelectric point　15.366

等电点　isoelectric point　15.366

等电聚焦电泳　isoelectric focusing electrophoresis　15.196

等电位屏蔽　equipotential screen　10.175

等对比光度计　equality of contrast photometer　13.101

等分样品　aliquot　15.259

等厚干涉　interference of equal thickness　02.048

等剂量曲线　isodose curve　14.127

等剂量图　isodose diagram　14.128

等离子黑体　plasma blackbody　13.048

等离子体　plasma　13.047

等离子体色谱法　plasma chromatography　15.185

等能光谱　equi-energy spectrum, equal energy spectrum　13.251

等倾干涉　interference of equal inclination　02.049

等熵指数　isentropic exponent　06.109

等视亮度光度计　equality of brightness photometer　13.100

等速电泳　isotachophoresis　15.195

等温面　isothermal surface　09.041

等效电路　equivalent circuit　11.124

等效光亮度　equivalent luminance　13.083

等效连续 A 计权声压级　equivalent continuous A-weighting sound pressure level　08.040

* 等效声级　equivalent continuous A-weighting sound pressure level　08.040

等效输出噪声温度　equivalent output noise temperature　11.166

等效输入噪声温度　equivalent input noise temperature　11.165

等效吸声面积　equivalent absorption area　08.061

等效系统　equivalent system　05.006

等效噪声带宽　equivalent noise bandwidth　11.173

等晕区　isoplanatic region　13.422

* 低阶模　low order mode　13.313

低频阻抗分析仪　low frequency impedance analyzer　11.131

低水平辐射测量装置　low level radiation measuring assembly　14.050

低温电流比较仪　cryogenic current comparator　10.150

低温恒温器　cryostat　09.112

低温绝对辐射计　cryogenic absolute radiometer　13.390

滴定常数　titration constant　15.308

滴定度　titer　15.306

滴定分析[法]　titrimetric analysis　15.101

滴定管　buret　15.331

滴定剂　titrant　15.315

滴定曲线　titration curve　15.307

* 滴定误差　titration error　15.305

滴定终点　titration end point　15.304

滴汞电极　dropping mercury electrode　15.349

底波　bottom echo　08.122

底量　bottom volume　06.062

底量值　base magnitude　11.179

底液　base solution　15.352

颠倒温度计　reversing thermometer　09.106

点扩散函数　point spread function, PSF　13.425

点样品　spot sample　15.252

点耀度　point brilliance　13.082

点源　point source　13.016

* 点阻抗　driving point impedance　05.031

电波暗室　anechoic chamber　11.310

电场强度　electric field intensity　10.033

电场扫描　electric field scanning　15.219

电磁波测距仪　electromagnetic distance measuring instrument　02.203

电磁发射　electromagnetic emission　11.244

电磁干扰　electromagnetic interference, EMI　11.246

电磁干扰测量仪　EMI test receiver　11.198

电磁兼容性　electromagnetic compatibility, EMC　11.219

电磁兼容性天线　EMC antenna　11.220

电磁兼容裕量　electromagnetic compatibility margin　11.255

电磁流量计　electromagnetic flow meter　06.140

电磁敏感度　electromagnetic susceptibility, EMS　11.249

电磁能冲击装置　shock equipment by electromagnetic energy　05.191

电磁钳　electromagnetic clamp　11.324

电磁骚扰　electromagnetic disturbance　11.245

电磁系仪表　electromagnetic instrument, moving-iron instrument　10.213

电磁噪声　electromagnetic noise　11.247

*电磁振动台　electromagnetic vibration bench　05.109

电导　conductance　10.025

电导池　conductance cell　15.341

电导池常数　conductance cell constant　15.028

电导滴定[法]　conductometric titration　15.129

电导分析[法]　conductometric analysis　15.123

电导检测器　conductivity detector　15.422

电导率　conductivity　10.031

电导[率]仪　conductivity meter　15.334

电动式转速表　dynamoelectric style tachometer　05.235

电动势　electromotive force　10.003

电动系仪表　electrodynamic instrument　10.214

电动振动台　electrodynamic vibration bench　05.107

电感　inductance　10.029

电感耦合等离子体电离　inductively coupled plasma ionization　15.218

电感耦合等离子体原子发射光谱仪　inductively coupled plasma atomic emission spectrometer, ICP-AES　15.381

电感式压力传感器　inductance pressure transducer　07.060

电荷　electric charge　10.035

电化学分析法　electrochemical analysis　15.120

电化学石英晶体微天平　electrochemical quartz crystal microbalance　15.330

电话电声测试仪　telephone electroacoustic testing instrument　08.110

电话授时　telephone time service　12.043

电极　electrode　15.342

电接点压力表　pressure gauge with electric contact　07.038

电解池　electrolytic cell　15.340

*电解电流　Faradaic current　15.356

电缆测试仪　cable tester　11.427

电离辐射　ionizing radiation　14.002

电离辐射密度计　ionizing radiation densimeter　03.065

[电离辐射]能谱　energy spectrum [of ionizing radiation]　14.015

电离室　ionization chamber　14.073

电离室参考点　reference point of ionization chamber　14.203

[电离室的]复合损失　loss due to recombination [in ionization chamber]　14.078

电离探测器　ionization detector　14.067

电离真空计　ionization vacuum gauge　07.113

电量分析[法]　coulometric analysis　15.124

电流　electric current　10.022

电流表　amperometer　10.154

电流滴定[法]　amperometric titration　15.127

电流电离室　current ionization chamber　14.075

[电流电离室的]饱和曲线　saturation curve [of current ionization chamber]　14.076

电流钳　current clamp　11.323

*电流强度　electric current intensity　10.022

电流源　current source　10.058

电路　electric circuit　10.052

电路功率因数　circuit power factor　11.301

电路元件　electric circuit element　10.055

电路噪声　circuit noise　11.156

电密度计　electrical densimeter　03.064

电秒表　electromotive stop watch　12.029

电能表　electric energy meter　10.157

电喷雾电离　electrospray ionization　15.217

电喷雾接口　electrospray interface　15.446

电容　capacitance　10.028

*电容率　permittivity　10.002

电容式压力传感器　capacitance pressure transducer　07.058

电声互易原理　electroacoustic reciprocity principle　08.056

电声学　electroacoustics　08.035

电视时间频率发播　TV time frequency transfer　12.040

电位　electric potential　10.034

电位滴定[法]　potentiometric titration　15.128

电位滴定仪　potentiometric titrator　15.333

电位法　potentiometry　15.126

电位屏蔽　potential screen　10.174

电位移　electric displacement　10.037

电压　voltage　10.023

电压变化特性　voltage change characteristic　11.305

电压表　voltmeter　10.153

电压电平　voltage level　11.056

*电压反射系数　reflection coefficient　11.107

电压峰–峰值　peak-to-peak value of voltage　11.049

电压峰值　peak value of voltage　11.048

电压平均值　average value of voltage　11.050

电压瞬时值　instant value of voltage　11.047

电压特性　power stability　12.081

电压有效值　root-mean-square value of voltage　11.051

电压源　voltage source　10.057

电压暂降　voltage dip　11.298

电压驻波比　voltage sanding wave ratio, VSWR　11.110

电泳分析[法]　electrophoretic analysis　15.192

电源等效变换　equivalent transformation between sources　10.103

电重量法　electrogravimetry　15.133

电转移阻抗　electrical transfer impedance　08.047

电子捕获检测器　electron capture detector, ECD　15.416

电子测量仪器选择性　selectivity of an electronic measuring instrument　11.006

电子电离　electron ionization　15.207

电子衡器　electronic weighing instrument　03.080

电子计数式转速表　tachometer by electron counting　05.238

电子能谱法　electron spectroscopy　15.232

电子水平仪　electronic level meter　02.112

电子顺磁共振仪　electron paramagnetic resonance instrument　15.469

电子体温计　clinical electrical thermometer　09.097

电子天平　electronic balance　03.014

电子污染　electron contamination　14.184

电阻　resistance　10.024

电阻表　ohmmeter　10.155

电阻率　resistivity　10.030

电阻式衰减器　resistor attenuator　11.143

电阻温度计　resistance thermometer　09.048

电阻温度计自热效应　self-heating effect of resistance thermometer　09.060

电阻温度系数　temperature coefficient of resistance　09.046

吊秤　hanging scale　03.087

叠加定理　superposition theorem　10.106

叠装系数　lamination factor　10.270

顶空气相色谱法　headspace gas chromatography　15.186

顶量值　top magnitude　11.180

定标器　scaler　14.113

定槽水银气压表　Kew pattern mercury barometer　07.085

*定常流　steady flow　06.094

定量包装秤　packing scale　03.098

定量包装商品　prepackage goods　01.199

定量包装商品净含量　net contain of prepackage goods　01.200

定量分析　quantitative analysis　15.092

定量灌装秤　automatic drum-filler　03.102

定量限　limit of quantification　15.054

*定塞　fixed plug　04.028

定时式转速表　timing style tachometer　05.234

定位误差　position error　02.059

定向比　orientation ratio　10.271

定向剂量当量　directional dose equivalent　14.124

定向误差　orientation error　02.058

定性分析　qualitative analysis　15.091

定压比热容　specific heat capacity at constant pressure　09.153

定义的不确定度　definitional uncertainty　01.051

定义固定点　defining fixed point　09.019

动标度仪表　moving-scale instrument　10.208

动槽水银气压表　Fortin mercury barometer　07.084

动磁系仪表　moving magnet instrument　10.212

动刚度　dynamic stiffness　05.025

*动力黏度　viscosity　15.068

动圈式电动振动台　moving coil vibration bench　05.108

动柔度　dynamic flexibility　05.026

动态测量　dynamic measurement　07.090

动态称量　weighing in motion　03.006

动态磁化曲线　dynamic magnetization curve　10.235

动态范围　dynamic range　05.023

动态公路车辆自动衡器　automatic instrument for weighing road vehicle in motion　03.104

动态力　dynamic force　04.038

动态容积法　dynamic volumetric method　06.202

*动态容量法　dynamic volumetric method　15.119

动态系统　dynamic system　05.004

动态响应特性　dynamic response　07.092

动态信号分析仪　dynamic signal analyzer　05.100

动态压力　dynamic pressure　07.009

动态压力测量系统　dynamic pressure measurement system　07.091

动态载荷　dynamic state load　03.117

动态质量法　dynamic weighing method　06.201

动铁式电动振动台　electromagnetic vibration bench　05.109

*动质量　apparent mass　05.029

抖动　jitter　11.380

抖动传递函数　jitter transfer function　11.389

抖动发生器和测试仪　jitter generator and tester　11.420

抖动容限　jitter tolerance　11.390

读数显微镜　reading microscope　02.102

读数游标　reading vernier　06.046

端变量　terminal variable　10.122

端点平移直线　end-point translation line　04.060

端点直线　end-point line　04.059

端口　port　11.039

端子　terminal　10.121

*V端子电压　unsymmetrical mode voltage　11.264

短顶堰　short-crested weir　06.184

短喉道槽　short-throated flume　06.193

短路　short circuit　10.061

0 Ω短路终端　0 Ω short termination　11.126

短期频率稳定度　short-term frequency stability　12.071

*短期平衡　short-run equilibrium　14.022

短时间波形失真　short-time waveform distortion　11.338

短时中断　short interruption　11.299

断续骚扰分析仪　disturbance analyzer　11.318

堆积密度　bulk density　03.047

对比　contrast　13.222

对比灵敏度　contrast sensitivity　13.223

*对称电压　differential mode voltage　11.262

对称三角形冲击脉冲　symmetrical triangular shock pulse　05.166

对称三相电路　symmetrical three-phase circuit　10.080

对称输出　symmetrical output　10.187

对称输入　symmetrical input　10.185

对流　convection　09.036

对骚扰的抗扰度　immunity to disturbance　11.248

对数扫描　logarithmic sweep　05.135

对数衰减率　logarithmic decrement　05.069

*对数缩减率　logarithmic decrement　05.069

多标尺天平　more scale balance　03.020

多齿分度台　multi-tooth dividing table　02.107

多范围衡器　multiple range instrument　03.111

多分度值衡器　multi-interval instrument　03.110

多分量传感器　multi-component transducer　04.047

多分量校准系统　calibration system for multi-component transducer　04.048

*多分量试验机　forces-combined testing machine　04.085

多功能校准源　multifunction calibrator　10.151

多级样品　multistage sample　15.253

多角度测色仪　multi-angle instrument for measuring color　13.286

多径效应　multipath effect　11.379

多离子检测　multi-ion detection　15.222

多流束水表　multiple-jet water meter　06.155

多普勒超声波流量计　Doppler ultrasonic flow meter　06.145

多球中子谱仪 multisphere neutron spectrometer 14.157

多色仪 polychromator 13.180

多维色谱法 multidimensional chromatography 15.187

多维色谱仪 multidimensional chromatograph 15.404

多相流 multiphase flow 06.096

多用表 multimeter 10.201

多用色谱仪 unified chromatograph 15.405

*多周期平均转速 N turn number average rotating velocity 05.222

E

俄歇电子能谱法 Auger electron spectroscopy 15.235

额定工作条件 rated operating condition 01.119

额定行程 rated travel 05.149

额定加速度 rated acceleration 05.150

额定宽带随机激振力 rated thrust force under broadband random vibration exciting 05.144

额定输出温度影响 temperature effect on rated output 04.068

额定速度 rated velocity 05.152

额定位移 rated displacement 05.151

额定正弦激振力 rated thrust force under sinusoidal vibration exciting 05.143

耳机 earphone 08.107

二次离子本底 secondary ion background 15.475

二次离子谱法 secondary ion spectroscopy 15.234

二端口 two-port 10.111

*二级相变 second-order phase transition 09.017

二极管温度计 diode thermometer 09.059

二阶电路 second order circuit 10.118

二阶非线性系数 second-order nonlinearity coefficient 05.262

二维谱 two-dimensional spectrum 15.230

二元差错 bit error 11.392

F

发光强度 luminous intensity 13.077

发光强度标准灯 standard lamp for luminous intensity 13.091

发射光谱 emission spectrum 15.146

发射光谱分析 emission spectrometric analysis 15.147

*发射光谱化学分析 emission spectrometric analysis 15.147

发射率 emissivity 09.122

发射数值孔径 launch numerical aperture, LNA 13.352

发射速率 emission rate 14.035

发射裕量 emission margin 11.252

发生器功率 generator power 11.092

乏 var 10.098

法定计量单位 legal unit of measurement 01.021

法定受控的测量仪器 legally controlled measuring instrument 01.194

法[拉] farad 10.048

法拉第常数 Faraday constant 15.012

法拉第电解定律 Faraday's law of electrolysis 15.016

法拉第电流 Faradaic current 15.356

pVTt 法气体流量标准装置 pVTt method standard facility 06.208

mt 法气体流量标准装置 mt method standard facility 06.209

法制计量 legal metrology 01.159

法制计量控制 legal metrological control 01.162

砝码 weight 03.009

砝码约定密度 reference density 03.033

砝码组 weight set 03.010

反冲质子计数管 recoil proton counter tube 14.158

反冲质子能谱仪 recoil proton spectrometer 14.159

反冲质子望远镜　recoil proton telescope　14.160

反符合　anticoincidence　14.046

反符合屏蔽　anticoincidence shielding　14.047

反散射　backscattering　14.014

*反散射因子　backscattering factor　14.149

反射　reflection　11.032，13.011

反射比　reflectance　13.126

反射波　reflection wave　11.041

反射参量　reflection parameter　11.008

反射功率　reflected power　11.094

反射[光学]密度　reflectance [optical] density　13.133

反射计　reflectometer　13.176

反射计测值　reflectometer value　13.140

反射棱镜　retroreflection prism　02.132

反射率　reflectivity　13.151

反射损耗　reflection loss　11.137

反射系数　reflection coefficient　11.107

反射系数模　reflection coefficient modulus　11.108

反射系数相角　reflection coefficient phase angle　11.109

反射因数　reflectance factor　13.132

反射因数[光学]密度　reflectance factor [optical] density　13.135

反相高效液相色谱法　reversed phase high performance liquid chromatography　15.174

反相离子对色谱法　reversed phase ion-pair chromatography　15.175

反相气相色谱法　inverse gas chromatography　15.170

反向器　reverser　04.013

反压型活塞式压力计　back pressure type piston pressure gauge　07.011

*反应焓　enthalpy of reaction　15.024

反应气相色谱法　reaction gas chromatography　15.169

反应热　heat of reaction　15.024

反作用式振动台　reaction type vibration bench　05.113

返滴定[法]　back titration　15.109

范第姆特方程　van Deemter equation　15.436

方波　square wave　11.183

方波极谱法　square wave polarography　15.135

方均根相位误差　RMS phase error　11.384

*方均根值　effective value　10.088

*方铁　cubical box　02.130

*方位影响　azimuthal influence　04.010

方箱　cubical box　02.130

方向发射率　directional emissivity　13.041

仿真耳　artificial ear　08.111

仿真乳突　artificial mastoid　08.113

放大比　amplification ratio　04.024

*放大率色差　chromatic lateral aberration　13.420

放射性核素纯度　radionuclide purity　14.020

放射性活度　activity　14.017

[放射性活度]标准溶液　standard solution [of activity]　14.042

放射性活度测量仪　activity meter　14.051

放射性浓度　activity concentration, radioactive concentration　14.021

放射性平衡　radioactive equilibrium　14.022

放射性气溶胶　radioactive aerosol　14.023

放射性污染　radioactive contamination　14.024

放射源　radioactive source　14.025

放液阀　delivery valve　06.050

飞行时间质谱仪　time-of-flight mass spectrometer　15.451

飞秒光学频率梳　femtosecond comb　02.038

*非定常流　unsteady flow　06.095

非对称三相电路　unsymmetrical three-phase circuit　10.081

*非对称骚扰电压　common mode disturbance voltage　11.260

非对称输出　asymmetrical output　10.188

非对称输入　asymmetrical input　10.186

非对称性指数　index of asymmetry　06.166

非接触测温法　non-contact thermometry　09.116

*非接触式眼压计　applanation tonometer　07.079

非晶态磁性材料　amorphous magnetic material　10.221

非连续累计自动衡器　discontinuous totalising automatic weighing instrument　03.091

非牛顿流体　non-Newtonian fluid　15.030

非水滴定[法]　non-aqueous titration　15.108

非透明介质　opaque medium　13.174

非线性电路　nonlinear electric circuit　10.120

非线性失真　nonlinear distortion　11.081

非选择性辐射体　non-selective radiator　13.043

[非选择性]量子探测器 [non-selective] quantum detector 13.382

非选择性探测器 non-selective detector 13.372

非正弦周期电流电路 non-sinusoidal periodic current circuit 10.083

非自动衡器 non-automatic weighing instrument 03.081

非自行指示衡器 non-self-indicating instrument 03.109

[非涅耳]反射法 [Fresnel] reflection method 13.355

分贝 decibel 08.023

分辨力 resolution 01.123，15.439

分辨时间 resolving time 14.108

分布参数电路 distributed parameter circuit 10.116

分布色散参数 profile dispersion parameter 13.348

分布温度 distribution temperature 13.045

分布温度标准灯 standard lamp for distribution temperature 13.060

分步沉淀 fractional precipitation 15.290

分等衡器 grading instrument 03.088

分度灵敏度 scale division sensitivity 03.039

分度值 scale division 04.157

分光光度计 spectrophotometer 15.371

*分光计 spectrometer 02.118

分界流量 transitional flow rate 06.082

分离 separation 15.275

*分离度 resolution 15.439

*分离式控制衡器 separate control weighing instrument 03.078

分离数 separation number 15.440

分流比 split ratio 15.443

分流器 shunt 10.148

分频器 frequency divider 12.087

分数单位 submultiple of a unit 01.020

分析样品 analytical sample 15.251

分析仪器 analytical instrument 15.329

*分压法 manometric method 15.119

分压器 voltage divider 10.204

分压真空计 partial pressure vacuum gauge 07.122

分音 partial tone 08.102

分支比 branching ratio 14.039

分转数平均转速 disports turn number average rotating velocity 05.223

分子分离器 molecular separator 15.456

分子量分布 molecular weight distribution 15.035

分子量分布指数 molecular weight distribution index 15.036

粉红噪声 pink noise 05.055

封闭 blocking 15.295

封头 head 06.023

封印标记 sealing mark 01.188

峰电位 peak potential 15.365

峰值 peak [value] 10.089

峰值波长 peak wavelength 11.402

峰值功率 peak power 13.303

峰值检波器 peak detector 11.200

*峰值散射因子 peak scattering factor 14.149

峰值声级 peak sound level 08.043

峰值相位误差 peak phase error 11.383

*峰值因数 crest factor 05.065

峰总比 photofraction 14.064

弗劳德数 Froude number 06.104

伏安 volt ampere 10.097

伏安法 voltammetry 15.138

伏[特] volt 10.044

浮顶 floating roof 06.065

浮计 hydrometer 03.058

浮计标准温度 standard temperature of hydrometer 03.072

浮球式压力计 ball pneumatic dead weight tester 07.019

浮置输出电路 floating output circuit 10.193

浮置输入电路 floating input circuit 10.192

符合计数法 coincidence counting method 14.045

幅值谱 amplitude spectrum 05.037

[辐]亮度温度 radiance temperature 09.127

辐亮度系数 radiance coefficient 13.138

辐射变色剂量计 radiochromic dosemeter 14.135

辐射测量仪 radiation meter 14.139

[辐射测量仪的]本底 background [of radiation meter] 14.105

[辐射测量装置的]探头 probe [of radiation measuring assembly] 14.106

辐射测温法 radiation thermometry 09.125

辐[射]出射度 radiant exitance 09.118，13.031

辐射的光效率 luminous efficiency of radiation

G

干涉仪　interferometer　02.045

干式燃气表　dry gas meter　06.156

杠杆比　lever amplification ratio　04.017

杠杆式天平　beam balance　03.016

高次模　higher-order mode　11.030

高阶电路　high order circuit　10.119

*高阶模　high order mode　13.313

高频滴定[法]　high frequency titration　15.131

高频分析　high frequency analysis　15.130

高频火花电离　high frequency spark ionization　15.213

高频阻抗分析仪　high frequency impedance analyzer　11.132

高斯求积法　Gaussian integration method　06.146

高斯随机噪声　Gaussian random noise　05.056

高温铂电阻温度计　high temperature platinum resistance thermometer　09.051

高温计灯泡　pyrometer lamp　09.148

高压电泳　high voltage electrophoresis　15.197

高压计数管　high pressure counter　14.094

高压天然气加气机　compressed natural gas dispenser　06.164

高阻抗电压探头　high impedance voltage probe　11.321

戈雷方程　Golay equation　15.435

隔膜式压力表　isolation diaphragm pressure gauge　07.042

*隔声量　sound transmission loss　08.063

镉比　cadmium ratio　14.167

个人剂量计　personal dosemeter　14.173

个人监测　personal monitoring　14.171

个人声暴露计　personal sound exposure meter　08.082

各向同性　isotropy　11.203

*各向同性点源　isotropic point source　13.016

各向同性漫反射　isotropic diffuse reflection　13.119

各向同性漫透射　isotropic diffuse transmission　13.120

跟随条件　follow condition　05.099

跟踪滤波器　tracking filter　05.076

工具显微镜　toolmaker's microscope　02.104

工业铂热电阻温度计　industrial platinum resistance thermometer　09.053

工作半径　effective radius　05.252

*工作标准　working standard　01.146

工作测量标准　working measurement standard　01.146

*工作范围　working range　01.117

工作量器　calibrated measuring volumetric tank　06.204

*工作区间　working interval　01.117

*工作曲线　calibration curve　15.312

工作噪声温度　operating noise temperature　11.167

工作直线　operating line　04.058

公差　tolerance　02.026

*公差范围　tolerance zone, tolerance interval　02.027

公差区　tolerance zone, tolerance interval　02.027

公差限　tolerance limit　02.025

公称直径　nominal diameter　02.151

公法线千分尺　gear tooth micrometer　02.184

*公斤　kilogram　03.003

功率　power　11.089

功率表　wattmeter　10.156

功率超声学　power ultrasonics　08.125

功率单定向耦合器法　single directional coupler comparison method　11.096

功率电平　power level　11.090

功率天平　watt balance　10.018

功率通量密度　power flux density　11.194

功率吸收钳　absorbing clamp　11.333

功率座校准因子　calibration factor of power mount　11.100

功率座效率　efficiency of power mount　11.098

功率座有效效率　effective efficiency of power mount　11.099

*汞基温度计　mercury-thallium alloy low temperature thermometer　09.092

汞膜电极　mercury film electrode　15.348

汞铊温度计　mercury-thallium alloy low temperature thermometer　09.092

共沉淀　coprecipitation　15.291

共轭匹配　conjugate match　11.034

共模电流　common mode current　11.261

共模电压　common mode voltage　10.181

共模骚扰电压　common mode disturbance voltage　11.260

共模抑制比　common mode rejection ratio, CMRR

光谱反射因数　spectral reflectance factor　13.184

光谱分布　spectral distribution　13.034

*光谱分析　emission spectrometric analysis　15.147

光谱辐射计　spectroradiometer　13.063

光谱辐射亮度　spectral radiance　13.055

光谱辐[射]亮度标准灯　standard lamp for spectral radiance　13.058

光谱辐射照度　spectral irradiance　13.056

光谱辐[射]照度标准灯　standard lamp for spectral irradiance　13.059

光谱干扰　spectral interference　15.485

光谱光度计　spectrophotometer　13.175

光谱光度学　spectrophotometry　13.111

光谱光[视]效率　spectral luminous efficiency　09.143，13.072

光谱光学厚度　spectral optical thickness　13.147

*光谱光学深度　spectral optical thickness　13.147

光谱规则透射比　spectral regular transmittance　13.185

光谱轨迹　spectrum locus　13.271

光谱内透射比　spectral internal transmittance　13.148

*光谱内透射密度　spectral internal transmittance density　13.150

光谱内吸收比　spectral internal absorptance　13.149

光谱色品坐标　spectral chromaticity coordinate　13.269

光谱失配修正因数　spectral mismatch correction factor　13.104

光谱透射率　spectral transmissivity　13.152

光谱吸收度　spectral absorbance　13.150

光谱吸收率　spectral absorptivity　13.153

[光]谱线　spectral line　13.008

光谱线性衰减系数　spectral linear attenuation coefficient　13.144

光谱线性吸收系数　spectral linear absorption coefficient　13.145

[光]谱仪　spectrometer　15.370

光谱质量衰减系数　spectral mass attenuation coefficient　13.146

光谱总辐射通量标准灯　spectral total radiant flux standard lamp　13.061

光强度系数　coefficient of luminous intensity　13.163

光强分布测试仪　intensity distribution measuring instrument　13.331

*光切割法　optical cutting method　05.194

光切显微镜　light-section microscope　02.146

光色散　chromatic dispersion　11.406

光栅　grating　02.094，15.389

光栅测速法　method for measurement velocity with grating　05.196

光栅角位移测量链　grating angular displacement measuring chain　02.136

光栅线位移测量　linear displacement measurement by grating　02.096

光时域反射法　optical time domain reflection method　13.362

光时域反射计　optical time domain reflectometer　13.364

光束参数积　beam parameter product　13.295

光束传输比　beam propagation ratio　13.317

光束传输因子　beam propagation factor　13.318

光束分析仪　beam analyzer　13.329

光束横截面积　beam cross-sectional area　13.293

光束平移稳定度　beam displacement stability　13.297

*光束衰减器　laser attenuator　13.332

光束位置稳定度　beam positional stability　13.298

[光]束腰　beam waist　13.292

光束腰直径　beam waist diameter　13.299

光束直径　beam diameter　13.291

光束指向稳定度　beam pointing stability　13.296

光束质量测试仪　beam quality measuring instrument　13.330

光束终止器　beam stop device　13.334

光束轴　beam axis　13.290

光衰减　light attenuation　13.335

*光损耗　light loss　13.335

光通量　luminous flux　13.074

光纤/包层同心度误差　core/cladding concentricity error　13.342

光纤带宽　bandwidth of an optical fiber　13.337

[光纤的]截止波长　cutoff wavelength [of an optical fiber]　13.344

光纤式压力传感器　optical fiber pressure transducer　07.061

光纤损耗　optical fiber attenuation　11.405

光显式血压计　optic displaying sphygmomanometer

07.070

*光学比较仪 optical comparator 02.100

光学测角比较仪 optical comparator for angle measurement, comparison goniometer 02.135

*光学测角仪 optical goniometer 02.118

光学传递函数 optical transfer function, OTF 13.429

光学分度头 optical dividing head 02.108

光[学]辐射 optical radiation 13.001

*光学高温计 optical pyrometer 09.139

光学计 optimeter 02.100

光学系统 optical system 13.400

光阴极 photocathode 13.375

光源的发光效能 luminous efficacy of a source 13.088

*光源的光效 luminous efficacy of a source 13.088

光泽 gloss 13.141

光泽度计 gloss meter 13.178

[光]照度 illuminance 13.079

[光]照度计 illuminance meter 13.105

光致发光剂量计 photoluminescent dosemeter 14.175

光子出射度 photon exitance 13.032

光子计数器 photon counter 13.383

光子亮度 photon radiance 13.026

光子强度 photon intensity 13.023

光子数 photon number 13.022

光子探测器 photon detector 13.368

光子通量 photon flux 13.021

光子照度 photon irradiance 13.028

广义相位控制 generalized phase control 11.303

归一化场地衰减 normalized site attenuation, NSA 11.257

归一化频率 normalized frequency 13.353

归一化强度 normalized intensity 15.459

归一化阻抗 normalized impedance 11.106

规范 specification 02.028

*规范范围 specification zone, specification interval 02.032

规范区 specification zone, specification interval

02.032

规范限 specification limit 02.029

规则反射 regular reflection, specular reflection 13.113

规则反射比 regular reflectance 13.128

规则透射 regular transmission 13.114

规则透射比 regular transmittance 13.129

贵金属热电偶 noble metal thermocouple 09.062

国际标准重力加速度 international standard gravity acceleration 05.001

国际测量标准 international measurement standard 01.141

国际单位制 International System of Units, SI 01.017

国际量制 International System of Quantities, ISQ 01.004

国际千克原器 international prototype of kilogram 03.007

国际[实用]温标 international [practical] temperature scale 09.010

国际橡胶硬度试验 international rubber hardness test 04.129

国际原子时 International Atomic Time, TAI 12.005

*国家标准 national standard 01.142

国家测量标准 national measurement standard 01.142

国家计量检定等级图 national scheme for metrological verification 01.207

国家计量检定规程 national regulation for metrological verification 01.202

国家千克原器 national measurement standard of kilogram 03.008

国家溯源等级图 national hierarchy scheme 01.206

果品硬度 fruit hardness 04.137

果品硬度试验 fruit hardness test 04.136

过冲 overshoot 04.057

过冲量 overshoot 07.099

过滤器 filter 14.066

过载系数 overload factor 11.210

H

亥姆霍兹线圈 Helmholtz coil 10.288

氦超流转变点 helium superfluid transition point

09.034

氦计数管 helium counter tube 14.161

含量 content 15.058

焓 enthalpy 15.021

焓变 enthalpy change 15.022

行时间波形失真 line-time waveform distortion 11.339

毫秒仪 millisecond meter 12.030

耗散损耗 dissipation loss 11.138

合成标准不确定度 combined standard uncertainty 01.056

* 合成标准测量不确定度 combined standard measurement uncertainty 01.056

合格区 conformance zone 02.033

河床坡度 bed slope 06.113

* 核查标准 check device 01.150

核查装置 check device 01.150

核磁共振 nuclear magnetic resonance 10.138

核磁共振波谱法 nuclear magnetic resonance spectroscopy 15.224

核磁共振[波谱]仪 nuclear magnetic resonance spectrometer 15.465

赫[兹] hertz 10.050

痕量分析 trace analysis 15.097

亨[利] henry 10.049

恒电流库仑法 constant current coulometry 15.121

恒定电场 steady electric field 10.040

恒加速度 constant acceleration 05.248

* 恒加速度校准装置 precision centrifuge 05.250

* 恒加速度离心试验机 centrifugal testing machine 05.251

恒温槽 constant temperature bath 09.110

恒温晶振 oven controlled crystal oscillator 12.062

恒重 constant weight 15.299

横波 transverse wave 08.004

横电磁波 transverse electromagnetic wave, TEM wave 11.011

横电磁波传输室 transverse electromagnetic transmission cell 11.197

横刃 ridge at the apex of the pyramid 04.154

横向磁致伸缩系数 transverse magnetostriction coefficient 10.224

横向灵敏度 transverse sensitivity 05.044

横向灵敏度比 transverse sensitivity ratio 05.045

* 横向球差 lateral spherical aberration 13.413

* 衡量 weighing 03.004

衡量法 weighing method 06.034

衡器 weighing instrument 03.077

衡器辅助检定装置 auxiliary verification device of a weighing instrument 03.128

衡器恢复 weighing instrument recovery 03.119

衡器鉴别力 discrimination of a weighing instrument 03.138

衡器锁定装置 locking device of a weighing instrument 03.127

衡器最大安全载荷 maximum safe load of a weighing instrument 03.135

红外测距仪 infrared EDM instrument 02.205

红外耳温计 infrared ear thermometer, IR ear thermometer 09.145

* 红外分光光度法 infrared absorption spectrometry 15.156

红外分光光度计 infrared spectrophotometer 15.378

红外分析仪 infrared analytical instrument 15.377

红外辐射 infrared radiation 13.003

红外温度计 infrared thermometer 09.141

红外吸收光谱法 infrared absorption spectrometry 15.156

喉道 throat 06.196

* 后沉淀 postprecipitation 15.292

后峰锯齿冲击脉冲 final peak saw tooth shock pulse 05.164

* 后向散射法 backscattering method 13.362

后续检定 subsequent verification 01.178

* 厚度表 thickness gauge 02.082

弧度 radian 02.003

互补测量[法] complementary [method of] measurement 10.167

互补色刺激 complementary color stimuli 13.242

互功率谱密度 cross power spectral density 05.102

互调失真 intermodulation distortion 11.086

互调制 intermodulation 11.076

互易定理 reciprocity theorem 10.108

互易换能器 reciprocal transducer 08.034

互易校准法 reciprocity method 05.084

互易校准仪 reciprocity calibrator 08.088

* 滑台 horizontal slide table 05.124

化学电离 chemical ionization 15.208

J

机动车超速自动监测系统 automatic monitor system for vehicle speeding of motor car 05.247

机动车雷达测速仪 apparatus with radar for measuring rate of motor car 05.246

机内引入失真 distortion introduced by instrument 11.085

机械冲击 mechanical shock 05.158

机械挂砝码 dial weight 03.011

机械衡器 mechanical weighing instrument 03.079

机械秒表 mechanical stop watch 12.027

机械式滑台 mechanical slide table 05.119

机械式温深计 mechanical bathythermograph 09.107

机械天平 mechanical balance 03.015

机械系统 mechanical system 05.003

机械振动台 mechanical vibration bench 05.111

机械阻抗 mechanical impedance 05.024

*BH 积 BH product 10.259

积分球 integrating sphere 13.108

*BH 积曲线 BH product curve 10.260

基本安装共振频率 fundamental mounted resonance frequency 05.090

基本尺寸 base size 02.022

基本单位 base unit 01.012

基本量 base quantity 01.005

*基本误差 intrinsic error 01.138

基波电流 fundamental current 10.084

基波失真度法 fundamental distortion method 05.226

基带分析 base band analysis 05.073

基尔霍夫电流定律 Kirchhoff current law, KCL 10.063

基尔霍夫电压定律 Kirchhoff voltage law, KVL 10.064

基峰 base peak 15.458

基流 background current 15.441

基模 fundamental mode 11.029

*基模 basic mode 13.313

基频 fundamental frequency 11.372

基体 matrix 15.268

基体分离 matrix isolation 15.271

基体匹配 matrix matching 15.270

基体效应 matrix effect 15.269

基线 base line 02.210

基线测量 baseline surveying 02.201

基线漂移 baseline drift 15.477

基线噪声 baseline noise 15.476

基圆 base circle 06.056

基值测量误差 datum measurement error 01.136

*基值误差 datum error 01.136

*基质 matrix 15.268

基质辅助激光解吸电离 matrix-assisted laser desorption ionization, MALDI 15.216

基准[测量]方法 primary method [of measurement] 15.086

基准带 reference tape 10.275

基准点 reference point 02.060

*pH 基准缓冲溶液 primary reference buffer solution of pH 15.492

基准偏磁 reference bias magnet 10.279

pH 基准物质 primary reference material of pH 15.492

基准硬度机 primary hardness standard machine 04.143

基准直线 reference line 02.061

基座应变灵敏度 base strain sensitivity 05.094

畸变 distortion 13.415

畸变功率 distortion power 10.096

*畸变率 total harmonic distortion, THD 10.090

*畸变因数 total harmonic distortion，THD 10.090

激波管 shock tube 07.101

激波管动态压力标准 shock-tube dynamic pressure standard 07.105

*激磁 excitation 10.266

*激光曝辐量 laser energy density 13.308

激光测距仪 laser distance measuring instrument, laser telemeter 02.206

激光电离 laser ionization 15.212

激光多普勒测速法 measuring velocity method by laser Doppler 05.195

激光峰值功率计 laser peak power meter 13.328

激光辐射 laser radiation 13.288

剂量当量率 dose equivalent rate 14.122

剂量当量率计 dose equivalent ratemeter 14.141

剂量计 dosemeter 14.134

剂量率计 dose ratemeter 14.142

剂量率响应 dose rate response 14.129

CT 剂量指数 100 computed tomography dose index 100, CTDI$_{100}$ 14.208

继沉淀 postprecipitation 15.292

寄生分量 parasitic components 04.009

寄生调制 spurious modulation 11.074

*寄生效应 parasitic effect 04.010

[加]标记 marking 01.185

加荷活塞 loading piston 04.022

加荷油缸 loading cylinder 04.023

加权检波 weighting detection 11.266

加权连续随机噪声信噪比 weighting continuous random noise S/N 11.352

加速度冲击响应谱 acceleration shock response spectrum 05.180

*加速度导纳 inertia 05.030

加速度功率谱密度控制动态范围 control dynamic range for acceleration power spectral density 05.139

加速度功率谱密度控制精密度 control precision of acceleration power spectral density 05.141

加速度计非线性系数 accelerometer nonlinearity coefficient 05.261

加速度谱密度 acceleration spectral density 05.103

加速度总方均根值控制精密度 control precision of acceleration root-mean-square value 05.140

*加速度阻抗 apparent mass 05.029

夹头同轴度 grip coaxality 04.031

架盘天平 table balance 03.025

*监督源 checking source 14.044

检波器充电时间常数 electrical charge time constant of a detector 11.207

检波器放电时间常数 electrical discharge time constant of a detector 11.208

检测器 detector 01.100，15.413

检出限 detection limit 15.052

检定标尺分度数 number of verification scale interval 03.036

检定标尺分度值 verification scale interval 03.035

检定标记 verification mark 01.186

检定的承认 recognition of verification 01.182

检定证书 verification certificate 01.191

检漏仪 leak detector 07.118

检验源 checking source 14.044

减量秤 subtractive weigher 03.101

减尾剂 tailing reducer 15.325

减压蒸馏 reduced pressure distillation 15.289

剪断法 cutback technique 13.361

*简单脉冲 simple pulse 05.160

简谐振动 simple harmonic vibration 05.047

间接测量[法] indirect [method of] measurement 10.159

间接放电 indirect application 11.282

建立时间 settling time 07.098

渐开线 involute 02.167

渐开线样板 involute artifact 02.168

鉴别力阈 discrimination threshold 07.026

鉴别阈 discrimination threshold 01.125

交叉调制 cross modulation 11.077

交流 alternating current, AC 10.066

*交流电流 alternating current, AC 10.066

交流电阻时间常数 time constant of AC resistor 10.019

交流–直流比较仪 AC-DC comparator 10.179

交流–直流转换 AC-DC conversion 10.177

交流–直流转换器 AC-DC converter 10.178

胶片剂量计 film dosemeter 14.137

胶束液相色谱法 micellar liquid chromatography 15.191

焦点标称值 nominal focal spot value 14.206

*焦度 focal power 13.411

焦耳定律 Joule's law 10.042

*90°角尺 square 02.121

角度块 angle block, angle gauge block 02.120

角灵敏度 angular sensitivity 03.037

角速度 angular velocity 05.217

角位移 angular displacement 05.216

角响应 angle response 14.086

*角隅棱镜 cube-corner prism 02.133

角振动台 angle vibration bench 05.125

角锥棱镜 cube-corner prism 02.133

矫顽力 coercivity 10.240

校表仪 watch calibrator 12.096

校正曲线　calibration curve　15.312

校准　calibration　01.062

校准带　calibration tape　10.276

校准等级序列　calibration hierarchy　01.065

校准接收机　calibration receiver　11.058

校准漏孔　calibrated leak　07.116

校准器　calibrator　01.152

校准曲线　calibration curve　01.064

校准图　calibration diagram　01.063

接触测温法　contact thermometry　09.044

接触电动势　contact electromotive force　10.004

接触电位差　contact potential difference　10.010

接触电阻　contact resistance　09.047

接触放电方法　contact discharge method　11.279

接触式干涉仪　contact interferometer　02.099

* 接触式眼压计　impression tonometer　07.078

接地参考平面　ground reference plane　11.284

接地输出电路　earthed output circuit, grounded output circuit　10.191

接地输入电路　earthed input circuit, grounded input circuit　10.190

* 接收电压响应　free field voltage sensitivity　08.055

节点法　node analysis　10.105

节流孔　orifice　06.121

节流装置　throttle device　06.120

截止波长　cutoff wavelength　11.018

截止波导　cutoff waveguide　11.021

截止频率　cutoff frequency　11.017

解蔽　demasking　15.294

解调　demodulation　11.060

介电常数　dielectric constant　10.002

介电强度　dielectric strength　10.020

* 介入损耗法　insertion loss method　13.363

介质波导　dielectric waveguide　11.028

介质隔离器　medium isolator　07.054

界面电泳　boundary electrophoresis　15.194

金-铂热电偶　gold/platinum thermocouple, Au/Pt thermocouple　09.066

金属硬度与强度换算值　conversion between hardness value and tension strength for metal　04.158

金属指示剂　metal indicator　15.321

进样器　sample injector　15.411

近场　near field　11.195

* 近场　near sound field　08.012

近距离放射治疗　brachytherapy　14.181

* 近区场　near field　11.195

近声场　near sound field　08.012

浸入法　immersion method　11.296

禁用标记　rejection mark　01.187

经纬仪　theodolite　02.114

经验温标　experimental temperature scale　09.009

晶体倍频效率　frequency doubling efficiency of crystal　13.323

晶体振荡器　quartz oscillator　12.061

* 晶振　quartz oscillator　12.061

精馏　rectification　15.288

精密玻璃线纹尺　precision glass linear scale　02.085

* 精密度　precision　01.076

精密金属线纹尺　precision metal linear scale　02.086

精密离心机　precision centrifuge　05.250

精密压力表　precise pressure gauge　07.046

井型电离室　well type ionization chamber　14.052

径向偏差　radial difference　06.057

净功率　net power　11.095

净重　net weight　03.114

* 净重值　net weight　03.114

静电场　electrostatic field　10.032

静电放电　electrostatic discharge, ESD　11.278

静电放电保持时间　ESD holding time　11.285

静电感应　electrostatic induction　10.039

静电激励器　electrostatic actuator　08.077

静电屏蔽　electrostatic screen　10.172

静电系仪表　electrostatic instrument　10.210

静态称量　static weighing　03.005

静态磁化曲线　static magnetization curve　10.234

静态模型方程　static mathematic model of accelerometer　05.259

静态容积法　static volumetric method　06.200

* 静态容量法　static volumetric method　15.119

静态压力　static pressure　07.008

静态质量法　static weighing method　06.199

静压称量　hydrostatic weighing　03.054

静压法油罐计量装置　hydrostatic tank gauging　06.055

静压力容积修正值表　hydrostatic correction table　06.032

静压皮托管　static pressure Pitot tube　06.173
静压支撑滑台　static pressure supporting slide table　05.121
*静重部分　static weight unit　04.018
*镜反射　regular reflection, specular reflection　13.113
镜频抑制比　image frequency rejection ratio　11.216
镜像频率　image frequency　11.215
*居里点　Curie point　10.225
居里温度　Curie temperature　10.225
矩形冲击脉冲　rectangular shock pulse　05.168
矩形花键量规　square spline gauge　02.185
矩阵元　matrix element　14.201
距离系数　distance ratio　09.146
聚合物熔融指数　melting index of polymer　15.037
卷尺　tape　02.087
[绝对]黑体　[absolute] blackbody　09.119
绝对热探测器　absolute thermal detector　13.385
*绝对相移　characteristic phase shift　11.149

绝对压力　absolute pressure　07.003
*绝对折射率　refractive index　02.039
绝对真空计　absolute vacuum gauge　07.120
绝缘电阻　insulation resistance　10.021
绝缘体　insulator　10.007
绝缘物　insulation material　09.080
Z 均分子量　Z-average molecular weight　15.034
均衡时间　equalization time　05.138
均压环　piezometer ring　06.124
*均匀点源　uniform point source　13.016
*均匀扫描　linear sweep　05.134
均匀色空间　uniform color space　13.282
均匀色品标度图　uniform-chromaticity-scale diagram, UCS diagram　13.283
CIE 1976 均匀色品标度图　CIE 1976 uniform-chromaticity-scale diagram, CIE 1976 UCS diagram　13.284
均匀域　uniform field area　11.258
均整度　flatness　14.191

K

喀砺声　click　11.272
喀砺声限值　click limit　11.276
卡尺　calliper　02.077
卡规　snap gauge　02.084
开[尔文]　Kelvin　09.004
开关操作　switching operation　11.274
开机特性　warm-up　12.078
开阔场场地衰减　open area test site attenuation　11.256
开阔试验场　open area test site　11.316
开路　open circuit　10.060
开路电压　open circuit voltage　11.055
凯氏定氮法　Kjeldahl method　15.111
铠装热电偶　sheathed thermocouple　09.076
铠装热电偶电缆　sheathed thermocouple cable　09.077
坎[德拉]　candela　13.084
康贝尔线圈　Campbell coil　10.289
抗混叠滤波器　antialiasing filter　05.104
抗扰度电平　immunity level　11.253

抗扰度裕量　immunity margin　11.254
颗粒密度　particle density　15.074
可变光阑孔法　variable aperture method　13.359
可拆卸工业热电偶　industrial thermocouple assembly　09.079
可达发射极限　accessible emission limit, AEL　13.324
可见辐射　visible radiation　13.002
可接受检定的测量仪器　measuring instrument acceptable for verification　01.195
*可利用功率　available power　11.091
可逆极谱波　reversible polarographic wave　15.362
可膨胀性系数　expansibility factor　06.131
可调式半电波暗室　modified semi-anechoic chamber　11.313
空度比　duty factor　11.182
空高　ullage height　06.021
空盒气压表　aneroid barometer　07.087
空盒气压计　aneroid barograph　07.086
空间电荷效应　space-charge cffect　15.480
空间滤波式车速测量仪　apparatus with space filter for

measuring rate of motor car   05.245

空间频率   spatial frequency   05.033，13.423

*空间频率谱   wave spectrum of a quantity   05.039

空气比释动能率常数   air kerma rate constant   14.120

空气放电方法   air discharge method   11.280

空气浮力修正   air buoyancy correction   03.030

空心阴极灯   hollow-cathode lamp   15.390

空载最大加速度   maximum bare table acceleration   05.147

孔板   orifice plate   06.126

孔径光阑   aperture stop   13.409

孔径通量   aperture flux   13.189

空白校正   blank correction   15.282

空白示值   blank indication   01.112

空白试验   blank test   15.281

空白样品   blank sample   15.244

空白值   blank value   15.280

空隙时间   aperture time   15.474

控制电位电解法   controlled potential electrolysis   15.132

控制电位库仑法   controlled potential coulometry   15.122

控制衡器   control weighing instrument   03.078

控制间隙活塞式压力计   controlled clearance type piston pressure gauge   07.012

GPS 控制铷频标   GPS controlled rubidium oscillator   12.099

GPS 控制石英频标   GPS controlled quartz oscillator   12.100

库[仑]   coulomb   10.045

库仑定律   Coulomb's law   10.036

*库仑分析[法]   coulometric analysis   15.124

*跨点阻抗   transfer impedance   05.032

块差错   block error   11.395

*块规   gauge block   02.070

快开阀动态压力标准   quick-opening valve dynamic pressure standard   07.107

快开阀阶跃压力发生器   quick-opening valve step pressure generator   07.103

快速原子轰击电离   fast atom bombardment ionization   15.214

快速正弦扫描激励   rapid sine sweep excitation   05.012

宽带不连续骚扰   broadband discontinuous disturbance   11.271

宽带连续骚扰   broadband continuous disturbance   11.270

宽带随机振动   broadband random vibration   05.052

宽顶堰   broad-crested weir   06.185

*扩散波   reversible polarographic wave   15.362

*扩散场   diffuse sound field   08.014

扩散电流   diffusion current   15.358

扩散电流常数   diffusion current constant   15.368

扩散法配气装置   apparatus for standard gas by diffusion method   15.497

扩散声场   diffuse sound field   08.014

扩束器   beam expander   13.333

扩展不确定度   expanded uncertainty   01.057

*扩展测量不确定度   expanded measurement uncertainty   01.057

L

拉曼光谱法   Raman spectrometry   15.157

拉普拉斯方程   Laplace's equation   10.038

拉乌尔定律   Raoult's law   15.015

朗伯–比尔定律   Lambert-Beer's law   15.017

朗伯面   Lambertian surface   13.125

朗伯余弦定律   Lambert's cosine law   13.124

*浪涌   surge   11.291

浪涌冲击   surge   11.291

铑铁电阻温度计   rhodium-iron resistance thermometer   09.056

雷诺数   Reynolds number   06.105

累积流量   volume   06.076

累计百分数声级   percentile level   08.042

*累计料斗秤   discontinuous totalising automatic weighing instrument   03.091

累加秤   cumulative weigher   03.100

*A 类评定   type A evaluation   01.052

*B 类评定   type B evaluation   01.053

棱镜　prism　15.388

冷镜式露点仪　chilled mirror dew point hygrometer
　15.494

离散步进正弦激励　discrete step sinusoidal excitation
　05.009

*离散谱　line spectrum　05.035

离心机　centrifuge　05.249

离心式转速表　centrifugal tachometer　05.233

离心试验机　centrifugal testing machine　05.251

离子动能谱　ion kinetic energy spectrum　15.461

离子回旋共振质谱仪　ion cyclotron resonance mass
　spectrometer　15.452

离子活度　ion activity　15.083

离子活度计　ion-activity meter　15.336

离子活度系数　ionic activity coefficient　15.084

离子交换色谱法　ion exchange chromatography
　15.184

离子交换柱　ion exchange column　15.428

离子阱质谱仪　ion-trap mass spectrometer　15.457

离子色谱法　ion chromatography　15.178

离子色谱仪　ion chromatograph　15.402

离子选择电极　ion selective electrode　15.346

离子选择电极分析[法]　ion selective electrode analysis
　15.125

离子源　ion source　15.453

里氏硬度　Leeb hardness　04.126

里氏硬度试验　Leeb hardness test　04.125

理想变压器　ideal transformer　10.062

理想冲击脉冲　ideal shock pulse　05.160

理想漫反射体　perfect reflecting diffuser　13.122

理想漫透射体　perfect transmission diffuser　13.123

理想气体　ideal gas　15.045

理想溶液　ideal solution　15.046

力标准机　force standard machine　04.001

力点刀　force knife　04.016

力放大部分　main unit　04.019

力基准机　primary force standard machine　04.002

力级　force step　04.008

力值范围　load range　04.040

力转换活塞　piston for load relieving and pressure
　transmitting　04.029

力转换油缸　cylinder for load relieving and pressure
　transmitting　04.030

历元　epoch　12.011

立式滚刀测量仪　vertical hob measuring instrument
　02.194

立体定向放射外科治疗　stereotactic radiosurgery
　therapy　14.182

立体角　solid angle　13.017

励磁　excitation　10.266

*粒度　particle diameter　15.073

粒度分布　particle size distribution　15.075

粒径　particle diameter　15.073

粒子加速器　particle accelerator　14.177

[粒子]注量　[particle] fluence　14.054

[粒子]注量率　[particle] fluence rate　14.055

连接器　connector　11.127

连续波核磁共振[波谱]仪　continuous wave mode
　NMR spectrometer　15.466

连续波激光器　continuous wave laser　13.300

连续波模拟器　continuous wave simulator　11.319

连续累计自动衡器　continuous totalising automatic
　weighing instrument　03.090

连续谱　continuous spectrum　05.036

连续骚扰　continuous disturbance　11.267

连续随机噪声信噪比　continuous random noise S/N
　11.351

*连续注射法　continuous injection method　15.119

联动扫描　linked scan　15.221

廉金属热电偶　base metal thermocouple　09.068

量出式量器　output container　06.006

量块　gauge block　02.070

量块的长度　length of a gauge block　02.071

量块的长度变动量　variation in length of a gauge block
　02.072

量器　measuring container　06.004

量热计　calorimeter　11.102

量入式量器　input container　06.005

两次安装法　calibration method of accelerometer in two
　different positions　05.257

亮度测温法　radiance thermometry　09.128

亮度差阈　luminance difference threshold　13.221

亮度非线性失真　luminance nonlinear distortion
　11.344

亮度温度计　radiance thermometer　09.129

亮度阈　luminance threshold　13.220

量　quantity　01.001

量的波谱　wave spectrum of a quantity　05.039

量的频谱　frequency spectrum of a quantity　05.034

量的数值　numerical quantity value, numerical value of quantity　01.023

*量的数值方程　numerical value equation of quantity　01.026

*量的约定值　conventional value of quantity　01.022

量的真值　true value of a quantity　01.029

量方程　quantity equation　01.024

量纲　dimension of a quantity　01.007

量纲为一的量　quantity of dimension one　01.008

量值　quantity value, value of quantity　01.011

量–值标尺　quantity-value scale　01.030

量值传递　dissemination of the value of quantity　01.208

量制　system of quantities　01.003

量子霍尔效应　quantum Hall effect　10.016

量子效率　quantum efficiency　13.319

裂变电离室　fission ionization chamber　14.163

裂解器　pyrolyzer　15.412

邻频道功率比　adjacent channel power ratio, ACPR　11.359

临界流　critical flow　06.097

临界流函数　critical flow function　06.138

临界流流量计　critical flow meter　06.133

临界流喷嘴　critical nozzle　06.134

临界流文丘里喷嘴　critical Venturi nozzle　06.135

临界密度　critical density　03.050

*临界频率　waveguide cutoff frequency　11.020

*临界闪烁频率　critical flicker frequency　13.225

临界压力比　critical pressure ratio　06.139

临近法　proximity method　11.297

*淋洗剂　eluant　15.323

磷光分析[法]　phosphorescence analysis　15.155

磷光计　phosphorimeter　15.380

磷–32核磁共振波谱法　^{32}P nuclear magnetic resonance spectroscopy　15.228

*灵敏度　sensitivity　01.122

*灵敏限　discrimination threshold　07.026

零的测量不确定度　null measurement uncertainty　01.133

零点环境影响　zero instability　04.072

零点恢复　zero return　04.071

零点输出温度影响　temperature effect on zero output　04.069

*零点温度影响　temperature effect on zero output　04.069

零点移动　zero float　04.073

零色散波长　zero dispersion wavelength　13.350

零色散斜率　zero dispersion slope　13.351

*零位调整　zero adjustment　01.110

零值测量[法]　null [method of] measurement　10.162

零值误差　zero error　01.137

流出时间　discharging time　06.009

流出系数　discharge coefficient　06.130

流导法　flow method　07.115

流动剖面　flow profile　06.100

流动相　mobile phase　15.429

流量　flow　06.074

流量范围　flow rate range　06.081

流量计　flow meter　06.079

流量计误差特性曲线　error performance curve of flow meter　06.080

流明　lumen　13.085

流气式计数管　gas flow counter tube　14.095

流气式探测器　gas flow detector　14.084

流速计　current meter　06.169

流体静力天平　hydrostatic balance　03.026

录像[磁]带　video tape　10.284

录音磁平　record magnetic level　10.283

露点　dew point　09.029

露点温度　dew point temperature　15.066

λ_c滤波器　λ_c profile filter　02.139

λ_f滤波器　λ_f profile filter　02.140

λ_s滤波器　λ_s profile filter　02.138

滤波器带宽　filter bandwidth　08.067

滤波器衰减　filter attenuation　08.066

滤光器　optical filter　13.169

轮廓仪　profilograph, profilometer　02.144

螺距　pitch　02.156

CT螺距因子　CT pitch factor　14.209

螺纹　thread　02.147

螺纹环规　screw thread ring gauge　02.162

螺纹量规　screw thread gauge　02.160

螺纹千分尺　screw thread micrometer　02.164

螺纹塞规　screw thread plug gauge　02.161
螺纹升角　lead angle　02.159
螺线管　solenoid　10.290
螺旋线偏差　form deviation of helix　02.173
螺旋形弹簧管　spiral Bourdon tube　07.050
螺翼式水表　Woltmann water meter　06.153
洛氏硬度　Rockwell hardness　04.118
洛氏硬度标尺　Rockwell hardness scale　04.141

洛氏硬度试验　Rockwell hardness test　04.117
络合滴定[法]　complexometry　15.110
络合剂　complexing agent　15.314
落差　fall　06.115
落锤式动态脉冲发生器　dropping weight pulse pressure generator　07.104
落球冲击机　drop ball shock machine　05.187
落体式冲击试验台　drop shock testing table　05.211

M

马赫数　Mach number　06.106
马氏硬度　Martens hardness　04.139
马氏硬度试验　Martens hardness test　04.138
码字差错　word error　11.394
*码组差错　block error　11.395
脉冲　pulse　11.177
脉冲编码调制　pulse code modulation, PCM　11.378
脉冲编码调制信道测试仪　PCM channel tester　11.423
脉冲带宽　impulse bandwidth　11.206
脉冲电离室　pulse ionization chamber　14.077
脉冲顶部不平坦度　pulse top unevenness　11.191
脉冲幅度　pulse amplitude　11.178
脉冲傅里叶变换核磁共振[波谱]仪　pulsed Fourier transform NMR spectrometer　15.468
脉冲功率　pulse power　13.302
脉冲激光器　pulse laser　13.301
脉冲极谱法　pulse polarography　15.136
脉冲间隔　pulse separation　11.181
脉冲宽度　pulse width　11.190，15.473
脉冲能量　pulse energy　13.305
脉冲强度　impulse strength　11.204
脉冲群　burst　11.288
脉冲上冲　pulse overshoot　11.187
脉冲声　impulsive sound　08.029
脉冲下冲　pulse undershoot　11.188
脉冲响应幅度关系　pulse response amplitude relation-ship　11.211
脉冲响应校准器　pulse response calibration generator　11.202
脉冲响应随重复频率的变化　pulse response variation

with repetition frequency　11.212
脉冲预冲　pulse preshoot　11.186
脉冲振铃　pulse ringing　11.189
脉动压力　pulsant pressure　07.089
满刻度流量　full scale flow rate　06.084
满载最大加速度　maximum loaded table acceleration　05.148
漫反射　diffuse reflection　13.115
漫反射比　diffuse reflectance　13.130
漫射　diffusion　13.112
漫射体　diffuser　13.121
漫射因数　diffusion factor　13.154
漫射指示线　indicatrix of diffusion　13.155
漫透射　diffuse transmission　13.116
漫透射比　diffuse transmittance　13.131
漫透射彩色积分密度　diffuse transmission color integrating density　13.198
漫透射视觉密度　diffuse transmission visual density　13.197
盲区　dead zone　08.124
盲样　blind sample　15.242
毛细管电泳–质谱联用仪　capillary electrophoresis-mass spectrometer　15.410
毛细管区带电泳　capillary zone electrophoresis　15.200
毛细管柱　capillary column　15.427
毛重　gross weight　03.112
*毛重值　gross weight　03.112
朦胧度　haze　13.142
朦胧度计　haze meter　13.179
锰浴法　manganese bath method　14.156

米 meter 02.002
密度 density 03.044
密度标准液 density standard liquid 03.056
密度瓶 density bottle 03.062
密封[放射]源 sealed source 14.028
E 面 E plane 11.222
H 面 H plane 11.223
秒 second 12.002
秒表 stop watch 12.026
敏感器 sensor 01.099
*敏感元件 elastic element 04.035
明渠流 open channel flow 06.078
明视觉 photopic vision 13.069
*明适应 light adaptation 13.217
模场直径 mode field diameter 13.343
*模糊介质 translucent medium 13.173
模拟[测量]仪表 analog [measuring] instrument 10.194
模拟传输 analog transmission 11.373
*模拟黑体 simulative blackbody 13.046
模拟呼叫器 local call simulator 11.424
模拟手 artificial hand 11.331
模拟信号 analog signal 11.369
*模拟指示仪表 analog indicating instrument 10.194
模数 module 02.166

模数转换 analog to digital conversion 10.170
模体 phantom 14.148
*模型 model 01.045
膜盒 capsule 07.052
膜盒压力表 capsule pressure gauge 07.036
膜片 diaphragm 07.051
膜片压力表 diaphragm pressure gauge 07.035
摩擦试验机 friction testing machine 04.090
摩[尔] mole 15.002
摩尔电导 molar conductance 15.027
摩尔电导率 molar conductivity 15.078
摩尔分数 mole fraction 15.010
摩尔体积 molar volume 15.004
摩尔质量 molar mass 15.003
磨损试验机 abrasion testing machine 04.089
莫尔条纹 Moiré fringe 02.095
目标不确定度 target uncertainty 01.050
*目标测量不确定度 target measurement uncertainty 01.050
目视光度测量法 visual photometry 13.096
目视光度计 visual photometer 13.099
*目视光学高温计 disappearing filament optical pyrometer 09.139
目视色度测量 visual colorimetry 13.200

N

纳米尺度 nanoscale 02.216
纳米技术 nanotechnology 02.217
奈奎斯特噪声定理 Nyquist noise theorem 11.160
耐用性 ruggedness 15.055
内标法 internal standard method 15.189
内标式玻璃液体温度计 inner scale liquid-in-glass thermometer 09.089
内插测量[法] interpolation [method of] measurement 10.166
内横直径 inside cross diameter 06.025
内量子效率 internal quantum efficiency 13.397
内竖直径 inside vertical diameter 06.024
内总长 total inside length 06.026
能量谱密度 energy spectrum density 05.184

能量损失 energy loss 04.110
能量响应 energy response 14.087
能谱法 spectroscopy 15.231
能斯特方程 Nernst equation 15.355
能注量 energy fluence 14.056
能注量率 energy fluence rate 14.057
拟合要素 associated feature 02.021
逆反射 retroreflection 13.156
逆反射比 retroreflectance 13.162
逆反射材料 retroreflective material 13.159
逆反射光亮度系数 coefficient of retroreflected luminance 13.165
逆反射器 retroreflector 13.158
逆反射系数 coefficient of retroreflection 13.164

逆反射元　retroreflective element　13.157
逆负荷现象　counter-force phenomenon　04.012
逆流色谱法　counter current chromatography　15.188
黏度　viscosity　15.068
黏度计常数　viscometer constant　15.070
黏均分子量　viscosity-average molecular weight　15.033
镍铬硅–镍硅镁热电偶　nickel-chromium-silicon alloy/nickel-silicon-magnesium alloy thermocouple　09.072
镍铬–金铁热电偶　nickel-chromium alloy/gold-iron alloy thermocouple　09.075
镍铬–镍硅热电偶　nickel-chromium alloy/nickel-silicon alloy thermocouple　09.071
镍铬–铜镍热电偶　nickel-chromium alloy/copper-nickel alloy thermocouple　09.069
凝固点　freezing point　09.022
凝固热　freezing heat　09.025

凝胶电泳　gel electrophoresis　15.198
凝胶色谱法　gel chromatography　15.183
凝胶色谱仪　gel chromatograph　15.400
牛顿流体　Newtonian fluid　15.029
扭簧比较仪　torsion spring comparator　02.081
*扭簧测微仪　torsion spring comparator　02.081
扭矩扳子　torque wrench　04.044
扭矩标准机　torque standard machine　04.003
扭矩基准机　primary torque standard machine　04.004
扭矩校准杠杆　torque-calibration lever　04.005
扭矩仪　torque-meter　04.043
扭力天平　torsion balance　03.021
浓度　concentration　15.059
努氏硬度　Knoop hardness　04.122
努氏硬度试验　Knoop hardness test　04.121
诺顿定理　Norton theorem　10.110

O

欧[姆]　ohm　10.046
欧姆定律　Ohm law　10.041
耦合板　coupling plane　11.283
耦合常数　coupling constant　15.470
耦合夹　coupling clamp　11.330
耦合腔　coupler　08.075

耦合腔互易校准　coupler reciprocity calibration　08.058
耦合/去耦合网络　coupling/decoupling network　11.327
耦合网络　coupling network　11.328
耦合系数　coupling factor　11.294

P

排出容量比较法　delivering volumetric method　06.036
排气孔　vent hole　06.090
排气口　vent　06.049
排泄孔　drain hole　06.089
佩尔捷效应　Peltier effect　10.013
配对温度传感器　temperature sensor pair　06.160
喷嘴　nozzle　06.127
膨胀法　expansion method　07.114
碰撞气　collision gas　15.463
碰撞试验台　bump testing table　05.208
碰撞诱导解离　collision induced dissociation　15.215

批量样品　batch sample　15.241
批准型式符合性检查　examination for conformity with approval type　01.170
*皮带秤　belt weigher　03.090
皮托管　Pitot tube　06.172
皮重　tare weight　03.113
皮重称量装置　tare-weighing device　03.125
皮重平衡装置　tare-balancing device　03.124
*皮重值　tare weight　03.113
皮重装置　tare device　03.123
疲劳试验机　fatigue testing machine　04.096
匹配　match　11.033

匹配负载　matched load　11.118

*偏差　size deviation　02.024

偏磁　bias magnet　10.277

偏磁电流　bias magnet current　10.278

偏流测向探头　yaw probe　06.171

偏心力　eccentric load　04.054

偏心倾斜力　eccentric angular load　04.056

*偏移　bias　01.086

偏载　eccentric load　03.120

偏载误差　eccentric error　03.041

偏振光糖量计　polarized light saccharimeter　03.069

偏振模色散　polarization mode dispersion, PMD
　11.407

偏振器　polarizer　13.009

偏置开路器　offset open termination　11.130

偏转　deflection　03.028

漂动　wander　11.398

*频标　frequency standard　12.052

频标比对器　frequency standard comparator　12.092

频差倍增器　frequency difference multiplier　12.091

频程　frequency interval　08.103

频带声功率级　band sound power level　08.045

频带声压级　band sound pressure level　08.044

频率　frequency　12.050

频率标称值　nominal frequency　12.064

频率标准　frequency standard　12.052

频率差　frequency difference　12.067

频率–电压变换式转速表　tachometer by transform of
　frequency-voltage　05.239

频率复现性　frequency repeatability　12.082

频率复制性　frequency reproducibility　12.083

频率合成器　frequency synthesizer　12.084

频率计权　frequency weighting　08.036

频率计数器　frequency counter　12.085

频率校准　frequency calibration　12.095

频率偏差　frequency offset　12.066

频率牵引　frequency pulling　11.045

频率实际值　actual frequency　12.065

频率特性　frequency characteristic　11.005

频率温度计　frequency thermometer　09.102

频率稳定度　frequency stability　12.069

频率误差　frequency error　11.381

频率响应函数　frequency response function　05.040

频率准确度　frequency accuracy　12.068

频偏　frequency deviation　11.068

频谱　spectrum　11.043

频谱纯度　spectrum purity　11.044

频谱分析仪　spectrum analyzer　11.078

频闪式转速表　frequently flash style tachometer
　05.237

频域测量　frequency domain measurement　11.002

频域校准　frequency domain calibration　05.202

品质因数　quality factor　05.071，11.122，14.130

平板　surface plate　02.066

平尺　straight edge　02.065

平衡三相设备　balanced three phase equipment
　11.302

*平衡输出　symmetrical output　10.187

*平衡输入　symmetrical input　10.185

平衡线　balanced lines　11.289

平均测速法　method with average measuring velocity
　05.194

平均功率　average power　10.091，13.304

平均声压级　average sound pressure level　08.025

平均图像电平　average picture level, APL　11.336

[平均]有效波长　[mean] effective wavelength　09.136

平均值　average value　10.087

平均值检波器　average detector　11.199

平均轴向流体速度　mean axial fluid velocity　06.101

平均轴向流体速度点　point of mean axial fluid veloci-
　ty　06.167

平面波　plane wave　08.007

*平面波　plane electromagnetic wave　11.012

平面电磁波　plane electromagnetic wave　11.012

平面干涉仪　flat interferometer　02.050

平面角　angle, plane angle　02.005

平面平晶　plane optical flat　02.053

*平面样板　plane optical flat　02.053

平面源　plane source　14.026

*平台　surface plate　02.066

平太阳秒　mean solar second　12.003

平坦 V 形堰　flat-V weir　06.187

平凸 50 mm 标准镜头　plano-convex 50 mm standard
　lens　13.433

平行测定　parallel determination　15.310

平行平晶　parallel optical flat　02.052

平直度测量仪 flatness and straightness measuring instrument 02.062

屏蔽室 shielded enclosure 11.309

坡印亭矢量 Poynting vector 11.193

普朗克定律 Planck's law 13.037

普朗克轨迹 Planckian locus 13.274

谱带宽度 spectral band width 15.472

谱库检索 library searching 15.464

谱线干扰 spectral line interference 15.484

谱线数 number of spectral line 05.105

Q

七号信令测试仪 No.7 signaling tester 11.430

期间测量精密度 intermediate measurement precision 01.078

期间核查 intermediate check 01.201

*期间精密度 intermediate precision 01.078

期间精密度测量条件 intermediate precision condition of measurement 01.077

*期间精密度条件 intermediate precision condition 01.077

其他乱真响应 other spurious response 11.217

*起偏器 polarizer 13.009

起始磁导率 initial permeability 10.245

起始磁化曲线 initial magnetization curve 10.233

起始相位 original phase 11.145

气导 air conduction 08.096

气垫台 air film slide table 05.118

气动测量仪器 pneumatic measuring instrument 02.093

气固色谱法 gas-solid chromatography 15.167

气炮冲击机 shock machine with air gun 05.189

气体常数 gas constant 15.013

气体放大 gas multiplication 14.110

气体放大系数 gas multiplication coefficient 14.111

气体分析 gasometric analysis 15.104

*气体分压定律 Dalton's law 15.014

气体活塞式压力计 gas operated piston pressure gauge 07.018

气体流量标准装置 gas flow standard facility 06.205

气体温度计 gas thermometer 09.100

气相色谱法 gas chromatography 15.166

气相色谱–傅里叶红外光谱联用仪 gas chromatograph-Fourier transform infrared spectrometer 15.408

气相色谱–傅里叶红外光谱–质谱联用仪 gas chromatograph-Fourier transform infrared-mass spectrometer 15.409

气相色谱仪 gas chromatograph 15.398

气[相色谱]–质[谱]联用仪 gas chromatograph-mass spectrometer 15.406

气压表 barometer 07.080

气压高度表 atmospheric pressure altimeter 07.088

气液色谱法 gas-liquid chromatography 15.168

气液式碰撞试验台 bump testing table with gas and liquid 05.209

汽化热 vaporizing heat 09.027

*千分表 micrometer 02.080

千分尺 micrometer 02.075

千克 kilogram 03.003

迁移电流 migration current 15.353

前峰锯齿冲击脉冲 initial peak saw tooth shock pulse 05.165

钳注入 clamp injection 11.292

潜热 latent heat 09.024

浅表个人剂量当量 superficial individual dose equivalent 14.132

强化样品 spiked sample 15.255

[强吸收材料的]光谱吸收指数 spectral absorption index [of a heavity absorbing material] 13.168

强制周期检定 mandatory periodic verification 01.179

切向加速度 acceleration in tangential direction 05.253

切向加速度比 rate of acceleration in tangential direction to constant acceleration 05.254

亲和色谱法 affinity chromatography 15.177

氢–2 核磁共振波谱法 ^{2}H nuclear magnetic resonance spectroscopy 15.226

氢弧 hydrogen arc 13.051

*氢频标 hydrogen frequency standard 12.055

氢原子频标　hydrogen frequency standard　12.055

*氢原子钟　hydrogen frequency standard　12.055

倾点　pour point　15.040

倾斜式微压计　inclined-tube micromanometer　07.031

倾斜试验　tilt test　03.042

倾斜仪　clinometer　02.113

ICRU 球　ICRU sphere　14.098

球面波　spherical wave　08.009

球面度　steradian　13.018

球面干涉仪　sphericity interferometer　02.051

球[面像]差　spherical aberration　13.413

球形光度计　integrating-sphere photometer　13.109

球形金属罐　spherical metallic tank　06.069

球形金属罐竖向直径　vertical diameter of spherical metallic tank　06.071

球形金属罐水平直径　level diameter of spherical metallic tank　06.070

区带电泳　zone electrophoresis　15.193

驱动点阻抗　driving point impedance　05.031

趋肤效应　skin effect　11.046

取压孔　pressure tapping　06.123

取样　sampling　15.261

取样误差　sampling error　15.264

去耦合网络　decoupling network　11.329

圈板内高　internal height of plate　06.061

圈板外高　external height of plate　06.060

全波片　full-wave plate　13.404

全电波暗室　fully anechoic chamber　11.311

全辐射测温法　total radiation thermometry　09.131

全辐射亮度　total radiance　13.053

全辐射温度　total radiation temperature　09.130

全辐射温度计　total radiation thermometer　09.132

全辐射照度　total irradiance　13.054

全宽堰　full-width weir　06.189

全球导航卫星系统　global navigation satellite system, GNSS　02.211

全球导航卫星系统接收机　GNSS receiver　02.212

全球定位系统　global positioning system, GPS　12.044

全吸收峰　total absorption peak　14.103

*全向一致性　isotropy　11.203

全压真空计　total pressure vacuum gauge　07.121

全站型电子速测仪　total station electronic tachometer　02.208

群速　group velocity　11.360

R

燃点　ignition point　15.039

燃气加气机　gas dispenser　06.162

燃烧热　heat of combustion　15.079

燃油加油机　fuel dispenser　06.161

热传导　heat conduction　09.035

热传导真空计　thermal conductivity vacuum gauge　07.112

热导检测器　thermal conductivity detector, TCD　15.414

热导率　thermal conductivity　09.038

热电变换器　thermoelectric converter　10.180

*热电堆　thermopile　13.386

热电离　thermal ionization　15.205

热电偶　thermocouple　09.061

热电偶参考端　reference junction of thermocouple　09.084

热电偶测量端　measuring junction of thermocouple　09.083

热电偶组件　thermocouple element　09.078

热电探测器　pyroelectric detector　13.388

热电系仪表　electrothermal instrument　10.196

热电效应　thermoelectric effect　10.011

热分析　thermal analysis　15.113

热辐射　heat radiation　09.037，thermal radiation　13.036

热管　heat pipe　09.113

*热焓　enthalpy　15.021

热扩散率　thermal diffusivity　09.154

*热扩散系数　thermal diffusivity　09.154

热力学温度　thermodynamic temperature　09.003

热量表　heat meter　06.157

热流密度　heat flux　09.158

热敏电阻温度计　thermistor thermometer　09.058
热偶式仪表　thermocouple instrument　10.198
热喷雾接口　thermospray interface　15.445
热膨胀系数　thermal expansion coefficient　02.013
热平衡　thermal equilibrium　09.001
热容[量]　heat capacity　09.151
热释光剂量计　thermoluminescent dosemeter　14.136
热探测器　thermal detector　13.384
热天平　thermal balance　03.027
热响应时间　thermal response time, soak-out time
　02.014
热像仪　thermal imager　09.144
热噪声　thermal noise　11.157
热值　heat value　15.080
热重法　thermogravimetry　15.115
人耳声阻抗/导纳仪　aural acoustics impedance/admit-
　tance instrument　08.115
人工电源网络　artificial main network　11.326
人工黑体　artificial blackbody　13.046
人工网络　artificial network　11.325
人孔　manhole　06.030
人为噪声　man-made noise　11.155
刃边扩散函数　edge spread function, ESF　13.427
韧致辐射　bremsstrahlung　14.007
日差　daily clock time difference rate　12.033
日光轨迹　daylight locus　13.275
日老化率　daily aging rate　12.076
* 容差　tolerance　02.026
容积　volume　06.003

* 容积密度　bulk density　03.047
容积式流量计　positive displacement flow meter
　06.147
"容积式"水表　"volumetric" water meter　06.151
容量　capacity　06.002
容量表　capacity table　06.031
容器　container　06.001
容性电压探头　capacitive voltage probe　11.322
溶解　dissolution　15.283
溶解焓　enthalpy of solution　15.026
熔[化]点　melting point　09.023
熔化焓　enthalpy of fusion　15.023
熔化热　melting heat　09.026
熔融　fusion　15.297
融合频率　fusion frequency　13.225
* 铷频标　rubidium frequency standard　12.056
铷原子频标　rubidium frequency standard　12.056
* 铷原子钟　rubidium frequency standard　12.056
儒略日　Julian day, JD　12.009
蠕变　creep　04.062
蠕变恢复　creep recovery　04.063
蠕变试验　creep test　03.043
蠕变试验机　creep testing machine　04.086
入射波　incident wave　11.040
入射辐射[光]通量　incident flux　15.391
入射功率　incident power　11.093
瑞利长度　Rayleigh length　13.314
闰秒　leap second　12.007

S

塞尺　gap gauge, feeler gauge　02.083
三氟化硼计数管　boron trifluoride counter　14.165
三角花键量规　triangular spline gauge　02.187
三角形剖面堰　triangular-profile weir　06.186
三阶非线性系数　third-order nonlinearity coefficient
　05.263
三色系统　trichromatic system　13.254
[三色系统的]色匹配函数　color matching function [of
　a trichromatic system]　13.257
三相点　triple point　09.020

三相电路　three-phase circuit　10.073
三相电路功率　power of three-phase circuit　10.082
三相电源　three-phase source　10.074
三相负载　three-phase load　10.075
三元差错　ternary error　11.393
三爪内径千分尺　three-point internal micrometer
　02.076
三针　three wires, thread measuring wires　02.163
散弹噪声　shot noise　11.158
* 散粒噪声　shot noise　11.158

伤波　flaw echo　08.121

上规范限　upper specification limit, USL　02.030

上计量基准点　upper datum mark　06.016

上抛冲击机　throw shock machine　05.188

上升时间　rise time　07.097，11.184

上四分位法　upper quartile method　11.277

*上限温度　upper limit temperature　09.015

邵氏硬度　Shore hardness　04.128

邵氏硬度试验　Shore hardness test　04.127

射频功率计　RF power meter　11.097

X 射线光电子能谱　X-ray photoelectron spectroscopy　15.161

X 射线能谱分析　X-ray spectrometric analysis　15.162

X 射线谱分析[法]　X-ray spectrum analysis　15.158

射线束的几何广度　geometric extent of a beam of rays　13.024

X 射线污染　X-ray contamination　14.185

X 射线吸收光谱法　X-ray absorption spectrometry　15.159

X 射线衍射法　X-ray diffractometry　15.160

X 射线荧光光谱法　X-ray fluorescence spectrometry　15.154

X 射线荧光光谱仪　X-ray fluorescence spectrometer　15.375

摄氏度　degree Celsius　09.006

摄氏温度　Celsius temperature　09.005

摄影昼光　photographic daylight　13.110

深个人剂量当量　penetrating individual dose equivalent　14.133

深度剂量　depth dose　14.188

深度剂量曲线　depth dose chart　14.189

渗透法配气装置　apparatus for standard gas by permeation method　15.496

渗透管　permeation tube　15.498

升起角　angle of rise　04.104

声暴露　sound exposure　08.059

声波　sound wave　08.002

声场　sound field　08.010

声场传声器　sound field microphone　08.073

声程　beam path distance　08.120

声分析仪　sound analyzer　08.086

声辐射力　acoustic radiation force　08.118

声功率　sound power　08.020

声功率级　sound power level　08.027

声级　sound level　08.038

*A 声级　A-weighting sound pressure level　08.039

声级计　sound level meter　08.078

声级记录仪　sound level recorder　08.087

声校准器　sound calibrator　08.079

声灵敏度　sound sensitivity　05.096

声频信号发生器　sound frequency signal generator　08.090

声强　sound intensity　08.019

声强测量仪　sound intensity measuring instrument　08.081

声强级　sound intensity level　08.026

声入射角　sound angle of incidence　08.051

声速　sound velocity　08.015

声学　acoustics　08.001

声学密度计　acoustic densimeter　03.067

声学温度计　acoustic thermometer　09.101

声压　sound pressure　08.018

声压-残余声强指数　pressure-residual intensity index　08.065

声压传声器　pressure microphone　08.072

声压级　sound pressure level　08.024

声压灵敏度　pressure sensitivity　08.054

*声压响应　pressure sensitivity　08.054

声质点速度　sound particle velocity　08.017

声质点位移　sound particle displacement　08.016

*声中心　effective acoustic center　08.050

声转移阻抗　acoustic transfer impedance　08.048

声阻抗　acoustic impedance　08.046

剩余冲击响应谱　residual shock response spectrum　05.178

剩余磁感应强度　remanent magnetic induction　10.241

剩余反射　residual reflection　11.111

剩余频偏　inherent spurious frequency deviation　11.071

剩余调幅　inherent spurious amplitude modulation　11.066

剩余位能　residual energy　04.107

失配　mismatch　11.035

*失配负载　standard mismatch kit　11.117

失真　distortion　11.079

失真度　distortion factor　11.083

失真仪底度值　bottom value of distortion meter　11.084

施特鲁哈尔数　Strouhal number　06.107

施照体　illuminant　13.246

施照体[感知]色位移　illuminant [perceived] color shift　13.234

施照体色度位移　illuminant colorimetric shift　13.231

湿度　humidity　15.062

湿度发生器　humidity generator　15.495

湿度计　hygrometer　15.337

石英电子秒表　quartz electronic stop watch　12.028

石英晶体频标　quartz frequency standard　12.059

石英钟　quartz clock　12.015

石油产品用玻璃液体温度计　liquid-in-glass thermometer for petroleum product　09.093

石油用高精密玻璃水银温度计　high precision mercury-in-glass thermometer for petroleum　09.094

时标　time scale　12.001

时基　time base　12.025

时间比对　time comparison　12.036

时间编码　time code　12.035

时间标准　time standard　12.049

时间标准偏差　time standard deviation　12.048

时间常数　time constant　05.070，13.393

* 时间尺度　time scale　12.001

时间传输　time transfer　12.038

时间抖动　time jitter　11.362

时间计权　time weighting　08.037

时间间隔　time interval　12.022

时间间隔发生器　time interval generator　12.023

时间间隔计数器　time interval counter, TIC　12.024

时间间隔误差　time interval error　11.399

时间偏差　time offset　12.034

时间频率基准　time frequency primary standard　12.012

* 时间平均声级　equivalent continuous A-weighting sound pressure level　08.040

时间平均转速　time average rotating velocity　05.221

时间同步　time synchronization　12.037

* 时间坐标　time scale　12.001

时刻　instant time　12.021

* 时延　delay time　11.151

时域测量　time domain measurement　11.001

时域校准　time domain calibration　05.201

时域特性　property in time domain　07.094

实测垂线平均流速　measured mean velocity on a vertical　06.177

实际标尺分度值　actual scale interval　03.034

实际尺寸　real size　02.023

实际焦点　actual focal spot　14.204

实际密度　actual density　03.046

实际射程　practical range　14.190

实际要素　real feature　02.018

* 实际组成要素　real integral feature　02.018

实时测量　real-time measurement　11.007

实物量具　material measure　01.093

实现米定义的稳频激光器　frequency stabilized laser of realization meter definition　02.037

* 实验标准差　experimental standard deviation　01.088

实验标准偏差　experimental standard deviation　01.088

实验室标准传声器　laboratory standard microphone　08.071

实验室样品　laboratory sample　15.249

矢量幅度误差　vector magnitude error　11.387

* 矢量网络分析仪　automatic network analyzer, ANA　11.120

矢量信号发生器　vector signal generator　11.416

矢量信号分析仪　vector signal analyzer　11.415

示波法血压计　oscillometric method sphygmomanometer　07.074

示波极谱法　oscillopolarography　15.137

示波器　oscilloscope　11.192

示值　indication　01.111

示值区间　indication interval　01.113

示值误差　error of indication　01.131

示踪法　tracer method　06.179

世界时　universal time, UT　12.004

试剂空白　reagent blank　15.279

试件　sample　04.094

试验布置　test configuration　11.265

试验力　test force　04.148

试样　specimen　04.095

试样辐射[光]通量　sample flux　15.393

试液　test solution　15.266

视彩度　colorfulness　13.212

视场光阑　field diaphragm, field stop　13.410

视场角　field angle　13.407

* 视觉分辨力　visual resolution　13.219

视觉密度　visual density　13.192

视觉敏锐度　visual acuity　13.219

视频磁迹　video track　10.286

视频非线性失真　video nonlinear distortion　11.335

视频线性失真　video linear distortion　11.334

视在功率　apparent power　10.092

视在质量　apparent mass　05.029

适应　adaptation　13.217

适应性[感知]色位移　adaptive [perceived] color shift　13.235

适应性色度位移　adaptive colorimetric shift　13.232

首次检定　initial verification　01.177

受话器　telephone receiver　08.106

受控源　controlled source　10.059

受力同轴度　coaxality with load　04.033

售油器　retail appliance for vegetable oil　06.051

* 输出　indication of deflection　04.036

输出电阻　output resistance　04.065

* 输出量　output quantity　01.048

* 输出温度影响　temperature effect on rated output　04.068

输出阻抗　output impedance　10.113

输入电阻　input resistance　04.064

* 输入量　input quantity　01.047

输入灵敏度　input sensitivity　12.097

输入阻抗　input impedance　10.112

束散角　divergence angle　13.316

数据误码测试仪　data error tester　11.426

数据域测量　data domain measurement　11.003

数均分子量　number-average molecular weight　15.031

数模转换　digital to analog conversion　10.171

数显测高仪　digital height measuring instrument　02.098

数显卡尺　digital calliper　02.079

* 数值　numerical value　01.023

数值方程　numerical value equation　01.026

数值孔径　numerical aperture, NA　13.408

数字[测量]仪表　digital [measuring] instrument　10.195

数字传输　digital transmission　11.374

数字传输分析仪　digital transmission analyzer　11.421

数字声频　digital audio　08.068

数字时钟　digital clock　12.013

数字式称重传感器　digital load cell　04.075

数字式电子血压计　digital electronic sphygmomano-meter　07.072

数字式压力计　digital pressure gauge　07.065

数字数据　digital data　11.368

* 数字显示仪表　digital indicating instrument　10.195

数字信号　digital signal　11.370

数字中继呼叫器　digital call simulator　11.425

数字阻抗电桥　digital impedance bridge, LCR meter　10.152

衰变　disintegration, decay　14.036

衰变纲图　decay scheme　14.038

衰减　attenuation　11.133

衰减测量功率比法　power ratio method for attenuation measurement　11.140

衰减测量散射参数法　scattering parameter method for attenuation measurement　11.142

衰减测量替代法　substitution method for attenuation measurement　11.141

衰减常量　attenuation constant　11.014

衰减系数　attenuation coefficient　13.336

衰落　fading　11.365

* 衰落储备　fading margin　11.366

衰落裕量　fading margin　11.366

双搭接接头　double-lapped joint　10.292

* 双峰值　double peak value　05.063

双管水银压力表　double tube mercury manometer　07.082

双混频时差法　dual mixer difference method　12.093

双活塞式压力真空计　dual piston pressure vacuum gauge　07.016

双胶合 200 mm 标准镜头　doublet 200 mm standard lens　13.434

双金属温度计　bimetallic thermometer　09.098

双金属系仪表　bimetallic instrument　10.197

双聚焦质谱仪　double focusing mass spectrometer

15.449

双盘天平　double pan balance　03.023

双针单管压力表　pressure gauge with dual pointer and single tube　07.041

双针双管压力表　pressure gauge with dual pointer and dual tube　07.040

霜点温度　frost point temperature　15.067

水表　water meter　06.150

水表面比降　surface slope　06.114

水尺　gauge　06.112

水的离子积　ionic product of water　15.085

水分　moisture　15.065

水分测定仪　moisture determination apparatus　15.338

水活度　water activity　15.082

水力直径　hydraulic diameter　06.102

水流型气体热量计测量法　waterflow type gas calorimetric method　15.118

水平滑台　horizontal slide table　05.124

水三相点　triple point of water　09.021

水声换能器　underwater sound transducer　08.136

水声探头　underwater sound probe　08.139

水声学　underwater acoustics　08.135

水听器　hydrophone　08.137

水位　stage　06.116

水位–流量关系　stage-discharge relation　06.117

*水下传声器　hydrophone　08.137

水银气压表　mercury barometer　07.081

水银温度计　mercurial thermometer　09.087

水银血压计　mercury sphygmomanometer　07.068

水准尺　leveling staff　02.209

水准仪　surveyor's level　02.115

瞬时角速度　instantaneous angular velocity　05.218

瞬时流量　flow rate　06.075

瞬时值　instantaneous value　10.086

瞬时转速　instantaneous rotating velocity　05.224

瞬态随机激励　transient random excitation　05.016

斯特藩 – 玻尔兹曼定律　Stefan-Boltzmann law　13.039

死量　deadstock　06.063

死区　dead band　01.126

死时间　dead time　15.433

死体积　dead volume　15.434

四极质谱仪　quadrupole mass spectrometer　15.450

松弛试验机　relaxation testing machine　04.088

送话器　telephone transmitter　08.105

速度冲击响应谱　velocity shock response spectrum　05.181

速度导纳　velocity mobility　05.028

速度分布　velocity distribution　06.098

速度改变法　method with velocity change　05.193

速度面积法　velocity-area method　06.165

"速度式"水表　"velocity" water meter　06.152

速度阻抗　velocity impedance　05.027

塑料球压痕硬度　plastic ball indentation hardness　04.131

塑料球压痕硬度试验　plastic ball indentation hardness test　04.130

溯源等级图　hierarchy scheme　01.205

*溯源链　traceability chain　01.067

酸度　acidity　15.076

酸碱滴定[法]　acid-base titration　15.105

酸碱指示剂　acid-base indicator　15.319

随机比较法　random comparison method　05.088

随机测量误差　random measurement error　01.084

*随机误差　random error　01.084

随机噪声　random noise　05.053

随机振动　random vibration　05.050

孙奈利槽　Saniiri flume　06.195

*损耗角正切　dissipation factor　11.123

损耗因数　dissipation factor　11.123

缩分样品　reduced sample　15.245

锁相环　phase locked loop　12.090

T

塔尔博特定律　Talbot's law　13.226

台秤　platform scale　03.085

台面冲击峰值加速度幅值均匀度　amplitude uniformity of acceleration peak for shock table　05.213

台面冲击峰值加速度横向运动比　transverse movement vibration ratio for shock acceleration peak

调制 modulation 11.059

调制传递函数 modulation transfer function, MTF 13.430

调制度 modulation depth 11.061，modulation degree 13.424

调制失真 modulation distortion 11.087

调制域测量 modulation domain measurement 11.004

铁磁电动系仪表 ferrodynamic instrument 10.215

* 铁磁探头式磁强计 fluxgate magnetometer 10.300

铁磁谐振电路 ferro-resonance circuit 10.072

铁路罐车 railway tanker 06.072

铁–铜镍热电偶 iron/copper-nickel alloy thermocouple 09.070

听力计 audiometer 08.114

听力损失 hearing loss 08.099

听力学 audiology 08.094

听阈 hearing threshold 08.098

听诊法血压计 auscultatory method sphygmomano-meter 07.073

* 通带 overall selectivity 11.213

通信协议 communication protocol 11.409

通信协议一致性 communication protocol consistence 11.410

通信协议一致性测试 communication protocol consis-tence test 11.411

通信信号分析仪 communication signal analyzer 11.422

通用计数器 universal counter 12.086

通用密度计 hydrometer for general use 03.059

同步[加速器]辐射 synchrotron radiation 13.052

同步信号的静态非线性失真 synchronizing signal steady state nonlinear distortion 11.350

同类量 quantity of the same kind 01.002

同离子效应 common ion effect 15.296

同色异谱刺激 metameric color stimuli, metamers 13.245

* 同色异谱性 metamerism 13.245

同位素丰度 isotopic abundance 14.040

同位素稀释质谱法 isotope dilution mass spectrometry 15.202

同相正交信号原点偏移 I/Q origin offset 11.386

同心倾斜力 concentric angular load 04.055

同轴短路器 coaxial shielded short circuit kit 11.116

同轴开路器 coaxial shielded open circuit kit 11.115

同轴线 coaxial line 11.027

铜–铜镍热电偶 copper/copper-nickel alloy thermo-couple 09.073

* 桶形畸变 barrel distortion 13.415

投射角 entrance angle 13.161

投影密度 projection density 13.194

透明介质 transparent medium 13.172

透射 transmission 13.013

透射比 transmittance 09.121，13.127

透射辐射[光]通量 transmitted flux 15.392

透射功率法 transmitted power method 13.358

透射[光学]密度 transmittance [optical] density 13.134

透射近场扫描法 transmitted near field scanning method 13.356

* 透射密度 transmittance factor density 13.191

透射因数 transmittance factor 13.190

透射因数密度 transmittance factor density 13.191

凸度因子 fullness factor 10.261

凸轮式碰撞试验台 bump testing table with cam 05.210

* UCS 图 uniform-chromaticity-scale diagram, UCS diagram 13.283

* CIE 1976 UCS 图 CIE 1976 uniform-chromaticity-scale diagram, CIE 1976 UCS diagram 13.284

图像矩阵 image matrix 14.200

湍流 turbulent flow 06.092

退磁 demagnetization 10.256

退磁曲线 demagnetization curve 10.255

退磁因子 demagnetizing factor 10.258

退火 annealing 09.042

托盘扭力天平 torsion balance with table pan 03.022

椭圆极化 ellipse polarization 11.235

椭圆偏振光 elliptically polarized light 02.043

W

瓦[特] watt 10.051

瓦特小时 watt hour 10.099

＊瓦小时　watt hour　10.099

外标法　external standard method　15.190

外标式玻璃液体温度计　outer scale liquid-in-glass thermometer　09.090

外横直径　outside cross diameter　06.028

外量子效率　external quantum efficiency　13.398

外伸长　distance from weed point to tangent point　06.066

外竖直径　outside vertical diameter　06.027

外推电离室　extrapolation ionization chamber　14.147

外总长　total outside length　06.029

弯月面　meniscus　03.073

弯月面上缘读数　upper edge reading for meniscus　03.074

弯月面下缘读数　below edge reading for meniscus　03.075

弯月面修正　meniscus correction　03.076

＊完全辐射体　[absolute] blackbody　09.119

万能测齿仪　universal gear measuring instrument　02.191

万能渐开线螺旋线测量仪　universal involute and helix measuring instrument　02.192

万能角度尺　universal bevel protractor　02.117

万能式齿形测量仪　universal tooth profile measuring instrument　02.190

＊万用表　multimeter　10.201

网络参数　network parameter　11.036

网络函数　network function　10.114

网络时间协议　network time protocol, NTP　12.042

网络授时　Internet time service　12.041

网络性能测试仪　network performance tester　11.428

微波阻抗　microwave impedance　11.104

微分相位失真　differential phase distortion, DP　11.346

微分增益失真　differential gain distortion　11.345

微量分析　microanalysis　15.095

微量热计　micro-calorimeter　11.103

微区分析　microanalysis　15.238

韦氏硬度　Webster hardness　04.133

韦氏硬度试验　Webster hardness test　04.132

维恩定律　Wien's law　13.038

维氏硬度　Vickers hardness　04.120

维氏硬度试验　Vickers hardness test　04.119

伪随机激励　pseudorandom excitation　05.014

卫星双向法　two way time and frequency transfer　12.046

未修正结果　uncorrected result　01.090

位移冲击响应谱　displacement shock response spectrum　05.182

＊位移导纳　dynamic flexibility　05.026

位移试剂　shift reagent　15.326

＊位移阻抗　dynamic stiffness　05.025

位置色差　chromatic longitudinal aberration　13.419

温标　temperature scale　09.008

[温标的]非唯一性　non-uniqueness [of temperature scale]　09.012

[温标的]非一致性　inconsistency [of temperature scale]　09.013

温标的实现　realization of temperature scale　09.011

＊温标子温区的非一致性　inconsistency [of temperature scale]　09.013

温补晶振　temperature compensated crystal oscillator　12.063

温差堆　thermopile　13.386

温度　temperature　09.002

温度变送器　temperature transmitter　09.115

温度补偿范围　compensation temperature range　04.070

温度场　temperature field　09.040

温度计　thermometer　09.014

温度特性　temperature stability　12.079

温度梯度　temperature gradient　09.039

温度修正系数　coefficient for temperature correction　04.042

温度指示控制仪　temperature indication controller　09.114

温坪　temperature plateau　09.028

文丘里槽　Venturi flume　06.191

文丘里管　Venturi tube　06.128

＊紊流　turbulent flow　06.092

稳定流　steady flow　06.094

＊稳定性　stability　01.127

稳频激光器　frequency stabilized laser　02.036

稳态电压变化　steady state voltage change　11.306

稳态工作条件　steady state operating condition　01.118

涡街流量计 vortex-shedding flow meter 06.142

涡流损耗 eddy current loss 10.250

涡轮流量计 turbine flow meter 06.141

蜗杆 worm 02.174

蜗轮 worm wheel 02.175

卧式滚刀测量仪 horizontal hob measuring instrument 02.195

卧式金属罐球缺 spherical segment of horizontal metallic tank 06.067

卧式金属罐曲线体 curve of horizontal metallic tank 06.068

钨带灯 tungsten strip lamp 09.147

钨铼热电偶 tungsten-rhenium thermocouple 09.074

无彩色刺激 achromatic stimulus 13.240

无创血压监护仪 non-invasive blood pressure monitor 07.075

无定向磁强计 undirectional magnetometer 10.302

无定向结构 astatic construction 10.176

无分度衡器 non-graduated instrument 03.106

* 无功伏安 var 10.098

无功功率 reactive power 10.093

无耗传输线 loss-lcss transmission line 11.026

* 无喉道槽 short-throated flume 06.193

* 无量纲量 dimensionless quantity 01.008

无线电授时台 radio time service 12.039

无线通信综合测试仪 radio communication integrated tester 11.412

无线信道模拟器 RF channel emulator 11.413

无源二端元件 passive two-terminal element 10.056

无源换能器 passive transducer 08.032

五棱镜 pentaprism 02.131

物理光度测量法 physical photometry 13.097

物理光度计 physical photometer 13.103

物理光栅法 physical grating 05.198

物理色度测量 physical colorimetry 13.201

物体色 object color 13.205

物质的量 amount of substance 15.001

* 物质的量分数 mole fraction 15.010

[物质的量]浓度 molarity 15.005

[物质]的输运性质 transport property [of substance] 09.150

* 误差 error 01.083

误差矢量幅度 error vector magnitude, EVM 11.385

* 误差限 limit of error 01.135

误码 error 11.391

误码测试仪 error tester 11.418

误码率 error rate 11.397

雾度 haze 15.072

* 雾度 haze 13.142

* 雾度计 haze meter 13.179

X

西[门子] siemens 10.047

吸附指示剂 adsorption indicator 15.322

吸光度 absorbance 15.395

* 吸声量 equivalent absorption area 08.061

* 吸声系数 sound absorption factor 08.060

吸声因数 sound absorption factor 08.060

吸收 absorption 13.012

吸收比 absorptance 09.120，13.143

吸收分光光度法 absorption spectrophotometry 15.149

* 吸收分光光度分析 absorption spectrophotometry 15.149

吸收剂量 absorbed dose 14.114

吸收剂量率 absorbed dose rate 14.115

吸收滤光片 absorbing filter 15.386

吸收能 absorbed energy 04.108

稀释 dilution 15.284

洗脱剂 eluant 15.323

Y 系数 Y factor 11.171

Y 系数法 Y factor method 11.172

K 系数评价法 K-rating method of assessment 11.337

系统测量误差 systematic measurement error 01.085

系统的光谱透射比 spectral transmittance for optical system 13.435

* 系统误差 systematic error 01.085

细化分析 zoom analysis 05.074

狭缝焦点射线照相 focal spot slit radiogram 14.196

下规范限 lower specification limit, LSL 02.031

下计量基准点　dipping datum mark　06.017

下降时间　fall time　11.185

下落角　angle of fall　04.103

* 下限温度　lower limit temperature　09.015

纤芯直径　core diameter　13.341

显色性　color rendering　13.227

显色指数　color rendering index　13.228

显示器　displayer　01.101

显示式测量仪器　displaying measuring instrument　01.098

显示装置的分辨力　resolution of a displaying device　01.124

显微密度　microdensity　13.196

显微透射比　microtransmittance　13.195

线电流　line current　10.079

线电压　line voltage　10.077

线极化　line polarization　11.233

线扩散函数　line spread function, LSF　13.426, 14.199

线灵敏度　line sensitivity　03.038

线能量转移　linear energy transfer　14.062

线膨胀系数　linear expansivity　09.155

线偏振光　linear polarized light　02.041

线谱　line spectrum　05.035

线速度　linear velocity　05.219

线性范围　linearity range　15.056

线性扫描　linear sweep　05.134

线性失真　linear distortion　11.080

线性探测器　linear detector　13.369

线性系统　linear system　05.002

陷光探测器　trap detector　13.389

相对标准不确定度　relative standard uncertainty　01.055

* 相对标准测量不确定度　relative standard measurement uncertainty　01.055

相对表面吸收剂量　relative surface absorbed dose　14.186

相对磁导率　relative permeability　10.127

相对光谱分布　relative spectral distribution　13.035

相对灵敏度　relative sensitivity　05.043, 15.460

相对密度　relative density　03.048

相对色刺激函数　relative color stimulus function　13.244

相对湿度　relative humidity　15.063

相对误差　relative error　01.087

* 相对相移　difference phase shift　11.148

相对折射率差　refractive index relative difference　13.340

相对真空计　relative vacuum gauge　07.123

[相关色的]明度　lightness [of a related color]　13.215

相关色温度　correlated color temperature　13.281

响度评定值　loudness rating　08.095

响应　response　05.019, 10.054

向测量单位的计量溯源性　metrological traceability to a measurement unit　01.068

相　phase　09.016

相变　phase transition　09.017

相电流　phase current　10.078

相电压　phase voltage　10.076

* 相间电压　line voltage　10.077

* 相角　phase　05.057, 11.144

相量　phasor　10.069

相量图　phasor diagram　10.070

相偏　phase deviation　11.073

相速　phase velocity　11.016

相位　phase　05.057, 10.068, 11.144

相位差　phase difference　05.058, 11.146

相位常量　phase constant　11.015

相位传递函数　phase transfer function, PTF　13.431

相位抖动　phase jitter　11.361

相位控制　phase control　11.304

相位谱　phase spectrum　05.038

相位误差　phase error　11.382

相位噪声　phase noise　12.075

相移　phase shift　11.147

相移法　phase shift method　13.366

* 象限仪　clinometer　02.113

像差　aberration　13.412

像场弯曲　curvature of the field　13.417

像散性像差　astigmatic aberration　13.416

肖氏硬度　Shore hardness　04.124

肖氏硬度试验　Shore hardness test　04.123

消光比　extinction ratio　13.354

* 消化　digestion　15.273

消解　digestion　15.273

消力池　stilling basin　06.197

消偏振器　depolarizer　13.010

消声室　anechoic room　08.091
消声水池　anechoic water tank　08.140
*小活塞　small piston　04.020
小角度测量仪　small angle measuring instrument　02.134
小角度发生器　small angle generator　02.119
小径　minor diameter　02.153
*小孔法　flow method　07.115
*小立体角法　constant solid angle method　14.034
小氩弧　argon mini-arc　13.050
*小油缸　small cylinder　04.021
效率示踪法　efficiency tracer method　14.048
效率外推法　efficiency extrapolation method　14.049
协调世界时　coordinated universal time, UTC　12.006
协议分析仪　protocol analyzer　11.429
斜率效率　slope efficiency　13.322
谐波电流　harmonic current　10.085
谐波功率　harmonic power　10.095
*谐波失真　nonlinear distortion　11.081
谐波失真度法　harmonic distortion method　05.227
谐间波　interharmonics　11.300
谐振　resonance　10.071
谐振参量　resonance parameter　11.010
谐振测量[法]　resonance [method of] measurement　10.169
谐振频率　resonant frequency　07.093
泄漏电流　leakage current　10.173
泄漏辐射　leakage radiation　14.004
泄漏损耗　leakage loss　11.139
*泻流法　flow method　07.115
辛烷值　octane number　15.041
信道功率　channel power　11.358
信号发生器　signal generator　11.057
*信号源　signal generator　11.057
信令　signaling　11.363
信噪比　signal to noise ratio, SNR, S/N　11.375
星点检验　star test　13.432
星卡焦点射线照相　focal spot star radiogram　14.198
星形阻抗与三角形阻抗变换　transformation between star connected and delta connected impedances　10.102

U 形管液体压力计　U-tube liquid manometer　07.029
形状测量仪　form-measuring machine　02.063
形状误差　form error　02.057
型式批准　pattern approval　01.168
型式批准标记　type approval mark　01.189
型式批准的撤销　withdrawal of type approval　01.172
型式批准的承认　recognition of type approval　01.171
型式批准证书　type approval certificate　01.190
型式评价　pattern evaluation, type evaluation　01.166
型式评价报告　type evaluation report　01.167
兴奋纯度　excitation purity　13.280
修正　correction　01.089
修正阿伦标准偏差　modified Allan standard deviation　12.073
修正儒略日　modified Julian day, MJD　12.010
序量　ordinal quantity　01.028
序量–值标尺　ordinal quantity-value scale　01.031
*序值标尺　ordinal value scale　01.031
旋磁效应　gyromagnetic effect　10.227
旋光法　polarimetry　15.163
[旋光]糖量计　saccharimeter　15.385
旋光仪　polarimeter　15.384
旋桨式流速计　propeller type current meter　06.170
旋进旋涡流量计　vortex precession flow meter　06.143
旋涡流　swirling flow　06.091
旋转工作台　rotary table　02.109
旋转效应　rotation effect　04.010
旋转运动灵敏度　sensitivity for rotational motion　05.093
旋转轴线　axis of rotation　04.100
*选择性　selectivity　01.128
选择性辐射体　selective radiator　13.042
选择性衰落　selective fading　11.367
选择性探测器　selective detector　13.371
选择组合秤　selective combination weigher　03.099
*血压表　elastic element sphygmomanometer　07.071
血压计　sphygmomanometer　07.067
循环力　cycle load　04.039
循环时间　cycle time　05.137

Y

＊压磁效应　magnetoelastic effect　10.229

压电式压力传感器　piezoelectric pressure transducer　07.059

压痕　indentation　04.152

压痕测量装置　indentation measuring device　04.156

压力　pressure　07.001

压力比　pressure ratio　06.129

压力变送器　pressure transmitter　07.066

压力传感器　pressure transducer　07.055

[压力传感器的]灵敏度　sensitivity [of pressure transducer]　07.100

压力角　pressure angle　02.171

压力敏感元件　pressure sensitive element　07.048

压力模块　pressure module　07.064

压力式温度计　pressure-filled thermometer　09.099

压力损失　pressure loss　06.085

压力真空表　pressure-vacuum gauge　07.044

压平式眼压计　applanation tonometer　07.079

压缩式真空计　compression vacuum gauge　07.111

压缩因子　compressibility factor　06.110

压头　indenter　04.153

压陷式眼压计　impression tonometer　07.078

压阻式压力传感器　piezoresistive pressure transducer　07.057

牙侧角　flank angle　02.158

牙型　thread form　02.150

烟度　smoke　15.071

延长型导线　extension wires　09.081

延迟时间　delay time　11.151

＊延时　delay time　11.151

研合性　wringing　02.073

盐槽　salt bath　09.111

盐桥　salt bridge　15.351

[颜]色　color　13.202

颜色测温法　color thermometry　09.134

[颜]色适应　chromatic adaptation　13.218

[颜]色温度　color temperature　09.133

颜色温度计　color thermometer　09.135

衍射　diffraction　11.376

掩蔽　masking　08.100，15.274

眼压计　tonometer　07.077

扬声器　loudspeaker　08.074

阳极溶出伏安法　anodic stripping voltammetry　15.139

氧弹量热测量法　bomb calorimetric method　15.117

氧化还原滴定[法]　redox titration　15.106

氧化还原指示剂　oxidation-reduction indicator, redox indicator　15.320

样本　sample　15.239

＊样本大小　sample　15.239

样品量　sample size　15.260

样品预处理　sample pretreatment　15.265

液固色谱法　liquid-solid chromatography　15.172

液化石油气加气机　liquefied petroleum gas dispenser　06.163

液化石油气密度测量仪　LPG density testing apparatus　03.068

液化石油气汽车槽车　vehicle for liquefied petroleum gas　06.053

液货计量舱　measuring cargo for liquid products　06.073

液晶显示器　liquid crystal displayer　13.166

液面高度　level height　06.020

液态物料定量灌装机　quantitative filling machine　06.052

液态载荷　liquid state load　03.118

液体介质活塞式压力计　liquid operated piston pressure gauge　07.017

液体流量标准装置　liquid flow standard facility　06.198

液体闪烁体放射性活度测量仪　liquid scintillator activity meter　14.041

液体式压力计　liquid manometer　07.028

液体视膨胀系数　liquid visual expansion coefficient　09.085

液体温度　liquid temperature　06.012

液体相对密度天平　relative density balance for liquid　03.024

液位管　level pipe　06.047

液位计　level gauge　06.054

液相色谱法　liquid chromatography　15.171

液相色谱仪　liquid chromatograph　15.399

液[相色谱]–质[谱]联用仪　liquid chromatograph-mass spectrometer　15.407

液相色谱–质谱仪接口　liquid chromatograph-mass spectrometer interface　15.444

液压式滑台　hydraulic slide table　05.120

液压式张拉机　hydraulic tension jack　04.092

液压式振动台　hydraulic vibration bench　05.110

液液色谱法　liquid-liquid chromatography　15.173

CIE 1974 一般显色指数　CIE 1974 general color rendering index　13.230

一般压力表　general pressure gauge　07.045

一贯单位制　coherent system of units　01.016

一贯导出单位　coherent derived unit　01.014

*一级相变　first-order phase transition　09.017

一阶电路　first order circuit　10.117

一体式热量表　complete heat meter　06.159

伊尔科维奇方程　Ilkovic equation　15.367

医学超声学　medical ultrasonics　08.126

仪器的测量不确定度　instrumental measurement uncertainty　01.132

仪器分析　instrumental analysis　15.090

仪器偏移　instrument bias　01.129

仪器漂移　instrument drift　01.130

移动式衡器　mobile weighing instrument　03.083

移液管　pipet　15.332

移液器　quantitative adjustable pipet　06.041

已修正结果　corrected result　01.091

*已知样校准法　external standard method　15.190

溢流罩　overflow cover　06.043

24 m 因瓦基线尺　24 m Invar wire　02.199

24 m 因瓦基线尺的长度　length of 24 m Invar wire　02.200

*M^2因子　M^2 factor　13.317

阴极溶出伏安法　cathodic stripping voltammetry　15.140

阴影屏蔽　shadow shield　14.031

*音程　frequency interval　08.103

音频分析仪　audio analyzer　11.088

音准仪　tonometer　08.112

引用误差　fiducial error　01.139

隐丝式光学高温计　disappearing filament optical pyrometer　09.139

荧光分析　fluorescence analysis　15.152

荧光光度计　fluorometer　15.376

荧光检测器　fluorescence detector　15.420

影条式仪表　shadow column instrument　10.209

影响量　influence quantity　01.072

影响量引起的变差　variation due to an influence quantity　01.073

应变　strain　09.043

*应变比较法　method by Hopkinson bar compress wave　05.199

应变式压力传感器　strain pressure transducer　07.056

硬度　hardness　04.114

硬度标尺　hardness scale　04.140

硬度冲头　hardness hammer　04.155

硬度计　hardness tester　04.145

硬度块的均匀度　uniformity of hardness block　04.147

硬度值　hardness value　04.142

硬度值的换算　conversion between hardness values　04.159

用于道路车辆称重的便携式衡器　portable instrument for weighing road vehicle　03.084

油缸旋转线速度　linear speed of cylinder　04.027

油缸转速　turn-speed of cylinder　04.026

油膜台　oil film slide table　05.117

游标卡尺　vernier calliper　02.078

游码　rider　03.012

有创血压监护仪　invasive blood pressure monitor　07.076

有分度衡器　graduated instrument　03.105

有限型式批准　pattern approval with limited effect　01.169

有效[测量]方法　validated method [of measurement]　15.088

有效带宽　effective bandwidth　05.072

有效发射率　effective emissivity　09.124

*有效光阑　aperture stop　13.409

有效光谱范围　useful spectral range　15.491

有效焦点　effective focal spot　14.205

有效频偏　effective frequency deviation　11.069

有效声中心　effective acoustic center　08.050

有效 *f* 数　effective *f*-number　13.294

有效调幅度　effective amplitude modulation depth　11.064

有效响应　effective response　05.021

有效值　effective value　10.088

有用射束　useful beam　14.008

有源换能器　active transducer　08.033

有证标准物质　certified reference material, CRM　01.154

宇宙辐射　cosmic radiation　14.006

预包装商品　products in prepackage　01.198

预负荷　preload　04.041

预检查　preliminary examination　01.174

预置皮重装置　preset tare device　03.126

阈探测器　threshold detector　14.099

*元件的能量存储因数　quality factor　11.122

元素分析　elemental analysis　15.102

元素有机分析　elemental organic analysis　15.103

*原级标准　primary standard　01.143

原级参考测量程序　primary reference measurement procedure　01.042

*原级参考程序　primary reference procedure　01.042

原级测量标准　primary measurement standard　01.143

原子发射分光光度法　atomic emission spectrophotometry　15.150

原子力显微镜　atomic force microscope, AFM　02.220

*原子秒　second　12.002

原子频标　atomic frequency standard　12.053

原子吸收分光光度法　atomic absorption spectrophotometry　15.151

原子吸收分光光度计　atomic absorption spectrophotometer　15.373

*原子吸收光谱仪　atomic absorption spectrophotometer　15.373

原子荧光光谱法　atomic fluorescence spectrometry　15.153

原子荧光光谱仪　atomic fluorescence spectrometer　15.374

原子质量常数　atomic mass constant　15.011

原子钟　atomic clock　12.014

圆度测量仪　roundness measuring instrument　02.068

圆分度仪器　circle dividing instrument　02.106

圆极化　round polarization　11.234

圆偏振光　circularly polarized light　02.042

圆筒形喉部文丘里喷嘴　cylindrical throat Venturi nozzle　06.137

圆周封闭原则　principle of perigon error close　02.009

圆柱度测量仪　cylindricity measuring instrument　02.069

圆柱螺纹　cylindrical thread　02.148

圆柱螺旋线　cylindrical helix　02.169

圆柱直齿渐开线花键量规　straight cylindrical involute spline gauge　02.186

圆锥　cone　02.123

圆锥表面　cone surface　02.122

圆锥量规　cone gauge　02.128

圆锥螺纹　taper thread　02.149

圆锥长度　cone length　02.126

圆锥直径　cone diameter　02.125

[源]表面发射率　surface emission rate　14.029

源–表面距离　source-surface distance　14.032

源皮距　radiation source to skin distance　14.183

源效率　source efficiency　14.030

远场　far field　11.196

*远场　far sound field　08.013

远场扫描法　far field scanning method　13.357

远传压力表　long distance transmission pressure gauge　07.039

远距离放射治疗　teleradiotherapy　14.180

*远区场　far field　11.196

远声场　far sound field　08.013

约定参考标尺　conventional reference scale　01.032

约定量值　conventional quantity value　01.022

*约定值　conventional value　01.022

*约定质量　conventional mass　03.032

约瑟夫森效应　Josephson effect　10.015

月漂移率　monthly drift rate　12.077

运动部件的等效质量　effective mass of the moving element　05.153

运动部件的电谐振频率　electrical resonance frequency of the moving element　05.130

运动部件的机械共振频率　mechanical resonance frequency of the moving element　05.129

运动部件悬挂的机械共振频率　mechanical resonance

frequency of the moving element suspension　05.128

Z

杂散辐射　spurious radiation　11.287，stray radiation 14.003

* 杂散辐射　stray light　13.188

杂散光　stray light　13.188

载波　carrier wave　11.356

载波频率　carrier frequency　11.357

载荷　load　03.115

载荷传递装置　load-transmitting device　03.122

载频相位测量　carrier phase measurement　12.047

载体　carrier　14.012

载噪比　carrier-to-noise ratio　11.364

皂膜式气体流量标准装置　standard soap-film burette 06.207

噪声　noise　11.153

* 1/f 噪声　flicker noise　12.017

噪声比　noise ratio　11.168

噪声等效辐照度　noise equivalent irradiance　13.395

噪声等效功率　noise equivalent power　13.396

噪声等效输入　noise equivalent input　13.394

噪声和干扰模拟器　noise and interference emulator 11.414

噪声剂量计　noise dose meter　08.089

噪声统计分析仪　noise level statistical analyzer 08.083

噪声温度　noise temperature　11.163

噪声温度计　noise thermometer　09.103

噪声系数　noise factor　11.170

噪声系数分析仪　noise figure analyzer　11.176

泽贝克效应　Seebeck effect　10.012

增量衰减　increment attenuation　11.135

* 增量相移　difference phase shift　11.148

窄带连续骚扰　narrowband continuous disturbance 11.269

窄带随机振动　narrowband random vibration　05.051

窄带噪声　narrowband noise　08.028

沾污　contamination　15.278

展开剂　developing solvent　15.324

* 占空系数　duty factor　11.182

运动黏度　kinematic viscosity　15.069

* 占空因子　stacking factor　10.270

* 张拉机　hydraulic tension jack　04.092

* 照明体　illuminant　13.246

照射量　exposure　14.116

照射量计　exposure meter　14.144

照射量率　exposure rate　14.117

照射量率计　exposure ratemeter　14.145

照射野　field of beam　14.109

折光防冻液密度计　refraction densimeter for antifreeze 03.071

折光糖量计　refraction metric saccharimeter　03.070

折射　refraction　13.014

折射近场法　refracted near-field method　13.365

折射率　refractive index　02.039，13.167

折射率分布　refractive index profile　13.338

折射率分布参数　refractive index profile parameter 13.339

折算质量　conventional mass　03.032

针规　pin gauge　02.089

针孔焦点射线照相　focal spot pinhole radiogram 14.197

帧信号发生器和分析仪　frame signal generator and analyzer　11.419

真空　vacuum　07.108

真空表　vacuum gauge　07.043

真空磁导率　permeability of vacuum　10.001

真空度　degree of vacuum　07.109

真空计　vacuum gauge　07.110

真空系统　vacuum system　07.119

* 真空蒸馏　reduced pressure distillation　15.289

* 真值　true value　01.029

* 枕形畸变　pillow distortion　13.415

阵列探测器　array detector　13.370

振动　vibration　05.046

振动参考幅值　vibration reference amplitude　05.078

振动参考频率　vibration reference frequency　05.077

振动的比较法校准　vibration calibration by comparison method　05.086

振动烈度　vibration severity　05.048

振动灵敏轴　vibration sensitive axis　05.079

振动式密度计　vibration-type densimeter　03.066

振动试验　vibration test　05.157

振动试验台　vibration bench for testing　05.106

*振动台　vibration bench for testing　05.106

振动筒压力传感器　vibration cylinder pressure transducer　07.063

振动样品磁强计　vibrating specimen magnetometer　10.299

振幅　amplitude　05.060

振幅方均根值　amplitude root-mean-square value　05.064

振幅峰–峰值　amplitude peak-to-peak value　05.063

振幅峰值　amplitude peak value　05.062

振幅绝对平均值　amplitude absolute average value　05.061

振簧系仪表　vibrating reed instrument　10.200

振级　vibration level　05.049

蒸发光散射检测器　evaporative light-scattering detector　15.424

蒸发焓　enthalpy of evaporation　15.025

蒸气压温度计　vapor thermometer　09.104

整流式仪表　rectifier instrument　10.199

正比计数管　proportional counter tube　14.164

正比区　proportional region　14.112

正常磁滞回线　normal hysteresis loop　10.236

正多面棱体　polygon, regular angular polygon　02.105

*正畸变　positive distortion　13.415

正切齿厚规　tangent gear tooth gauge　02.183

*正确度　trueness　01.075

正矢冲击脉冲　versed sine shock pulse　05.167

正弦逼近法　sine approximation method　05.085

正弦比较法　sine comparison method　05.087

*正弦波列　tone burst　08.030

正弦电流　sinusoidal current　10.067

正弦动态压力标准　sinusoidal dynamic pressure standard　07.106

正弦光栅　sinusoidal grating　13.402

正弦规　sine bar　02.110

正弦压力发生器　sinusoidal pressure generator　07.102

*正弦振动　simple harmonic vibration　05.047

正弦驻留　sine remain　05.011

正压[力]　positive pressure　07.006

支持电解质　supporting electrolyte　15.354

支点刀　supporting knife　04.014

直尺　ruler　02.088

直读光谱仪　direct reading spectrometer　15.382

直管段　straight length　06.087

直角尺　square　02.121

直接测量[法]　direct [method of] measurement　10.158

直接放电　direct application　11.281

直接加力部分　directly loading unit　04.018

直接平衡法　direct equalization method　07.027

直接驱动振动台　direct drive vibration bench　05.112

*直接透射　regular transmission　13.114

直径比　diameter ratio　06.122

直流　direct current, DC　10.065

*直流电流　direct current, DC　10.065

直流电流比较仪　direct current comparator　10.149

直线加速器　linear accelerator　14.178

*值　value　01.011

纸电泳　paper electrophoresis　15.199

纸色谱法　paper chromatography　15.180

指示表　dial indicator　02.080

指示电极　indicating electrode　15.344

指示剂　indicator　15.318

指示器　index　01.103

指示器机械时间常数　mechanical time constant of an indicator instrument　11.209

指示式测量仪器　indicating measuring instrument　01.097

指针式仪表　pointer instrument　10.206

制外测量单位　off-system measurement unit　01.018

*制外单位　off-system unit　01.018

*制外计量单位　off-system measurement unit　01.018

*质点速度　sound particle velocity　08.017

*质点位移　sound particle displacement　08.016

质量　mass　03.001

质量百分浓度　mass percentage concentration　03.052

质量范围　mass range　15.481

质量分辨力　mass resolution　15.483

质量分离–质量鉴定法　mass separation-mass identification spectrometry　15.204

质量分数　mass fraction　15.008

质量分析离子动能谱　mass analyzed ion kinetic energy spectrum　15.462

质量混合比　ratio of mass　15.064

质量减弱系数　mass attenuation coefficient　14.058

质量流量计　mass flow meter　06.148

质量摩尔浓度　molality　15.006

*质量浓度　mass percentage concentration　03.052

质量浓度　mass concentration　15.007

质量歧视效应　mass discrimination　15.478

质量色散　mass dispersion　15.482

质能吸收系数　mass energy absorption coefficient　14.059

质能转移系数　mass energy transfer coefficient　14.060

质谱法　mass spectrometry　15.201

质谱仪　mass spectrometer　15.447

质谱–质谱法　mass spectrometry-mass spectrometry　15.203

质子核磁共振波谱法　proton magnetic resonance spectroscopy　15.229

*质子回转磁比　proton gyro magnetic ratio　10.141

质子旋磁比　proton gyro magnetic ratio　10.141

滞止压力　stagnation pressure　06.103

中和因数　neutralization factor　11.054

中间视觉　mesopic vision　13.071

中界频率　separating frequency　05.230

中径　pitch diameter　02.154

中频参考电平　IF reference level　11.273

中频抑制比　intermediate frequency rejection ratio　11.214

中心波长　center wavelength　11.401

*中心频率　center frequency　11.357

中性阶梯楔　neutral step wedge　13.171

中性楔　neutral wedge　13.170

中子反照率　neutron albedo　14.154

中子飞行时间能谱仪　time-of-flight neutron spectrometer　14.166

中子共振吸收　resonance absorption of neutrons　14.152

中子活化　neutron activation　14.150

中子活化分析　neutron activation analysis　15.236

中子源强度　neutron source strength　14.151

终点误差　end point error　15.305

50 Ω 终端　50 Ω termination　11.125

终值　final value　07.096

钟差　clock time difference　12.031

钟速　clock rate　12.032

钟形冲击脉冲　shock pulse with Gauss distribution　05.170

钟罩式气体流量标准装置　standard bell prover　06.206

仲裁检定　arbitrate verification　01.181

仲裁样品　umpire sample, referee sample　15.257

重点刀　weight knife　04.015

重均分子量　weight-average molecular weight　15.032

重力式自动装料衡器　automatic gravimetric filling weighing instrument　03.097

重量　weight　03.002

重量标签秤　weigh labeler　03.094

重量法湿度计　gravimetric hygrometer　15.493

重量分析[法]　gravimetric analysis　15.099

重量价格标签秤　weigh price labeler　03.095

重量检验秤　checkweigher　03.093

周角　perigon　02.006

周期　period　12.051

周期随机激励　periodic random excitation　05.015

周围剂量当量　ambient dose equivalent　14.123

周缘流量　peripheral flow rate　06.168

轴向力　axial load　04.050

*轴向色差　chromatic longitudinal aberration　13.419

昼光施照体　daylight illuminant　13.248

主动型原子频标　active atomic frequency standard　12.057

主流向　main direction of flow　06.176

主试验力　main test force　04.150

主轴回转速度设定值　setting value of angular velocity of main axis　05.255

主轴线　primary axis　04.049

助读水银血压计　reading-assistant mercury sphygmomanometer　07.069

注入容量比较法　filling volumetric method　06.035

注射器　injector　06.040

驻波槽　standing-wave flume　06.192

*驻波系数　voltage sanding wave ratio, VSWR　11.110

柱面波　cylindrical wave　08.008

柱效率　column efficiency　15.437

专用玻璃量器　special glassware　06.039

专用密度计　hydrometer for special purpose　03.060

转角标准装置　rotating angle standard equipment　05.242

N 转数平均转速　*N* turn number average rotating velocity　05.222

转速　rotating velocity　05.220

*转速　setting value of angular velocity of main axis　05.255

转速标准装置　standard equipment of rotating velocity　05.240

转速表　tachometer　05.232

转速波动度　fluctuation of rotating velocity　05.225

转速频率测量法　method of rotating velocity for frequency measuring　05.228

*转速频率直接测量法　method of rotating velocity for frequency measuring　05.228

*转速频率周期测量法　method of rotating velocity for periodic measuring　05.229

转速稳定度　stability of rotating velocity　05.241

转速周期测量法　method of rotating velocity for periodic measuring　05.229

*转台　rotating angle standard equipment　05.242

转子流量计　rotameter, float meter　06.149

装料　fill　03.131

装满系数　filling factor　06.033

锥度　taper　02.127

锥度测量仪　taper measuring instrument　02.129

锥角　cone angle　02.124

*准峰值检波　weighting detection　11.266

准峰值检波器　quasi-peak detector　11.201

*准确度　accuracy　01.074

准确度等级　accuracy class　01.134

准液相色谱法　pseudophase liquid chromatography　15.176

准直望远镜　alignment telescope　02.067

灼烧　ignition　15.298

浊度　turbidity　15.060

浊度单位　unit of turbidity　15.061

浊度法　nephelometry　15.145

浊度计　turbidimeter　15.339

资用功率　available power　11.091

资用噪声功率　available noise power　11.161

资用噪声功率谱密度　available noise power spectral density　11.162

子样品　sub-sample　15.246

紫色边界　purple boundary　13.273

紫色刺激　purple stimulus　13.272

紫外辐射　ultraviolet radiation　13.004

紫外[辐射]照度计　UV irradiance meter　13.065

紫外–可见光检测器　ultraviolet-visible light detector　15.419

紫外可见近红外光谱仪　ultraviolet/visible/near infrared spectrophotometer　15.372

自猝灭计数管　self-quenched counter tube　14.093

自动分检衡器　automatic catchweighing instrument　03.092

自动轨道衡　automatic rail-weigh-bridge　03.103

自动衡器　automatic weighing instrument　03.089

自动网络分析仪　automatic network analyzer, ANA　11.120

自发裂变中子源　spontaneous fission neutron source　14.162

自功率谱密度　auto-power spectral density　05.101

*自谱密度　auto-power spectral density　05.101

自然界噪声　natural noise　11.154

自退磁场　self-demagnetizing field　10.257

自行指示衡器　self-indicating instrument　03.107

*自由场　free sound field　08.011

自由场电压灵敏度　free field voltage sensitivity　08.055

自由场球面波互易校准　free field spherical wave reciprocity calibration　08.057

自由空气电离室　free air ionization chamber　14.146

自由声场　free sound field　08.011

自由行波　free progressive wave　08.005

自愿检定　voluntary verification　01.180

自振频率　ringing frequency　07.095

*自准直平行光管　autocollimator　02.111

自准直仪　autocollimator　02.111

自准直原理　autocollimation principle　02.010

总辐射通量积分仪　total radiant flux integrating meter　13.067

总光通量　[geometry] total luminous flux　13.075

总光通量标准灯　standard lamp for total luminous flux　13.092

总和[感知]色位移　resultant [perceived] color shift　13.236

总和色度位移　resultant colorimetric shift　13.233

*总量　volume　06.076

总试验力　total test force　04.151

总损耗[体积]密度　total loss [volume] density　10.249

*总损耗[质量]密度　specific total loss　10.248

总谐波电流　total harmonic current　11.307

总谐波畸变率　total harmonic distortion, THD　10.090

总选择性　overall selectivity　11.213

总压皮托管　total pressure Pitot tube　06.174

总质量阻止本领　total mass stopping power　14.061

纵波　longitudinal wave　08.003

纵向磁致伸缩系数　longitudinal magnetostriction coefficient　10.223

*纵向球差　longitudinal spherical aberration　13.413

阻抗　impedance　10.026

阻抗分析仪自校准　self-calibration of impedance analyzer　11.128

*阻抗听力计　impedance audiometer　08.115

阻尼　damping　05.067

阻尼比　damping ratio　05.068

组成要素　integral feature　02.016

组合测量[法]　combination [method of] measurement　10.160

*组合秤　associative weigher　03.099

组合式热量表　combined heat meter　06.158

组合样品　combined sample　15.247

组织等效电离室　tissue equivalent ionization chamber　14.143

最大侧倾力矩　maximum yaw moment　05.156

最大秤量　maximum capacity　03.129，04.078

最大冲击响应谱　maximum shock response spectrum　05.179

最大除皮效果　maximum tare effect　03.134

最大磁导率　maximum permeability　10.246

最大剂量深度　depth of dose maximum　14.192

最大偏转力矩　maximum roll moment　05.155

最大倾覆力矩　maximum pitch moment　05.154

最大时间间隔误差　maximum time interval error　11.400

最大输入频差　maximum input frequency difference　12.098

最大随机推力　maximum random thrust force　05.146

最大允许测量误差　maximum permissible measurement error　01.135

*最大允许误差　maximum permissible error　01.135

最大允许照射量　maximum permissible exposure, MPE　13.325

最大正弦推力　maximum thrust force for sinusoidal vibration　05.145

最低温度计　minimum thermometer　09.096

最高录音磁平　maximum record magnetic level　10.281

最高温度计　maximum thermometer　09.095

最小[包容]区域　minimum coverage area　02.056

最小变形原则　principle of minimum deformation　02.008

最小测量容量　smallest measurable volume　06.019

最小秤量　minimum capacity　03.130

最小二乘法直线　least-squares line　04.061

最小观察时间　minimum observation time　11.275

最小检出量　minimum detectable quantity　15.442

最小静载荷　minimum dead load　03.132

最小静载荷输出恢复　minimum dead load output return　03.133

最小累计载荷　minimum totalized load　03.136

最小取样量　minimum sample intake　15.263

最小试验载荷　minimum test load　03.137

最小条件　minimum condition　02.054

最小载荷输出温度影响　temperature effect on minimum dead load output　04.083

最终样品　final sample　15.254

作用中径　virtual pitch diameter　02.155

坐标测量机　coordinate measuring machine, CMM　02.196